建筑给水排水工程

主 编 程 鹏
副主编 张绍萍 赵丽丽
参 编 梁希桐 尚伟红
　　　　侯 冉 陈 爽

北京理工大学出版社
BEIJING INSTITUTE OF TECHNOLOGY PRESS

内容提要

本书以培养高等院校技术技能型人才为目标,适应市场发展对人才的需求,以实用为目的,以必需、够用为度,以讲清概念、强化应用为重点。本书包括建筑给水系统、建筑消防给水系统、建筑排水系统、建筑热水供应系统、小区给水排水系统、特殊建筑给水排水系统等内容,各模块配以施工图识读和施工图绘制实践教学内容,以满足毕业生在施工岗位和设计岗位的能力需求。本书配有同步在线课程,在线课程包括教学课件、教学微视频、习题库、测验模块、工程参考资料等内容,立体化满足学生线下自学需求。

本书可作为高等院校土木工程类相关专业的教材,也可供从事土木建筑设计和施工的人员参考。

版权专有　侵权必究

图书在版编目(CIP)数据

建筑给水排水工程 / 程鹏主编 . -- 北京:北京理工大学出版社,2024.2
ISBN 978-7-5763-2962-9

Ⅰ. ①建… Ⅱ. ①程… Ⅲ. ①建筑工程—给水工程—高等学校—教材②建筑工程—排水工程—高等学校—教材 Ⅳ. ①TU82

中国国家版本馆 CIP 数据核字(2023)第 192996 号

责任编辑:多海鹏	**文案编辑**:多海鹏
责任校对:周瑞红	**责任印制**:王美丽

出版发行	/ 北京理工大学出版社有限责任公司
社　　址	/ 北京市丰台区四合庄路 6 号
邮　　编	/ 100070
电　　话	/ (010)68914026(教材售后服务热线)
	(010)68944437(课件资源服务热线)
网　　址	/ http://www.bitpress.com.cn
版 印 次	/ 2024 年 2 月第 1 版第 1 次印刷
印　　刷	/ 河北鑫彩博图印刷有限公司
开　　本	/ 787 mm×1092 mm　1/16
印　　张	/ 20
字　　数	/ 535 千字
定　　价	/ 98.00 元

图书出现印装质量问题,请拨打售后服务热线,负责调换

前 言

本书是校企合作开发教材，是基于工学结合、校企融合、能力本位的教学理念，以建筑给水排水不同系统模块为教学单元，每单元将能力目标、知识目标、素养目标相结合，增加课程思政元素，增加二维码链接典型视频、动画等内容，配套在线课程，形成数字立体化创新型教材。

本书是给水排水工程技术专业核心课程，建筑给水排水工程与建筑、结构、电气、装饰和暖通空调等专业紧密对接，以构成现代建筑物必不可少的组成部分。本书包括建筑给水系统、建筑消防给水系统、建筑排水系统、建筑热水供应系统、小区给水排水系统、特殊建筑给水排水系统内容，各模块配以施工图识读和绘制实践教学内容，以满足毕业生在施工岗位和设计岗位的能力需求。本书配有同步在线课程，课程网址https://www.xueyinonline.com/detail/233245042，在线课程配有教学课件、教学微视频、习题库、测验模块、工程参考资料等内容，立体化满足学生线下自学需求。本书以培养高等职业技术技能型人才为目标，适应市场发展对人才的需求，以实用为目的，以讲清概念、强化应用为重点。

本书由辽宁建筑职业学院程鹏担任主编，由辽宁建筑职业学院张绍萍、赵丽丽担任副主编，辽宁建筑职业学院梁希桐、尚伟红、侯冉、陈爽参与编写。其中，程鹏编写模块一至模块十，并对全书进行统稿；张绍萍编写模块十一至模块十四；赵丽丽编写模块十五至模块十八；梁希桐编写模块十九；尚伟红编写模块二十；侯冉编写模块二十一；陈爽编写模块二十二。

由于编者水平有限，加之国内外建筑给水排水技术和标准发展、更新快，书中如有不妥之处，敬请广大读者批评指正。

编 者

目 录

模块一　给水排水工程概述 ………………1

单元一　市政给水排水工程概述 ………1
　　一、市政给水系统概述 ……………1
　　二、市政排水系统概述 ……………3
单元二　建筑给水排水工程概述 ………5
　　一、建筑给水排水工程的任务 ……5
　　二、建筑给水排水系统的组成和内容 ……6
　　三、建筑给水排水工程技术的发展 ……6

模块二　管材、器材及卫生器具 ………9

单元一　管材、管件及连接方式 ………9
　　一、给水管材 ………………………9
　　二、排水管材 ………………………12
　　三、管件 ……………………………12
　　四、连接方式 ………………………13
单元二　器材 ……………………………14
　　一、配水附件 ………………………15
　　二、控制附件 ………………………15
　　三、其他附件 ………………………16
单元三　卫生器具、冲洗设备及
　　　　安装 ……………………………18
　　一、便溺用卫生器具 ………………19

　　二、盥洗和沐浴用卫生器具 ………21
　　三、洗涤用卫生器具 ………………23
　　四、专用卫生器具 …………………24

模块三　建筑给水系统施工图识读 ………25

单元一　建筑给水系统的分类及
　　　　组成 ……………………………25
　　一、建筑给水系统的分类 …………25
　　二、建筑给水系统的组成 …………26
单元二　建筑给水系统施工图识读 ……27
　　一、给水施工图常用图例 …………27
　　二、给水施工图的组成 ……………34
　　三、室内给水工程图的识读方法 ……34
　　四、室内给水工程图的识读 ………35

模块四　建筑给水系统方案确定 ………43

单元一　建筑给水系统所需水压 ………43
　　一、基本概念 ………………………43
　　二、建筑给水系统所需水压的确定
　　　　方法 ……………………………45
单元二　多层建筑给水方式及其
　　　　选择 ……………………………46

·1·

一、多层建筑给水方式的基本类型及
　　特点 ……………………………… 46
二、多层建筑给水方式的选择 ………… 50

单元三　高层建筑给水方式及其
　　　　　选择 …………………………… 50
一、高层建筑给水系统技术要求及
　　措施 ……………………………… 51
二、高层建筑给水方式基本类型 ……… 51
三、高层建筑给水方式的选择 ………… 54

模块五　建筑给水系统施工图绘制 …… 56
单元一　给水管道布置和敷设 ………… 56
一、管道布置 …………………………… 56
二、管道敷设 …………………………… 58
单元二　建筑给水系统施工图绘制 …… 61
一、安装天正给水排水 ………………… 61
二、启动天正给水排水 ………………… 63
三、退出天正给水排水 ………………… 63
四、天正给水排水工作界面 …………… 65
五、某高层住宅给水系统施工图绘制 … 66
单元三　卫生间给水管道详图绘制 …… 71
一、布置洁具 …………………………… 71
二、卫生间给水管线平面图的绘制 …… 72
三、管连洁具 …………………………… 73
四、卫生间给水管线系统图的绘制 …… 73

模块六　建筑给水系统设计计算 ……… 77
单元一　用水定额及给水设计流量 …… 77
一、建筑用水情况和用水定额 ………… 77
二、最高日用水量与最大时用水量 …… 80
三、设计秒流量 ………………………… 81
单元二　给水管道的水力计算 ………… 85

一、管径的确定方法 …………………… 85
二、给水管道水头损失的计算 ………… 86
三、给水管道水力计算步骤 …………… 87
四、设计计算实例 ……………………… 88
五、高层建筑给水系统水力计算 ……… 89

单元三　增压与调节设备选择计算 …… 90
一、水泵 ………………………………… 91
二、贮水池与水泵吸水井 ……………… 92
三、水箱 ………………………………… 93
四、气压给水设备 ……………………… 95

模块七　建筑消防给水系统施工图
　　　　　识读 …………………………… 97
单元一　消火栓给水系统的分类及
　　　　　组成 …………………………… 97
一、消火栓给水系统的分类 …………… 97
二、消火栓给水系统的组成 …………… 97
单元二　自动喷水灭火系统的分类
　　　　　及组成 ………………………… 99
一、分类和组成 ………………………… 99
二、主要设备 …………………………… 101
单元三　施工图识读 …………………… 103
一、消防给水系统施工图常用图例 …… 104
二、室内消火栓给水工程图的识读
　　方法 ……………………………… 106
三、室内消火栓工程图的识读 ………… 106

模块八　建筑消防给水系统方案
　　　　　确定 …………………………… 113
单元一　多层建筑消防给水系统
　　　　　类型 …………………………… 113
一、建筑消火栓给水系统的设置场所 … 113

二、多层建筑消防系统的供水方式……115

单元二　高层建筑消防给水系统
　　　　类型………………………116
　一、高层建筑室内消防的特点………116
　二、一般规定…………………………116
　三、高层建筑消防系统的供水方式…117

模块九　建筑内消防给水系统
　　　　施工图绘制……………119

单元一　建筑内消火栓及消火栓管道
　　　　的布置…………………119
　一、水枪充实水柱长度………………119
　二、建筑内消火栓布置………………120
　三、建筑内消火栓管道的布置………121

单元二　建筑内自动喷水管道的
　　　　布置……………………122
　一、自动喷水灭火系统的设置原则…122
　二、喷头及管网布置…………………123

单元三　建筑消火栓系统施工图
　　　　绘制……………………126
　一、消火栓立管的绘制………………127
　二、消火栓的绘制……………………127
　三、消火栓管线的绘制………………129
　四、灭火器的绘制……………………129
　五、消火栓立管系统图的绘制………129
　六、试验消火栓的绘制………………131
　七、一层消火栓环管系统图的绘制…131
　八、管径标注…………………………132

单元四　建筑自动喷水系统施工图
　　　　绘制……………………133
　一、自动喷水立管的绘制……………134
　二、喷头的布置………………………134
　三、绘制自动喷水管线连接喷头……135

四、自动喷水管线管径的标注………135
五、自动喷水管线尺寸标注…………135
六、自动喷水立管系统图的绘制……137
七、自动喷水平面管线系统图的
　　绘制………………………………137

模块十　建筑消防给水系统设计
　　　　计算……………………142

单元一　消火栓给水系统设计计算…142
　一、消防管道的水力计算……………142
　二、消防水箱和消防水池……………144
　三、消火栓给水系统计算实例………145

单元二　自动喷水灭火系统设计
　　　　计算……………………147
　一、水量与水压………………………147
　二、喷头出水量………………………148
　三、系统的设计流量…………………148
　四、管道的水头损失计算……………149
　五、系统所需的水压…………………150
　六、水力计算步骤……………………150

模块十一　建筑排水系统施工图
　　　　　识读…………………151

单元一　建筑排水系统的分类及
　　　　组成……………………151
　一、排水系统的分类…………………151
　二、排水体制…………………………152
　三、排水系统的组成…………………153

单元二　建筑中水系统………………154
　一、建筑中水的概念…………………154
　二、中水的用途………………………156
　三、建筑中水系统的组成……………156

· 3 ·

单元三　屋面雨水排水系统……156
　　一、檐沟外排水（落水管外排水）……157
　　二、天沟外排水……157
　　三、内排水……157
单元四　建筑排水系统施工图识读……158
　　一、排水施工图常用图例……158
　　二、排水施工图的组成……163
　　三、室内排水工程图的识读方法……164
　　四、室内给水排水工程图的识读……164

模块十二　建筑排水系统方案确定……172

单元一　排水系统选择……172
　　一、污废水的性质……172
　　二、污废水污染程度……172
　　三、污废水综合利用的可能性和处理要求……172
单元二　建筑排水系统的类型……173
　　一、污废水排水系统的类型……173
　　二、新型排水系统……175

模块十三　建筑排水系统施工图绘制……176

单元一　排水管道布置与敷设……176
　　一、排水管道的布置……176
　　二、排水管道的敷设……177
单元二　通气管道布置与敷设……180
　　一、伸顶通气立管……180
　　二、专门通气管道……180
单元三　建筑排水系统施工图绘制……182
　　一、排水立管的绘制……183
　　二、排水管线的绘制……183
　　三、排水立管系统图的绘制……184
单元四　卫生间排水管道详图绘制……186
　　一、布置洁具……187
　　二、绘制卫生间排水管线……187
　　三、绘制排水附件……188
　　四、卫生间排水管线系统图的绘制……188

模块十四　建筑排水系统设计计算……190

单元一　排水定额及排水设计秒流量……190
　　一、排水定额……190
　　二、设计秒流量……191
单元二　排水管道的水力计算……192
　　一、排水横管的水力计算……192
　　二、排水立管的水力计算……197
　　三、通气管的水力计算……197
单元三　污废水的局部处理与提升……198
　　一、污废水的局部处理……198
　　二、污废水提升……201

模块十五　建筑热水供应系统施工图识读……203

单元一　建筑热水供应系统的分类和组成……203
　　一、热水供应系统的分类……203
　　二、热水供应系统的组成……203
　　三、热水加热方式……204
　　四、热水供水方式……204

单元二　施工图识读 …………………205
　　一、热水供应系统施工图常用图例……206
　　二、热水供应系统施工图的识读
　　　　方法 ………………………………207
　　三、热水供应系统施工图的识读 ………207

模块十六　建筑热水供应系统方案确定 …………………………216

单元一　热水加热方式和供应方式 ……216
　　一、热水的加热方式 ………………216
　　二、热水的供应方式 ………………216
单元二　热水供应系统的管材与
　　　　附件 ………………………………220
　　一、热水管材与管件的要求 ………220
　　二、附件 ………………………………220

模块十七　建筑热水供应系统施工图绘制 ……………………225

单元一　热水供应系统管道布置
　　　　与敷设 ……………………………225
单元二　热水供应系统管道保温
　　　　与防腐 ……………………………227
　　一、管道与设备的保温 ………………228
　　二、管道与设备的防腐 ………………229
单元三　建筑热水供应系统施工图
　　　　绘制 ………………………………230
　　一、热给水、回水立管的绘制 ………231
　　二、热给水、回水管线的绘制 ………231
　　三、热水立管、横干管系统图的
　　　　绘制 ………………………………232
　　四、卫生间热水管线的绘制 ………233
　　五、卫生间管道平面图系统图布置…233

模块十八　建筑热水供应系统设计计算 …………………………236

单元一　热水水质、水温及用水
　　　　标准 ………………………………236
　　一、热水水质 ………………………236
　　二、热水用水定额 …………………237
　　三、水温 ……………………………239
单元二　耗热量、热水量及热媒
　　　　耗量计算 …………………………241
　　一、耗热量计算 ……………………241
　　二、热水量计算 ……………………242
　　三、热媒耗量计算 …………………242
单元三　设备选型计算 …………………245
　　一、加热器的种类 …………………245
　　二、加热设备供热量的计算 ………249
　　三、水加热器加热面积及贮水容积
　　　　的计算 ……………………………250
　　四、加热设备的选择与布置 ………251
单元四　热水供应管网水力计算 ………252
　　一、第一循环管网的水力计算 ………253
　　二、第二循环管网的水力计算 ………254

模块十九　小区给水排水系统施工图识读 ……………………263

单元一　小区给水系统施工图识读 ……263
　　一、小区给水施工图 ………………263
　　二、小区给水管道平面图 …………263
　　三、小区给水管道纵断面图 ………263
　　四、小区给水大样图 ………………265
　　五、小区给水管道施工图识读 ……265
单元二　小区排水系统施工图识读 ……266
　　一、小区排水施工图 ………………266

二、小区排水管道平面图⋯⋯⋯266
三、小区排水管道纵断面图⋯⋯⋯267
四、小区排水系统附属构筑物
　　大样图⋯⋯⋯⋯⋯⋯⋯⋯⋯267
五、小区排水管道施工图识读⋯⋯⋯274

模块二十　小区给水排水系统设计⋯⋯⋯275

单元一　小区给水系统设计⋯⋯⋯275
一、居住小区的概念⋯⋯⋯⋯⋯275
二、居住小区给水排水的特点⋯⋯275
三、居住小区给水系统分类及组成⋯⋯276
四、居住小区给水系统供水方式⋯⋯277
五、居住小区给水管材、管道附件⋯⋯280
六、居住小区给水管道布置与敷设⋯⋯280
七、居住小区设计用水量⋯⋯⋯281
八、居住小区给水系统管道设计
　　流量⋯⋯⋯⋯⋯⋯⋯⋯⋯282
九、水泵、水池、水塔和高位水箱⋯⋯284

单元二　小区排水系统设计⋯⋯⋯285
一、居住小区排水体制⋯⋯⋯⋯285
二、居住小区排水系统的组成⋯⋯286
三、居住小区排水管材和检查井⋯⋯286
四、居住小区排水管道布置和敷设⋯⋯287
五、居住小区生活污水排水量与
　　排水管道的设计流量⋯⋯⋯288
六、居住小区生活排水管道水力
　　计算⋯⋯⋯⋯⋯⋯⋯⋯⋯288
七、居住小区设计雨水流量与雨水
　　管道水力计算⋯⋯⋯⋯⋯289

单元三　小区中水系统设计⋯⋯⋯290
一、小区中水系统概述⋯⋯⋯⋯290
二、中水系统的组成⋯⋯⋯⋯⋯291
三、中水系统的形式⋯⋯⋯⋯⋯291
四、中水水源的选择、水量及水质⋯⋯293
五、中水用水的水质与水量⋯⋯⋯295
六、水量平衡⋯⋯⋯⋯⋯⋯⋯296

模块二十一　水景给水排水工程⋯⋯⋯299

单元一　水景的作用及类型⋯⋯⋯299
一、水景的作用⋯⋯⋯⋯⋯⋯299
二、水景的类型⋯⋯⋯⋯⋯⋯300

单元二　水景的给水排水系统设计⋯⋯⋯301
一、水量和水质⋯⋯⋯⋯⋯⋯301
二、喷泉常用的给水排水系统⋯⋯302

模块二十二　游泳池给水排水工程⋯⋯⋯305

单元一　游泳池的类型及规格⋯⋯⋯305
一、游泳池的类型⋯⋯⋯⋯⋯305
二、游泳池的规格⋯⋯⋯⋯⋯305

单元二　游泳池的给水排水系统设计⋯⋯⋯306
一、游泳池的给水系统⋯⋯⋯⋯306
二、游泳池水的循环⋯⋯⋯⋯⋯307
三、游泳池水的净化和消毒⋯⋯⋯308
四、游泳池水的加热⋯⋯⋯⋯⋯309

参考文献⋯⋯⋯310

模块一 给水排水工程概述

单元一 市政给水排水工程概述

学习目标

能力目标：
1. 能够识读市政给水和排水系统各构筑物名称；
2. 能够分辨不同布置形式的市政给水管网；
3. 能够分辨不同排水体制的市政排水系统。

知识目标：
1. 掌握市政给水系统的组成及管道布置分类；
2. 掌握市政排水系统组成、排水体制分类及布置敷设的原则。

素养目标：
1. 培养良好的专业职业道德和职业操守；
2. 培养科学精神，尊重科学、遵循科学的工程实践方式。

一、市政给水系统概述

给水工程的基本任务是从水源取水，经过净化后供给城镇居民、工矿企业、交通运输等部门在生活、生产、消防中用水，满足他们对水质、水量、水压等方面的一定要求。给水工程分市政给水和建筑给水两大部分，建筑给水又包括居住小区给水和建筑内部给水两部分。给水工程根据对水的使用目的不同，可分为生活给水、消防给水、生产给水三大系统。根据供水对象对水质、水压的要求不同，给水系统又可分为分质给水系统和分压给水系统。

1. 市政给水系统的组成

市政给水系统一般采用生活、生产、消防合一的统一给水系统，以生活饮用水水质标准供水，其一般由水源、取水构筑物、净水构筑物、输配水管网、加压设备和起调节作用的水池、水塔或高地水池等组成。

给水水源有两种：一种是地下水源；一种是地面水源。图 1-1 所示为以地下水作为水源的给水系统。

地下水是指潜水、承压地下水和泉水等。这类水一般受污染少，水质比较清洁，水温比较稳定。以地下水作为水源的给水系统一般由井群、集水池、泵站、输水管网、水塔、配水管网等组成。井群由若干个管井组成，是市政给水系统中广泛采用的地下水取水构筑物。通常用凿井机

图 1-1 以地下水作为水源的给水系统
1—管井群；2—集水池；3—泵站；
4—输水管网；5—水塔；6—配水管网

械开凿至含水层，用井管保护井壁，由深井泵或深井潜水泵进行取水。图1-2所示为管井的构造图，管井由井室、井管、过滤器和沉砂管等组成。输水管网是指将取水构筑物取集的原水引送至水处理构筑物的原水输水管道及其附属构筑物，以及将净化处理后的清水引送至配水管网的清水输水管道及其附属构筑物。配水管网是指将输水管网送来的清水再转输到各用户中去的管网。

图1-3所示为以地表水作为水源的给水系统。地表水是指江河、湖泊、水库里的水。这类水一般易受污染，含杂质较多，但水量较充沛。采用地表水作为水源的给水系统一般由取水构筑物、一级泵站、净水构筑物、清水池、二级泵站、输水管线、水塔和配水管网组成。常规地表水净化流程示意如图1-4所示。

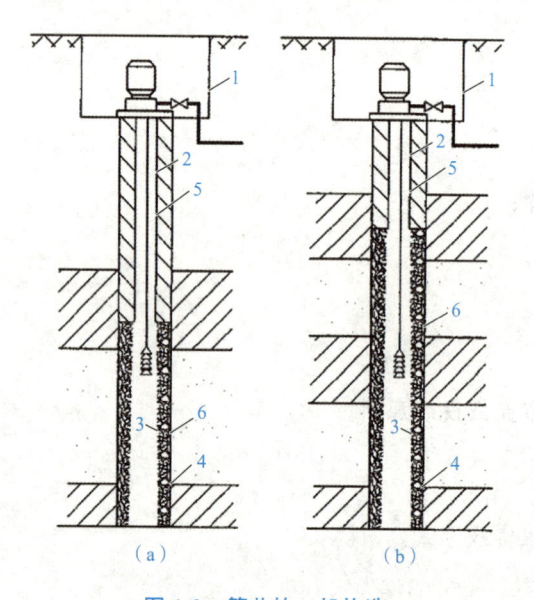

图1-2 管井的一般构造
(a)单层过滤器管井；(b)双层过滤器管井
1—井室；2—井壁管；3—过滤器；
4—沉淀管；5—黏土封闭；6—规格填砾

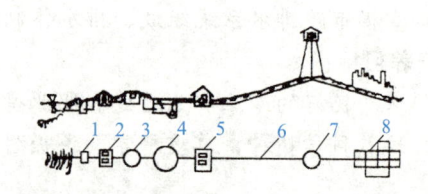

图1-3 以地表水作为水源的给水系统
1—取水构筑物；2—一级泵站；3—净水构筑物；4—清水池；
5—二级泵站；6—输水管线；7—水塔；8—配水管网

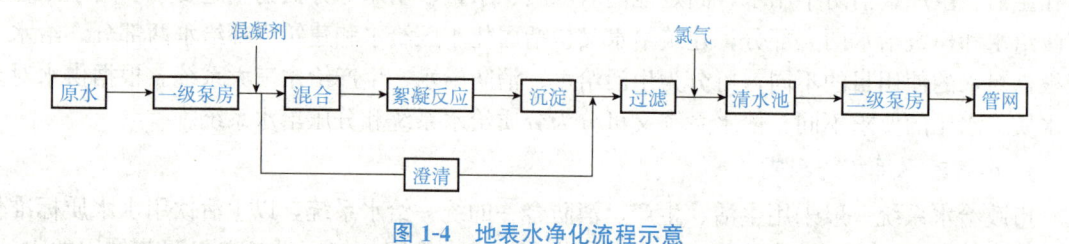

图1-4 地表水净化流程示意

混凝是现代净水工艺的基础，水的混凝过程主要有加药、混合、絮凝反应三个阶段。加药的目的在于减弱或消除原水中胶体颗粒的电位，从而使胶体颗粒的相互接触吸附成为可能。所投加的药剂称为混凝剂，目前常用的混凝剂有硫酸铝、三氯化铁、聚合铝等。混合的目的是使药剂快速均匀地分散到水中，使胶体颗粒的表面性质发生改变，为胶体颗粒间的相互接触吸附创造条件。絮凝反应在反应池内进行，其作用是使胶体颗粒相互接触吸附，由小颗粒逐渐凝聚成大颗粒，凝聚成人肉眼可见的凝状体(矾花)，为沉淀处理创造条件。

水中固体颗粒依靠自身重力从水中分离出来的过程称为沉淀。澄清的作用相当于絮凝反应和沉淀的综合，主要利用原水和池中积聚的活性泥渣之间的相互接触，发生接触絮凝而使水得以澄清。过滤的作用是去除经混凝沉淀或澄清后仍留在水中的细小杂质颗粒及部分细菌。消毒是保证水质的最后一关，消毒的方法有物理与化学两种；物理消毒是采用加热、紫外线和超声波等方法；化学消毒是在水中加入消毒能力强的物质(如加氯等)，消毒的目的是消灭致病微生物。

2. 市政给水管道的布置

市政给水管道的布置应注重供水的可靠性和技术经济的合理性，其布置方式一般分为枝状管网和环状管网。

(1)枝状管网。图1-5所示为枝状给水管网，其特点是管路的长度比较短，系统单向供水，供水的安全可靠性差，在允许短时间停水的给水场合可布置成枝状管网。

(2)环状管网。给水干管布置成若干个闭合环流管路称为环状给水管网，如图1-6所示。环状管网管路长度比枝状管网长，管网中所用的阀门也较多，因此基建投资大。但环状给水管网是双向供水，供水安全可靠。

无论是枝状管网还是环状管网，供水干管都宜布置在用水量大，供水保证率要求高的建筑物附近，沿道路布置在绿地或人行道下面与建筑物平行敷设，以便于施工、管理和维护。

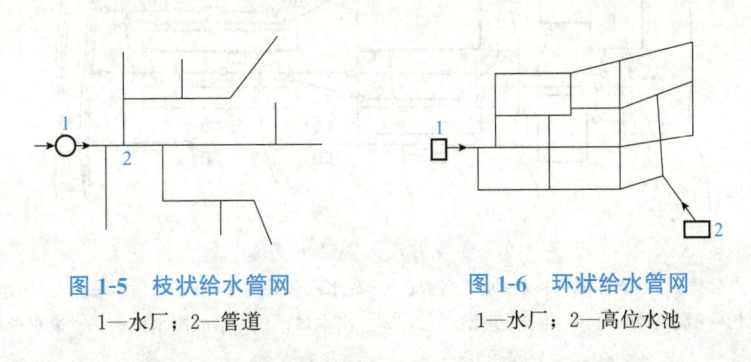

图1-5 枝状给水管网
1—水厂；2—管道

图1-6 环状给水管网
1—水厂；2—高位水池

二、市政排水系统概述

市政排水系统的基本任务是将城市的各种污废水和雨水有组织地进行排除和处理，以保证环境卫生和防止水体被污染。

1. 排水体制

城市排水体制是城市污废水和雨雪水收集和排放方式的相关制度。城市排水体制一般分为分流制和合流制两种形式。

(1)分流制排水系统。将生活污水、生产废水和雨雪水用不同的排水系统分别排除的方式称为分流制排水系统。其中汇集和处理生活污水和工业废水的系统，称为污水排水系统；汇集和排除雨雪水的系统，称为雨水排水系统。

(2)合流制排水系统。将生活污水、生产废水和雨雪水用同一个排水系统进行排除的方式称为合流制排水系统。

合流制排水系统管线单一，可以节省管道造价，有利于施工。但是由于管道断面尺寸大，晴天和雨天流入管网与污水处理厂的水量和水质变化较大，使污水处理的情况变得复杂化，运行管理较复杂。

分流制排水系统，污水管道管径较小，管网中的水量和水质变化不大，便于运行管理。但由于埋设两条管线，故总造价较高，施工相对较复杂。

2. 排水系统的组成

我国对新建小区要求采用分流制排水系统，因此下面主要介绍分流制排水系统的组成。

(1)污水排水系统的组成。污水排水系统主要由建筑物内部排水系统及设备、厂区及居住区室外污水管道、泵站、污水处理厂（站）、排水口等组成。

(2)雨雪水排除系统的组成。雨雪水的水质，除了初期雨水之外，接近地面水的性质，因而不经过处理就可以直接排入天然水体。雨雪水排除系统一般由房屋雨水排除设备及雨水管道、厂区及居住区雨水管道及雨水口、雨水泵站和压力管道等组成。

图 1-7 所示为某工业区室外排水系统总平面的组成示意，图中实线表示的是污水管道，点画线为雨水管道。

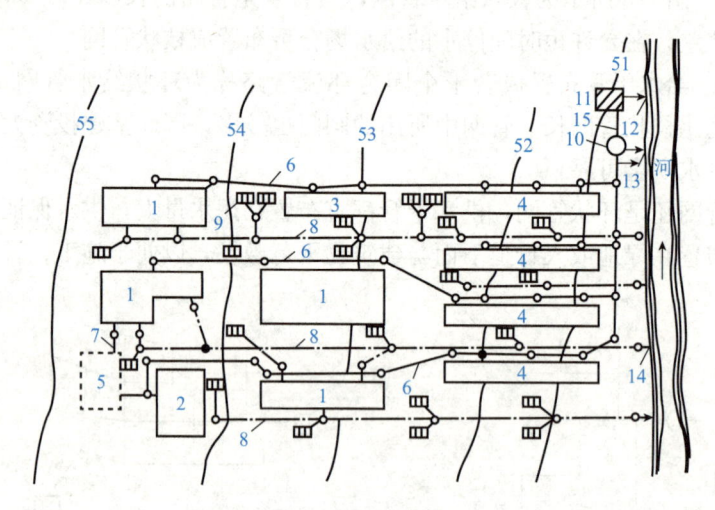

图 1-7 室外排水系统总平面图示意

1—生产车间；2—办公楼；3—值班宿舍；4—职工宿舍；5—废水局部处理车间；6—污水管；7—废水管；8—雨水管；9—雨水口；10—污水泵站；11—废水处理站；12、14—出水口；13—事故出水口；15—废水处理站流入管

典型的城市污水处理流程如图 1-8 所示。其中污水经格栅、曝气沉沙池进入初次沉淀池的处理一般称为污水的一级处理；经生物处理、二次沉淀池、消毒灯过程的处理称为污水的二级处理。

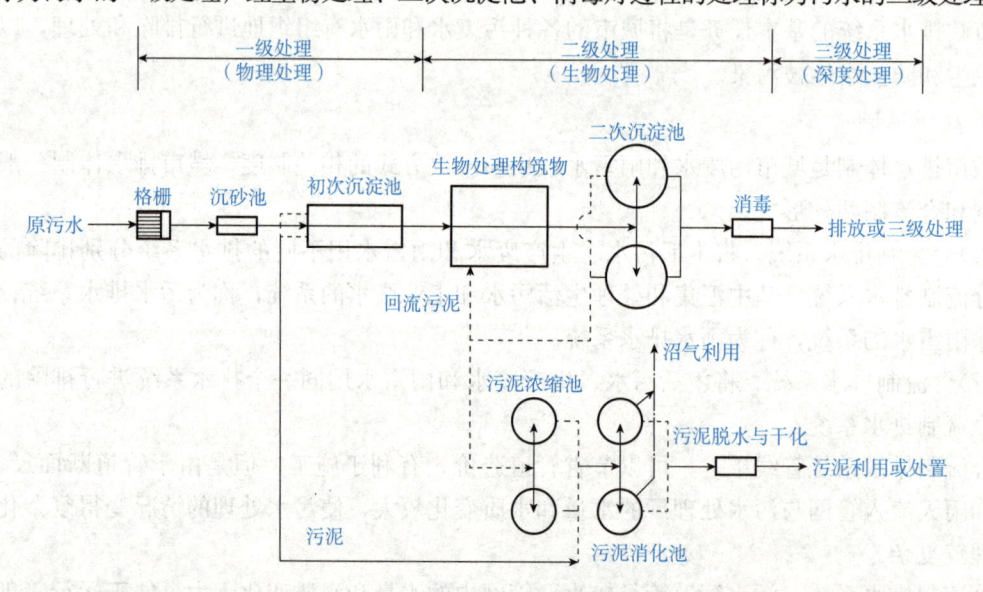

图 1-8 城市污水处理流程示意

3. 排水系统的布置与敷设

市政排水管道的布置应根据城市的总体规划、地形标高、建筑和道路的平面布局、城市排

水管线的位置、污水处理厂的位置等因素来确定。总的原则为管线短、埋深小、尽量自流排出。

排水管道系统的布置与敷设一般应满足以下要求：

(1)排水管道宜沿道路和建筑物的周边呈平行布置，路线最短，应尽量减少转弯，减少相互间及与其他管线、河流及铁路间的交叉。检查井间的管线应为直线。

(2)干管应靠近主要排水建筑物，并布置在连接支管较多的一侧。

(3)管道应尽量布置在道路边侧的慢车道、人行道下面，管道与铁路、道路交叉时，应尽量垂直于路的中心线。

(4)排水管道平面排列及标高设计与其他管道发生冲突时，应按小管径让大管径的管道、可弯的管道让不能弯的管道、新设的管道让已建的管道、临时性的管道让永久性的管道、有压力的管道让自流的管道的规定处理。

(5)排水管道及合流制管道与生活给水管道交叉时，应敷设在给水管道下面。

(6)管道不得因机械振动而被损坏，也不得因气温低而使管内水流冻结。管道损坏时，管内污水不得冲刷或侵蚀建筑物以及构筑物的基础和污染生活饮用水水管。

(7)施工安装和检修管道时，不得互相影响。

> **课堂能力提升训练**
>
> 给出简单的城镇平面图，学生根据所学的市政给水排水管道布置原则与敷设要求，独立进行实操布线训练。

单元二　建筑给水排水工程概述

学习目标

能力目标：
能够简述建筑给水排水系统的组成和功能。

知识目标：
1. 掌握建筑给水排水各系统的组成；
2. 了解建筑给水排水工程技术近年来的发展。

素养目标：
应该认识到建筑给水排水系统领域的知识不断更新和发展，树立终身学习的观念，不断提高专业水平。

视频：建筑给水排水工程概述

一、建筑给水排水工程的任务

建筑给水工程的任务就是经济合理地将城镇给水管网或自备水源给水管网的水引入室内，经配水管送至生活、生产和消防用水设备，并满足各用水点对水量、水压和水质的要求。

建筑排水工程的任务就是将建筑物内部产生的污废水，以及降落在屋面上的雨雪水，通过建筑排水系统排到市政排水管道。

二、建筑给水排水系统的组成和内容

建筑给水排水工程包含建筑内部给水系统、消防给水系统、建筑内部污废水排水系统、建筑热水和饮水供应系统、建筑中水系统、屋面雨水排水系统、小区给水排水系统以及特殊构筑物(如泳池、水景等)给水排水系统等。

1. 建筑内部给水系统

建筑给水系统的作用是将市政给水管道中的水引入建筑物内部各用水点，因此其由管道、各类阀门、配水龙头、水池、增压设备等部分组成。

2. 建筑消防给水系统

建筑物发生火灾时，根据建筑物的性质、燃烧物的特点，可以使用水、泡沫、干粉、气体等作为灭火剂来灭火。一般建筑常用水来灭火，因此建筑内需设消防给水系统，保证在建筑物发生火灾时能将水送达着火点以进行有效的灭火。建筑消防给水系统包含建筑消火栓给水系统、自动喷水灭火系统、水幕消防系统等，其由消防给水管道、各类阀门、消火栓、喷头、贮水池、增压设备及其他灭火设备等组成。

3. 建筑内部污废水和屋面雨水排水系统

排水系统的作用是将建筑内部产生的污废水通过污废水收集器收集后，由建筑内部的排水管排出建筑物。同样，屋面雨水通过屋面雨水斗及雨水管道排至建筑物外部，保证建筑内部的正常使用功能。

4. 建筑热水和饮水供应系统

如宾馆、住院楼等需要提供热水，有的建筑还需要提供饮水供应，这时就需要将冷水加热到一定温度，然后经过可靠的安全的技术措施输配到建筑内各用水点。建筑热水供应系统由冷水加热设施、输配水设施和安全控制设施三部分组成。

5. 建筑小区给水排水系统

城镇居民的住宅建筑群按用地分级控制规模可以分为居住组团、居住小区和居住区三级。此外，城镇中工业和其他民用建筑群，如中小企业厂区、大专院校、医院、宾馆、机关单位的庭院等，与居住小区、居住组团的规模结构相似，可以将这类小区与居住小区、居住组团一样看待。因此，小区给水排水管道是建筑内部给水排水管道和市政给水排水管道的过渡管段。小区给水排水系统还包含浇洒小区绿地等公共设施的给水排水系统和污废水局部处理设施。

6. 建筑中水系统

建筑中水系统是将建筑或建筑小区内使用后的生活污、废水经适当处理后用于建筑或建筑小区作为杂用水的供水系统，其由中水原水系统、中水处理系统、中水输配管道系统等组成。设有中水系统的建筑排水系统一般采用污废水分流的排水体制，中水的原水一般为杂排水和雨水。

三、建筑给水排水工程技术的发展

建筑给水排水是给水排水工程的重要组成部分，建筑给水排水设施的完善程度，是衡量经济发展和人民生活水平及质量的重要标志之一。随着我国改革开放和国民经济的持续发展、高层建筑的大量兴建、人民生活水平的不断提高，以及国外技术的引进和我国给水排水工程技术人员的科技攻关，建筑给水排水在节水型卫生设备、管材、增压设备、小型污水局部处理系统、中水技术、热水加热设备、建筑灭火等方面取得了一些科技成果，有了明显的技术进步，使得建筑给水排水工程获得了快速的发展。

1. 节水技术的发展

由于我国水资源短缺，节水技术是我国近年科技攻关的重点。目前我国的卫生器具给水配件已应用了陶瓷阀芯技术，光电、红外感应控制节水技术，同时也应用了液压式冲洗水箱配件、水池水位控制阀、延时自闭冲洗阀、节水型大便器及冲洗水箱等节水设备。此外，在缺水型城市，大力推行了建筑中水技术和雨水利用技术，并取得了良好的效果。

2. 增压设施技术的发展

增压设施是建筑给水排水中发展最快的装置之一，常用的增压设备有水泵、气压给水设备和变频调速给水设备等。用于建筑给水的水泵有卧式泵、立式泵、管道泵和潜水泵等，水泵正向高效、低噪方向发展。为配合变频调速给水设备和可编程逻辑控制给水设备，水泵的发展也逐步由通用性向专用性发展，各种特色泵（如多出口泵、特制立式多吸泵和不锈钢泵等）相继研发成功。此外，泵的启停控制也取得了很大的进展，泵控制型智能马达控制器可消除泵及系统的启动脉冲，可以可靠地启停水泵。气压给水设备在20世纪80年代末取得了快速的发展，已形成补气式和隔膜式两大系列，并在变压式气压给水设备的基础上，研制成功了定压式气压给水设备。变频调速给水设备自20世纪90年代后期以来得到了快速的应用，目前已有恒压变量、双恒压变量、变压变量、多点控制变量和变频式气压给水设备等形式。今后随着超导磁通量材料的应用，电动机体积越来越小，建筑给水泵趋向小型化和管道化，电控部分也向着微型化、智能化发展。变频调速泵机组是增压设备今后发展的主流方向。

3. 管材与连接技术的发展

随着科技的进步，新型管材不断研发成功，有硬聚氯乙烯管（U-PVC）、聚丙烯管（PP）、改性聚丙烯管（PP-R）、交联聚乙烯管（PEX）、聚丁烯管（PB）、铝塑复合管（PAP）等。目前给水塑料管的应用已达到成熟阶段。钢塑复合管在解决钢管和塑料的离层问题、端部密封问题和管件连接问题等方面有了重大突破。金属管方面，薄壁铜管和薄壁不锈钢管在材质、接口方式、固定支架设置、伸缩器选用等方面有了较快发展，在高层建筑尤其在热水管道上得到了普遍的应用。新型管材的应用，使得传统的镀锌钢管逐渐淡出生活给水管道。

建筑排水硬聚氯乙烯管（U-PVC），在解决管道伸缩、耐温抗老化、防火等问题后，得到了广泛的应用，现已淘汰了传统的排水铸铁管。柔性接口排水铸铁管具有一定的耐压能力和良好的抗震性能，20世纪90年代末又研制成功了不锈钢卡箍式接口排水铸铁管，其在具备上述优点的基础上又有良好的易施工性和接口的美观牢固性，在高层和超高层建筑中得以广泛应用。

在管道的连接形式上，卡箍式管道接头由于其不破坏管道的防腐层、施工快速简便、维修方便、承压能力高等优点，近年来得到了迅速发展和广泛应用。

4. 热水供应技术的发展

热水供应技术的发展主要体现在燃油燃气中央热水机组的应用上，由于采用了一次换热，使得换热效率得以较大提高。同时，间接式热水加热设备的加热方式也由稳流理论发展到紊流加热理论，使得各种新型间接加热设备（如导流型容积式水加热器、半容积式水加热器、半即热式水加热器、新颖快速式水加热器等）不断问世。此外，我国的太阳能热水器的应用也获得了快速发展，目前我国的家庭型太阳能热水器销量达到世界第一，并建设了几个太阳能热水利用示范工程，为绿色能源的利用奠定了良好的基础。

5. 建筑消防灭火技术的发展

目前，我国的建筑消防正处于以消火栓给水系统为主向以自动喷水灭火系统为主，临时高压消防给水系统向稳高压消防给水系统发展，卤代烷灭火系统向 CO_2 灭火系统、细水雾灭火系统及卤代烷的替代物（七氟丙烷等）灭火系统方向发展。

6. 特殊构筑物给水排水技术的发展

游泳池给水排水技术发展了整体式滤水系统，其集传统的水循环处理和配水、回水系统于一体，保证了泳池的结构。同时，制波和制浪技术也得到了应用。

生活水平的提高，使得水景工程得以快速发展。新颖喷头和新颖喷水造型设计在不断拓新变化，喷泉控制已有程序控制、音乐控制、多媒体技术的触摸控制等多种形式。

> **课堂能力提升训练**
>
> 1. 给出某一建筑给水排水施工图，学生根据所学知识，了解并辨别给水系统、消防系统、污废水系统、雨水系统、热水系统及中水系统。
> 2. 给出某一小区给水排水施工图，学生根据所学知识，了解并辨别给水系统和排水系统。

思考题与习题

1.1 以地表水作为水源的给水系统由哪些部分组成？
1.2 市政给水管道的布置形式有哪些？
1.3 城市排水体制有哪些？
1.4 污水排水系统由哪些部分组成？
1.5 雨水排水系统由哪些部分组成？

模块二 管材、器材及卫生器具

单元一 管材、管件及连接方式

学习目标

能力目标：
1. 能区分各类管材的种类、规格及特点；
2. 能够合理选用各系统的管材；
3. 能进行管道、管件的连接。

知识目标：
1. 了解管材、管件的种类、规格、特点；
2. 掌握管材、管件的连接方式。

素养目标：
1. 树立严谨、认真的学习和工作理念；
2. 培养克服困难、勇攀高峰的工作精神。

在建筑给水排水工程中，管材按用途分为给水管材和排水管材。

一、给水管材

建筑给水常用管材有金属管和非金属管两大类，其中非金属管包括塑料管和复合管。

（一）金属管

金属管有钢管、给水铸铁管、不锈钢管和铜管等。

1. 钢管

钢管分为焊接钢管(有缝钢管)和无缝钢管(图 2-1、图 2-2)。

焊接钢管分为镀锌钢管(白铁管)和非镀锌钢管(黑铁管)。普通钢管的直径用公称直径来表示，符号为 DN，单位为 mm。焊接钢筋的特点是强度高、承受压力大、抗震性能好、质量小、内外表面光滑、容易加工和安装等；但其耐腐蚀性能差、对水质有影响、价格较高。

镀锌钢管为焊接钢管的一种，镀锌钢管曾经在我国作为生活饮用水管，但长期使用发现，其内壁易生锈、结垢，容易滋生细菌、微生物等有害物质，在自来水的输送中造成"二次污染"，所以 2006 年 6 月 1 日起，根据国家的有关规定，在城镇新建住宅的生活给水系统中禁止使用镀锌钢管。目前，镀锌钢管使用在消防系统中。

无缝钢管是用钢坯经穿孔轧制或拉制的管子，无缝钢管常用外径×壁厚来表示，单位为 mm，常用于输送高温热水、高压蒸汽和易燃易爆介质。

视频：
常用金属管材

图 2-1 焊接钢管　　　　　　　　图 2-2 无缝钢管

钢管的连接方式常采用螺纹连接、焊缝连接(焊接)、法兰连接和卡箍连接。

2. 给水铸铁管

给水铸铁管一般用灰口铁铸造而成，规格用 DN 表示，单位为 mm。其特点是耐蚀、耐用，但质脆，不易加工，承压低，不宜承受较大荷载。生活给水管管径大于 150 mm 时，可采用给水铸铁管；管径大于或等于 75 mm 的埋地生活给水管道宜采用给水铸铁管(图 2-3)。

给水铸铁管的连接方式常采用承插连接和法兰连接。承插连接采用石棉水泥接口、胶圈接口、黏接口、膨胀水泥接口等，法兰连接常用于明装管道，方便拆卸。

3. 不锈钢管

在碳钢中加入铬、镍、锰等元素可制成不锈钢管，多用于石化、医药、食品工业，适用于建筑给水特别是管道直饮水及热水系统。不锈钢管可采用焊接、螺纹连接、卡压式连接、卡套式连接等连接方式(图 2-4)。

图 2-3 给水铸铁管　　　　　　　　图 2-4 不锈钢管

4. 铜管

铜管有青铜、黄铜和紫铜管，适用于比较高级住宅的冷、热水系统，规格用 $D×δ$ 表示。其特点是导热性好，多用于换热设备，可采用焊接、法兰连接、丝接、胀接等。

(二)塑料管

塑料管是合成树脂和添加剂混合经熔融成型加工而成，规格常用"dn"(公称外径)来表示。

1. 聚乙烯管(PE)

聚乙烯管(PE)包括高密度聚乙烯管、中密度聚乙烯管和低密度聚乙烯管，特点是质量小、柔韧、无毒、无垢、耐蚀。中密度管用于燃气输送，$PN=0.2\sim0.4$ MPa，高密度管用于水管。通常应按压力等级选用聚乙烯管。聚乙烯管在建筑给水中广泛应用，可采用电

视频：
常用非金属管材

熔、热熔、橡胶圈柔性连接。

2. 交联聚乙烯管（PEX）

交联聚乙烯管的特点是强度高，韧性好，抗老化、温度适应广，无毒，不滋生细菌，可在 $-70\sim95$ ℃下长期使用，外径为 $14\sim50$ mm，壁厚为 $1.8\sim4.6$ mm，PN 为 $0.6\sim1.0$ MPa。管径≤25 mm的管道与管件采用卡套式连接，管径大于等于32 mm的管道与管件采用卡箍式连接，多用于冷热水、供暖管道及采暖地板辐射管(图2-5)。

3. 聚丙烯管（PPR）

普通聚丙烯的材质耐低温冲击性差，通过共聚合的方式使聚丙烯性能得到改善。改性聚丙烯管有三种：均聚聚丙烯(PP-H，一型)管、嵌段共聚聚丙烯(PP-B，二型)管、无规共聚聚丙烯(PP-R，三型)管，特点是强度高、韧性好、无毒、温度适应范围广，但抗冲击性差，线胀系数大。其外径为 $20\sim63$ mm，壁厚为 $12.3\sim12.7$ mm，PN 为 $1.0\sim6.4$ MPa，可用于冷、热水系统，还可用于纯净饮用水系统。它采用热熔连接，管道与金属管件可以通过带金属嵌件的聚丙烯管件，用丝扣或法兰连接(图2-6)。

图 2-5　PEX 管 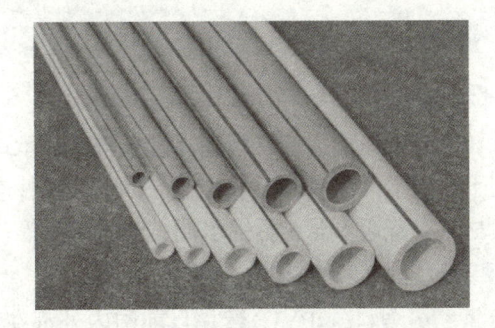　　　　图 2-6　PPR 管

4. 硬聚氯乙烯管（UPVC）

UPVC给水管材质为聚氯乙烯，使用温度为 $5\sim45$ ℃，不适合热水输送，有给水管及排水管。给水管外径为 $20\sim315$ mm，壁厚为 $1.6\sim15$ mm。其特点是耐腐蚀性好、抗衰老、黏接方便、价格低、符合输送纯净水的标准；缺点是维修麻烦，无韧性，在使用时温度过低会脆化，温度过高会软化。它可采用承插连接，也可采用橡胶密封圈柔性连接、螺纹连接或法兰连接(图2-7)。

5. ABS 管

ABS管是丙烯腈、丁二烯、苯乙烯的三元共聚物管。丙烯腈提供了良好的耐腐蚀性、表面硬度；丁二烯作为一种胶体提供了韧性；苯乙烯提供了良好的加工性能。其用于给水及酸性介质输送，使用温度为 $-40\sim80$ ℃，$PN<1.0$ MPa，管材连接方式为黏接。

(三)复合管

复合管主要用金属和塑料复合而成，常用的有铝塑复合管、钢塑复合管和涂塑钢管。

1. 铝塑复合管

铝塑复合管主要是指在中间层的焊接铝合金的内外层经胶合黏接一层聚乙烯，它同时保持了聚乙烯管和铝管的优点，又避免了各自的缺点，具有耐高温、耐蚀、抗静电的特点。其外径为 $14\sim75$ mm，燃气型 $PN=0.4$ MPa，冷热水型 $PN=1.0$ MPa，采用夹紧式铜配件连接，主要用于建筑内配水支管(图2-8)。

2. 钢塑复合管

钢塑复合管是在钢管内壁衬涂一定厚度的塑料复合而成。依据复合管基材不同，钢塑复合管可分为衬塑复合管和涂塑复合管，同时具有了钢管和塑料管的优点，钢管管材的强度高、耐高压、能承受较大的外来冲击力；塑料管材耐腐蚀、不结垢、导热系数低、流体阻力小。钢塑复合管采用沟槽式、法兰式或螺纹式连接，但需在工厂预制，不宜在现场切割。

图 2-7　UPVC 管

图 2-8　铝塑复合管

二、排水管材

1. 排水铸铁管

排水铸铁管承压能力低、质脆、管壁较薄、承口深度较小、耗用钢材多、施工不便，但耐腐蚀，适用于室内生活污水和雨水管道。排水铸铁管连接方式分为承插式和卡箍式，承插式连接常用的接口材料有普通水泥、石棉水泥、膨胀水泥等；卡箍式连接采用不锈钢卡箍、橡胶套密封。

2. 硬聚氯乙烯塑料(UPVC)管

硬聚氯乙烯塑料(UPVC)管是目前国内外都在大力发展和应用的管材，特点是质量小、耐压强度高、管壁光滑、耐化学腐蚀、安装方便等，排水管外径为 40、50、75、110、160(mm)等，壁厚为 2～4 mm。硬聚氯乙烯塑料管采用承插连接的方式。

三、管件

在建筑给水排水系统中管件种类很多，根据材料不同，管件可分为铸铁管件、钢制管件和塑料管件；根据接口形式不同，管件分为螺纹连接管件、法兰连接管件、承插连接管件。管件在管道系统中起着连接、变径、改变管道方向、分支、合流等作用，选用时要与管材相适应(图 2-9)。

管箍　　对丝　　三通　　四通　　弯头

活接头　　法兰　　补芯　　异径管　　管帽

视频：常用管件

图 2-9　管件(按所起作用划分)

管件按其在管道系统中所起作用划分为以下几种：

(1)用于延长用管件：管箍和对丝，管箍两端均为内螺纹，分为等径和异径，对丝两端均为外螺纹。

(2)分支和合流用管件：三通和四通，分为等径和异径。

(3)转弯用管件：弯头，改变流体方向，常用的有45°和90°，分为等径和异径。

(4)节点碰头管件：活接头和法兰，方便管道安装及拆卸。

(5)变径用管件：补芯和异径管，方便连接不通管径的管道。

(6)堵口用管件：丝堵和管帽，用于堵塞管件的端头或堵塞管道上的预留口。

常用的铸铁排水管件(接口为承插口)，按用途分为转向件(90°、45°、来回弯等)、丁字分支(T形三通、斜三通等)、十字分支(正四通、斜四通等)、存水弯(P形弯、S形弯)、管接头(异径管、管箍)等(图2-10)。

图 2-10　常用塑料的排水管件

(a)P形存水弯；(b)异径大小头管箍；(c)伸缩节；(d)双承插存水弯(检查口)；(e)45°弯头；
(f)45°斜三通；(g)90°三通(检查口)；(h)90°顺水三通；(i)90°弯头；
(j)90°弯头(检查口)；(k)瓶颈三通；(l)P形存水弯(检查口)；(m)管箍；(n)斜四通；(o)通气帽

四、连接方式

(1)螺纹连接：指在管子端部加工成外螺纹与带有内螺纹的管件拧接在一起，适用于较小管径和DN<100 mm的镀锌钢管。

(2)法兰连接：管道通过连接件法兰及紧固件螺栓、螺母的紧固，压紧中间的法兰垫片而使管道连接起来，适用于经常需要检修、可拆卸的部位。特点是结合强度高、严密性好及拆卸、安装方便。

(3)焊接：用电焊和氧-乙炔焰将两段管道连接在一起，是最常见和广泛的形式，但无法拆卸。其适用于 DN>32 mm 的非镀锌钢管、无缝钢管和铜管的连接。

（4）承插连接：将管子或管件的插口（小头）插入承口（喇叭口），并在其插接的环形间隙内填以接口材料的连接，适用于铸铁管、塑料排水管、混凝土管。

（5）卡套式连接：由锁紧螺母和带螺纹管件组成的专用接头进行管道连接，适用于复合管、塑料管和 DN>100 mm 的镀锌钢管连接。

（6）热熔连接：采用热熔器将管子端部加热至熔融状态，再将两端管子对接成一体，一般适用于 PPR 塑料管的连接。

视频：承插连接　　视频：法兰连接　　视频：沟槽连接　　视频：焊接

视频：卡套式连接　视频：卡压连接　　视频：螺纹连接　　视频：热熔连接

课堂能力提升训练

1. 参照实物来区分管材、器材的种类；
2. 选择各系统所用管材、管件，并做出明细表；
3. 演示管道、器材的连接。

单元二　器材

学习目标

能力目标：
1. 能区分器材的种类、作用；
2. 能区分各种附件；
3. 能进行计算水表的性能参数。

知识目标：
1. 掌握器材的种类、作用及特点；
2. 掌握附件的种类、特点、功能。

素养目标：
1. 培养独立解决工作中问题的能力；
2. 树立团队合作意识，提高团队合作能力。

器材分为配水附件、控制附件和其他附件。

一、配水附件

配水附件主要安装在管道和设备上，起到调节和分配水量的作用，通常指为各类卫生洁具或受水器分配或调节水量的各式水龙头。

1. 配水水龙头

(1)球形阀式配水水龙头、瓷片式配水水龙头：球形阀式水龙头属于普通式水龙头，一般装设在洗脸盆、污水盆和盥水盆上，如图2-11(a)所示；瓷片式配水水龙头采用了陶瓷片阀芯代替了橡胶衬垫，解决了普通水龙头漏水的问题。水流通过此种水龙头改变流向，阻力较大。

(2)旋塞式配水水龙头：旋转90°即完全开启，在短时间内可获得较大流量，一般用于开水供应，水流呈直线通过水龙头，阻力较小，但易产生水击，如图2-11(b)所示。

2. 盥洗水龙头

盥洗水龙头一般装设在洗脸盆上，供冷水和热水用，常用的有莲蓬头式、鸭嘴式、角式、长脖式，如图2-11(c)所示。

3. 混合水龙头

混合水龙头主要是进行冷水和热水的混合调节，用于盥洗、洗涤和沐浴等，这种水龙头种类繁多，价格相差较大，如图2-11(d)所示。

此外，常用的还有小便器水龙头、自控水龙头、皮带水龙头、单柄水龙头、电子感应水龙头等。如图2-11(e)和图2-11(f)所示。

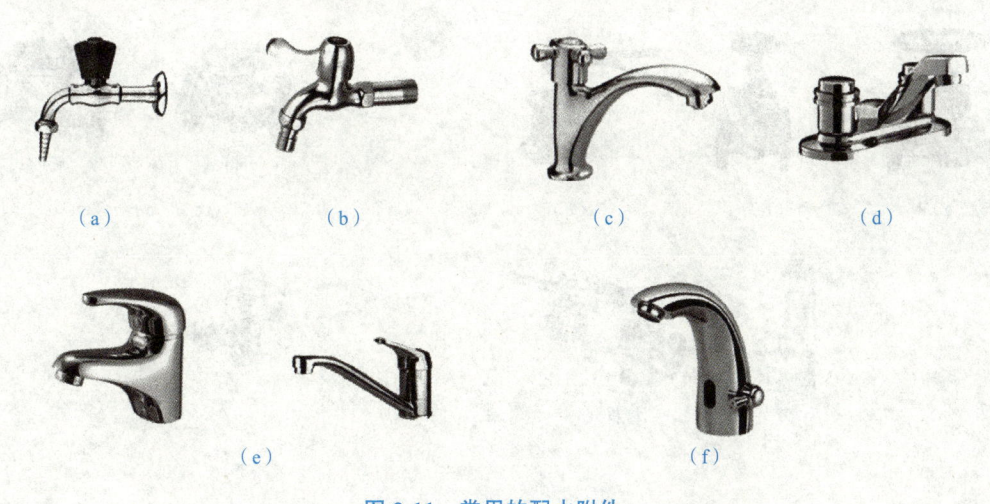

(a)　　　　(b)　　　　(c)　　　　(d)

(e)　　　　　　(f)

图2-11　常用的配水附件

(a)普通式配水龙头；(b)旋塞式配水龙头；(c)盥洗水龙头；
(d)混合水龙头；(e)冷、热水单柄水龙头；(f)电子感应水龙头

二、控制附件

控制附件是在管路中用来启闭、调节水量和水压，控制水流方向，调节水位等的各类阀门。阀门一般由阀体、阀瓣、阀盖和手轮等部件组成。

(1)截止阀。用于汽、水管路启闭与调节，启闭件为阀瓣，由阀杆带动，沿阀座轴线做升降运动而关断或开启管路，特点是结构简单、关闭严密但阻力大，安装时应低进高出。工作原

理是将手柄左旋提起阀芯开启,反之关闭,适用于经常启闭、水流呈单向流动、管径≤50 mm的管道,如图2-11(a)所示。

(2)闸阀。用于汽、水管路等的启闭,启闭件为闸板,由闸杆带动闸板做升降运动而关断或开启管路,特点是结构简单、阻力小,但不易关严。工作原理是将手柄左旋提起闸板开启,反之关闭应全开、全关。其适用于在启闭较少、水流呈双向流动、管径>50 mm的管道,如图2-12(b)所示。

(3)蝶阀。用于大直径、低参数管路,阀板在90°翻转范围内起到调节流量和关闭的作用,特点是质量小、尺寸短、关闭严密。工作原理是靠圆盘形阀芯旋转启闭,适用于较大管径的给水和消防管道,如图2-12(c)所示。

(4)浮球阀。浮球阀多装设在水箱或水池中用来控制水位,可以自动进水和自动关闭的阀门,当水位达到预设时,浮球随着水位上升,自动关闭进水;当水位下降时,浮球随着水位下降,开启进水。浮球阀口径一般为15～100 mm,如图2-12(d)所示。

(5)止回阀。属于自动阀,可控制介质流向,用来阻止水流反向流动,类别分为升降式与旋启式,启闭件为阀瓣。工作原理是介质按规定方向流动阀芯开启,反之关闭。注意一定按规定方向安装,如图2-12(e)所示。

(6)安全阀。属于自动阀,用于保护系统安全,安装在需超压保护的设备及管路,当系统超压时自动开启泄压。类别分为弹簧式、杠杆式,如图2-12(f)所示。

(7)延时自闭冲洗阀。直接安装在大便器的冲洗管上,体积小,不需要水箱,使用和安装方便,特点是节约用水和防止回流污染,如图2-12(g)所示。

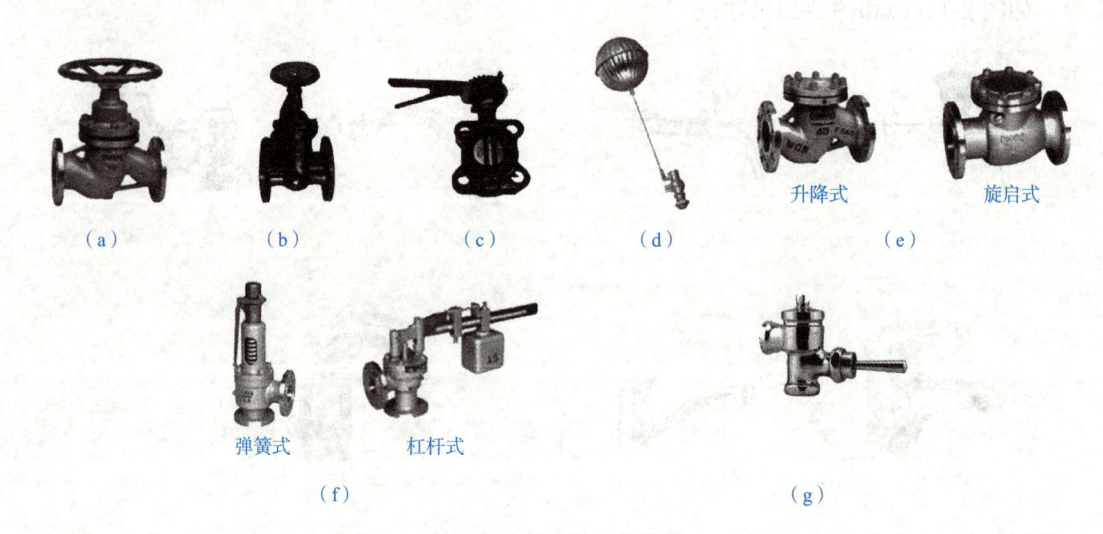

图 2-12 常用的控制附件

(a)截止阀;(b)闸阀;(c)蝶阀;(d)浮球阀;(e)止回阀;(f)安全阀;(g)延时自闭式冲洗阀

三、其他附件

在建筑给水系统中大量采用的是流速式水表。流速式水表主要根据管径一定时,水流通过水表的速度与流量成正比的原理进行测量,用于计量建筑物或设备的用水量,由外壳、翼轮和传动指示机构等部分组成。

1. 水表的种类

流速式水表分为旋翼式、螺翼式和复式,如图2-13所示。旋翼式水表的翼轮转轴与水流方向垂直，阻力较大，口径小，用于测量用水量小且用水均匀的用户，管径 DN≤50 mm 时采用；螺翼式水表的翼轮转轴与水流方向平行，阻力较小，口径大，用于测量用水量大的用户，管径 DN>50 mm 时采用；复式水表是旋翼式和螺翼式的组合形式，在流量的变化幅度大时采用，按其计数机件所处状态分为干式和湿式两种。干式水表的计数机件和水隔开，其构造复杂一些；湿式水表的计数机件浸在水中。水表按水流方向不同分为立式和水平式两种；按适用介质温度不同分为冷水表和热水表两种。

图 2-13　流速式水表实物
(a)旋翼式水表；(b)螺翼式水平

随着现代科技的发展，水表的设置方案也都从户内转向户外，均是远传式自动计量，主要包括 IC 卡智能民用水表、IC 卡智能工业水表和运传抄表系统，如图 2-14 所示。

图 2-14　智能水表实物
(a)IC 卡智能水表；(b)远传水表

2. 水表的性能参数

(1)常用流量：水表允许长期使用的流量。
(2)分界流量：水表误差限改变时的流量。
(3)最小流量：水表在规定误差限内使用的下限流量。
(4)始动流量：水表开始连续指示时的流量。
(5)过载流量：水表只允许短时间使用的上限流量。对于螺翼式水表，过载流量是指水流通过水表产生 10 kPa 水头损失时的流量值；对于旋翼式水表，过载流量是指水流通过水表产生 100 kPa 水头损失时的流量值。将过载流量作为水表的特性指标，以 K_B 表示水表的特性系数，根据水力学原理有

$$H_B = \frac{q_B^2}{K_B} \quad (2\text{-}1)$$

式中　H_B——水流通过水表产生的压力损失，kPa；

K_B——水表的特性系数；

q_B——通过水表的流量(m³/h)。

对于旋翼式水表有

$$K_B = \frac{Q_t^2}{100} \quad (2\text{-}2)$$

式中　Q_t——水表的过载流量(m³/h)；

100——水表通过特性流量时的水头损失(kPa)。

对于螺翼式水表有

$$K_B = \frac{Q_t^2}{10} \quad (2\text{-}3)$$

式中　Q_t——水表的流通能力(m³/h)；

10——水表通过流通能力时的水头损失(kPa)。

> **课堂能力提升训练**
>
> 1. 参照实物能区分器材、管件种类、特点、作用；
> 2. 选择合适的水表，计算其性能参数。

单元三　卫生器具、冲洗设备及安装

学习目标

能力目标：

1. 能对卫生器具进行合理分类；
2. 能识读卫生器具安装标准图集；
3. 能进行卫生器具安装。

知识目标：

1. 掌握卫生器具的种类；
2. 掌握卫生器具标准图的识图方法；
3. 掌握各类卫生器具的安装技术规范。

素养目标：

1. 培养创新思维工作理念；
2. 树立精益求精的工作精神。

视频：室内消火栓系统的布置

卫生器具一般采用不透水、无气孔、表面光滑、耐腐蚀、耐磨损、耐冷热、便于清扫、有一定强度的材料制造，如陶瓷、搪瓷生铁、塑料、复合材料等。卫生器具的选择要求是冲洗功能强、节水消声、设备配套、使用方便。

常用的卫生器具按用途分为以下几类：

(1)便溺用卫生器具：包括蹲式大便器(图2-15)、坐式大便器、大便槽、小便器和小便槽等。

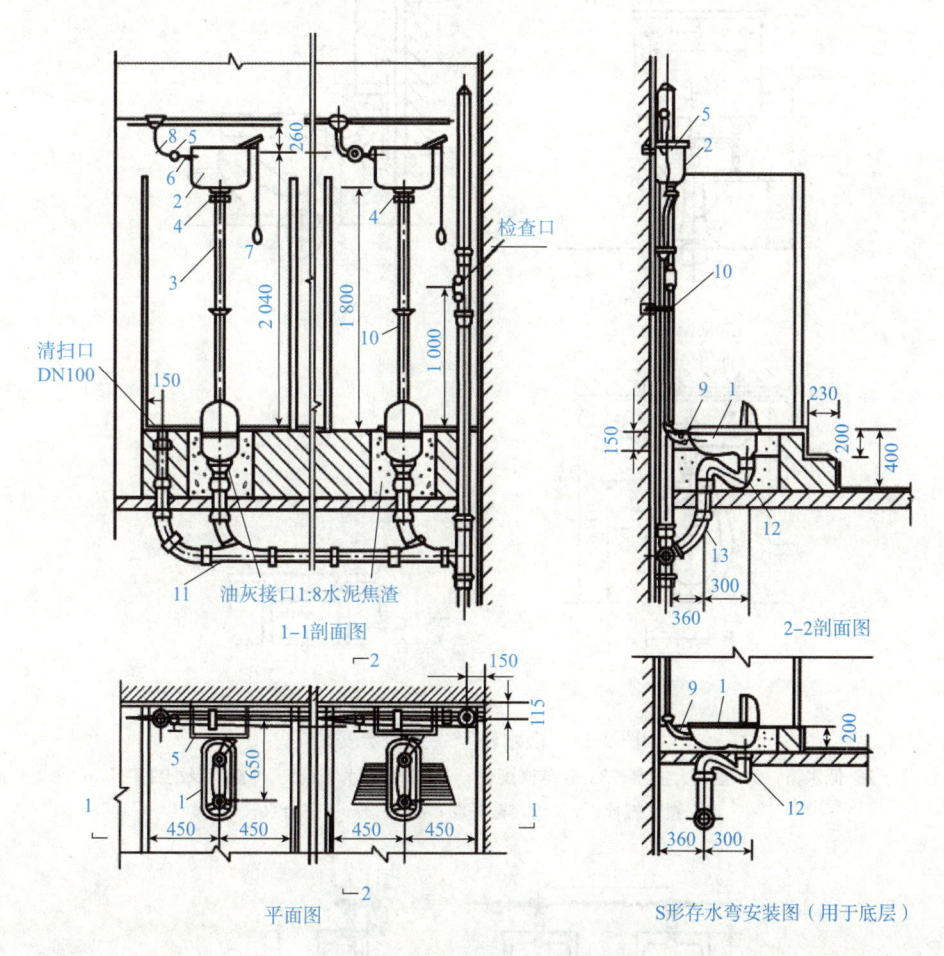

图2-15　高水箱蹲式大便器安装

1—蹲式大便器；2—高水箱；3—冲洗管DN32；4—冲洗管配件；5—角式截止阀DN15；6—浮球阀配件；7—拉链；8—弯头DN15；9—橡皮碗；10—单管立式支架；11—450°斜三通(100 mm×100 mm)；12—存水弯DN100；13—45°弯头DN100

(2)盥洗和沐浴用卫生器具：包括洗脸盆、盥洗槽、浴盆、淋浴器、净身盆等。
(3)洗涤用卫生器具：包括洗涤盆、污水池、化验盆等。
(4)专用卫生器具：包括地漏、水封装置。

一、便溺用卫生器具

(1)蹲式大便器。用于收集、排除粪便污水，多在集体宿舍、学校、办公楼等公共场所中使用，分为高水箱冲洗、低水箱冲洗和自闭式冲洗阀冲洗三种，自身不带水封装置，要另设存水弯。

(2)坐式大便器。多在住宅、宾馆等建筑中使用，有冲洗式和虹吸式两种，坐式大便器多采用低水箱冲洗，本身带水封装置(图2-16)。

(3)大便槽。多在学校、火车和汽车站，卫生标准不高，人员流动性大的场所中使用，采用集中冲洗水箱或红外数控冲洗。槽宽一般为200～300 mm，起端槽深为350～400 mm，槽底坡度不小于0.015，排水口设存水弯。

(4)小便器。一般在公共场所的男卫生间使用，冲洗方式为水压冲洗，有挂式和立式两种(图2-17、图2-18)。

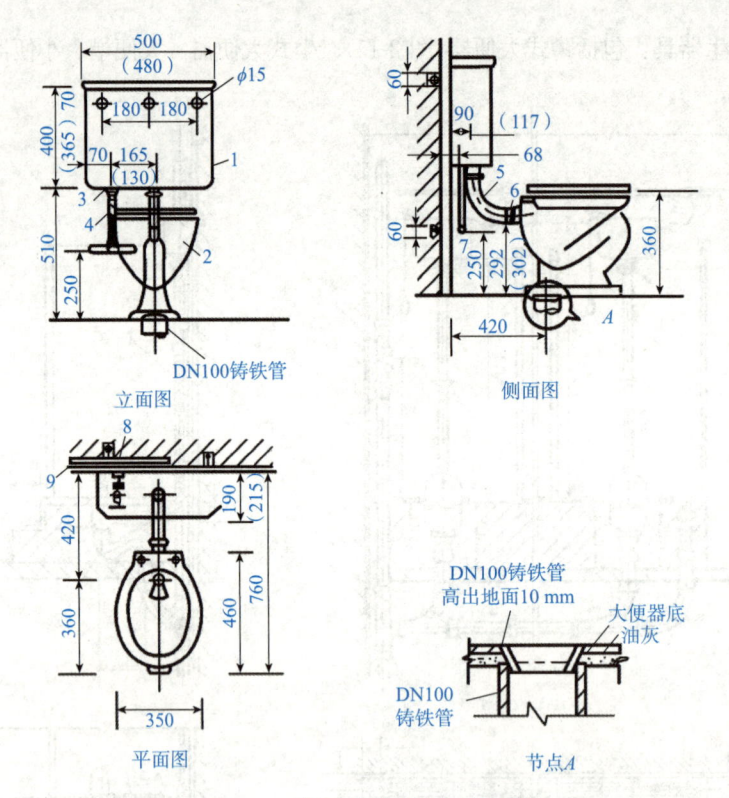

图 2-16　低水箱坐式大便器安装

1—低水箱；2—坐式大便器；3—浮球阀配件；4—水箱进水管；5—冲洗管及配件 DN50；
6—锁紧螺栓；7—角式截止阀；8—三通；9—给水管

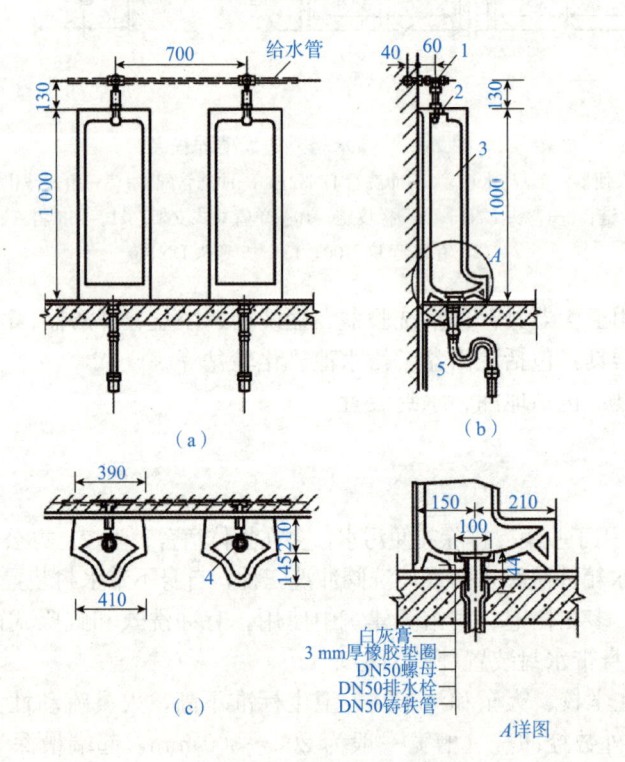

图 2-17　立式小便器安装

(a)立面图；(b)剖面图；(c)平面图

1—延时自闭冲洗阀；2—喷水鸭嘴；3—立式小便器；4—排水栓；5—存水弯

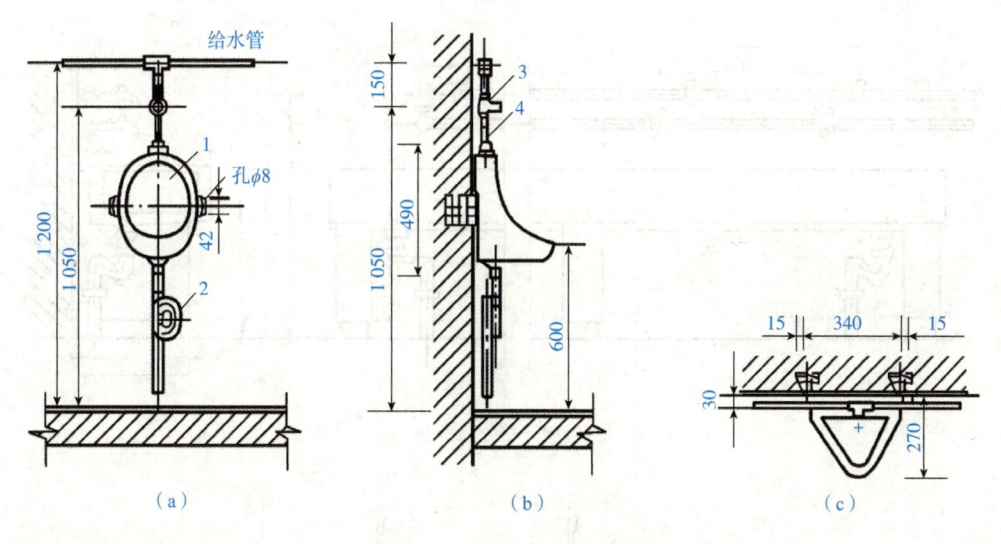

图 2-18 挂式小便器安装
(a)立面图；(b)侧面图；(c)平面图
1—挂式小便器；2—存水弯；3—角式截止阀；4—短管

(5)小便槽。多在公共卫生间、集体宿舍和教学楼的男卫生间中使用，使用人数多、造价低，通常采用手动启闭截止阀控制的多孔冲洗管冲洗，多采用冲洗水箱，排水口设存水弯。

二、盥洗和沐浴用卫生器具

(1)洗脸盆。在盥洗室、浴室、卫生间中使用，用于洗脸、洗手等，一般用陶瓷制作，安装分为墙架式、立式和台式三种(图 2-19)。

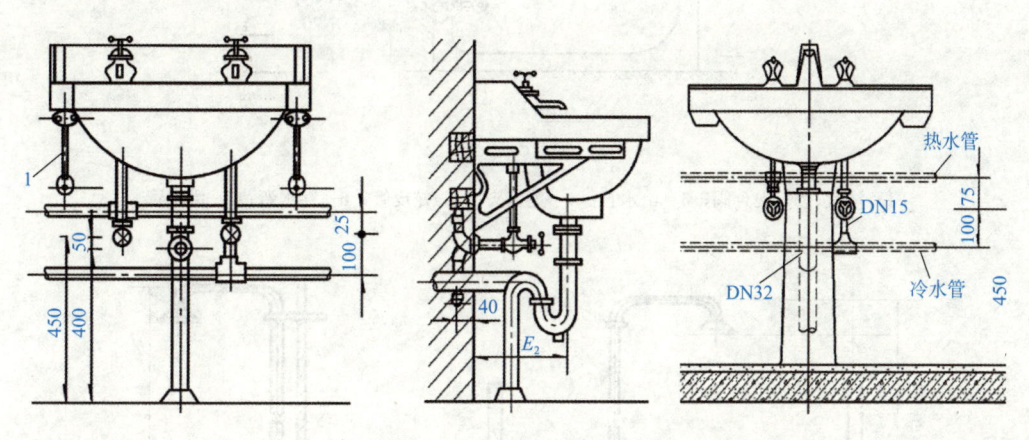

图 2-19 有沿台式洗脸盆安装

(2)盥洗槽。一般为现场砌筑，常用瓷砖和水磨石为材料，一般设在同时使用人多、对卫生要求不高的公共场所和集体宿舍。槽宽为 500~600 mm，配水龙头的间距为 700 mm，槽内靠墙的一侧设有泄水沟，槽长在 3 m 之内在中部设一个排水栓，超过 3 m 设 2 个(图 2-20)。

(3)浴盆。由玻璃钢、人造大理石和搪瓷制作，设在住宅和宾馆等建筑物内，外形一般为长方形、方形和椭圆形等，设有冷热水和混水器，形状和规格各不相同(图 2-21)。

(4)淋浴器。一般按配水阀和装置不同分为普通式、脚踏式、光电控制式等，设置在工厂、学校、机关、体育馆内的公共浴室。淋浴器具有占地面积小、干净卫生、使用人数较多、耗水量小的特点(图 2-22)。

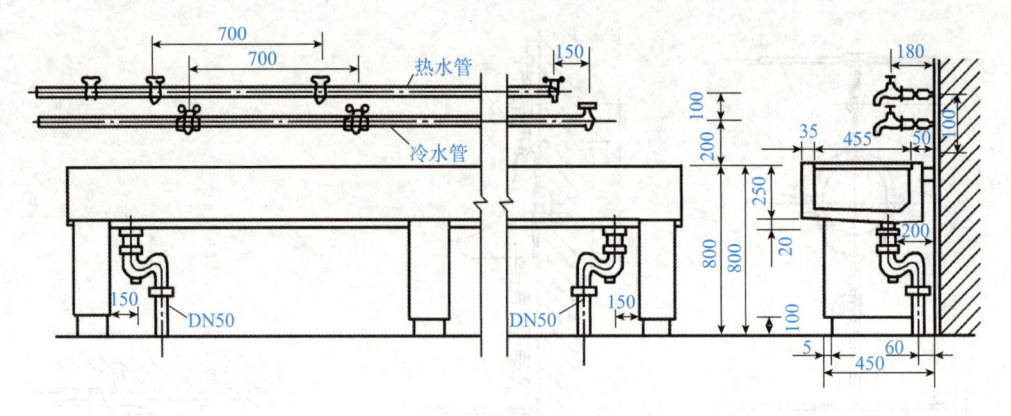

图 2-20 盥洗槽安装

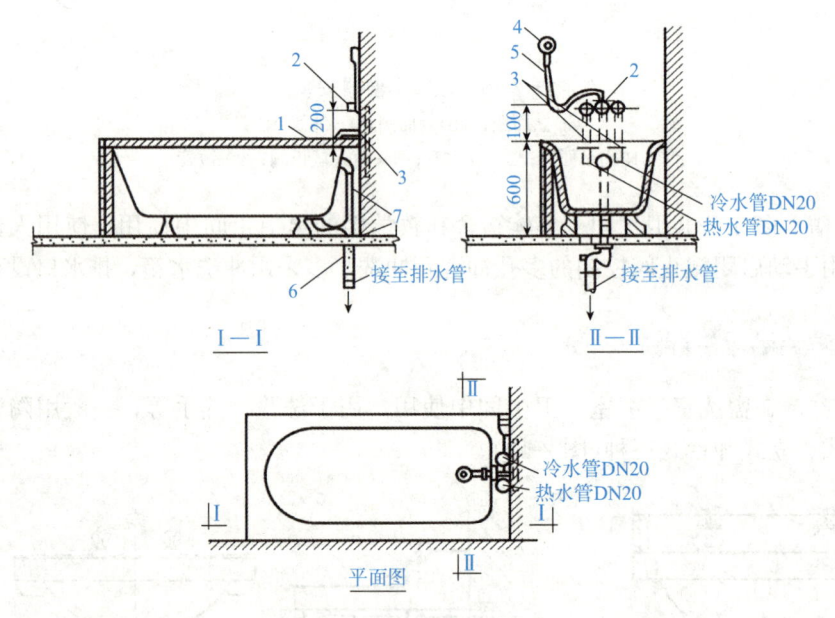

图 2-21 浴盆安装
1—浴盆；2—混合阀；3—给水管；4—莲蓬头；5—蛇皮管；6—存水弯；7—溢水管

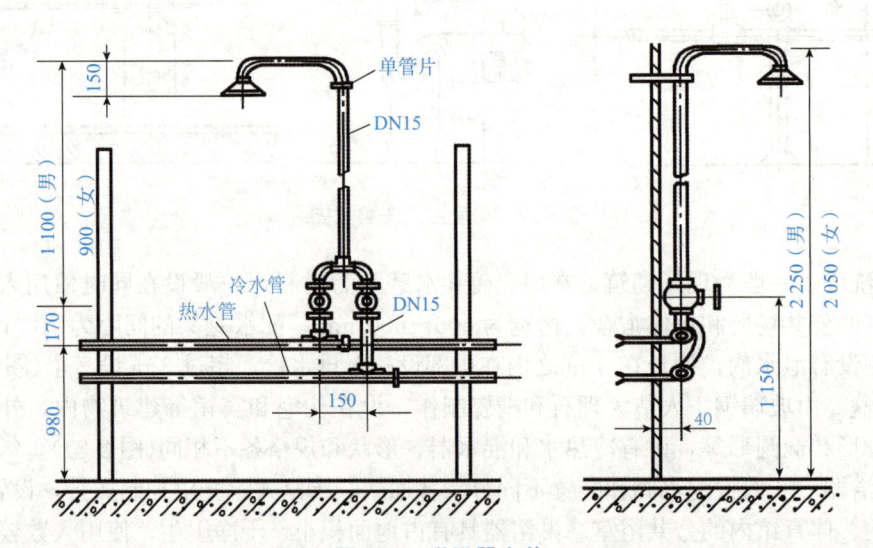

图 2-22 淋浴器安装

(5)净身盆。一般与大便器配套来进行安装,适合妇女或痔疮患者来使用,供便溺后净身,用在标准较高的宾馆、医院、疗养院的妇女卫生室内。

三、洗涤用卫生器具

(1)洗涤盆。在住宅厨房和公共食堂中使用,可以洗涤蔬菜、碗碟等,清洁卫生、使用方便,分为单格、双格和三格等,安装可以采用墙挂式、柱脚式和台式(图2-23)。

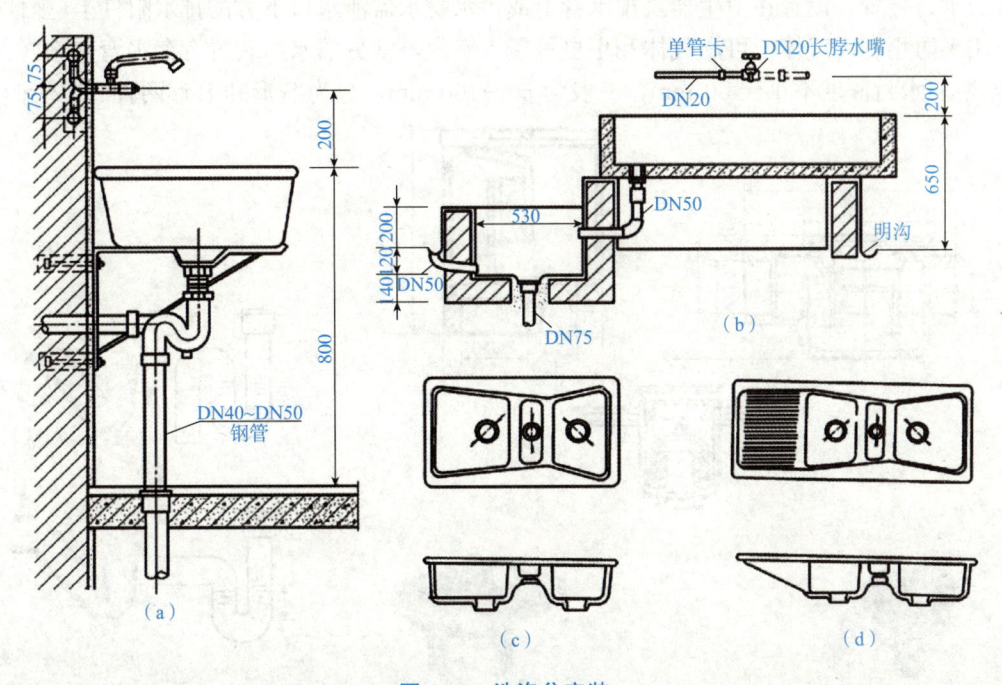

图 2-23 洗涤盆安装

(2)污水池。设置在公共建筑的卫生间、盥洗室内,又称污水盆,可以用水磨石和瓷砖制作,多为落地式,供洗涤拖把、打扫卫生和倾倒污水(图2-24)。

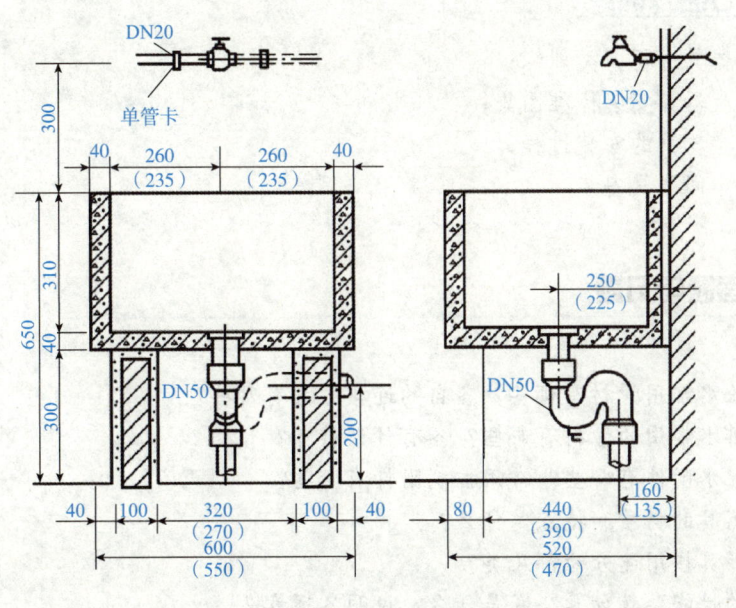

图 2-24 污水池安装

四、专用卫生器具

(1)地漏。设置在卫生间、浴室、盥洗室及需要从地面排水的最低处，用于收集和排除室内地面积水或池底污水，材质一般为铸铁和塑料，分为普通地漏、多通道地漏、存水盒地漏、双臂杯式水封地漏、防回流地漏等。地漏一般布置在不透水地面的最低处，周边无渗漏，箅子顶面应低于地面 5~10 mm，水封深度不得小于 50 mm，地面应有不小于 0.01 的坡度，坡向地漏(图 2-25)。

(2)水封装置。设置在卫生器具排水管上或污水受水器泄水口下方的排水附件上(坐便器除外)，用来防止有害气体、可燃气体和小虫等侵入室内，常见的水封装置有存水弯和水封井等，且存水弯的水封深度不小于 50 mm，一般为 50~100 mm，分为 S 形和 P 形两种(图 2-26)。

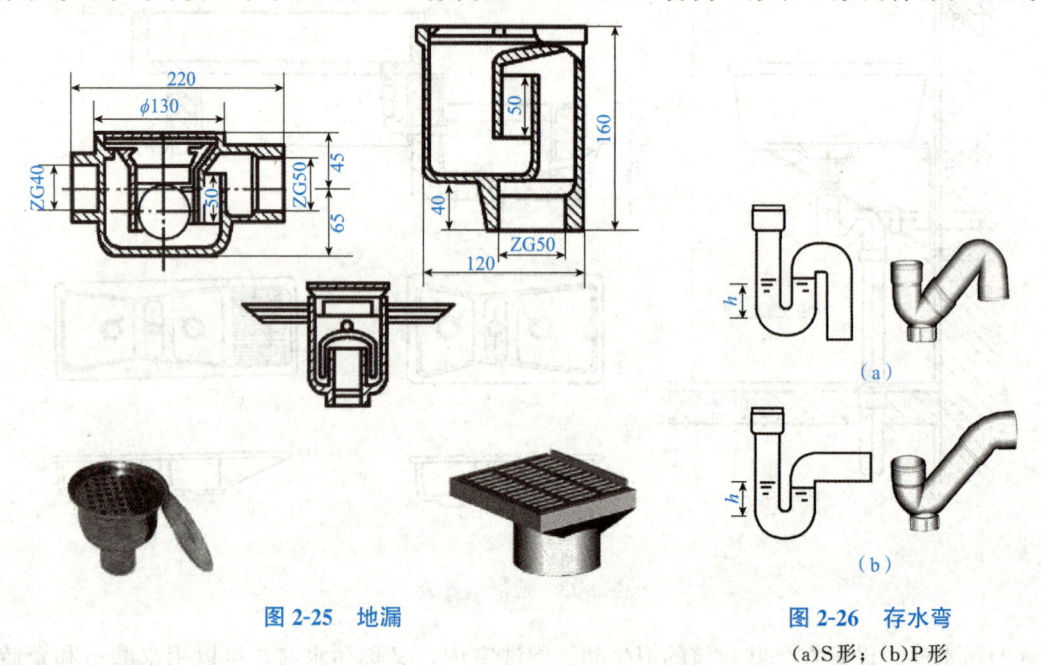

图 2-25　地漏

图 2-26　存水弯
(a)S 形；(b)P 形

课堂能力提升训练

1. 对卫生器具进行归类训练；
2. 识读卫生器具安装标准图集；
3. 演示卫生器具的安装过程；
4. 进行卫生间器具安装。

思考题与习题

2.1　建筑给水常用管材有哪些？各自的连接方式有哪些？
2.2　建筑排水常用的管材有哪些？各有什么特点？
2.3　常用配水附件有哪些？常用控制附件有哪些？
2.4　卫生器具的材质和特点是什么？
2.5　卫生器具按用途分为哪几类？
2.6　水表的性能参数计算公式是什么？说明各项意义。

模块三 建筑给水系统施工图识读

单元一 建筑给水系统的分类及组成

学习目标

能力目标：
1. 能判别给水系统的类别；
2. 能说出各给水系统的组成及各部分功能；
3. 能说出建筑给水系统的水流过程。

知识目标：
1. 掌握给水系统的类别；
2. 掌握给水系统的组成及各部分功能。

素养目标：
1. 遵循基本道德规范，有责任心和社会责任感；
2. 培养严谨、细致的工程师精神，具有解决工程实际问题的能力。

视频：建筑给水系统的分类及组成

建筑给水系统是通过给水引入管将市政给水管网中的水通过室内给水管道输送到室内各用水点，同时满足各类用水设备对水质、水量和水压要求的冷水供应系统。

一、建筑给水系统的分类

建筑给水系统按照水的用途不同分为生活给水系统、生产给水系统和消防给水系统三类。

(1) 生活给水系统。生活给水系统主要满足民用、公共建筑和工业企业建筑内的饮用、洗浴、餐饮等方面要求，要求水质必须符合国家规定的生活饮用水卫生标准。

(2) 生产给水系统。生产给水系统主要供给工业企业洗涤用水、冷却用水和锅炉用水等，现代社会各种生产过程复杂、种类繁多，不同生产过程中对水质、水量、水压的要求差异很大。

(3) 消防给水系统。消防给水系统主要为建筑物提供消防用水，包括消火栓系统和自动喷淋系统，消防给水系统已成为大型公共建筑、高层建筑必不可少的一个组成部分。

在实际的设计中可以将其中的两种或多种给水系统结合到一起来使用，主要有以下几种形式：

(1) 生活、生产共用的给水系统。
(2) 生产、消防共用的给水系统。
(3) 生活、消防共用的给水系统。
(4) 生活、生产、消防共用的给水系统。

二、建筑给水系统的组成

建筑给水系统主要由引入管、水表节点、管道系统、用水设备、给水附件、升压和贮水设备、消防设备组成(图3-1)。

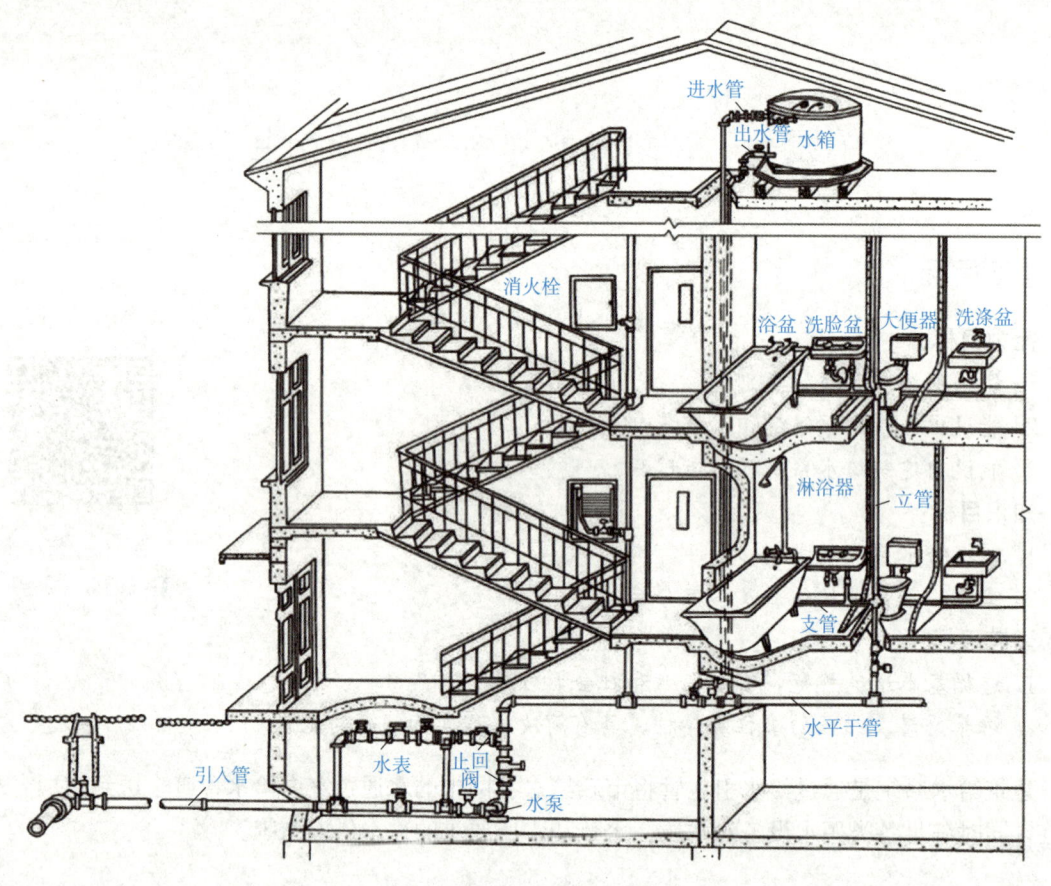

图3-1 建筑给水系统的组成

(1)引入管。引入管是室内给水管线和市政给水管网相连接的管段,也称作进户管。它可随供暖地沟进入室内或建筑物基础上预留孔洞单独引入。

(2)水表节点。引入管上的水表不能单独安装,要和阀门、泄水装置等附件一起使用,水表进出口阀门在检修水表时关闭;泄水装置在检修时放空管道;水表和其一起安装的附件统称水表节点。

(3)管道系统。管道系统是自来水输送和分配的通道,包括干管、立管、支管等。

(4)用水设备。用水设备在给水管道末端,指生活、生产用水设备或器具。

(5)给水附件。管道上的各种阀门、仪表、水龙头等称给水附件,分管件、控制附件、配水附件三类。

(6)升压和贮水设备。其主要指水池、水泵、水箱、气压供水设备。在多数情况下,市政供水的水压和水量不能满足用户需求,因此需要用升压设备如水泵来提高供水压力,用贮水设备(如水箱)贮存一定量自来水。

(7)消防设备。消防设备种类很多,如消火栓系统的消火栓,喷洒系统的报警阀、水流指示器、水泵接合器、闭式喷头、开式喷头等。

> **课堂能力提升训练**
>
> 1. 指出给水水流过程；
> 2. 辨别给水系统的类别；
> 3. 归纳给水系统的组成及各部分功能。

单元二　建筑给水系统施工图识读

学习目标

能力目标：
1. 能识读室内给水施工图；
2. 能认识给水工程中常见图例。

知识目标：
1. 掌握室内给水施工图的识读方法；
2. 掌握建筑给水系统识图过程。

素养目标：
1. 遵循基本道德规范，有责任心和社会责任感；
2. 培养严谨、细致的工程师精神，具有解决工程实际问题的能力。

施工图是工程的语言，是编制施工图预算、施工管理、工程监理和工程验收的最重要的依据，施工单位应严格按照施工图施工。给水排水施工图由管线平面图、系统图、工艺流程图、设计说明和详图等构成。

给水排水施工图分室内给水排水和小区给水排水两部分。给水排水施工图应符合《建筑给水排水制图标准》(GB/T 50106—2010)的相关规定。

一、给水施工图常用图例

给水排水施工图常用图例见表3-1。

表 3-1　给水排水施工图常用图例

管道的图例			
序号	名称	图例	备注
1	生活给水管	—— J ——	
2	热水给水管	—— RJ ——	
3	热水回水管	—— RH ——	
4	中水给水管	—— ZJ ——	
5	循环冷却给水管	—— XJ ——	
6	循环冷却回水管	—— XH ——	
7	热媒给水管	—— RM ——	
8	热媒回水管	—— RMH ——	

· 27 ·

续表

管道的图例				
序号	名称	图例		备注
9	蒸汽管	—— Z ——		
10	凝结水管	—— N ——		
11	废水管	—— F ——		可与中水原水管合用
12	压力废水管	—— YF ——		
13	通气管	—— T ——		
14	污水管	—— W ——		
15	压力污水管	—— YW ——		
16	雨水管	—— Y ——		
17	压力雨水管	—— YY ——		
18	膨胀管	—— PZ ——		
19	保温管			
20	多孔管			
21	地沟管			
22	防护套管			
23	管道立管	XL-1 平面　XL-1 系统		X：管道类别 L：立管 1：编号
24	伴热管			
25	空调凝结水管	—— KN ——		
26	排水明沟	坡向 —→		
27	排水暗沟	坡向 —→		

注：分区管道用加注角标方式表示：如 J1、J2、RJ1、RJ2、…

管道连接的图例			
序号	名称	图例	备注
1	法兰连接		
2	承插连接		
3	活接头		
4	管堵		

续表

管道连接的图例				
序号	名称		图例	备注
5	法兰堵盖			
6	弯折管			表示管道向后及向下弯转90°
7	正三通			
8	正四通			
9	盲板			
10	管道丁字上接			
11	管道丁字下接			
12	管道交叉			在下面和后面的管道应断开

阀门的图例			
序号	名称	图例	备注
1	闸阀		
2	角阀		
3	三通阀		
4	四通阀		
5	截止阀	DN≥50 DN<50	
6	电动闸阀		
7	液动闸阀		

续表

阀门的图例

序号	名称	图例	备注
8	气动闸阀		
9	减压阀		左侧为高压端
10	旋塞阀	平面　系统	
11	底阀		
12	球阀		
13	隔膜阀		
14	气开隔膜阀		
15	气闭隔膜阀		
16	温度调节阀		
17	压力调节阀		
18	电磁阀	M	
19	止回阀		
20	消声止回阀		
21	蝶阀		
22	弹簧安全阀		

续表

阀门的图例

序号	名称	图例	备注
23	平衡锤安全阀		
24	自动排气阀	平面　系统	
25	浮球阀	平面　系统	
26	延时自闭冲洗阀		
27	吸水喇叭口	平面　系统	
28	疏水器		

给水配件的图例

序号	名称	图例	备注
1	放水龙头		左侧为平面，右侧为系统
2	皮带龙头		左侧为平面，右侧为系统
3	洒水(栓)龙头		
4	化验龙头		
5	肘式龙头		
6	脚踏开关龙头		
7	混合水龙头		
8	旋转水龙头		
9	浴盆带喷头混合水龙头		

· 31 ·

续表

给水排水设备的图例			
序号	名称	图例	备注
1	卧式水泵	平面　或　系统	
2	潜水泵		
3	定量泵		
4	管道泵		
5	卧式容积热交换器		
6	立式容积热交换器		
7	快速管式热交换器		
8	开水器		
9	喷射器		小三角为进水端
10	除垢器		
11	水锤消除器		
12	搅拌器		

续表

| 给水排水专业所用仪表的图例 ||||
序号	名称	图例	备注
1	温度计		
2	压力表		
3	自动记录压力表		
4	压力控制器		
5	水表		
6	自动记录流量计		
7	转子流量计		
8	真空表		
9	温度传感器	------ T ------	
10	压力传感器	------ P ------	
11	pH 传感器	------ pH ------	

续表

给水排水专业所用仪表的图例			
序号	名称	图例	备注
12	酸传感器	----[H]----	
13	碱传感器	----[Na]----	
14	余氯传感器	----[Cl]----	

二、给水施工图的组成

给水施工图包括室内给水施工图和小区给水施工图两部分。

室内给水施工图的组成如下：

(1)图样目录。图样目录是将全部施工图样进行分类编号，并填入图样目录表格中，一般作为施工图的首页，用于施工技术档案的管理。

(2)设计说明。用必要的文字来表明工程的概况及设计者的意图，是设计的重要组成部分。给水设计说明主要阐述给水系统采用的管材、管件及连接方法，给水设备和消防设备的类型及安装方式，管道的防腐、保温方法，系统的试压要求，供水方式的选用，遵照的施工验收规范及标准图集等内容。

(3)设备材料表。设备材料表是将施工过程中用到的主要材料和设备列成明细表，标明其名称、规格、数量等，以供施工备料时参考。

(4)给水平面图。平面图是在水平剖切后，自上而下垂直俯视的可见图形，又称为俯视图。平面图阐述的主要内容有给水管道位置关系（包括引入管、水平干管、立管、支管）、管道附件的平面位置、给水系统的入口位置和编号、地沟位置及尺寸、干管和支管的走向、坡度和位置、立管的编号及位置等。

(5)给水系统图。系统图用来表达管道及设备的空间位置关系，可反映整个系统的全貌。其主要内容有给水系统的引入管、干管、立管、支管的编号、走向、坡度、管径，管道附件的标高和空间相对位置等。系统图宜按45°正面斜轴测投影法绘制；管道的编号、布置方向与平面图一致，并按比例绘制。

(6)详图。详图是对设计施工说明和上述图样都无法表示清楚，又无标准设计图可供选用的设备、器具安装图、非标准设备制造图或设计者自己的创新，按放大比例由设计人员绘制的施工图。详图编号应与其他图样相对应。

(7)标准图。标准图分为全国统一标准图和地方标准图，是施工图的一种，具有法令性，是设计、监理、预算和施工质量检查的重要依据，设计者必须执行，设计时只需选出标准图图号即可。

三、室内给水工程图的识读方法

识读顺序：先检查图样目录，再看设计说明，来掌握工程概况和设计者的意图。分清图中各个系统，从前到后将平面图和系统图反复对照来看，相互补充，建立系统、全面的空间形象。给水系统按照引入管—干管—立管—支管—用水设备或卫生器具的进水龙头，再识读室内给水平面图，然后对照室内给水平面图识读室内给水系统图，最后识读详图。

(1)室内给水平面图的识读方法。识读顺序为先底层平面图，然后各层平面图；识读底层平面图时，先识读卫生器具，再识读给水系统的引入管、干管、立管、支管；如无卫生器具，则直接识读引入管、干管、立管、支管。

识读各层平面图时，先识读卫生器具，再识读给水系统的立管、干管、支管。

(2)室内给水系统图的识读方法。识读室内给水系统图的方法为对照法：将室内给水系统图与室内给水平面图对照识读，先找出室内给水系统图中与平面图中相同编号的引入管和给水立管，然后依次识读引入管、立管、干管、支管。

四、室内给水工程图的识读

以某高层给水工程图为例。

1. 设计说明的识读

本工程共18层，给水系统分为3个区，水源均引自市政给水。低区市政给水供给1～5层，中区6～12层由无负压设备减压后供给，高区13～18层由无负压设备直接供给。系统采用下供上给式，枝状管网。

2. 室内给水平面图的识读

图3-2所示为沈阳市学府美地工程一层给水平面图，1层为车库，2～18层为住宅，该住宅楼分为2个单元，2个给水系统，每个单元分别设低、中、高区给水引入管各1根，向3个分区分别供水，左侧沿着③轴引入管分别为J2、DJ2、GJ2，右侧沿着⑬轴引入管分别为J1、DJ1、GJ1，通过水平干管进入管道井。

图3-3所示为2～5层平面图，左右两侧管道井内分别为JL-2、DJL-2、GJL-2、JL-1、DJL-1、GJL-1；图3-4所示为6～12层平面图，左右两侧管道井内分别为DJL-2、GJL-2，DJL-1、GJL-1；图3-5所示为13～18层平面图，左右两侧管道井内分别为GJL-2，GJL-1；各层卫生器具布置均相同。

3. 室内给水系统图的识读

图3-6所示为给水系统图，该系统为生活给水，左右两侧分别有3条引入管，从标高为-2.500 m由北向南进入，通过水平干管进入管道井后，立管垂直向上，穿出底层地坪±0.000 m。左右两侧三根立管分别为市政给水(JL)供给2～5层，中区供水DJ供给6～12层，高区供水GJ供给13～18层，例如由标高为-2.50m、管径为DN50的引入管J2，将市政给水通过干管引入管道井中立管JL-2，立管到第三层后变为DN40后，再由水平支管将水送入各用水设备(洗涤盆、各卫生器具等)，其他相同。管径、标高见系统图。

给水管线单元平面放大图如图3-7所示。

给水干管和立管采用内衬塑镀锌钢管，采用丝扣连接，各户水表设于公共部分的管道井内。水表均采用自来水公司认可的干式水表，表前设锁闭阀。

4. 给水支管平面图的识读

如图3-7所示，左侧单元为两户住宅(2根支管引出)，右侧单元为三户住宅(3根支管引出)，每户的厨房和卫生间分别有用水设施，厨房有洗涤盆供水，卫生间有洗脸盆、坐便器、洗衣机、淋浴器供水，支管(表后)采用PPR管，热熔连接，管道从管井连接到卫生间和厨房的用水点，在出地面300 mm处各安装单热熔活接球阀。

图 3-2 一层给水平面图

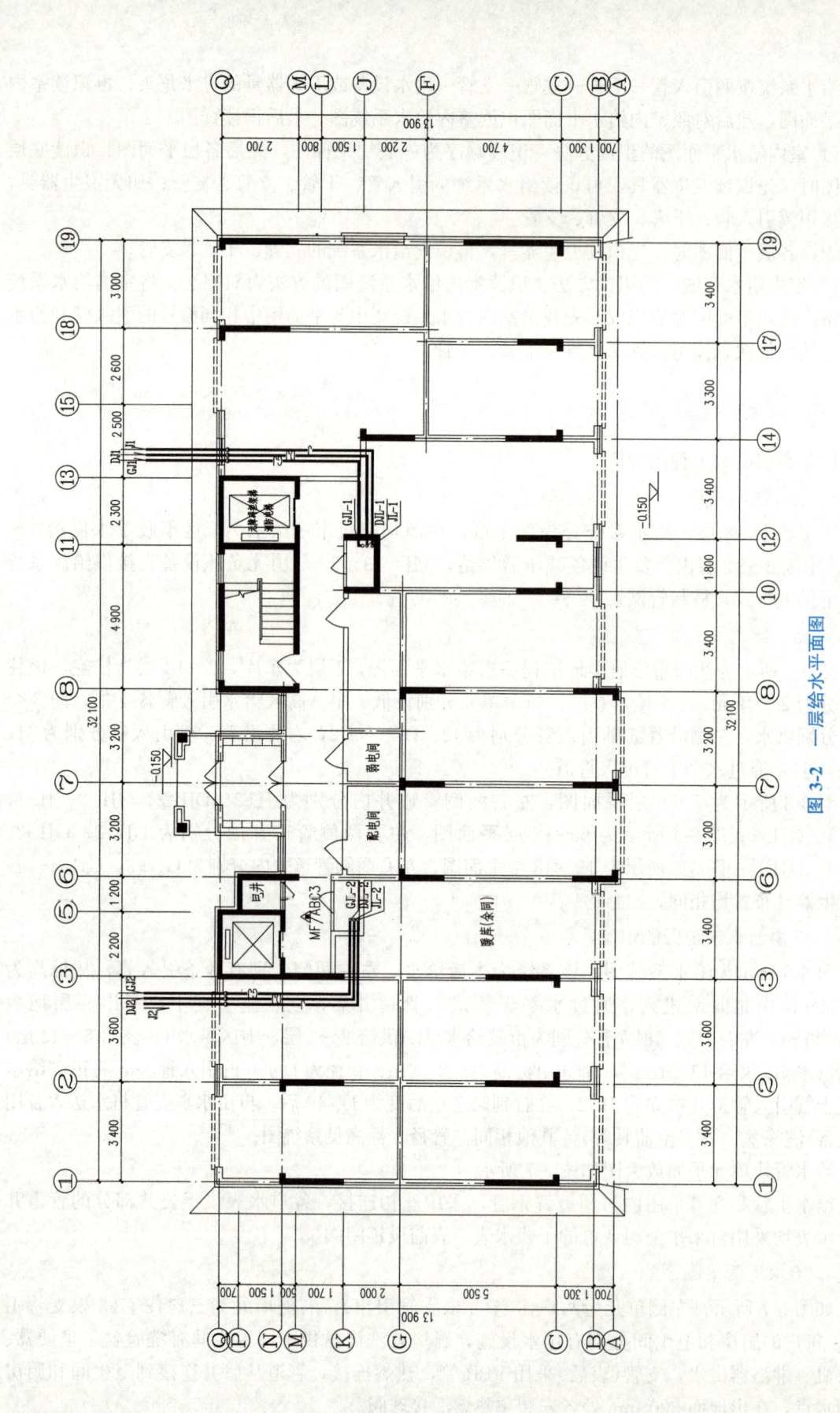

图 3-3 2~5层给水平面图

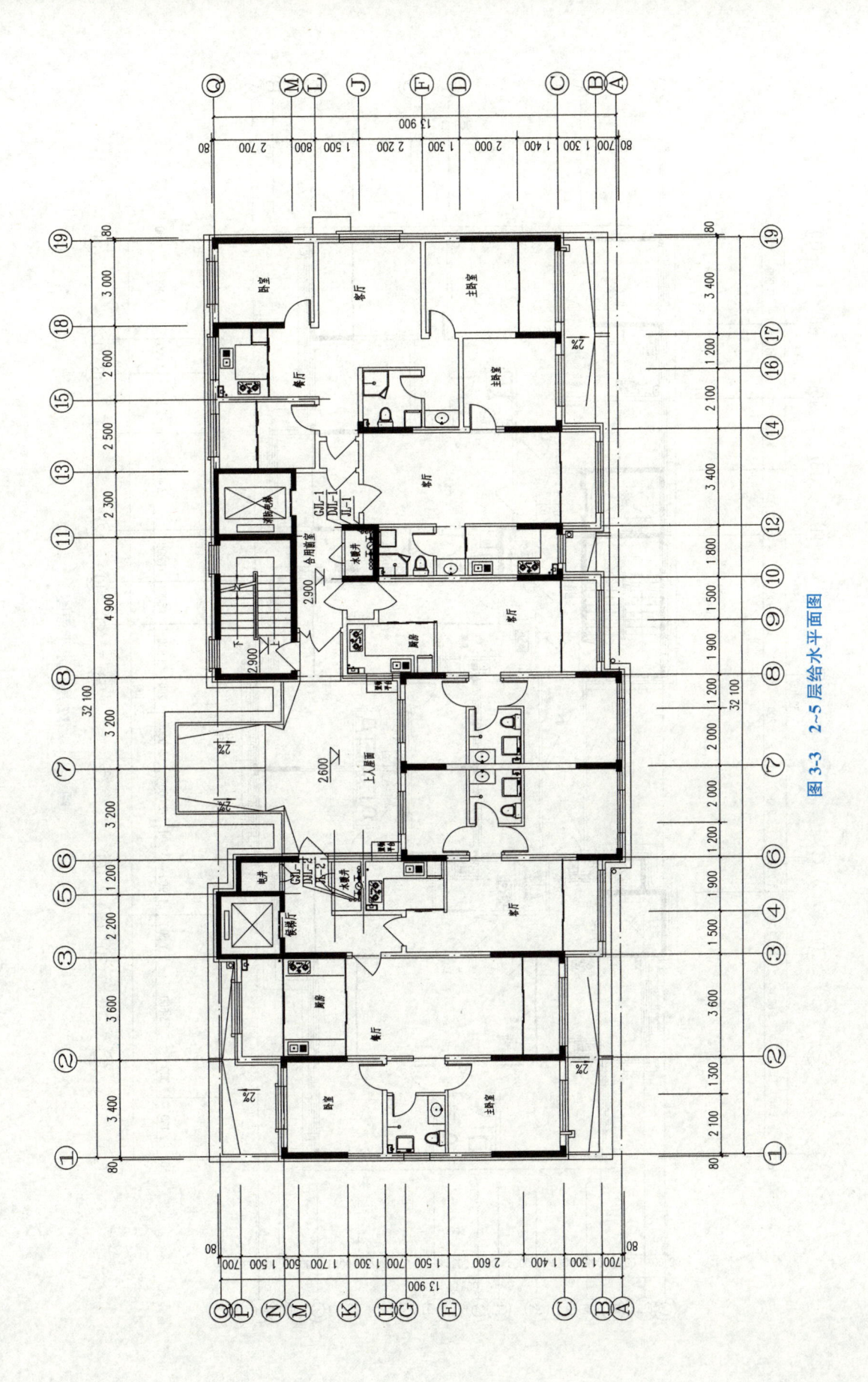

图 3-4 6~12层给水平面图

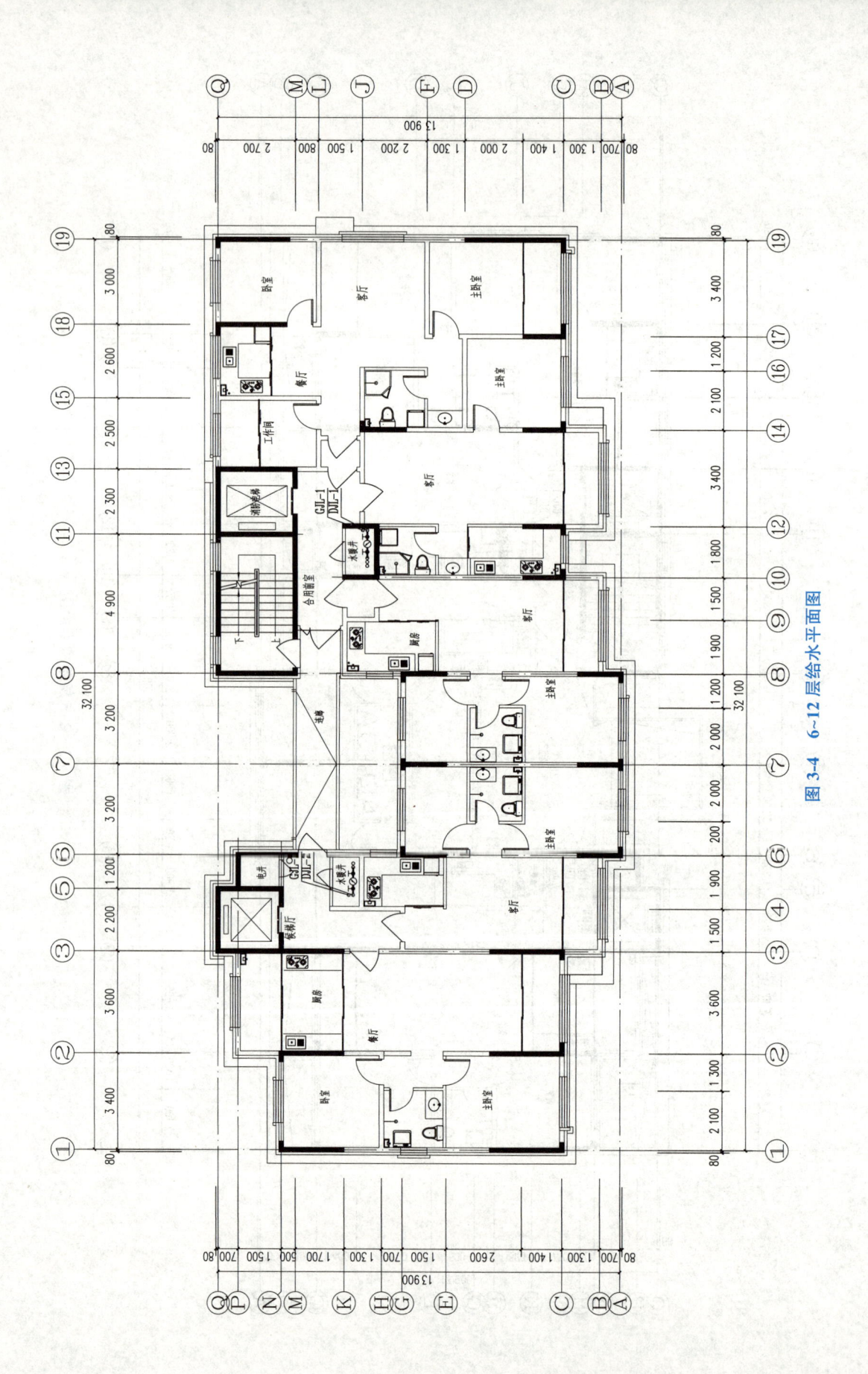

图 3-5 13~18层给水平面图

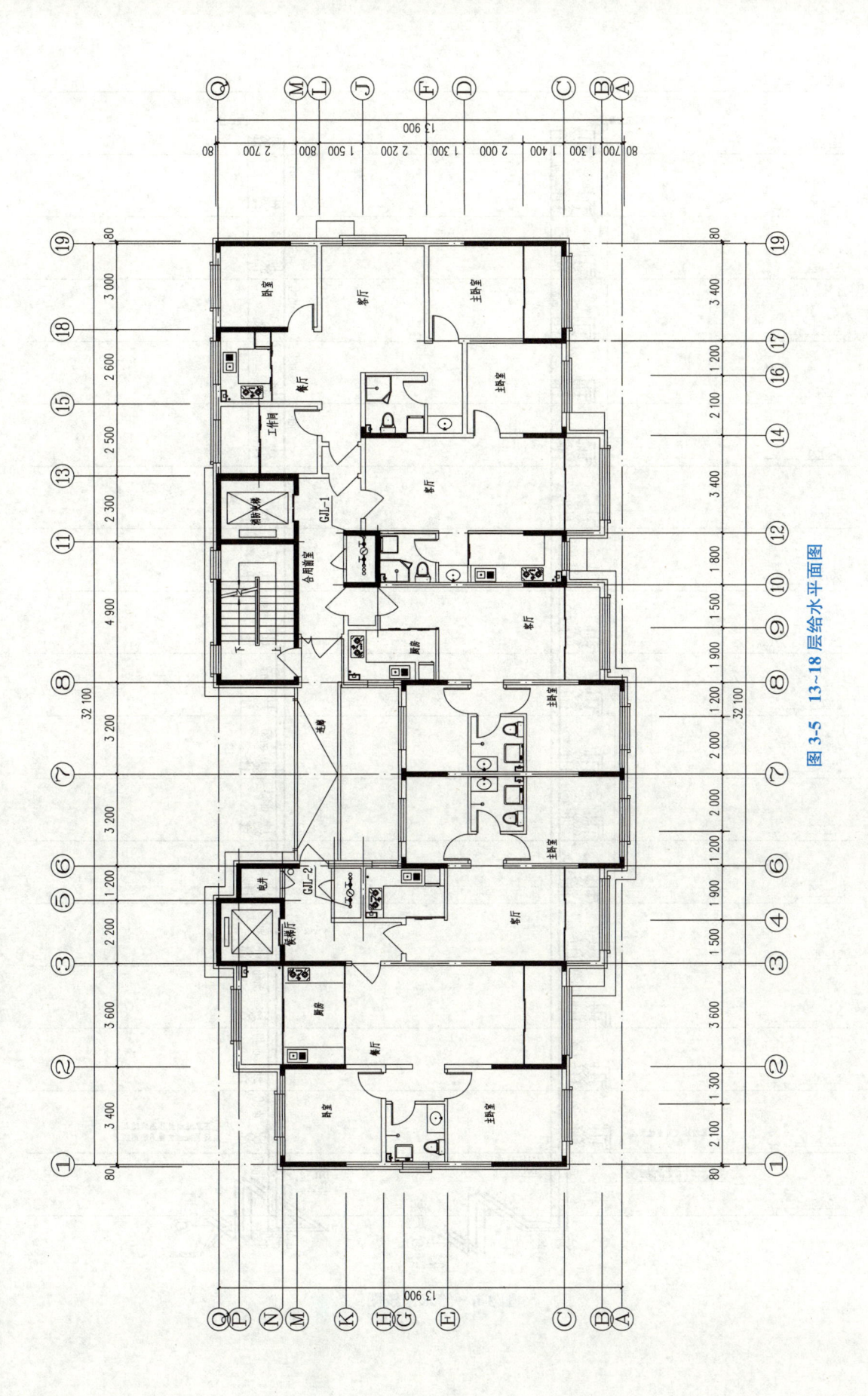

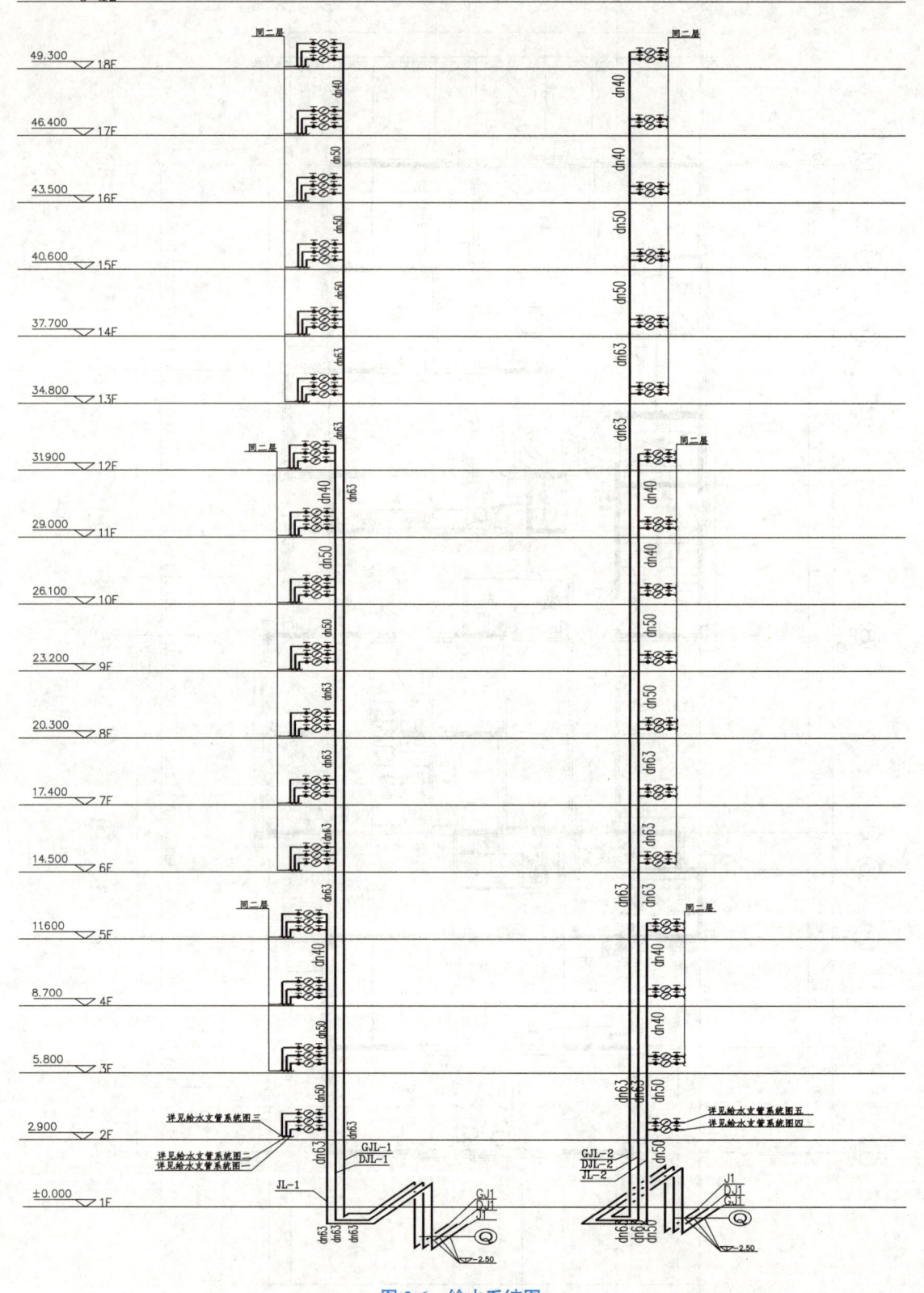

图 3-6　给水系统图

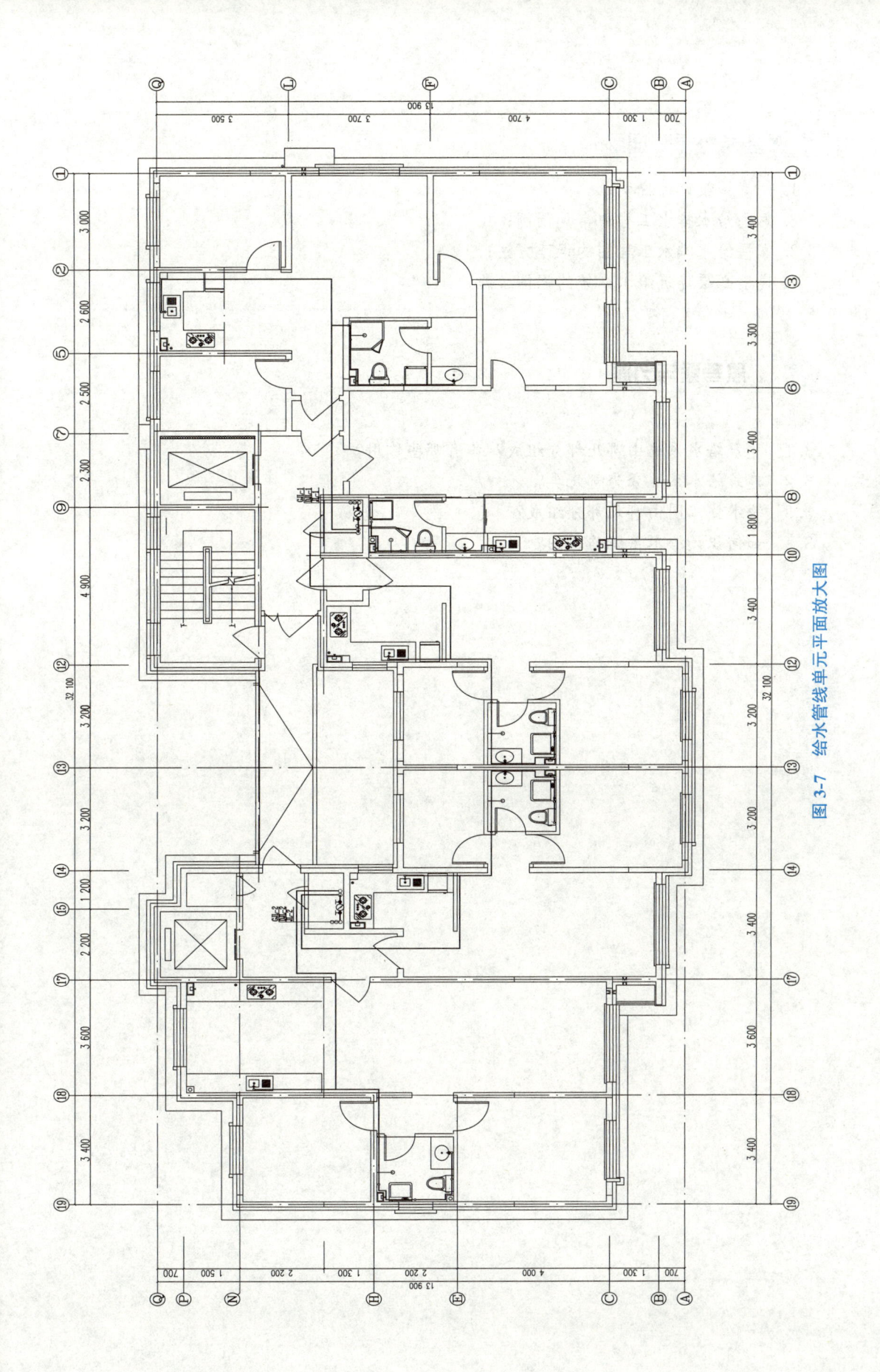

图 3-7 给水管线单元平面放大图

课堂能力提升训练

1. 阅读图纸设计说明;
2. 熟悉给水排水工程中常见图例;
3. 掌握给水排水工程图的识读方法;
4. 说出高层建筑给水系统的识图过程。

思考题与习题

3.1 建筑给水系统由哪几部分组成?各有哪些作用?
3.2 建筑给水系统分为哪几类?
3.3 给水施工图由哪几部分组成?
3.4 如何识读给水系统施工图?

模块四　建筑给水系统方案确定

单元一　建筑给水系统所需水压

学习目标

能力目标：
1. 能够判别出建筑给水系统中的最不利配水点；
2. 能够运用估算法确定建筑给水系统所需水压；
3. 能够区分估算法与计算法的不同。

知识目标：
1. 掌握确定建筑给水系统中最不利配水点的方法；
2. 掌握室内所需水压估算法与计算法。

素养目标：
1. 培养理论联系实际的工程能力；
2. 培养识别和解决问题的能力。

建筑给水系统所需的压力通常用 H 表示，其值大小必须能够保证将需要的水量输送到建筑物内最不利点的用水设备处，并保证有足够的流出水头。

一、基本概念

1. 最不利配水点

在建筑给水系统的各个用水点中，距离建筑物引入管起端最高、最远的那一个用水点处即为系统中最不利点。在图 4-1 中，点 A 即该系统的最不利点。

该用水点是系统输送水量最不容易到达的地方，也是系统所需水压的最高点。若系统水压能满足该点的水压，则必能满足系统中其他用水点的压力。当难以判断系统中哪一个点是最不利点时，可通过水力计算来确定。

2. 流出水头

所谓流出水头，也叫流出压力，是指各种配水龙头或用水设备，为获得规定的出水量（额定流量）而必需的最小压力（最低工作压力）。它是为供水时克服配水龙头内的摩擦、冲击、流速变化等阻力所需的静水

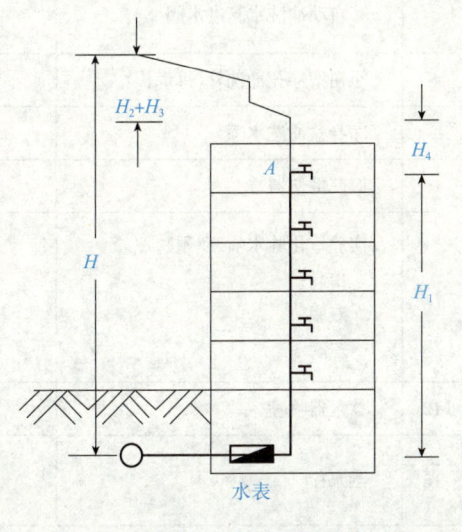

图 4-1　建筑给水系统所需水压示意

头，其规定值见表 4-1。

表 4-1 卫生器具的给水额定流量、当量、连接管公称管径和最低工作压力

序号	给水配件名称	额定流量/(L·s^{-1})	当量	公称管径/mm	最低工作压力/MPa
1	洗涤盆、拖布盆、盥洗槽 　单阀水嘴 　单阀水嘴 　混合水嘴	0.15～0.20 0.30～0.40 0.15～0.20(0.14)	0.75～1.00 1.5～2.00 0.75～1.00(0.70)	15 20 15	0.050
2	洗脸盆 　单阀水嘴 　混合水嘴	0.15 0.15(0.10)	0.75 0.75(0.5)	15 15	0.050
3	洗手盆 　单阀水嘴 　混合水嘴	0.10 0.15(0.10)	0.5 0.75(0.5)	15 15	0.050
4	浴盆 　单阀水嘴 　混合水嘴(含带淋浴转换器)	0.20 0.24(0.20)	1.0 1.2(1.0)	15 15	0.050 0050～0.070
5	淋浴器 　混合阀	0.15(0.10)	0.75(0.5)	15	0.050～0.100
6	大便器 　冲洗水箱浮球阀 　延时自闭式冲洗阀	0.10 1.20	0.50 0.60	15 25	0.020 0.100～0.150
7	小便器 　手动或自动自闭式冲洗阀 　自动冲洗水箱进水阀	0.10 0.10	0.50 0.50	15 15	0.050 0.020
8	小便槽穿孔冲洗管(每米长)	0.05	0.25	15～20	0.015
9	净身盆冲洗水嘴	0.10(0.07)	0.50(0.35)	15	0.050
10	医院倒便器	0.20	1.00	15	0.050
11	实验室化验水嘴(鹅颈) 　单联 　双联 　三联	0.07 0.15 0.20	0.35 0.75 1.00	15 15 15	0.020 0.020 0.020
12	饮水器喷嘴	0.05	0.25	15	0.050
13	洒水栓	0.40 0.70	2.00 3.50	20 25	0.050～0.100 0.050～0.100

续表

序号	给水配件名称	额定流量/(L·s⁻¹)	当量	公称管径/mm	最低工作压力/MPa
14	室内地面冲洗水嘴	0.20	1.00	15	0.050
15	家用洗衣机水嘴	0.20	1.00	15	0.050

注：①表中括弧内的数值是在有热水供应时，单独计算冷水或热水时适用。
②当浴盆上附设淋浴器，或混合水嘴有淋浴器转换开关时，其额定流量和当量只计算水嘴，不计算淋浴器，但水压应按淋浴器计。
③家用燃气热水器，所需水压按产品要求和热水供应系统最不利配水点所需工作压力确定。
④绿地的自动喷灌应按产品要求设计。
⑤如为充气龙头，其额定流量为表中同类配件额定流量的70%。
⑥卫生器具给水配件所需流出水头，如有特殊要求时，其数值按产品要求确定。

二、建筑给水系统所需水压的确定方法

1. 估算法

在方案或初步设计阶段，对于住宅的生活给水系统，在未进行精确的计算之前，为了选择给水方式，通常按照建筑物的层数来粗略地估算室内给水系统所需要的压力值，这种方法叫估算法，也是经验法。一般一层建筑物所需压力值为 100 kPa；二层建筑物所需压力值为 120 kPa；三层及三层以上的建筑物，每增加一层所需压力值增加 40 kPa，具体估算值见表 4-2。

表 4-2　建筑给水系统所需水压值估算法

建筑物层数(层)		1	2	3	4	5	6	…
所需水压值	mH₂O	10	12	16	20	24	28	…
	kPa	100	120	160	200	240	280	…

注：①估算的水压值是从室外地面算起的所需最小保证压力值；
②一般对于引入管、室内管道较长或层高超过 3.5 m 时，上述值应当适当增加。

2. 计算法

计算法适用于在给水系统水力计算之后，应用公式计算得出建筑物所需的总水头 H，校核初选的给水方式是否满足要求。

建筑给水系统所需的水压，由图 4-1 分析可按下式计算：

$$H = H_1 + H_2 + H_3 + H_4 \tag{4-1}$$

式中　H——建筑给水系统所需的总水压，自室外引入管起点轴线算起(kPa)；
　　　H_1——引入管起点与管网最不利点之间的静水压差(kPa)；
　　　H_2——计算管路(引入管起点至最不利配水点之间的给水管路)的沿程与局部水头损失之和(kPa)；
　　　H_3——水流通过水表的水头损失(kPa)；
　　　H_4——计算管路最不利配水点的流出水头(kPa)，见表 4-1。

> **课堂能力提升训练**
> 1. 找出学校教学楼给水系统的最不利点；
> 2. 运用估算法对学校宿舍楼进行室内所需水压估算。

单元二　多层建筑给水方式及其选择

学习目标

能力目标：
能够合理选择多层建筑给水系统的给水方式。
知识目标：
1. 掌握多层建筑给水方式的基本供水类型及特点；
2. 掌握多层建筑给水方式的选择方法。
素养目标：
1. 培养创新思维，探索新的给水方式或改进现有系统；
2. 培养注重机械效率和节约能源的环保意识。

视频：给水方式

建筑给水系统的给水方式又称供水方案，是指建筑给水系统的具体组成与具体布置方案。合理的供水方案，应根据建筑物的性质、高度、室外管网所能提供的水压情况和室外管网的设置条件，充分考虑用户各种卫生器具、消防设备和生产机组等对水质、水量、水压的要求及用水点的分布情况，以及用户对供水安全可靠性的要求，经技术经济比较或综合判断来确定建筑给水系统的实施方案。其选择结果将直接影响供水的安全性、系统的节能情况以及系统的投资等方面。

在确定供水方案时，应综合工程涉及的各项因素，一般采用综合评定法确定。

(1)技术因素：供水可靠性，水质对城市给水系统的影响，节水、节能效果，操作管理，自动化程度等；

(2)经济因素：基建投资，年经常费用，现值等；

(3)社会和环境因素：对建筑立面和城市观瞻的影响，对结构和基础的影响，占地面积，对环境的影响，建设难度和建设周期，抗寒防冻性能，分期建设的灵活性，对使用带来的影响等。

一、多层建筑给水方式的基本类型及特点

(一)直接给水方式

直接给水方式是将建筑物内部给水系统与室外给水管网通过联络管直接相连，把室外管网的水引进建筑物内直接送到室内各个用水点处的给水方式，如图4-2所示。如果外网压力过高，某些点压力超过允许值，则应采取减压措施。

1. 适用条件

当室外给水管网提供的水量、水压在任何时候均能满足建筑物内部用水需求，且建筑物内

部允许间断供水时，可采用这种给水方式。

2. 特点

（1）优点：直接给水方式是最为简单、经济的给水方式，它不需要设增压贮水设备，由室外给水管网直接供水，充分利用外网水压，水质较好，故设计中应优先采用。此方式一般适用于单层或多层建筑，高层建筑中低区一般尽可能选择直接给水方式，减少设备，降低成本。

（2）缺点：由于系统没有设置任何贮水设备，故外网一旦停水，室内系统立即断水，受外网供水状况直接影响。

(二) 单设水箱的给水方式

单设水箱的给水方式有以下两种设置情况：

第一种设置（A）：室内管网与室外管网直接相连，水箱进、出水管与室内管网直接相连，如图 4-3 所示。在用水低峰时（一般为夜间），室外给水管网直接向室内给水管网供水并同时向水箱进水，水箱贮备水量；在用水高峰时（一般为集中用水时段），室外管网水压不足，水箱将贮备的水量向室内给水管网进行补给，从而达到调节水压和水量的目的。

第二种设置（B）：室外给水管网经引入管引到室内后直接与水箱进水管相连，水箱出水管直接与室内给水管网相连，外网先将水输送至水箱，由水箱再向建筑内给水系统供水，如图 4-4 所示。

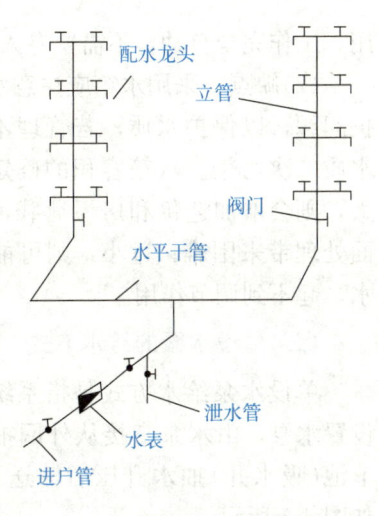

图 4-2　直接给水方式示意

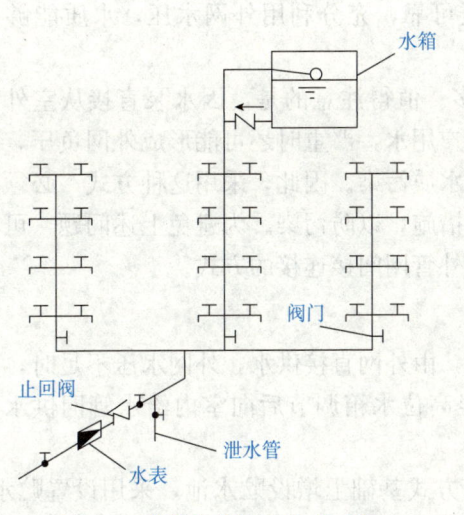

图 4-3　单设水箱给水方式示意 A

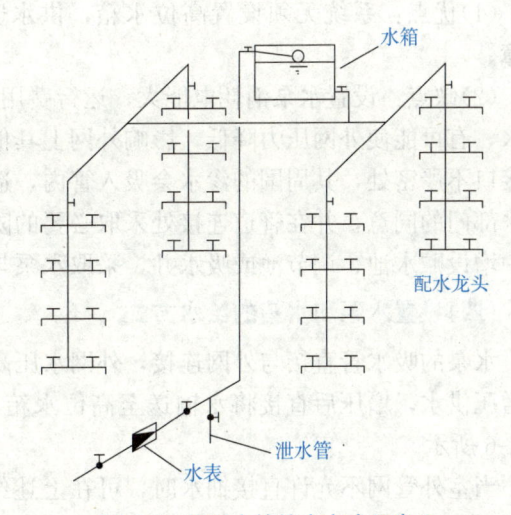

图 4-4　单设水箱给水方式示意 B

1. 适用条件

第一种设置适用条件：当室外给水管网供水压力周期性不足（白天水压不够，晚间压力有保证；或只是在用水高峰时段出现不足），或者建筑内要求水压稳定，并且该多层建筑具备设置高位水箱的条件时，可采用这种方式。

第二种设置适用条件：当室外给水管网水压偏高或不稳定，而用户对水压的稳定性要求比较高时，为保证建筑内给水系统的良好工况，可采用这种方式。

2. 特点

（1）优点：可充分利用室外管网的水压，水箱的设置可缓解供求矛盾，节约投资和运行费用，工作完全自动，不需要专人管理。

(2)缺点：采用水箱应注意水箱的污染防护问题，以保护水质，若管理不善，易造成水质二次污染。水箱容积的确定应慎重，过大，则会增加造价和房屋荷载，给建筑侧立面处理带来困难；过小，则可能发生用户缺水，起不到调节作用。

(三)单设水泵的给水方式

单设水泵给水方式是指系统在引入管处设置水泵，由水泵直接从外网抽水或通过调节池(吸水井)抽水升压后输送至室内管网，如图 4-5 所示。

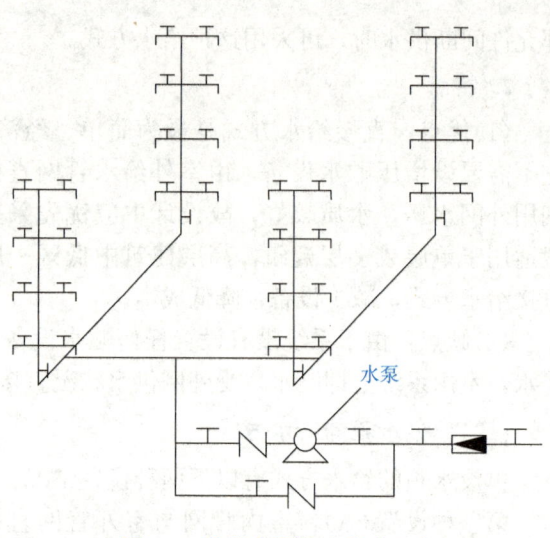

图 4-5 单设水泵给水方式示意

1. 适用条件

单设水泵的给水方式一般在室外给水管网的水压经常不足，并且建筑物顶部不宜设置高位水箱时采用。当建筑内用水量大且较均匀时，可用恒速水泵供水；当建筑内用水量大且不均匀时，为了降低电耗，提高水泵工作效率，可考虑采用变频调速给水装置进行供水，该方式使水泵供水曲线和系统用水曲线相接近，达到节能的目的。供水系统越大，节能效果就越显著，但一次性投资较大。

2. 特点

(1)优点：系统无须设置高位水箱，供水安全可靠，充分利用外网水压，水质能够得到保障。

(2)缺点：设置水泵消耗电能大，运行费用增多。值得注意的是，因水泵直接从室外管网抽水，有可能使外网压力降低，影响外网上其他用户用水，严重时还可能形成外网负压，在管道接口不严密处，其周围的渗水会吸入管内，造成水质污染。因此，采用这种方式，必须征得供水部门的同意，并在管道连接处采取必要的防护措施，以防污染。为避免上述问题，可在系统中增设贮水池、调节池或吸水井，采取水泵与室外管网间接连接的方式。

(四)设置水泵和水箱的给水方式

水泵的吸水管直接与外网连接，外网水压高时，由外网直接供水，外网水压不足时，由水泵增压供水，增压后直接将水输送至高位水箱，经高位水箱调节后向室内给水管网供水，如图 4-6 所示。

当室外管网不允许直接抽水时，可在上述给水方式基础上增设贮水池，采用设置贮水池、水泵和水箱联合工作的给水方式，如图 4-7 所示。

1. 适用条件

当室外给水管网的水压低于或周期性低于建筑内部给水管网所需水压，且室内用水不均匀，允许设置高位水箱，室外管网允许直接抽水时，可采用水泵和水箱联合工作的给水方式。当室外管网不允许直接抽水时，则采用水池、水泵和水箱三者联合工作的给水方式。

2. 特点

(1)优点：这种给水方式由于水泵可及时向水箱充水，使水箱容积大为减小；又因水箱的调节作用，水泵出水量稳定，水泵工作效率高；水箱如采用浮球继电器等装置，还可使水泵启闭自动化；贮水池和水箱可在停水、停电时起到延时供水的作用，供水安全性高。

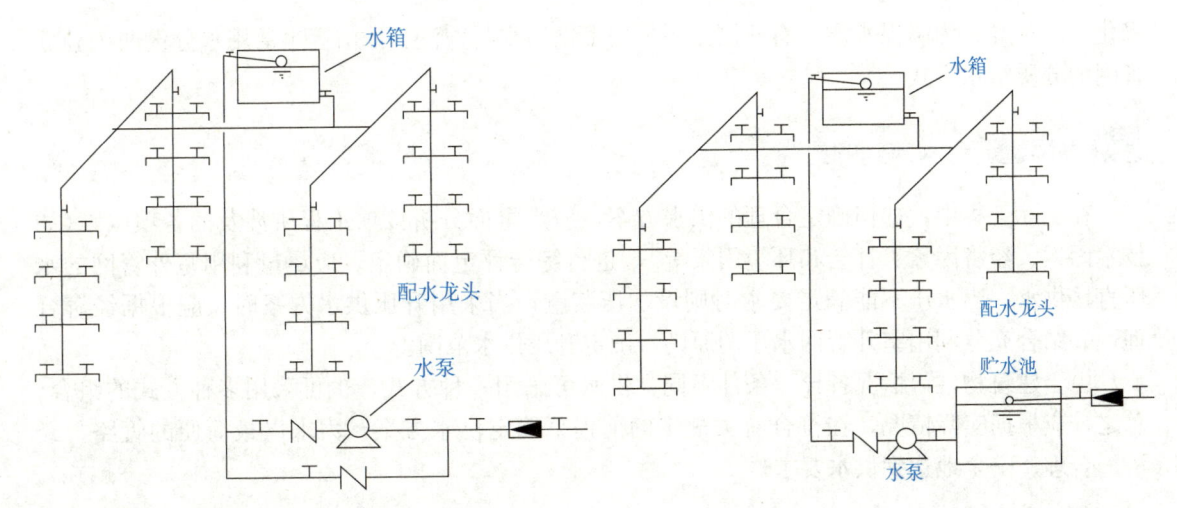

图 4-6 设水泵、水箱给水方式示意

图 4-7 设水池、水泵、水箱给水方式示意

(2)缺点：不能充分利用外网压力，日常运行设备的能源消耗多，系统复杂，设备投资大，分布不集中，不利于管理，贮水池、水箱如管理不当，还易造成水质二次污染。

(五)设置气压给水装置的给水方式

该给水方式即在给水系统中设置气压给水设备，利用该设备气压水罐内气体的可压缩性，协同水泵增压供水，如图 4-8 所示。气压水罐的作用相当于高位水箱，但其安装位置灵活，可根据需要设在高处或低处。

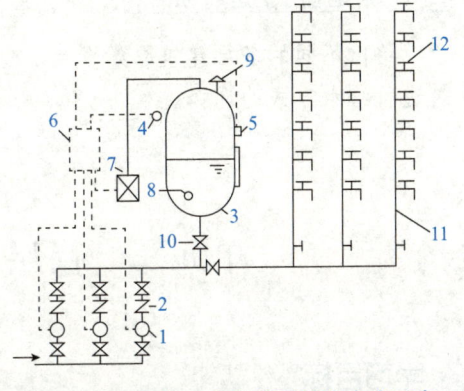

图 4-8 设置气压给水装置给水方式示意
1—水泵；2—止回阀；3—气压水罐；
4—压力信号器；5—液位信号器；
6—控制器；7—补气装置；8—排气阀；
9—安全阀；10—阀门；11—立管；12—配水龙头

1. 适用条件

当室外给水管网压力低于或经常不能满足室内所需水压、室内用水不均匀且不宜设置高位水箱时可采用这种方式。

2. 特点

(1)优点：系统设置灵活，易于拆卸，气压罐的设置位置不受限制，适于隐蔽工程。

(2)缺点：这种给水方式的调节能力较小，一般不适宜用在供水规模大的场所，变压式气压供水方式会造成室内给水管网的压力波动大，所以要注意在最高工作压力时最低用水点的压力不会损坏给水配件，在最低工作压力时最高用水点的压力能满足使用要求。水泵经常启闭，工作效率低，耗能多。

(六)分质给水方式

分质给水方式是由于不同用途所需的水质不同而分别设置的独立给水系统，如图 4-9 所示。饮用水给水系统供饮用、烹饪、盥洗等生活用水，水质符合《生活饮用水卫生标准》(GB 5749—2022)。杂用水给水系统，水质较差，仅符合《城市污水再生利用 杂用水水质》(GB/T 18920—2020)，只能用于建筑内冲洗便器、

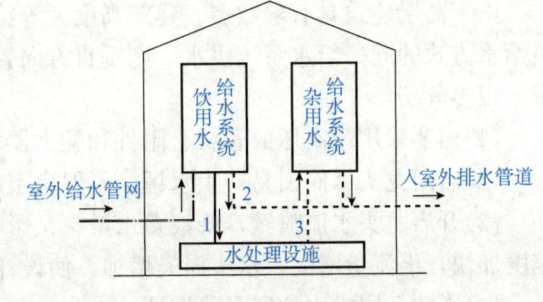

图 4-9 分质给水方式示意图

· 49 ·

绿化、洗车等。为确保水质，有些国家还采用了饮用水与盥洗、沐浴等生活用水分设两个独立管网的分质给水方式。

二、多层建筑给水方式的选择

在实际工程中，如何确定合理的供水方案，应当全面分析该项工程所涉及的各项因素（如技术因素、经济因素、社会和环境因素等），进行综合评定而确定。应尽量利用室外管网的水压直接供水，当水压不能满足要求时则设加压装置，当采用升压供水方案时，应根据经济合理，并结合充分利用室外管网水压的原则，确定升压供水范围。

由于建筑物（群）情况各异、条件不同，供水可采用一种方式，也可采用多种方式的组合。总之，应根据实际情况，在符合有关规定的前提下确定供水方案，力求以最简便的管路，经济、合理、安全地达到供水要求。

课堂能力提升训练

给出不同的多层建筑原始资料及供水条件，让学生根据所学知识和能力要点对多层建筑进行给水方式的选择。

单元三　高层建筑给水方式及其选择

学习目标

能力目标：
1. 能够合理对高层建筑给水系统进行竖向分区；
2. 能够合理选择高层建筑给水系统的给水方式。

知识目标：
1. 掌握竖向分区方法及分区依据；
2. 掌握高层建筑供水方式的种类及特点；
3. 掌握高层建筑给水方式的选择方法。

素养目标：
1. 培养节约能源的意识，从而减少对环境的负担；
2. 培养环保意识，在职业中推动可持续发展。

由于高层建筑具有层数多、建筑高度大等特点，若整幢高层建筑给水系统仍然采用多层建筑给水方式的同一给水系统供水，则垂直方向管线过长，最低层管道中的静水压力很大，必然带来很多弊端：

(1)需要采用耐高压的管材、附件和配水器材，费用高；
(2)启闭龙头、阀门易产生水锤，不但会引起噪声，还可能损坏管道、附件，造成漏水；
(3)开启龙头水流喷溅，既浪费水量，又影响使用，同时由于配水龙头前压力过大，水流速度加快，出流量增大，水头损失增加，使设计工况与实际工况不符；
(4)影响高层供水的安全可靠性。

因此，高层建筑给水系统必须解决低层管道中静水压力过大的问题。

一、高层建筑给水系统技术要求及措施

解决高层建筑同一给水系统供水而造成低层管道中静水压力过大的问题，保证建筑供水的安全可靠性，是高层建筑给水系统方案选择的重要问题。通常高层建筑给水系统采用竖向分区供水来解决这一问题，即沿建筑物的垂直方向按层分段，各段为一区，分别设置各自的给水系统。

确定分区范围时应充分利用室外给水管网的水压，以节省能量，并要结合其他建筑设备工程的情况综合考虑，尽量将给水分区的设备层与其他相关工程所需设备层共同设置，以节省土建费用，同时要使各区最低卫生器具或用水设备配水装置处的静水压力小于其工作压力，以免配水装置的零件损坏漏水，住宅、旅馆、医院宜为300～350 kPa，办公楼、教学楼、商业楼因卫生器具较以上建筑少，宜为350～450 kPa。

二、高层建筑给水方式基本类型

(一)利用外网水压的分区给水方式

对于多层和高层建筑来说，室外给水管网的压力只能满足建筑下部若干层的供水要求。为了充分利用室外管网的供水应力，高层建筑给水系统可将低区设置成由室外给水管网直接供水，高区由增压贮水设备供水，如图 4-10 所示。为保证供水的可靠性，可将低区与高区的 1 根或几根立管相连接，在分区处设置阀门，以备低区进水管发生故障或外网压力不足时打开阀门由高区向低区供水。

(二)设高位水箱的分区给水方式

高层建筑生活给水系统的竖向分区，应根据使用要求、设备材料性能、维护管理条件、建筑高度等综合因素合理确定。一般最低卫生器具配水点处的静水压力不宜大于 0.45 MPa，且最大不得大于 0.55 MPa。这

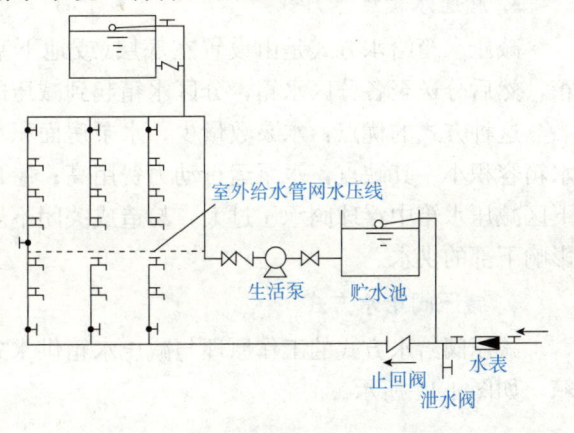

图 4-10 利用外网水压的分区给水方式

种给水方式中的水箱，具有保证管网中正常压力的作用，还兼有贮存、调节、减压作用。根据水箱的不同设置方式又可分为以下 4 种形式：

1. 并联水泵、水箱给水方式

并联水泵、水箱给水方式是每一分区分别设置一套独立的水泵和高位水箱，向各区供水。其水泵一般集中设置在建筑的地下室或底层，如图 4-11 所示。

这种方式的优点：各区自成一体，互不影响；水泵集中，管理维护方便；运行动力费用较低。缺点：水泵数量多，耗用管材较多，设备费用偏高；分区水箱占用楼房空间多；有高压水泵和高压管道。

2. 串联水泵、水箱给水方式

串联水泵、水箱给水方式是指水泵分散设置在各区的楼层之中，下一区的高位水箱兼作上一区的贮水池，如图 4-12 所示。

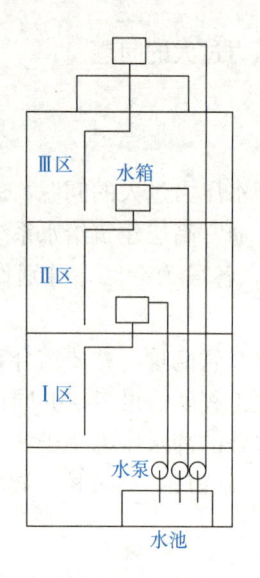

图 4-11 并联水泵、水箱给水方式　　图 4-12 串联水泵、水箱给水方式

这种方式的优点：无高压水泵和高压管道；运行动力费用经济。其缺点：水泵分散设置，连同水箱所占楼房的平面、空间较大；水泵分设在不同楼层，不集中，管理维护不方便，且防震、隔声要求高；若低区设备发生故障，将影响上部的供水。

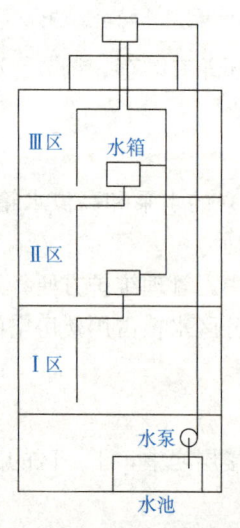

3. 减压水箱给水方式

减压水箱给水方式是由设置在底层（或地下室）的水泵将整幢建筑的用水量提升至屋顶水箱，然后分送至各分区水箱，分区水箱起到减压的作用，如图 4-13 所示。

这种方式的优点：水泵数量少，水泵房面积小，设备费用低，管理维护简单；各分区减压水箱容积小。其缺点：水泵运行动力费用高；屋顶水箱容积大；建筑物高度大、分区较多时，下区减压水箱中浮球阀承压过大，易造成关闭不严的现象；上部某些管道部位发生故障时，将影响下部的供水。

4. 减压阀给水方式

减压阀给水方式的工作原理与减压水箱供水方式相同，其不同之处是用减压阀代替减压水箱，如图 4-14 所示。

图 4-13 减压水箱给水方式　　图 4-14 减压阀给水方式

(三)无水箱的给水方式

1. 多台水泵组合运行方式

在不设水箱的情况下,为了保证供水量和保持管网中的压力恒定,管网中的水泵必须一直保持运行状态,但是建筑内的用水量在不同时间里是不相等的,因此,可以采用同一区内多台水泵组合运行来解决供需平衡问题。这种方式的优点是省去了水箱,增加了建筑有效使用面积。其缺点是所用水泵较多,工程造价较高。根据不同组合还可分为并列给水方式和减压阀给水方式两种形式。

(1)并列给水方式。这种方式是根据不同高度分区采用不同的水泵机组进行供水,初期投资大,但运行费用较少,如图4-15所示。

(2)减压阀给水方式。这种给水方式是整个供水系统共用一组水泵进行供水,分区处设置减压阀,系统简单,但运行费用高,如图4-16所示。

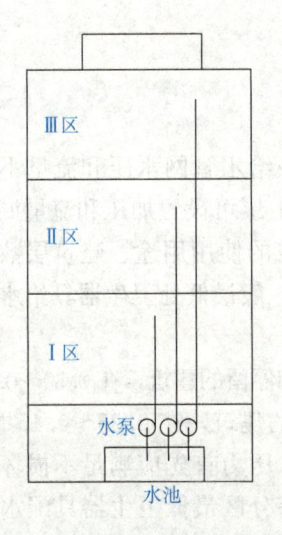

图 4-15　无水箱并列给水方式　　　　　图 4-16　无水箱减压阀给水方式

2. 气压给水装置给水方式

气压给水装置给水方式是用气压罐取代了高位水箱,它控制水泵间歇工作,并保证管网中保持一定的水压。这种方式又可分以下两种形式:

(1)并列气压给水装置给水方式。这种给水方式是每个分区对应设置一个气压罐给水装置,初期投资大,气压水罐容积小,调节能力有限,水泵启动频繁,效率低,耗电较多,但气压罐的设置不受位置影响,一般设置在水泵机组附近,便于管理,如图4-17所示。

(2)气压给水装置与减压阀给水方式。这种给水方式是由一个总的气压水罐控制水泵工作,水压较高的分区用减压阀控制,投资较省,气压水罐容积大,便于调节水量,水泵启动次数较少,但整个建筑同一个系统,各分区之间将相互受影响,如图4-18所示。

3. 变频调速给水装置给水方式

这种给水方式的适用情况与多台水泵组合运行给水方式基本相同,只是将其中的水泵改用为变频调速给水装置,其常见形式为并列给水方式。该方式的工程造价高,需要成套的变速与自动控制设备。

图 4-17　并列气压装置给水方式　　　　图 4-18　气压罐与减压阀给水方式

三、高层建筑给水方式的选择

（1）尽量利用室外给水管网的水压直接供水。当室外给水管网水压和流量不能满足整个建筑物用水要求时，则建筑物下层应利用外网直接供水，上层可设置加压和流量调节装置供水。

（2）高层建筑生活给水系统的竖向分区，应根据建筑的使用用途、建筑层数和高度、使用要求、材料设备性能、维护管理条件等因素综合确定。一般最低处卫生器具给水配件的静水压力应控制在以下数值范围，按此进行竖向分区：

1) 旅馆、招待所、宾馆、住宅、医院等晚间有人住宿和停留的建筑，在 0.30～0.35 MPa 范围；

2) 办公楼、教学楼、商业楼等晚间无人住宿和停留的建筑，在 0.35～0.45 MPa 范围。

（3）供水应安全可靠、管理维修方便。给水系统供水压力首先应满足不损坏给水配件的要求，一般卫生器具配水点的静压不得大于 0.60 MPa，各分区最低卫生器具配水点处静水压力不大于 0.45 MPa；水压大于 0.35 MPa 的进户管，应设减压或调压设施。

（4）生产给水系统的最大静水压力，应根据工艺要求、用水设备、管道材料、管道配件、附件、仪表等工作压力确定。

（5）给水系统中应尽量减少中间贮水设施。当压力不足，须升压供水时，在条件允许的情况下，升压泵宜从外网中直接抽水。若当地有关部门不允许时，宜优先考虑设吸水井方式。当室外管网不能满足室内的设计秒流量或引入管只有一条而室内又不允许停水时，应设调节水箱或调节水池。

（6）建筑物内不同使用性质或不同水费单价的用水系统，应在引入管后分成各自独立的给水管网，并分表计量。

（7）建筑物内的生活给水系统与消防给水系统应独立设置。建筑高度不超过 100 m 的建筑物的生活给水系统宜采用垂直分区并联供水或分区减压的供水方式；建筑高度超过 100 m 的建筑物，宜采用垂直串联供水方式。

> 📝 **课堂能力提升训练**
>
> 给出不同的高层建筑原始资料及供水条件，让学生根据所学知识和能力要点对高层建筑进行竖向分区，并进行给水方式的选择。

思考题与习题

4.1　建筑给水系统所需的水压计算包含哪几部分？
4.2　多层建筑供水方式有哪些？
4.3　高层建筑供水方式有哪些？

模块五 建筑给水系统施工图绘制

单元一 给水管道布置和敷设

学习目标

能力目标：
1. 能够根据布置原则完成不同类型建筑给水管道的布置；
2. 能够根据敷设原则正确安装和敷设给水管道。

知识目标：
1. 掌握给水管道布置基本要求与形式；
2. 掌握给水管道敷设形式与原则。

素养目标：
1. 培养减少浪费材料和降低成本的意识；
2. 提高建筑给水系统的经济效益。

视频：管道布置与敷设

一、管道布置

给水管道的布置受建筑结构、用水要求、配水点和室外给水管道的位置，以及供暖、通风、空调和供电等其他建筑设备工程管线布置等因素的影响。基本要求是保证供水安全可靠，力求经济合理；保护管道不受损坏；不影响生产安全和建筑物的使用；便于安装和维修，不影响美观。

(一) 基本要求

进行管道布置时，不但要处理和协调好各种相关因素的关系，还要满足以下基本要求。

1. 确保供水安全和良好的水力条件，力求经济合理

管道尽可能与墙、梁、柱平行，呈直线走向，力求管道简短，以减少工程量，降低造价，但不能有碍于生活、工作和通行；一般可设置在管井、吊顶内或墙角边，干管应布置在用水量大或不允许间断供水的配水点附近，既利于供水安全，又可减少流程中不合理的传输流量，节省管材。

不允许间断供水的建筑，应从室外环状管网不同管道引入，引入管不少于2条。若必须同侧引入，则两条引入管的间距不得小于15 m，并在两条引入管之间的室外给水管上装阀门。

室内给水管网宜采用枝状布置，单向供水。不允许间断供水的建筑和设备，应采用环状管网或贯通枝状管网双向供水。

设2条或2条以上引入管，在室内将管道连成环状或贯通状双向供水，如图5-1所示。若条件不可能达到，可采取设贮水池(箱)或增设第二水源等安全供水措施。

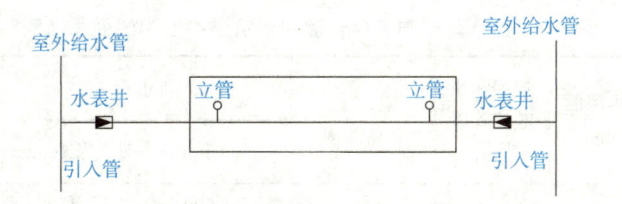

图 5-1　引入管从不同侧引入

2. 保护管道不受损坏

给水埋地管道应避免布置在可能受重物压坏处。管道不得穿越生产设备基础，如遇特殊情况必须穿越，应采取有效的保护措施。同时也不宜穿越伸缩缝、沉降缝和变形缝，若必须穿过，应采取保护措施，常用的措施如下：在管道或保温层外皮上、下留有不小于 150 mm 的净空；采用软性接头法，即用橡胶软管或金属波纹管连接沉降缝、伸缩缝隙两边的管道；采用丝扣弯头法，如图 5-2 所示，在建筑沉降过程中，两边的沉降差由丝扣弯头的旋转来补偿，此方法适用于小管径的管道；采用活动支架法，如图 5-3 所示，在沉降缝两侧设立支架，使管道只能垂直位移，不能水平横向位移，以适应沉降、伸缩的应力。

为防止管道腐蚀，管道不允许布置在烟道、风道、电梯井和排水沟内，不允许穿大、小便槽，当立管位于大、小便槽端部≤0.5 m 时，在大、小便槽端部应有建筑隔断措施。

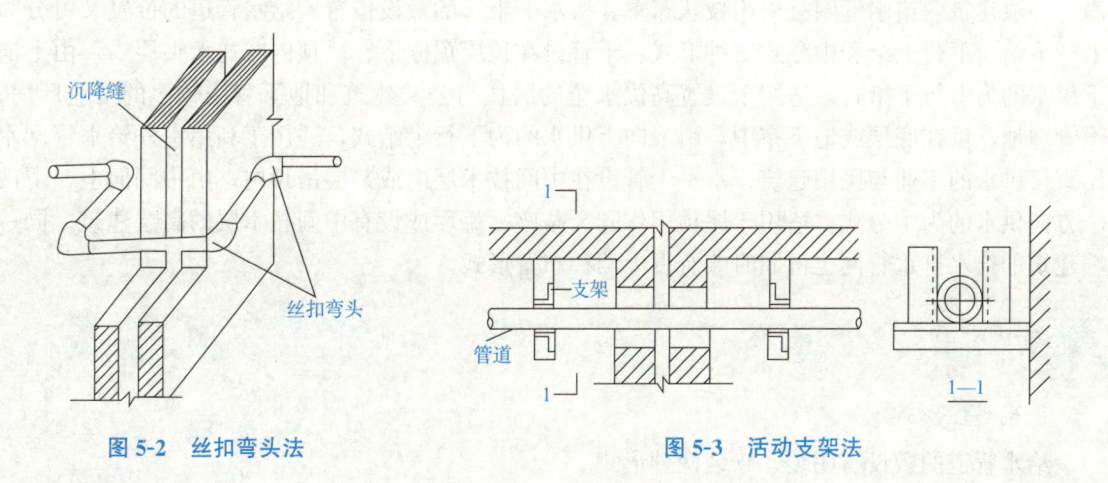

图 5-2　丝扣弯头法　　　　　图 5-3　活动支架法

3. 不影响生产安全的建筑物的使用

为避免管道泄漏，造成配电间电器设备故障或短路，管道不能从配电间通过，不得穿越变、配电间，电梯机房，通信机房，大中型计算机房、计算机网络中心、有屏蔽要求的 X 光室、CT 室、档案室、书库、音像库房等遇水会损坏的设备和易引发事故的房间；一般不宜穿越卧室、书房及贮藏间；也不能布置在妨碍生产操作和交通运输处或遇水能引起燃烧、爆炸或损坏设备、产品和原料上；不宜穿过橱窗、壁柜、吊柜等设施和在机械设备上方通过，以免影响各种设施的功能和设备的维修。

4. 便于安装维修

布置管道时其周围要留有一定的空间，以满足安装、维修的要求，给水管道与其他管道和建筑结构的最小净距见表 5-1。需进人检修的管道井，其工作通道净宽度不宜小于 0.6 m。管井应每层设外开检修门。

表 5-1　给水管道与其他管道和建筑结构之间的最小净距

给水管道名称		室内墙面/mm	地沟壁和其他管道/mm	梁、柱、设备/mm	排水管 水平净距/mm	排水管 垂直净距/mm	备注
引入管					≥1 000	≥150	在排水管上方
横干管		≥100	≥100	≥50 且此处无接头	≥500	≥150	在排水管上方
立管	管径/mm						
	≤32	≥25					
	32～50	≥35					
	75～100	≥50					
	125～500	≥60					

(二)布置形式

给水管道的布置按供水可靠程度要求可分为枝状和环状两种形式。前者单向供水，供水安全可靠性差，但节省管材，造价低；后者管道相互连通，双向供水，安全可靠但管线长、造价高。一般建筑内给水管网宜采用枝状布置。按水平干管的敷设位置，给水管道的位置又可分为上行下给、下行上给和中分式三种形式。干管设在顶层顶棚下、吊顶内或技术夹层中，由上向下供水的为上行下给式，适用于设置高位水箱的居住与公共建筑和地下管线较多的工业厂房；干管埋地、设在底层或地下室中，由下向上供水的为下行上给式，适用于利用室外给水管网水压直接供水的工业与民用建筑；水平干管设在中间技术层内或某层吊顶内，由中间向上、下两个方向供水的为中分式，适用于屋顶用作露天茶座、舞厅或设有中间技术层的高层建筑。同一幢建筑的给水排水管网也可同时兼有以上两种布置形式。

二、管道敷设

(一)敷设形式

给水管道的敷设有明装、暗装两种形式。

1. 明装

明装即管道外露，其优点是安装维修方便，造价低。但外露的管道影响美观，表面易结露、积灰尘。一般用于对卫生、美观没有特殊要求的建筑，如普通住宅、旅馆、办公楼等对建筑装修无特殊要求的高层建筑，为降低管网造价，便于安装和维修，可考虑主要房间采用暗装，或主干管采用暗装、支管采用明装等敷设方式。

2. 暗装

暗装即管道隐蔽，如敷设在管道井、技术层、管沟、墙槽或夹壁墙中，直接埋地或埋在楼板的垫层里，其优点是管道不影响室内的美观、整洁，但施工复杂，维修困难，造价高。其适用于对卫生、美观要求较高的建筑(如宾馆、高级公寓和要求无尘、洁净的车间、实验室、无菌室等)。标准较高的高层建筑，除少数辅助用房(如车库、冷库、锅炉房、水泵房、洗衣房等)外，一般均采用暗敷方式：即将水平给水管敷设在各区顶层吊顶内、各层走廊吊顶内、技术夹层内、底层走廊的地沟内或底层楼板下；将给水管敷设在管道竖井或立槽内等。在竖井中，必须采用管卡、托架等将各种管道固定，且每层均应固定管道，以防止管接口松漏。

(二)敷设原则

给水管道不宜穿过伸缩缝、沉降缝和变形缝,必须穿过时应采取相关措施。如给水横管穿承重墙或基础、立管穿楼板时均应预留孔洞,安装管道在墙中敷设时,也应预留墙槽,以免临时打洞、刨槽影响建筑结构的强度。管道预留孔洞和墙槽的尺寸详见表5-2,管道穿越楼板、屋顶、墙预留孔洞(或套管)尺寸见表5-3。

表 5-2 给水管预留孔洞、墙槽尺寸

管道名称	管径/mm	明管留孔尺寸[长(高)×宽]/mm	暗管墙槽尺寸(宽×深)/mm
立管	≤25	100×100	130×130
	32~50	150×150	150×130
	70~100	200×200	200×200
2根立管	≤32	150×150	200×300
横支管	≤25	100×100	60×60
	32~40	150×130	150×100
引入管	≤100	300×200	

表 5-3 管道穿越墙、楼板预留孔洞(或套管)尺寸

管道名称	穿楼板	穿屋面	穿(内)墙	备注
PVC-U管	孔洞大于管外径50~100 mm		与楼板同	
PVC-C管	套管内径比管外径大50 mm			为热水管
PP-R管			孔洞比管外径大50 mm	
PEX管	孔洞宜大于管外径70 mm,套管内径不宜大于管外径50 mm	与楼板同	与楼板同	
PAP管	孔洞或套管的内径比管外径大30~40 mm	与楼板同	与楼板同	
铜管	孔洞比管外径大50~100 mm		与楼板同	
薄壁不锈钢管	(可用塑料套管)	(需用金属套管)	孔洞比管外径大50~100 mm	
钢塑复合管	孔洞尺寸为管道外径加40mm		与楼板同	

给水管道采用软质的交联聚乙烯管或聚丁烯管埋地敷设时,宜采用分水器配水,并将给水管道敷设在套管内。

引入管进入建筑内有两种情况:一种是从建筑物的浅基础下通过;另一种是穿越承重墙或基础,其敷设方法如图5-4所示。在地下水位高的地区,引入管穿地下室外墙或基础时,应采取防水措施,如设防水套管。室外埋地引入管要防止地面活荷载和冰冻的破坏,其管顶覆土厚度不宜小于0.7 m,并应敷设在冰冻线下0.15 m处。建筑内埋地管在无活荷载和冰冻影响时,其管顶离地面高度不宜小于0.3 m。

给水管网敷设时应根据建筑的总体布局、建筑装修要求、卫生设备分布情况、给水管网及其他管道的布置情况灵活处理,做到既满足建筑装修和隔声、防振、防露的要求,又便于管道的施工、安装和维修。

管道在空间敷设时,必须采用固定措施,以保证施工方便和安全供水。固定管道常用的支、托架如图5-5所示。给水钢立管一般每层须安装1个管卡,当层高>5 m时,则每层须安装2个,管卡安装高度,距地面应为1.5~1.8 m。钢管水平安装支架最大间距见表5-4。钢塑

复合管采用沟槽连接时，管道支架间距见表5-5。塑料管、复合管支架间距要求见表5-6。

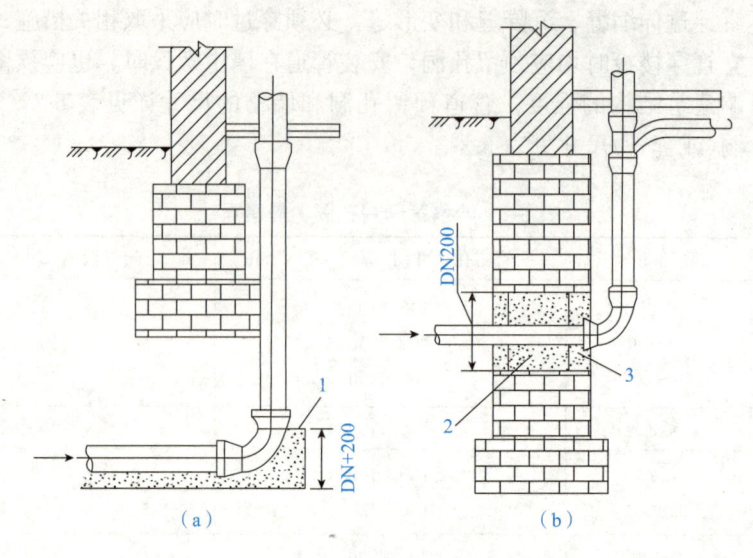

图5-4 引入管进入建筑物
(a)从浅基础下通过；(b)穿基础
1—C30混凝土支座；2—黏土；3—M5水泥砂浆封口

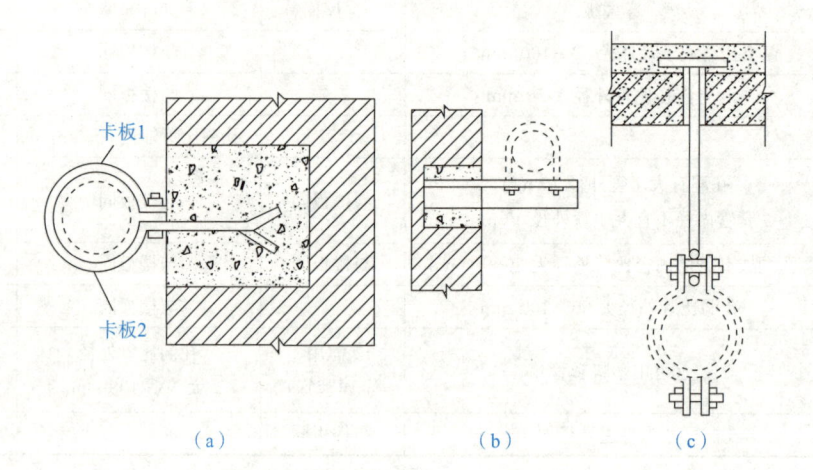

图5-5 支、托架
(a)管卡；(b)托架；(c)吊环

表5-4 钢管水平安装支架最大间距

公称直径/mm	15	20	25	32	40	50	70	80	100	125	150	200	250	300
保温管/m	2	2.5	2.5	2.5	3	3	4	4	4.5	6	7	7	8	8.5
不保温管/m	2.5	3	3.25	4	4.5	5	6	6	6.5	7	8	9.5	11	12

表5-5 管道支架最大间距

管径/mm	65～100	125～200	250～315
最大支承间距/m	3.5	4.2	5.0

注：①横管的任何两个接头之间应有支承。
②不得支承在接头上。
③沟槽式连接管道，无须考虑管道因热胀冷缩的补偿。

表 5-6　塑料管及复合管管道支架的最大间距

管径/mm	12	14	16	18	20	25	32	40	50	63	75	90	110
立管/m	0.5	0.6	0.7	0.8	0.9	1.0	1.1	1.3	1.6	1.8	2.0	2.2	2.4
水平管/m	0.4	0.4	0.5	0.5	0.6	0.7	0.8	0.9	1.0	1.1	1.2	1.35	1.55

注：采用金属制作的管道支架，应在管道与支架间衬非金属垫或套。

课堂能力提升训练

给出不同建筑的平面图，学生根据所学的给水管道布置原则与敷设要求，独立进行实操布线训练。

单元二　建筑给水系统施工图绘制

学习目标

能力目标：
能够使用天正给水排水软件绘制建筑给水管道平面图与系统图。

知识目标：
1. 掌握给水立管在管道井中的布置的绘制方法；
2. 掌握给水管道在首层的引入管的绘制方法；
3. 掌握各管道井中给水支管水表节点的绘制方法；
4. 掌握给水管道系统图的绘制方法；
5. 掌握给水管道管径的标注方法。

素养目标：
1. 培养严谨细致的工作态度；
2. 培养团队合作和沟通的能力。

TWT 即天正给水排水绘图软件，在给水排水专业设计领域得到了广泛的运用。其内部所包含的各类自定义绘图工具可以绘制大部分给水排水图形，如各类管线、设备、附件以及阀门等，且给水排水软件内嵌于 AutoCAD 软件中，在使用该软件绘图时，还可以使用 AutoCAD 各类命令进行辅助绘制。

本书施工图是将天正绘图软件内嵌于 2014 版本 AutoCAD 软件绘制的，本节对该软件的安装、启动和基本给水排水管线绘制方法进行讲解。

一、安装天正给水排水

(1) 在购买软件光盘或者从官网上下载天正软件后，需进行安装才能使用，下载后的图标如图 5-6 所示。
(2) 双击图标，或者右击图标，在弹出的快捷菜单中执行【打开】命令，如图 5-7 所示。
(3) 此时系统弹出如图 5-8 所示的安装界面。

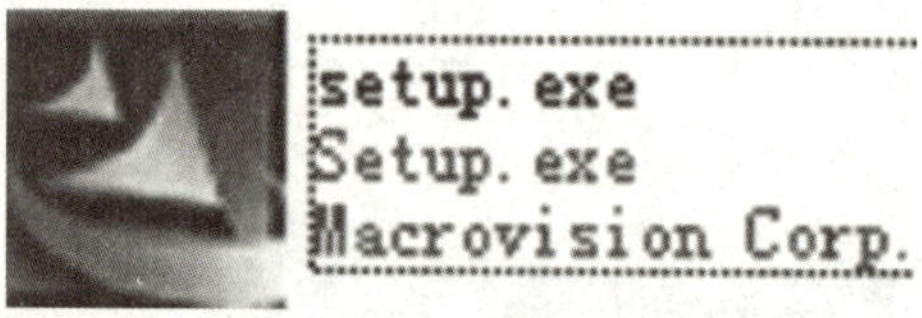

图 5-6　安装图标 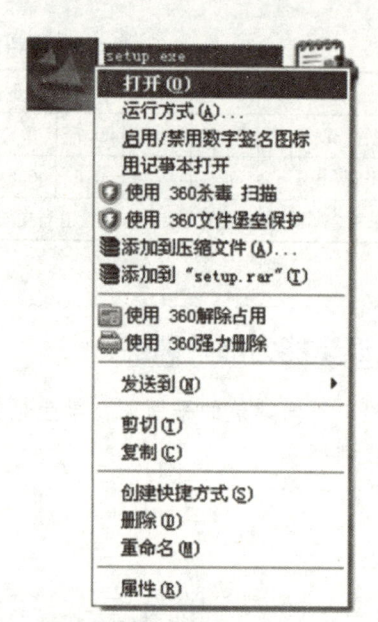　　　　　　　　　　图 5-7　执行【打开】命令

图 5-8　安装界面

（4）稍后系统弹出如图 5-9 所示的安装界面，单击【是】按钮。
（5）在弹出如图 5-10 所示的【选择目的地位置】对话框中单击【浏览】按钮，系统弹出如图 5-11 所示的【选择文件夹】对话框，在其中选定安装文件的存储路径，单击【确定】按钮，返回【选择目的地位置】对话框。

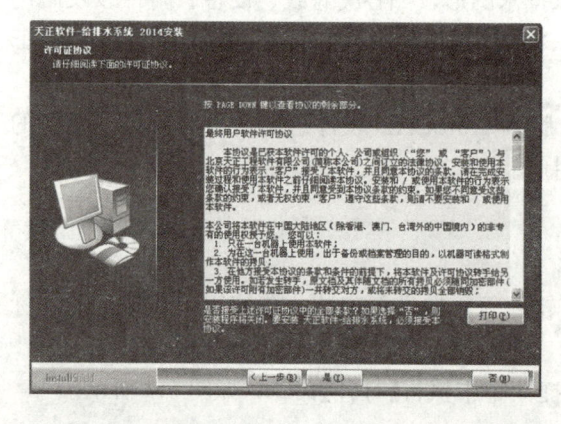

图 5-9　安装图标 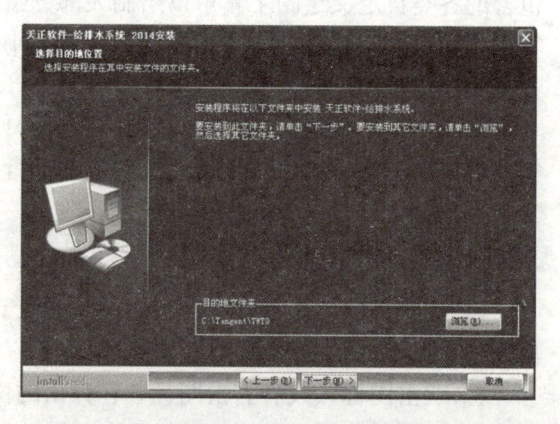　　　　　　　　　　图 5-10　【选择目的地位置】对话框

· 62 ·

(6)单击【下一步】按钮,弹出如图 5-12 所示的【选择程序文件夹】对话框,在其中的列表框中显示了系统所有的现有文件夹,单击选择存储安装程序的文件夹。

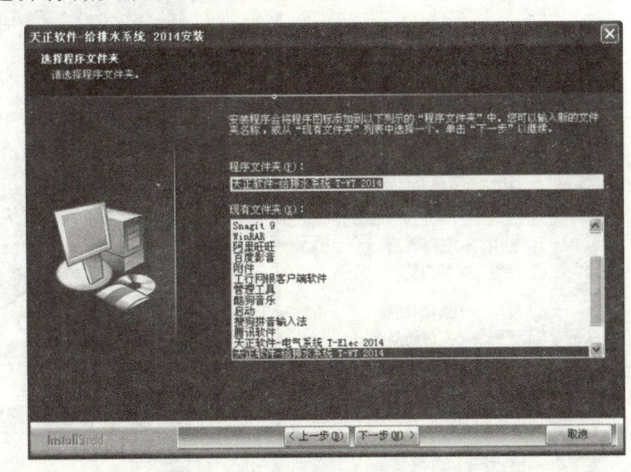

图 5-11 【选择文件夹】对话框　　　　图 5-12 【选择程序文件夹】对话框

(7)单击【下一步】按钮,弹出如图 5-13 所示的【安装状态】对话框,显示软件正在安装中。

(8)安装完成后,即可显示如图 5-14 所示的对话框,单击【完成】按钮,关闭对话框,即可完成天正软件的安装。

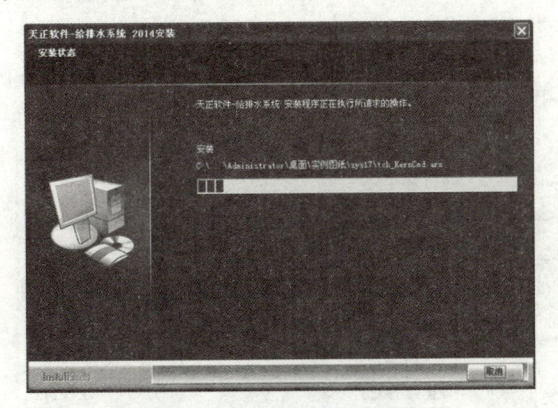

图 5-13 【安装状态】对话框　　　　图 5-14 安装完成

二、启动天正给水排水

启动天正给水排水软件的方式有如下几种:
(1)双击桌面上的天正给水排水图标。
(2)右击软件图标,在弹出的快捷菜单中执行【打开】命令,如图 5-15 所示。
(3)执行【开始】→【程序】→【天正软件-给水排水系统 T-WT 2014】→【天正软件-给水排水系统 T-WT 2014】命令,如图 5-16 所示。

三、退出天正给水排水

由于天正给水排水软件内嵌于 AutoCAD 中运行,因此,退出 AutoCAD 软件的方式也适用于给水排水软件,操作如下:
(1)单击软件界面左上方的图标,在弹出的列表中选择【退出 AutoCAD 2014】选项,如图 5-17 所示,即可退出软件。

· 63 ·

图 5-15 执行【打开】命令   图 5-16 选择选项

(2)执行【文件】→【关闭】命令，在弹出的菜单中选择【关闭】选项，如图 5-18 所示。

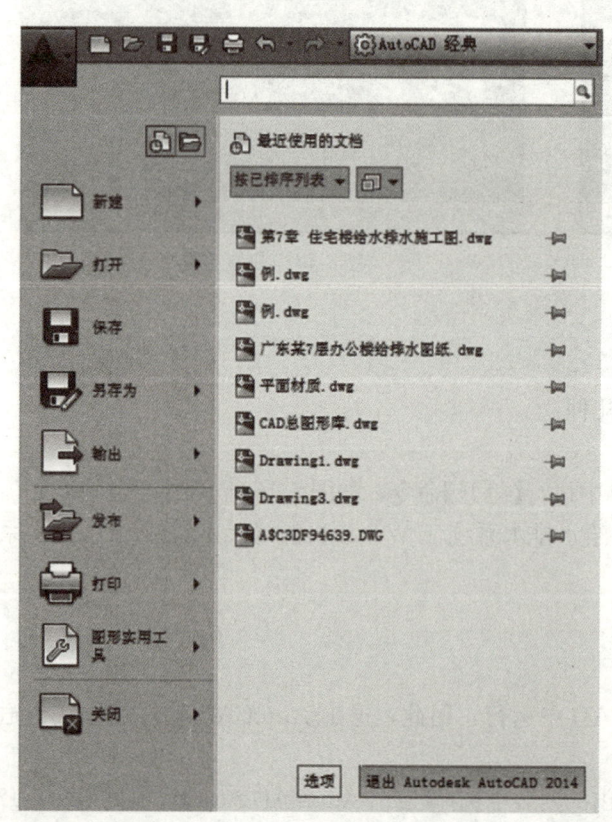

图 5-17 选择【退出 AutoCAD 2014】选项   图 5-18 选择【关闭】选项

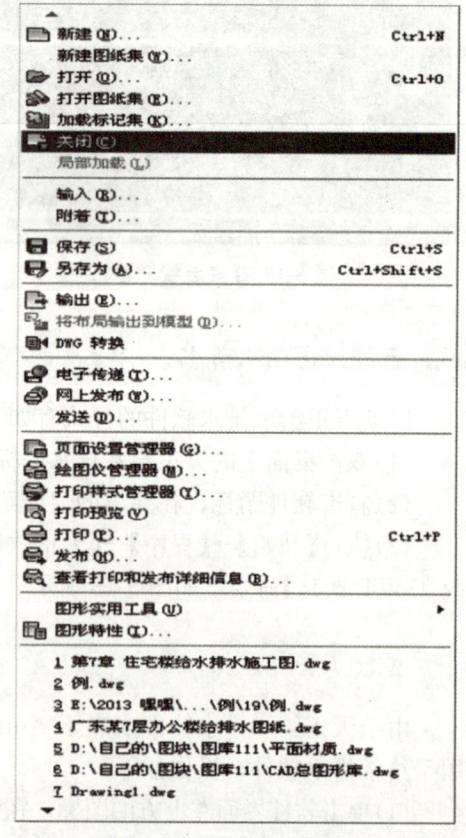

· 64 ·

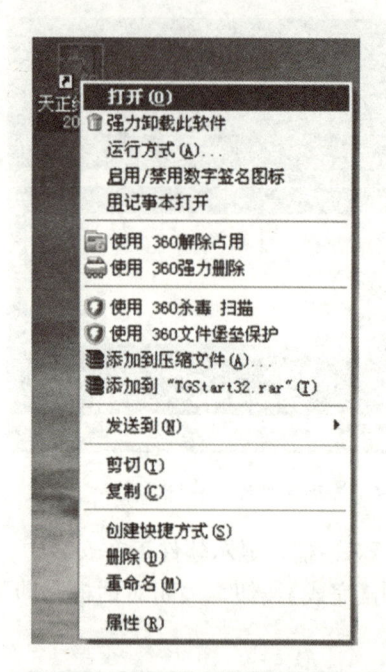

(3)单击软件界面右上角的【关闭】按钮。

四、天正给水排水工作界面

正确启动天正给水排水软件后，即可出现软件的工作界面，本节介绍软件工作界面的组成。

1. 屏幕菜单

打开软件后，在软件界面的左边显示了给水排水软件的屏幕菜单，如图 5-19 所示。通过屏幕菜单，可以调用给水排水软件的绝大多数命令。

单击其中的菜单选项名称，可以弹出该菜单所包含的命令；单击【管线】菜单，在弹出的下拉菜单中显示该菜单选项包含的所有命令，如图 5-20 所示。

在单击另一类型的菜单时，已打开的菜单会自动闭合，可预留位置以显示其他的菜单命令。

天正给水排水菜单分为两种类型：【室内菜单】和【室外菜单】。常规情况下使用【室内菜单】来绘制图形，软件默认开启的也是【室内菜单】。

单击【设置】菜单，在弹出的命令列表中选择【室外菜单】选项，如图 5-21 所示。此时屏幕菜单转换为【室外菜单】，结果如图 5-22 所示。

在【室外菜单】中提供了【室外绘图】、【室外计算】等操作命令，可以完成布置井、布置池等操作。

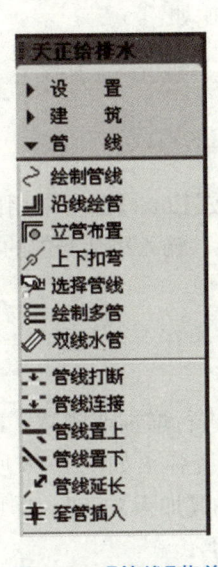

图 5-19　屏幕菜单　　图 5-20　【管线】菜单　　图 5-21　选择【室外菜单】选项　　图 5-22　室外菜单

将鼠标置于菜单中的任意一个命令上，即可在状态栏上显示该命令的解释。图 5-23 所示为将光标置于【布置井】命令上时状态栏所给予的解释说明。

在图中布置检查井、阀门井、跌水井、水封井

图 5-23　说明文字

在屏幕菜单上右击，在弹出的快捷菜单中执行【自定义】命令，如图 5-24 所示，系统弹出如图 5-25 所示的【天正自定义】对话框，在其中可以设置屏幕菜单的显示样式。

2. 命令行

给水排水软件中的大部分命令可以通过命令行来执行。常规来说，对于命令行的命令，采用简化命令的方式来提供。例如，【绘制管线】命令对应的字母为 HZGX，分别取每个字的首字母来组成。

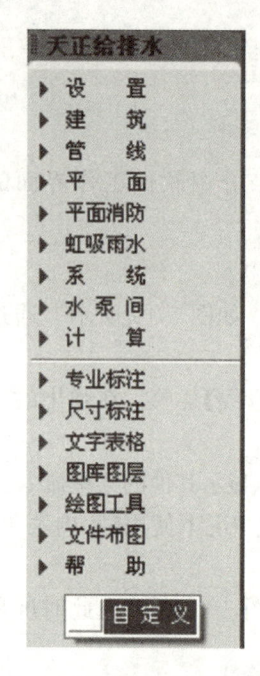

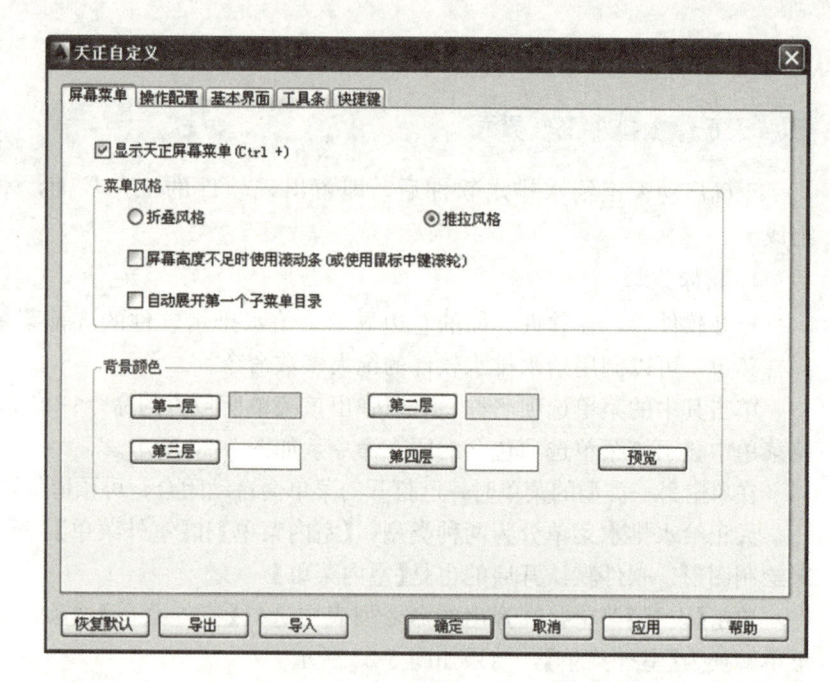

图 5-24　执行【自定义】命令　　　　　图 5-25　【天正自定义】对话框

在执行命令后，有时会出现命令交互的现象，比如：

命令：HZGX
请点取管线的起始点[输入参考点(R)]＜退出＞：＊取消＊

方括号前为当前的命令操作提示，方括号后为按【Enter】键所采用的动作；方括号内为可选择的其他动作，输入小括号内的字母可以调用该功能；输入小括号内的字母不需要按【Enter】键。

3. 快捷工具条

天正默认将快捷工具条显示在软件界面的下方，在上面显示了一些常用的绘图或编辑命令；单击按钮，即可调用该命令。

工具条上的命令并不是固定不变的，用户可以进行增加或删减，以符合自己的绘图习惯。

在命令行中输入【GJT】命令并按【Enter】键，系统弹出如图 5-26 所示的【定制天正工具条】对话框。通过在左边的列表中选择命令，单击中间的【加入】按钮，即可将该命令加入右边的列表框，而该列表框中的命令将都显示在快捷工具条上。

4. 初始设置

执行天正初始设置命令，可以设置绘图中图块比例、管线信息、文字字体、字高和宽高比等初始信息。

执行【设置】→【初始设置】命令，在弹出的【选项】对话框中选择【天正设置】选项卡，如图 5-27 所示。在对话框中可以对绘图时的一些默认值进行修改。

五、某高层住宅给水系统施工图绘制

1. 给水立管的绘制

执行【管线】→【立管布置】命令，弹出如图 5-28 所示的【立管】对话框，单击【给水】按钮，输入需要的管径和编号，布置方式根据需要选择，这里选择【任意布置】，输入该立管的管底标高和管顶标高，在建筑平面图中管道井位置绘制立管，在所需位置单击鼠标左键，确定立管位置，绘制给水立管的结果如图5-29所示。JL-2、DJL-2、GJL-2分别为市政管网直接供水的低区、水泵加压供水的中区和高区。

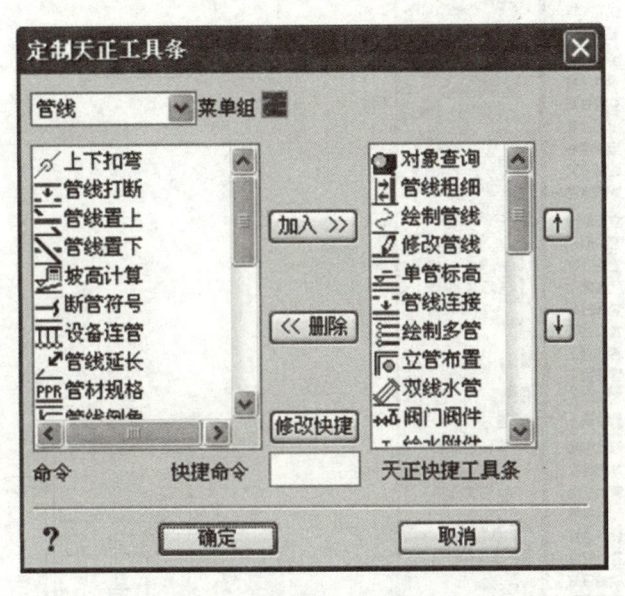

图5-26 【定制天正工具条】对话框

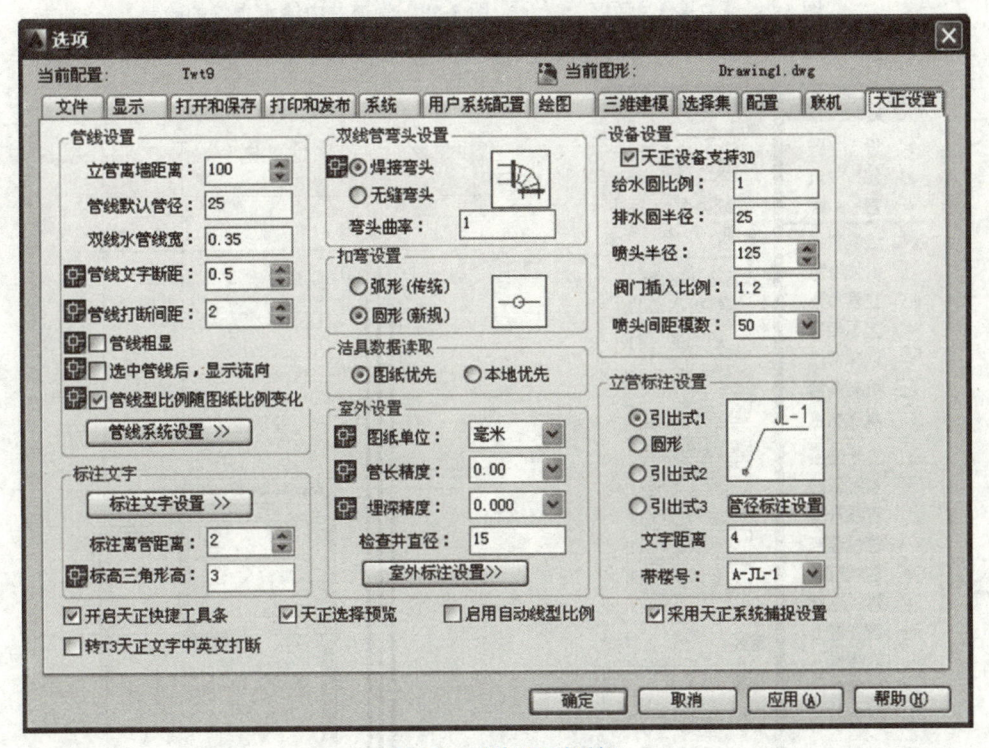

图5-27 【选项】对话框

2. 给水管线的绘制

执行【管线】→【绘制管线】命令，弹出如图5-30所示的【管线】对话框，在弹出的【管线】对话框中单击【给水】按钮，输入需要的管径及标高，如有管线交叉，需设置等标高交叉时的处理方法，这里选择【生成四通】，标高不等时系统自动生成置上或置下处理。参数输入完毕后，绘制给水管线，将各给水立管进行连接，结果如图 5-31 所示。

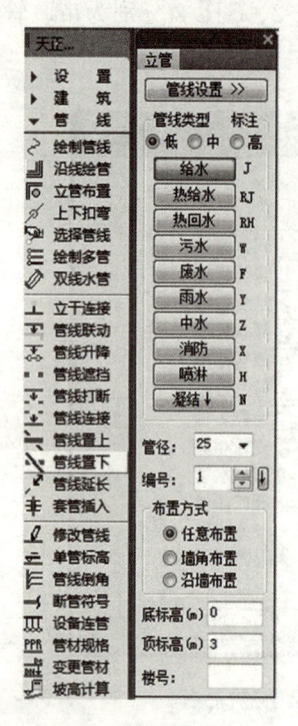

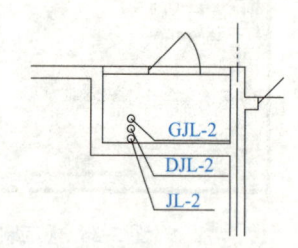

图 5-28 【立管】对话框　　图 5-29 管道井中给水立管的绘制

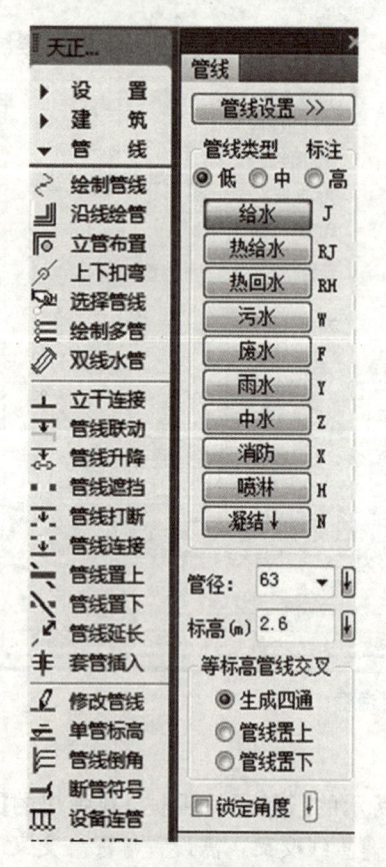

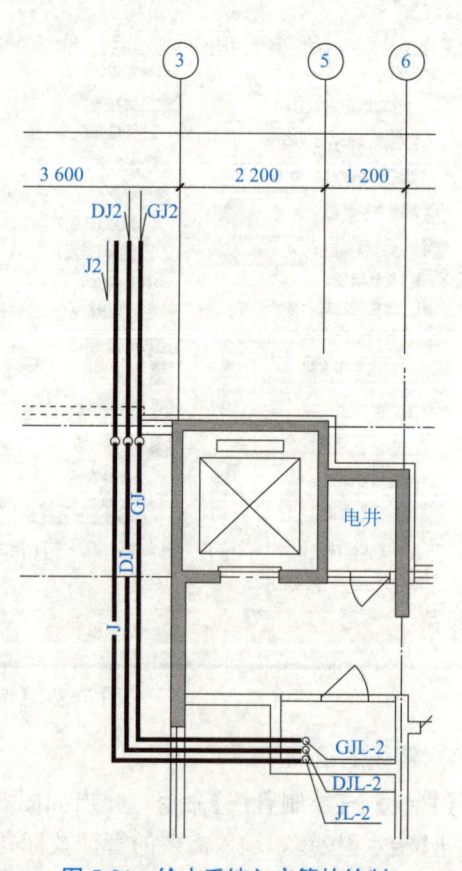

图 5-30 【管线】对话框　　图 5-31 给水系统入户管的绘制

3. 支管水表节点的绘制

将上述 3 根立管复制到 2~5 层平面，即市政水压能够满足的供水高度。

绘制支管水表节点图，执行【阀门阀件】命令，在【仪表】对话框中选水表图标，如图 5-32 所示，在水暖井给水管线上单击，插入水表附件。

执行【阀门阀件】命令，在【阀门】对话框中选截止阀图标，如图 5-33 所示，在水表左右两侧单击，插入截止阀。

给水系统入户详图见单元平面大样图。

支管水表节点绘制如图 5-34 所示。

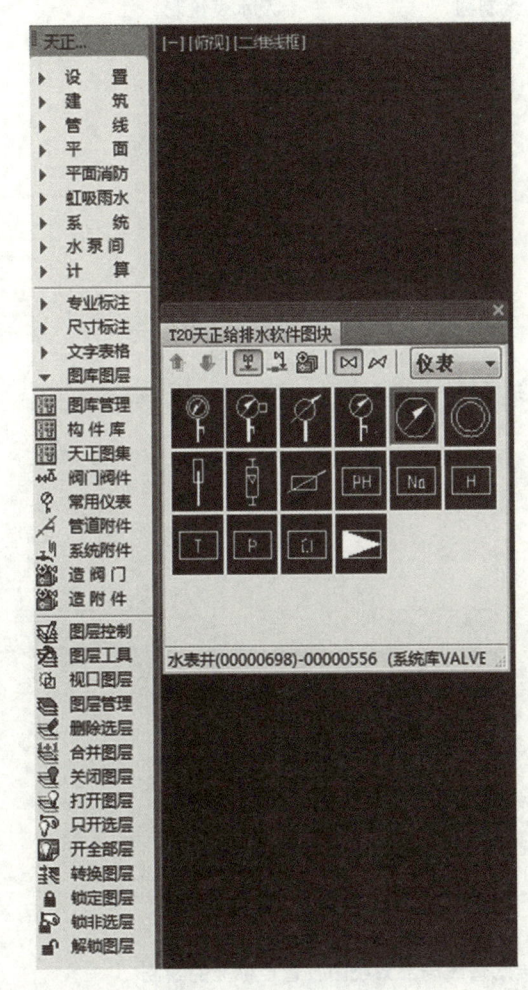

图 5-32 【仪表】对话框　　　　　　图 5-33 【阀门】对话框

同理绘制 6~12 层、12~18 层管道井中给水立管及相应支管水表节点的平面图，即中区供水层数为 6~12 层，高区供水层数为 12~18 层，两种都为水泵加压供水，如图 5-35、图 5-36 所示。

4. 给水立管系统图的绘制

给水管道平面图绘制完成后，根据平面图绘制给水管道系统图，在系统图中，根据水力计算结果标注管径，执行【单管管径】命令，如图 5-37 所示，在所弹出对话框中选择管径类型为 dn，即塑料管外径符号，管径大小根据水力计算结果填写，然后在所需要标注的管线处单击管线，标注结果如图 5-38 所示。

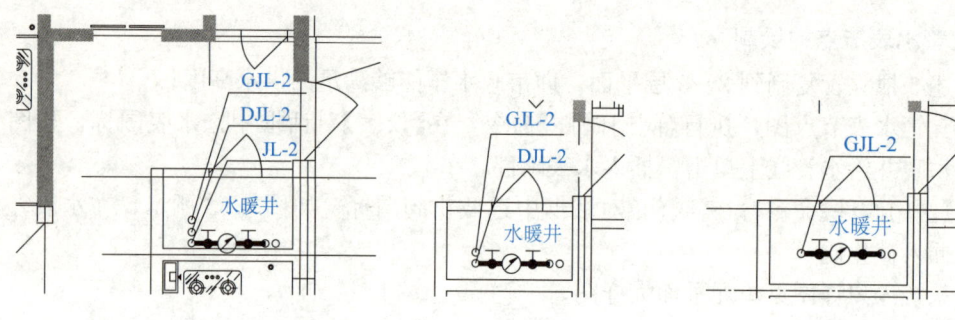

图 5-34　支管水表节点绘制　　图 5-35　供水中区给水立管　　图 5-36　供水高区给水立管
　　　　　　　　　　　　　　　　　　　　及水表绘制图　　　　　　　　　及水表绘制

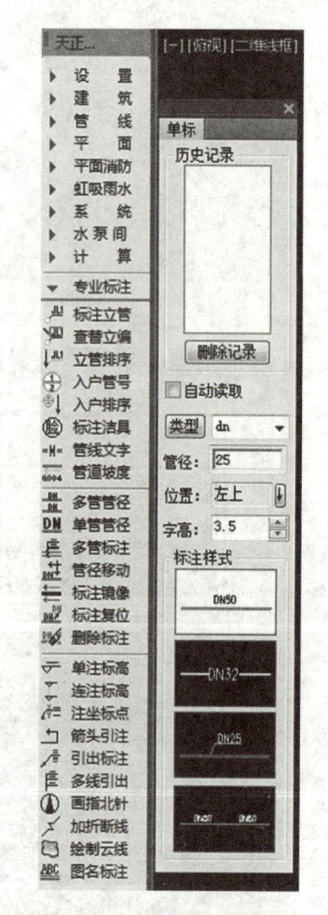

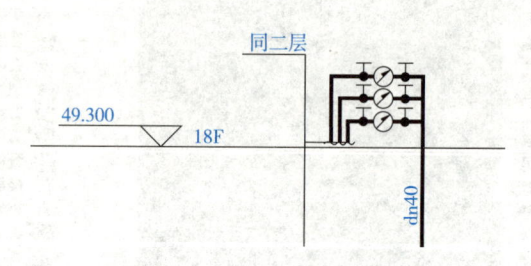

图 5-37　【单管管径】对话框　　图 5-38　给水管线局部系统图及管径标准的绘制

以上为给水管线的基本绘制步骤和方法，其余立管、管线及系统图绘制方法同上，各层给水管道平面图及给水管道系统图如图 3-2～图 3-7 所示。

> 📝 **课堂能力提升训练**
>
> 　　1. 给出不同类型的建筑的施工图，熟悉建筑的平面布局，应用天正给水排水软件，绘制给水管道的平面图。
> 　　2. 根据给水平面图，绘制给水管线系统图，并标注管径。

单元三 卫生间给水管道详图绘制

学习目标

能力目标：
1. 能够根据卫生间布局，合理确定卫生器具的平面位置；
2. 能够根据卫生器具位置，进行给水管道绘制及连接卫生洁具；
3. 能够根据卫生间大样图绘制卫生间给水管线系统图。

知识目标：
1. 掌握卫生间内卫生器具布置的方法；
2. 掌握卫生间给水管线平面图及系统图绘制方法；
3. 掌握各部分在绘制过程中参数的选择。

素养目标：
1. 培养严谨细致的工作态度；
2. 培养团队合作和沟通的能力。

某高层住宅卫生间给水管线详图绘制步骤如下：

一、布置洁具

执行【建筑】→【布置洁具】命令，可以从天正图库中调入各类洁具图块至当前图形中，包括洗脸盆、大便器、地漏等。在弹出的【天正洁具】对话框中选择洁具，如图 5-39 所示，同时命令行提示如下：

```
命令：TSAN1
请选择沿墙边线<退出>：
插入第一个洁具[C插入基点（B）]<退出>：
下一个<结束>：                //在墙边线上指定洁具的插入点，可以完成洁具的插入操作
```

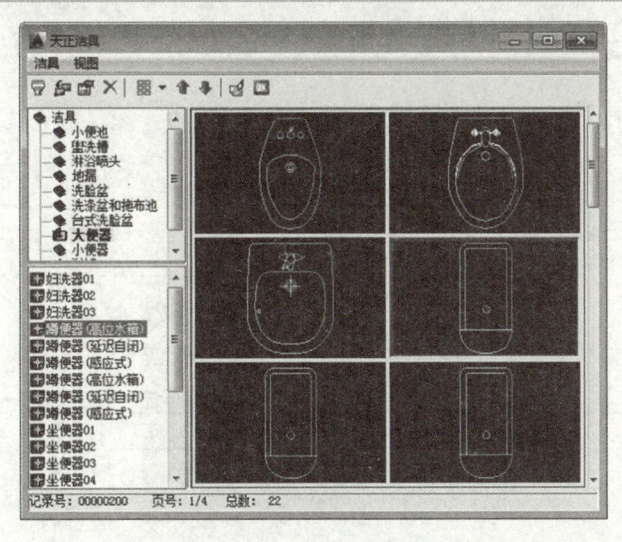

图 5-39 【天正洁具】对话框

双击洁具，在【布置坐便器】对话框中设置参数，如图 5-40 所示。点取左侧的内墙线，布置洁具，如图 5-41 所示。

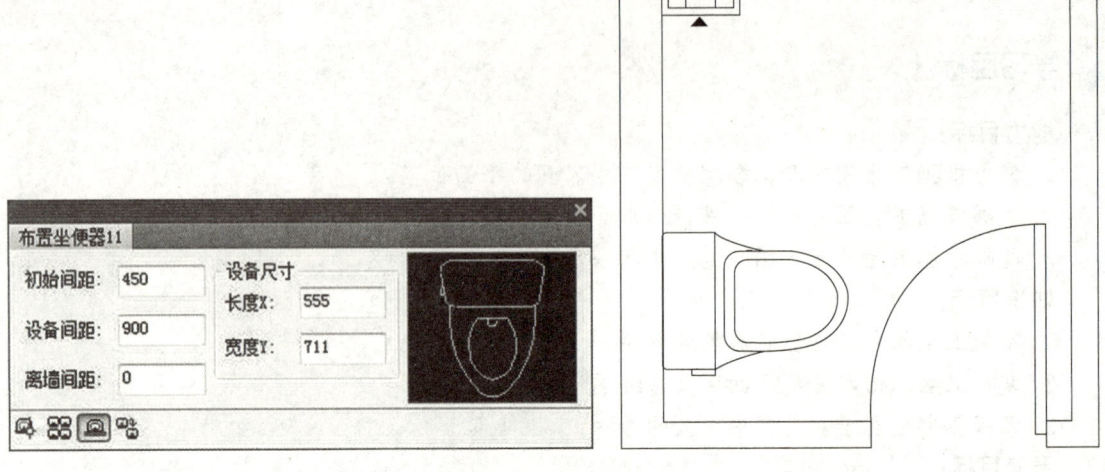

图 5-40　设置参数　　　　　　　　　　　　　　图 5-41　布置坐便器

重复上述操作，继续布置淋浴、洗衣机、洗脸盆图形，如图 5-42 所示。

二、卫生间给水管线平面图的绘制

绘制卫生间给水管线大样图时，管线比例为 1∶50，绘图之前要先改变绘图比例，执行【文件布图】→【改变比例】命令，如图 5-43 所示。在命令行中输入要【50】，按【Space】键确定，如图 5-44 所示。

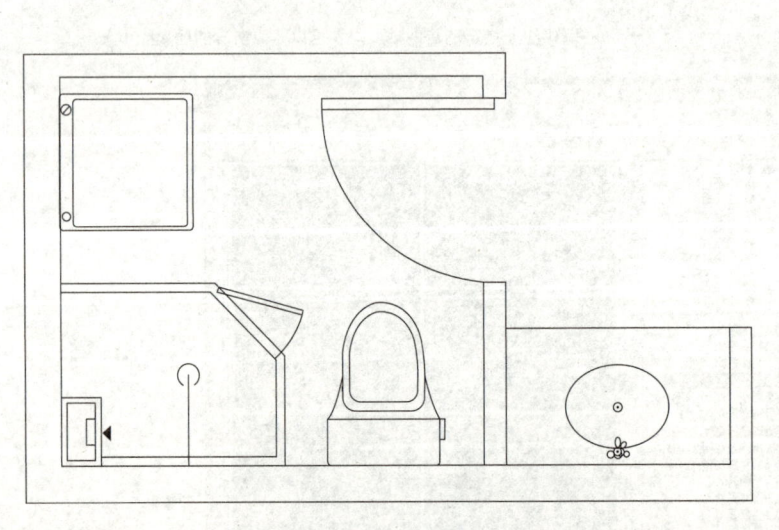

图 5-42　洁具布置　　　　　　　　　　　　　　图 5-43　执行【改变比例】命令

改变绘图比例之后开始绘制管线，执行【管线】→【绘制管线】命令，弹出如图 5-30 所示的

【管线】对话框,在弹出的【管线】对话框中单击【给水】按钮,输入需要的管径及标高,参数输入完毕后,绘制给水管线,如图 5-45 所示。

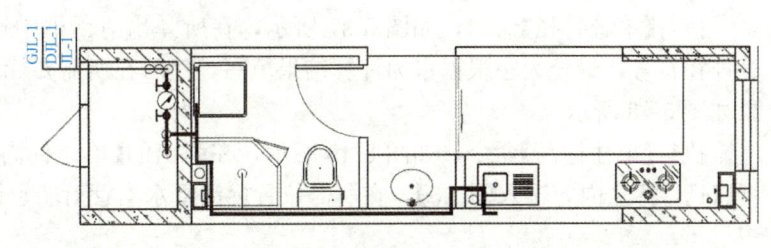

图 5-44　命令行显示

图 5-45　卫生间管线的绘制

三、管连洁具

执行【平面】→【管连洁具】命令,可以连接给水管线与洁具,选择给水支管及坐便器,重复操作,继续对淋浴、洗衣机及洗手盆执行【管连洁具】的操作,连接结果如图 5-46 所示。

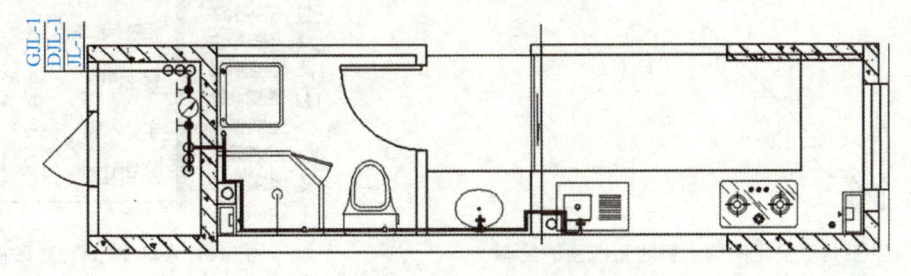

图 5-46　卫生间给水管线连洁具的绘制

四、卫生间给水管线系统图的绘制

执行【系统】→【系统生成】命令,弹出【平面图生成系统图】对话框,在【管线类型】中选择【给水】选项,单击【直接生成单层系统图】按钮,如图 5-47 所示。

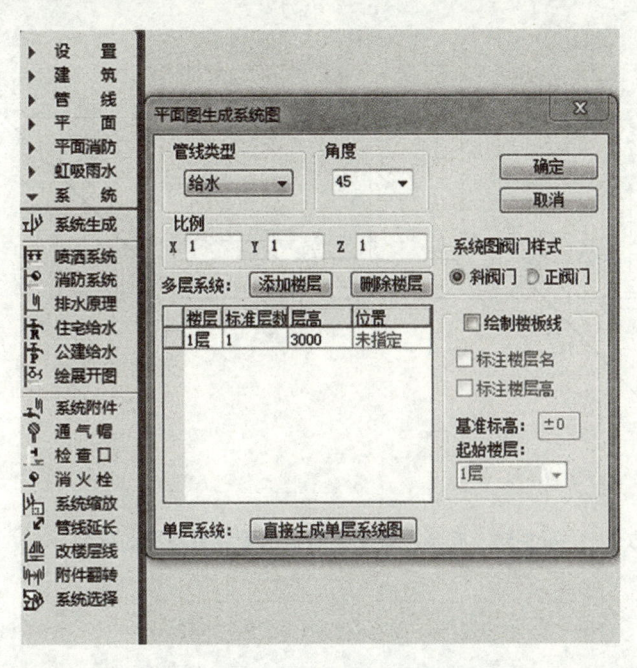

图 5-47　【平面图生成系统图】对话框

用鼠标框选已经完成的卫生间大样图，按【Space】键确定，在所需位置单击鼠标，生成卫生间给水管线系统图，如图 5-48 所示。

执行【单管管径】命令，如图 5-37 所示，在所弹出对话框中选择管径类型为【dn】，即塑料管外径符号，管径大小根据水力计算结果填写，然后在所需要标注的管线处单击管线，标注结果如图 5-48 所示。

执行【单注标高】命令，如图 5-49 所示，在弹出的【单注标高】对话框中，相对标高前缀选择【H】，标注内容输入【0.35】，在所需位置标注给水支管沿墙敷设的标高，如图 5-49 所示。

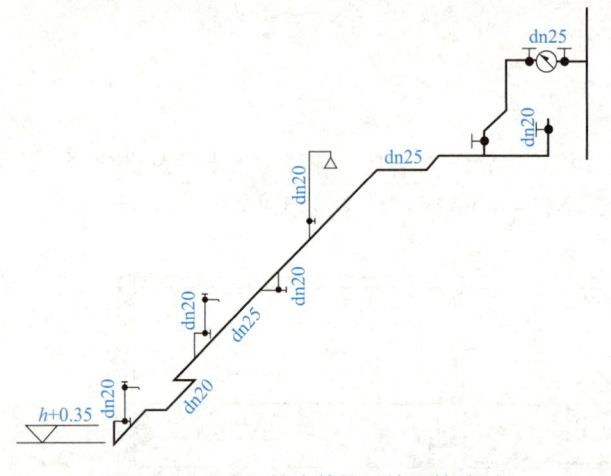

图 5-48　卫生间给水管线系统图的绘制

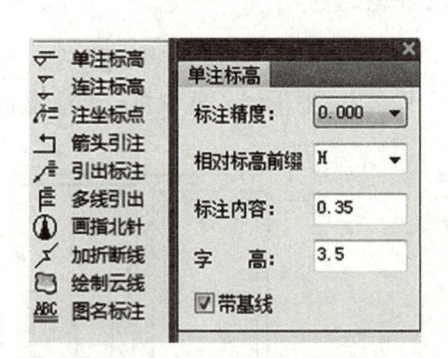

图 5-49　【单注标高】对话框

其他户型卫生间给水系统图及大样图绘制方法同上，如图 5-50 所示。

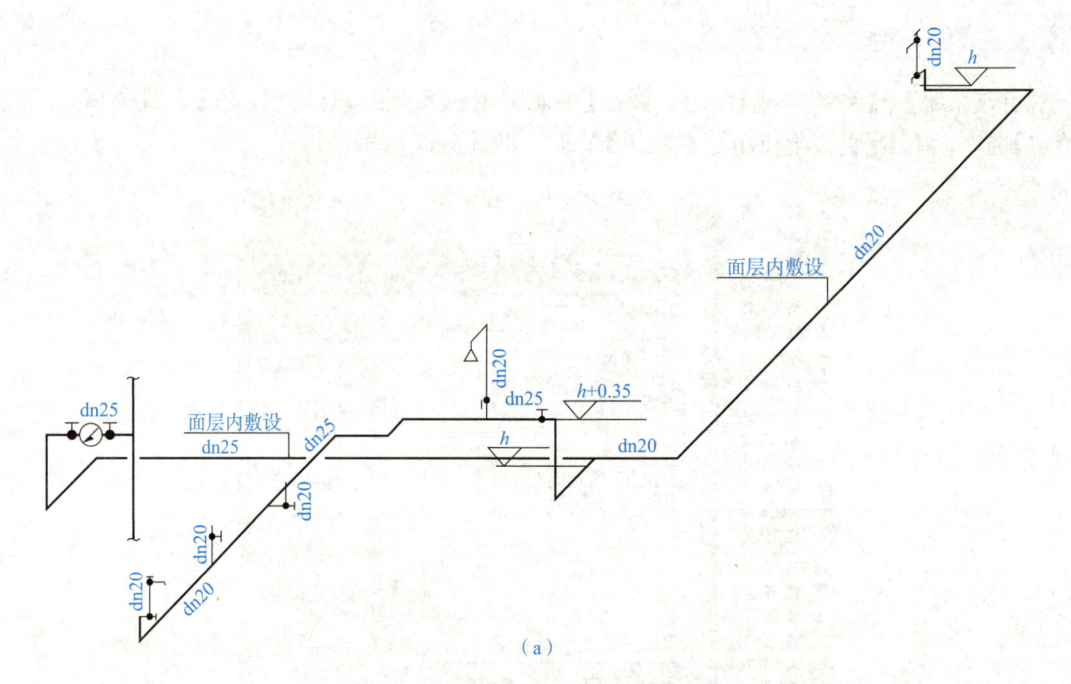

(a)

图 5-50　其余户型卫生间给水管线系统图的绘制

(b)

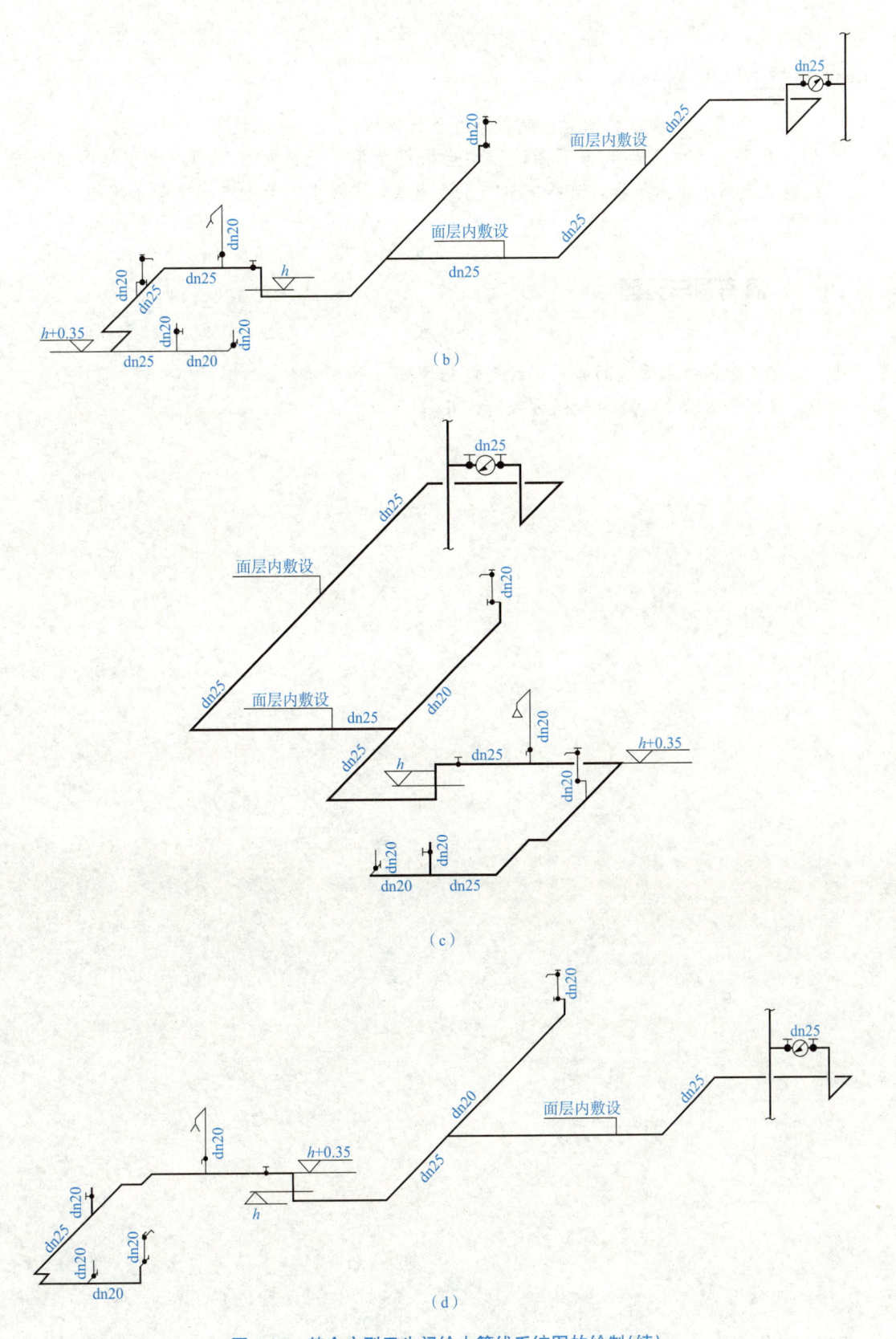

(c)

(d)

图 5-50 其余户型卫生间给水管线系统图的绘制(续)

· 75 ·

> **课堂能力提升训练**
>
> 1. 给出各类卫生间设计图集,学习给水布线范例;
> 2. 给出不同尺寸卫生间平面图,让学生根据所学知识,对卫生间内卫生器具进行布置,绘制卫生间内给水管线,连接支管与卫生器具,并绘制卫生间给水支管系统图。

思考题与习题

5.1 建筑物内给水管道的布置形式有哪几种?

5.2 建筑物内给水管道敷设的方式有哪几种?

模块六　建筑给水系统设计计算

单元一　用水定额及给水设计流量

学习目标

能力目标：
1. 能够合理确定各类建筑的用水量标准；
2. 能够根据建筑用水量需求情况合理确定出最高日、最高时用水量；
3. 能够根据建筑及用户情况合理选择设计秒流量计算公式及相关参数。

知识目标：
1. 掌握给水系统的最高日用水量、最高时用水量的计算方法；
2. 掌握不同建筑的设计秒流量计算公式。

素养目标：
1. 培养节水的意识，在用水定额的制定过程中考虑水资源的可持续利用；
2. 培养环保社会责任，推动整个产业链的绿色化发展。

视频：给水设计流量

建筑内用水包括生活、生产和消防用水三部分。

一、建筑用水情况和用水定额

1. 建筑用水情况

生活用水是满足人们生活上各种需要所消耗的用水，其用水量受当地气候、建筑物使用性质、卫生器具和用水设备的完善程度、使用者的生活习惯及水价等多种因素的影响，一般不均匀。生活用水，尤其是住宅，一天内各小时用水量的变化较大，而且随经济发达程度、生活习惯、气候的不同，各地差别也很大，一般来说，经济发达地区，卫生器具越多，设备越完善，用水的不均匀性越小。

生产用水在生产班期间内比较均匀且有规律性，其用水量根据地区条件、工艺过程、设备情况、产品性质等因素，按消耗在单位产品上的水量或单位时间内消耗在生产设备上的水量计算确定。建筑物内生产用水的计算方法有两种：一种是按消耗在单位产品上的水量计算；一种是按单位时间内消耗在某种生产设备上的水量计算。无论采取哪种计算方法，生产用水在整个生产周期内均比较均匀且有规律性。

消防用水量大而集中，与建筑物的使用性质、规模、耐火等级和火灾危险程度等密切相关，为保证灭火效果，建筑内消防用水量应按规定根据同时开启消防灭火设备用水量之和计算，详见第十章。

2. 用水定额

生活用水的计量是根据用水量定额及用水单位数来决定的。

用水定额是计算用水量的依据，是根据具体的用水对象和用水性质确定一定时期内相对合理的单位用水量的数值。

生活用水定额是指每个用水单位用于生活目的所消耗的水量。它包括居住建筑和公共建筑生活用水定额及工业建筑生活、淋浴用水定额等，应根据现行的《建筑给水排水设计标准》(GB 50015—2019)(以下简称《标准》)作为依据，进行计算。《标准》中规定的用水定额见表6-1～表6-3。

表6-1　住宅最高日生活用水定额及小时变化系数

住宅类型	卫生器具设置标准	最高日用水定额 [L·(人·d)$^{-1}$]	平均日用水定额 [L·(人·d)$^{-1}$]	小时变化系数 K_h
普通住宅	有大便器、洗脸盆、洗涤盆、洗衣机、热水器和沐浴设备	130～300	50～200	2.8～2.3
普通住宅	有大便器、洗脸盆、洗涤盆、洗衣机、集中热水供应(或家用热水机组)和沐浴设备	180～320	60～230	2.5～2.0
别墅	有大便器、洗脸盆、洗涤盆、洗衣机、洒水栓、家用热水机组和沐浴设备	200～350	70～250	2.3～1.8

注：1. 当地主管部门对住宅生活用水定额有具体规定的，应按当地规定执行；
　　2. 别墅生活用水定额中含庭院绿化用水和汽车抹车用水，不含游泳池补充水。

表6-2　集体宿舍、旅馆和其他公共建筑的生活用水定额及小时变化系数

序号	建筑物名称		单位	生活用水定额/L 最高日	生活用水定额/L 平均日	使用时数/h	最高日小时变化系数 K_h
1	宿舍	居室内设卫生间	每人每日	150～200	130～160	24	3.0～2.5
		设公用盥洗卫生间	每人每日	100～150	90～120		6.0～3.0
2	招待所、培训中心、普通旅馆	设公用卫生间、盥洗室	每人每日	50～100	40～80	24	3.0～2.5
		设公用卫生间、盥洗室、淋浴室		80～130	70～100		
		设公用卫生间、盥洗室、淋浴室、洗衣室		100～150	90～120		
		设单独卫生间、公用洗衣室		120～200	110～160		
3		酒店式公寓	每人每日	200～300	180～240	24	2.5～2.0
4	宾馆客房	旅客	每床位每日	250～400	220～320	24	2.5～2.0
		员工	每人每日	80～100	70～80	8～10	2.5～2.0

续表

序号	建筑物名称		单位	生活用水定额/L		使用时数/h	最高日小时变化系数 K_h
				最高日	平均日		
5	医院住院部	设公用卫生间、盥洗室	每床位每日	100～200	90～160	24	2.5～2.0
		设公用卫生间、盥洗室、淋浴室		150～250	130～200		
		设单独卫生间		250～400	220～320		
		医务人员	每人每班	150～250	130～200	8	2.0～1.5
	门诊部、诊疗所	病人	每病人每次	10～15	6～12	8～12	1.5～1.2
		医务人员	每人每班	80～100	60～80	8	2.5～2.0
	疗养院、休养所住房部		每床位每日	200～300	180～240	24	2.0～1.5
6	养老院、托老所	全托	每人每日	100～150	90～120	24	2.5～2.0
		日托		50～80	40～60	10	2.0
7	幼儿园、托儿所	有住宿	每儿童每日	50～100	40～80	24	3.0～2.5
		无住宿		30～50	25～40	10	2.0
8	公共浴室	淋浴	每顾客每次	100	70～90	12	2.0～1.5
		浴盆、淋浴		120～150	120～150		
		桑拿浴(淋浴、按摩池)		150～200	130～160		
9	理发室、美容院		每顾客每次	40～100	35～80	12	2.0～1.5
10	洗衣房		每千克干衣	40～80	40～80	8	1.5～1.2
11	餐饮业	中餐酒楼	每顾客每次	40～60	35～50	10～12	1.5～1.2
		快餐店、职工及学生食堂		20～25	15～20	12～16	
		酒吧、咖啡馆、茶座、卡拉OK房		5～15	5～10	8～18	
12	商场	员工及顾客	每平方米营业厅面积每日	5～8	4～6	12	1.5～1.2
13	办公	坐班制办公	每人每班	30～50	25～40	8～10	1.5～1.2
		公寓式办公	每人每日	130～300	120～250	10～24	2.5～1.8
		酒店式办公		250～400	220～320	24	2.0
14	科研楼	化学	每工作人员每日	460	370	8～10	2.0～1.5
		生物		310	250		
		物理		125	100		
		药剂调制		310	250		
15	图书馆	阅览者	每座位每次	20～30	15～25	8～10	1.2～1.5
		员工	每人每日	50	40		

续表

序号	建筑物名称		单位	生活用水定额/L		使用时数/h	最高日小时变化系数 K_h
				最高日	平均日		
16	书店	顾客	每平方米营业厅每日	3~6	3~5	8~12	1.5~1.2
		员工	每人每班	30~50	27~40		
17	教学、实验楼	中小学校	每学生每日	20~40	15~35	8~9	1.5~1.2
		高等院校		40~50	35~40		
18	电影院、剧院	观众	每观众每场	3~5	3~5	3	1.5~1.2
		演职员	每人每场	40	35	4~6	2.5~2.0
19	健身中心		每人每次	30~50	25~40	8~12	1.5~1.2
20	体育场（馆）	运动员淋浴	每人每次	30~40	25~40	4	3.0~2.0
		观众	每人每场	3	3		1.2
21	会议厅		每座位每次	6~8	6~8	4	1.5~1.2
22	会展中心（展览馆、博物馆）	观众	每平方米展厅每日	3~6	3~5	8~16	1.5~1.2
		员工	每人每班	30~50	27~40		
23	航站楼、客运站旅客		每人次	3~6	3~6	8~16	1.5~1.2
24	菜市场地面冲洗及保鲜用水		每平方米每日	10~20	8~15	8~10	2.5~2.0
25	停车库地面冲洗水		每平方米每次	2~3	2~3	6~8	1.0

注：1. 中等院校、兵营等宿舍设置公用卫生间和盥洗室，当用水时段集中时，最高日小时变化系数 K_h 宜取最高值 6.0~4.0；其他类型宿舍设置公用卫生间和盥洗室时，最高日小时变化系数 K_h 宜取低值 3.5~3.0；
2. 除注明外，均不含员工生活用水，员工最高日用水定额为每人每班 40~60 L，平均日用水定额为每人每班 30~45 L；
3. 大型超市的生鲜食品区按菜市场用水；
4. 医疗建筑用水中已含医疗用水；
5. 空调用水应另计。

表 6-3　工业企业建筑生活、淋浴最高日用水定额

用途	最高日用水定额	小时变化系数 K_h	备注
管理人员、车间工人生活用水	30~50 L/(班·人)	2.5~1.5	每班工作时间以 8 h 计
淋浴用水①	40~60 L/(人·次)		延续供水时间 1 h 计

注：① 车间卫生等级详见现行国家标准《工业企业设计卫生标准》（GBZ 1—2010）。

二、最高日用水量与最大时用水量

1. 最高日用水量

建筑内生活用水的最高日用水量可按式(6-1)计算，最高日用水量一般在确定贮水池（箱）

容积过程中使用。

$$Q_d = \frac{mq_d}{1\,000} \tag{6-1}$$

式中 Q_d——最高日用水量(m^3/d);
　　　m——用水单位数(人数、床位数等);
　　　q_d——最高日生活用水定额[L/(人·d)、L/(床·d)]。

2. 最大时用水量

根据最高日用水量可算出最大时用水量:

$$Q_h = \frac{Q_d}{T} K_h = Q_p K_h \tag{6-2}$$

式中 Q_h——最大时用水量(m^3/h);
　　　T——建筑物内每天用水时间(h);
　　　Q_p——最高日平均小时用水量(m^3/h);
　　　K_h——小时变化系数。

最大时用水量一般用于确定水泵流量和高位水箱容积等,也可用于设计能够适应室外给水管网或街坊、厂区、建筑群的给水管道,因为室外给水管网服务的区域大,卫生设备数量及使用人数多,而且参差交错使用,使用水量大致保持在某一范围的可能性较大,显得用水比较均匀。对于单个建筑物,根据最大时用水量来选择设备,能够满足要求。但因为室内配水不均匀性规律不同于小时变化系数,因此,计算室内给水管道还需要建立设计秒流量公式。

三、设计秒流量

给水管道的设计流量是确定各管段管径、计算管路水头损失,进而确定给水系统所需压力的主要依据。因此,设计流量的确定应符合建筑内的用水规律。建筑内的生活用水量在一定时间段(如1昼夜,1小时)里是不均匀的,为了使建筑内瞬时高峰的用水都得到保证,其设计流量应为建筑内卫生器具配水最不利情况组合出流时的瞬时高峰流量,此流量又称设计秒流量。

建筑内给水管道设计秒流量的确定方法,世界各国都做了大量的研究,归纳起来有3种:一是平方根法(计算结果偏小);二是经验法(简捷方便,但不够精确);三是概率法(理论方法正确,但需在合理地确定卫生器具设置定额、进行大量卫生器具使用频率实测工作的基础上,才能建立正确的公式)。目前,一些发达国家主要采用概率法建立设计秒流量公式,然后结合一些经验数据,制成图表供设计使用,十分简便。我国现行《标准》对住宅的设计秒流量采用了以概率法为基础的计算方法,对用水分散型公共建筑采用平方根法计算,对公共浴室、食堂等用水密集型公共建筑和公企卫生间采用经验法计算。

在设计秒流量的计算中,为了简化计算,采用了卫生器具给水当量的概念。其定义是将安装在污水盆上直径为15 mm的球型阀配水龙头的额定流量0.2 L/s作为一个给水当量,其他卫生器具的给水额定流量与它的比值,即为该卫生器具的给水当量。这样,便可把某一管段上不同类型卫生器具的流量换算成当量值,便于设计秒流量的计算。

(1)住宅建筑生活给水管道的设计秒流量计算。住宅建筑的生活给水管道的设计秒流量按下列步骤和方法计算:

1)根据住宅配置的卫生器具给水当量、使用人数、用水定额、使用时数及小时变化系数,按式(6-3)计算出最大用水时卫生器具给水当量平均出流概率:

$$U_0 = 100 \times \frac{q_0 m K_h}{0.2 \cdot N_g \cdot T \cdot 3\,600}(\%) \tag{6-3}$$

式中 U_0——生活给水管道的最大用水时卫生器具给水当量平均出流概率,%;

q_0——最高日生活用水定额,按表6-1取用;

m——每户用水人数;

K_h——小时变化系数,按表6-1取用;

N_g——每户设置的卫生器具给水当量数;

T——用水时数(h);

0.2——一个卫生器具给水当量的额定流量(L/s)。

使用上述公式时,可能由于取值的不同,使 U_0 的计算值产生过大偏差,可参考表6-4所列出的住宅生活给水管道的最大时卫生器具平均出流概率参考值。

表6-4 住宅的卫生器具给水当量最大用水时平均出流概率参考值(%)

住宅类别	U_0 参考值	备注
普通住宅:有大便器、洗脸盆、洗涤盆、洗衣机、热水器和沐浴设备	2.3~4.3	按一户一卫、每户人数4人估算
普通住宅:有大便器、洗脸盆、洗涤盆、洗衣机、热水器和沐浴设备	1.3~2.5	按一户二卫、每户人数4人估算
普通住宅:有大便器、洗脸盆、洗涤盆、洗衣机、集中热水供应和沐浴设备	1.6~2.3	按一户二卫、每户人数4人估算
别墅:有大便器、洗脸盆、洗涤盆、洗衣机、洒水栓、家用热水机组和沐浴设备	1.0~2.0	按每户人数4人估算

对于住宅建筑,由于户型标准的不同,会有不同的平均出流概率 U_0 值,即当给水干管连接有两条或两条以上给水支管,而各个给水支管的最大用水时卫生器具给水当量平均出流概率 U_0 具有不同的数值时,该给水干管的最大用水时卫生器具给水当量平均出流概率应按加权平均法计算:

$$\overline{U}_0 = \frac{\sum U_{0i} N_{gi}}{\sum N_{gi}} \tag{6-4}$$

式中 $\overline{U}_0$——给水干管最大用水时卫生器具给水当量平均出流概率;

U_{0i}——支管的最高用水时卫生器具给水当量平均出流概率;

N_{gi}——相应支管的卫生器具给水当量总数。

2)根据计算管段上的卫生器具给水当量总数计算得出给水管段的卫生器具给水当量出流概率 U。

$$U = \frac{1 + \alpha_c (N-1)^{0.49}}{\sqrt{N_g}} (\%) \tag{6-5}$$

式中 U——计算管段的卫生器具给水当量同时出流概率,%;

α_c——对应于不同 U_0 的系数,查表6-5选用;

N_g——每户设置的卫生器具给水当量总数。

表6-5 给水管段卫生器具给水当量同时出流概率计算式中系数 α_c 取值表

U_0/%	1.0	1.5	2.0	2.5	3.0	3.5
α_c	0.003 23	0.006 97	0.010 97	0.015 12	0.019 39	0.023 74
U_0/%	4.0	4.5	5.0	6.0	7.0	8.0
α_c	0.028 16	0.032 63	0.037 15	0.046 29	0.055 55	0.064 89

3)根据计算管段的卫生器具给水当量同时出流概率 U，按下式得出计算管段的设计秒流量值。

$$q_g = 0.2UN_g \tag{6-6}$$

式中　q_g——计算管段设计秒流量(L/s)；

　　　U——计算管段的卫生器具给水当量同时出流概率，%；

　　　N_g——计算管段的卫生器具给水当量总数。

进行工程设计时，为了计算快捷、方便，可以在计算出 U_0 后，根据计算管段的 N_g 值查《建筑给水排水设计标准》(GB 50015—2019)附表 C 可直接查出设计秒流量。

(2)集体宿舍、旅馆、宾馆、医院、疗养院、幼儿园、养老院、办公楼、商场、客运站、会展中心、中小学教学楼、公共厕所等建筑的生活给水设计秒流量计算。该类建筑为用水分散型公共建筑，设计秒流量按下式计算：

$$q_g = 0.2\alpha \sqrt{N_g} \tag{6-7}$$

式中　q_g——计算管段设计秒流量(L/s)；

　　　α——根据建筑用途而定的系数，按表 6-6 选用；

　　　N_g——计算管段上卫生器具给水当量总数，按表 4-1 进行累加。

使用式(6-7)时应注意下列几点：

1)如计算值小于该管段上一个最大卫生器具给水额定流量时，应采用一个最大的卫生器具给水额定流量作为设计秒流量。

2)如计算值大于该管段上按卫生器具给水额定流量累加所得流量值时，应按卫生器具给水额定流量累加所得流量值采用。

3)有大便器延时自闭冲洗阀的给水管段，大便器延时自闭冲洗阀的给水当量均以 0.5 计，计算得到 q_g 附加 1.2 L/s 的流量后，为该管段的给水设计秒流量。

4)综合楼建筑的 α 值应按表 6-6 进行加权平均计算。

表 6-6　根据建筑物用途而定的系数(α)值

建筑物名称	α 值
幼儿园、托儿所、养老院	1.2
门诊部、诊疗所	1.4
办公楼、商场	1.5
图书馆	1.6
书店	1.7
教学楼	1.8
医院、疗养院、休养所	2.0
酒店式公寓	2.2
宿舍(居室内设卫生间)、旅馆、招待所、宾馆	2.5
客运站、航站楼、会展中心、公共厕所	3.0

(3)宿舍(设公共盥洗卫生间)、工业企业的生活间、公共浴室、职工(学生)食堂或营业餐馆的厨房、体育场馆、剧院、普通理化实验室等建筑的生活给水管道的设计秒流量按下式计算：

$$q_g = \sum q_0 n_0 b \tag{6-8}$$

式中　q_g——计算管段设计秒流量(L/s)；

　　　q_0——同一类型的 1 个卫生器具给水额定流量(L/s)；

　　　n_0——同一类型卫生器具数；

b——卫生器具的同时给水百分数,按表6-7~表6-9选用。

使用式(6-8)时应注意下列几点:

1)如果计算值小于该管上一个最大卫生器具给水额定水流量时,应采用一个最大卫生器具给水额定水流量作为设计流量。

2)仅对有同时使用可能的用水设备进行叠加。

3)大便器设置延时自闭冲洗阀时,应单列计算,当单列计算值小于1.2 L/s时以1.2 L/s计,大于1.2 L/s时以计算值计。

表6-7 宿舍(设公用盥洗卫生间)、工业企业的生活间、公共浴室、剧院、体育场馆等卫生器具同时给水百分数(%)

卫生器具名称	宿舍(设公用盥洗卫生间)	工业企业生活间	公共浴室	影剧院	体育场馆
洗涤盆(池)	—	33	15	15	15
洗手盆	—	50	50	50	70(50)
洗脸盆、盥洗槽水嘴	5~100	60~100	60~100	50	80
浴盆	—	—	50	—	—
无间隔淋浴器	20~100	100	100	—	100
有间隔淋浴器	5~80	80	60~80	(60~80)	(60~100)
大便器冲洗水箱	5~70	30	20	50(20)	70(20)
大便槽自动冲洗水箱	100	100	—	100	100
大便器自闭式冲洗阀	1~2	2	2	10(2)	5(2)
小便器自闭式冲洗阀	2~10	10	10	50(10)	70(10)
小便器(槽)自动冲洗水箱	—	100	100	100	100
净身盆	—	33	—	—	—
饮水器	—	30~60	30	30	30
小卖部洗涤盆	—	—	50	50	50

注:1. 表中括号内的数值系电影院、剧院的化妆间,体育场馆的运动员休息室使用;
2. 健身中心的卫生间,可采用本表体育场馆运动员休息室的同时给水百分率。

表6-8 职工食堂、营业餐馆厨房设备同时给水百分数(%)

厨房设备名称	同时给水百分数	厨房设备名称	同时给水百分数
洗涤盆(池)	70	开水器	50
煮锅	60	蒸汽发生器	100
生产性洗涤机	40	灶台水嘴	30
器皿洗涤机	90		

注:职工或学生饭堂的洗碗台水嘴,按100%同时给水,但不与厨房用水叠加。

表6-9 实验室化验水嘴同时给水百分数(%)

水嘴名称	同时给水百分数	
	科学研究实验室	生产实验室
单联化验水嘴	20	30
双联或三联化验水嘴	30	50

> **📝 课堂能力提升训练**
>
> 运用所学知识与技能确定学校教学楼的最高日用水量、最高时用水量,并合理选择设计秒流量计算公式。

单元二　给水管道的水力计算

👤 学习目标

能力目标:
1. 能进行多层建筑给水系统的设计计算;
2. 能熟悉高层建筑给水系统设计计算的方法和步骤。

知识目标:
1. 掌握给水系统的水力计算方法与步骤;
2. 掌握高层建筑与多层建筑给水系统设计计算的不同之处。

素养目标:
1. 培养水力计算软件进行模拟和分析的能力;
2. 培养新知识、新技术,以适应行业的不断变化和发展。

视频:给水管网的水力计算

建筑给水管网的水力计算是在完成给水管线布置、绘出管道轴测图、选定出计算管路(也叫最不利管路)以后进行。其目的是完成以下任务:
(1)经济合理地确定给水管网中各管段的管径;
(2)求出各管段产生的水头损失;
(3)确定室内给水管网所需水压;
(4)复核室外给水管网压力能否满足最不利配水点或最不利消火栓所需的水压要求;
(5)选定加压装置的扬程和高位水箱的设置高度。

一、管径的确定方法

在计算出各管段的设计秒流量后,再选定适当的流速,即可用下式求定管径:

$$d = \sqrt{\frac{4q_g}{\pi v}} \tag{6-9}$$

式中　d——计算管段的管径(m);
　　　q_g——管段的设计秒流量(m^3/s);
　　　v——选定的管中流速(m/s)。

管中流速的选定,可直接影响到管道系统在技术和经济方面的合理性。如流速过大,会产生噪声,易引起水击而损坏管道或附件,并将增加管网的水头损失,提高建筑内给水系统所需的压力;如流速过小,又将造成管材投资偏大。

综合以上因素,给水管道的流速应确定在控制流速范围内,即所谓的经济流速,使管网系统运行平稳且不浪费。生活或生产给水管道的经济流速见表6-10;消火栓给水管道的流速不宜大于 2.5 m/s；自动喷水灭火器系统给水管道的流速不宜大于 5 m/s，但其配水支管在个别情况下，可控制在 10.0 m/s 以内。

表 6-10 生活与生产给水管道的经济流速

公称直径/mm	15～20	25～40	50～70	≥80
水流速度/(m·s^{-1})	≤1.0	≤1.2	≤1.5	≤1.8

根据公式计算所得管道直径一般不等于标准管径，可根据计算结果取相近的标准管径，并核算流速是否符合要求。如不符合，应调整流速后重新计算。

在实际工程方案设计阶段，可以根据管道所负担的卫生器具当量数，按表 6-11 估算管径。住宅的进户管，公称直径不小于 20 mm。

表 6-11 按卫生器具当量数确定管径

管径/mm	15	20	25	32	40	50	70
卫生器具当量数	3	6	12	20	30	50	75

二、给水管道水头损失的计算

1. 沿程水头损失

沿程水头损失可由下式计算：

$$h_y = L \cdot i \tag{6-10}$$

式中　h_y——管段的沿程水头损失(kPa)；
　　　L——管段的长度(m)；
　　　i——单位长度的水头损失(kPa/m)。

实际工程设计时，一般不使用公式逐段计算，而是采用查管道的水力计算表方式，即根据管段的设计秒流量 q_g，控制流速 v 在正常范围内，在不同材料管道的水力计算表或图中查出管径 d 和单位长度的水头损失 i。

2. 局部水头损失

局部水头损失用下式计算：

$$h_j = \sum \zeta \frac{v^2}{2g} \tag{6-11}$$

式中　h_j——管段中局部水头损失之和(kPa)；
　　　ζ——管段局部阻力系数之和；
　　　v——管道部件下游的流速(m/s)；
　　　g——重力加速度(m/s^2)。

给水管网中，管道部件很多，详细计算较为烦琐，宜按管道的连接方式，采用管(配)件当量长度法计算，即将不同的管件折算成水头损失相当的管道长度进行计算。当管道的管(配)件当量长度资料不足时，可按下列管件的连接状况，按管网的沿程水头损失的百分数取值：

(1)管(配)件内径与管道内径一致，采用三通分水时，取 25%～30%；采用分水器分水时，取 15%～20%。

(2)管(配)件内径略大于管道内径，采用三通分水时，取 50%～60%；采用分水器分水时，取 30%～35%。

(3)管(配)件内径略小于管道内径，管(配)件的插口插入管口内连接，采用三通分水时，取 70%~80%；采用分水器分水时，取 35%~40%。

在实际工程中，一般不逐个精确计算，而是根据经验采用沿程水头损失的百分数估算，其百分数取值如下：

1)塑料类管道应按以下百分数采用：

黏接连接和热熔连接的塑料管为 30%；

卡环、卡套式机械连接的塑料管为 50%~60%；

钢塑复合管，生活给水管道为 40%、消防给水管道为 30%。

2)金属管应按以下百分数采用：

生活给水管网为 25%~30%；

生产给水管网，生活、消防共用给水管网，生活、生产、消防共用给水管网为 20%；

消火栓系统给水管网为 10%；

自动喷水灭火系统给水管网为 20%；

生产、消防共用给水管网为 15%。

上述局部水头损失估算不包括水表水头损失。

三、给水管道水力计算步骤

根据室内采用的给水方式，在建筑物管道平面布置图基础上绘出的给水管网轴测图，进行水力计算。各种给水管网的水力计算方法和步骤略有差别，最常用的给水方式水力计算步骤和方法分述如下：

1. 下行上给的给水方式

(1)根据给水系统轴测图选出要求压力最大的管路作为计算管路。

(2)根据流量变化的节点对计算管路进行编号，并标明各计算管路长度。

(3)按建筑物性质及相关的公式计算各管段的设计秒流量。

(4)进行水力计算，确定各计算管段的直径和水头损失。如选用水表，则应计算出水表的水头损失。

(5)按计算结果，确定建筑物所需的总水头 H，与城市给水管网所提供的资用水头 H_0 比较，$H \leqslant H_0$，即满足要求；若 H_0 稍小于 H，可适当放大某几段管径，使 $H \leqslant H_0$；若 H_0 小于 H 很多，则需考虑设增压设备。

(6)设水箱和水泵的给水方式，其计算内容有：水箱和贮水池容积；从水箱出口到最不利点间所需的压力；水箱底的安装高度；从引入管起点到水箱进口间所需的压力；选择水泵；配管计算。

(7)确定非计算管路各管段的管径。

2. 上行下给的给水方式

(1)在上行干管中选择要求压力最大的管路作为计算管路。

(2)划分计算管段，计算各管段的设计秒流量，求定各管段的直径和水头损失，求定计算管路的总损失，此即所需的水箱底的安装高度。此值不宜过大，以免要求水箱架设太高，增加建筑物结构上的困难和影响建筑物造型的美观。

(3)计算各立管。根据各节点处已知压力和立管几何高度，自下而上按已知压力选择管径，并控制(可采用减压孔板等)不使流速过大而产生噪声。

在水力计算时，对于管段数量较多，计算较为复杂的室内给水管网，为了便于计算及复核，可采用计算表格的形式逐段进行计算。

四、设计计算实例

已知某住宅楼共六层，层高 2.8 m，每户一卫一厨，设有坐式大便器、洗脸盆、浴盆、厨房洗涤盆、洗衣机水嘴，生活热水由家用燃气热水器供应。该楼所在小区设有集中加压泵房，能提供 0.3 MPa 的水压。其给水管道平面图和系统图如图 6-1 所示，各管段长度及标高如系统图所注。管材选用衬塑钢管，试进行给水系统的水力计算。

(1) 该建筑为 6 层住宅建筑，所需水压估算为 0.28 MPa，而小区设有集中加压泵房能提供的水压为 0.3 MPa，因此可采用直接给水方式。从系统图可知，最不利配水点为厨房洗涤盆，从顶层厨房洗涤盆至总水表处为计算管段，计算管道节点编号如图 6-1 所示。

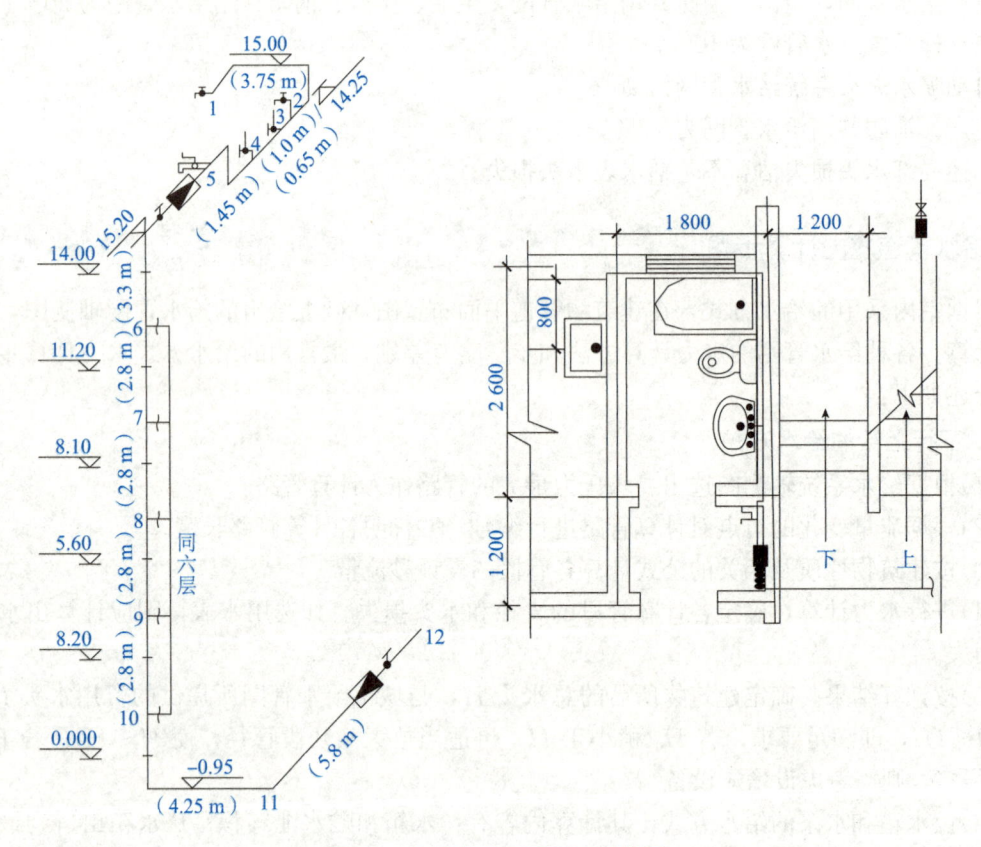

图 6-1 建筑给水平面图、系统图

(2) 该住宅楼从卫生器具配置可知为普通住宅Ⅱ型，用水定额 q_g 按表 6-1 取 250 L/(人·d)，户均人数 m 取 3.5 人，每户设置的卫生器具给水当量 N_g 按表 4-1 取值，则户给水当量 N_g = 4.25，时变化系数 K_h 按表 6-1 取 2.5，用水时数为 24 h，则最大用水时卫生器具给水当量平均出流概率为

$$U_0 = \frac{q_0 m K_h}{0.2 \cdot N_g \cdot T \cdot 3\,600} = \frac{250 \times 3.5 \times 2.5}{0.2 \times 4.25 \times 24 \times 3\,600} = 0.029\,8$$

取 $U_0 = 3\%$。

(3) 求各计算管段上的卫生器具给水当量总数 N_g，计算值列于表 6-12 第 7 列；根据上步求得的平均出流概率 U_0 和 N_g，查《建筑给水排水设计标准》(GB 50015—2019) 附表 C 给水管段设计秒流量计算表，得到各管段的卫生器具给水当量的同时出流概率 U 值和设计秒流量 q_g，

并分列于表 6-12 第 8、9 列。

(4)由各管段的设计秒流量 q_g，并将流速控制在允许范围内，查《给水排水设计手册》第 1 册常用资料中的塑料给水管水力计算表，可得管径 D 和单位长度沿程水头损失 i，分列于表 6-12 第 10、12 列。由式(6-10)计算管路的沿程水头损失 h_y，并列表 6-12 第 14 列。

(5)选择水表型号，并计算水表的水头损失。根据 5-6 管段的设计流量 $q_g=0.42$ L/s$=1.51$ m³/h 和管径，选择分户水表 LXS-20C，其过载流量为 5 m³/h，设计秒流量流经水表的水头损失为

$$H_B=\frac{q_g^2}{Q_t^2/100}=\frac{1.51^2}{5^2/100}=9.12(\text{kPa})$$

根据 11-12 管段的设计流量 $q_g=1.62$ L/s$=5.83$ m³/h 和管径，选择单元总水表 LXS-32/C，其过载流量为 10 m³/h，常用流量为 6.0 m³/h，则设计流量流经水表水头损失为：$H_B=q_g^2/Q_t^2/100=5.83^2/10^2/100=33.99(\text{kPa})$。

(6)管道的局部总水头损失按沿程水头损失的 30%计，则室内给水系统所需的水压为：$H=150.0+9.5+1.3\times12.33+9.12+33.99+50.0=268.64(\text{kPa})$。

(7)校验室外给水管道水压能否满足室内给水管道的压力需求。

由于室内给水所需水压 $H=0.27$ MPa＜室外管道提供的 $H_0=0.3$ MPa，所以满足要求。

表 6-12 建筑给水管道计算表

计算管道编号	卫生器具名称及当量值和数量					当量总数 N_g	同时出流概率 U/%	设计秒流量 q_g/(L·s⁻¹)	管径 DN /mm	流速 V/(m·s⁻¹)	每米管长沿程水头损失 i/kPa	管段长度 l/m	管段沿程水头损失 i_n/kPa
	厨房洗涤盆 1.0	浴盆 1.0	低水箱大便器 0.5	洗脸盆 0.75	洗衣机水龙头 1.0								
1	2	3	4	5	6	7	8	9	10	11	12	13	14
1-2	1					1.0	100	0.2	20	0.76	0.459	3.75	1.72
2-3		1				2.0	72.08	0.29	25	0.64	0.244	0.65	0.16
3-4			1			2.5	65.7	0.325	25	0.73	0.307	1.0	0.31
4-5				1		3.25	57.4	0.37	25	0.81	0.376	1.45	0.55
5-6					1	4.25	50.35	0.42	25	0.924	0.470	3.3	1.55
6-7	2	2	2	2	2	8.5	36.13	0.61	25	1.35	0.911	2.8	2.55
7-8	3	3	3	3	3	12.75	29.83	0.76	32	0.90	0.302	2.8	0.85
8-9	4	4	4	4	4	17.0	26.06	0.89	32	1.06	0.400	2.8	1.12
9-10	5	5	5	5	5	21.25	23.55	1.00	32	1.18	0.492	2.8	1.37
10-11	6	6	6	6	6	25.5	21.63	1.11	40	0.98	0.294	4.25	1.25
11-12	12	12	12	12	12	51	15.86	1.62	50	0.82	0.155	5.8	90.90

$\sum h_y=12.33$ kPa

五、高层建筑给水系统水力计算

高层建筑给水管网计算主要包括枝状和环状两种基本管网形式计算。对设计成环状的给水管网进行水力计算时，可以按最不利情况进行考虑，断开某管段，以单向供水的枝状管网计算。其水力计算的目的、方法步骤与低层建筑给水系统水力计算基本相同，设计秒流量仍可按建筑性质选用低层建筑的设计秒流量公式计算。但由于高层建筑本身的特点，其管网计算也有

它特有的问题,有的内容要求更高,主要应注意以下几个问题:

1. 要选定适宜的流速值

在高层建筑,特别是居住性高层建筑给水管网计算中,选定适宜的流速值,它不仅只是决定管径,还关系到经济性问题,而且更重要的是对防止给水系统噪声、振动、防水锤、节省能源等方面都有着直接、重大的影响和作用。选取时宜比低层建筑取得小些,一般干管、立管宜为 1 m/s 左右,支管宜为 0.6~0.8 m/s。对非居住性高层建筑生活给水系统,管道流速选值可较居住性高层建筑高些。

2. 要校核计算高层建筑生活给水管网系统中各配水点允许承受最大静水压力值

这个问题是防止配水点水压过高、出水量过大,保证整个给水系统正常运行的关键之一。这是高层建筑给水管网水力计算的重要内容,这项工作宜于管网水力计算最后进行。配水点允许承受最大静水压力值,即为高层建筑给水分区压力值标准。对于高位水箱给水系统,各配水点实际所承受的静水压力值,即为自本区高位水箱箱底起至各配水点处的水柱高。经校核计算,如配水点实际承受静水压力超过规定标准值,则必须采取减压措施,即在配水点前(视需要情况而定适宜位置),通过计算选择,安装减压装置(减压阀或减压孔板、节流塞等)。

3. 要严格对大、中型高层高级旅馆给水管网设计节点压力平衡问题进行校核计算

在卫生设备完善、生活用水定额高的大、中型高层高级旅馆用水集中高峰期时,给水系统中的最上层卫生器具,特别是距供水总干管最远管路中最上层配水点处,在设计工况下最易发生断流或供水不足现象。产生这个问题,一般可能是由于管道设计秒流量计算值偏小,或高位水箱生活有效水容积不足以及高位水箱设置高度较低等客观原因所造成。但是,有时却也很可能是由给水管网系统本身节点压力不平衡问题所引起。前者只要设计得当,易于解决和防止;而后者则属先天性,又易被忽视,影响较大。为此,应严重注意给水管网节点压力平衡问题的校核计算。解决这个问题,不宜采用缩小给水管径的办法,而应安装减压装置。在这方面,过去较多使用阀门进行调节。实践说明,利用阀门较难达到设计控制精度,且在使用过程中易被人们随意启动,失掉调节作用,效果不够理想。为此,建议采用调压孔板。其优点主要是设备简单,制造容易,使用方便,设计计算精度高,易于实现保证节点设计流量的分配和压力的平衡,维护给水管网系统的正常运行。

> **课堂能力提升训练**
>
> 运用所学知识与技能完成某多层建筑给水系统的水量、水力计算,掌握计算方法和计算步骤。

单元三 增压与调节设备选择计算

学习目标

能力目标:
1. 能区分给水系统相关设备的种类、构造及功能;
2. 能熟悉给水系统设备选择计算的方法与步骤。

视频:增压设备　　视频:贮水设备

知识目标：
1. 了解给水系统相关设备的种类、构造及功能；
2. 掌握给水系统设备选择计算的方法与步骤。

素养目标：
1. 培养在设备选择过程中尽量降低能耗的意识；
2. 培养设备材料和技术的应用能力，确保设备的耐久性和稳定性。

一、水泵

水泵是给水系统中的主要增压设备。

1. 适用建筑给水系统的水泵类型

在建筑给水系统中的水泵一般采用离心式水泵。

为节省占地面积，可采用结构紧凑、安装管理方便的立式离心泵或管道泵；当采用设水泵、水箱的给水方式时，通常是水泵直接向水箱输水，水泵的出水量与扬程不变，可选用恒速离心泵。在仅设水泵的给水方式中，用于增压的水泵都是根据管网最不利工况下的流量、扬程而选定的，若选用恒速水泵，在大部分时间内，水泵经常处于扬程过剩的情况下运行。因此，导致水泵能耗增高、效率降低。为了解决供需不相吻合的矛盾，提高水泵的运行效率，多选用变频调速供水设备，它能够根据管网中的实际用水量及水压，通过自动调节水泵的转速而达到供需平衡，如图 6-2 所示。

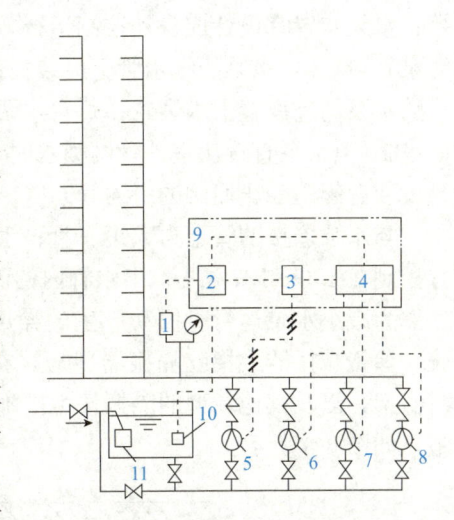

图 6-2 变频调速给水装置原理图
1—压力传感器；2—微机控制器；
3—变频调速器；
4—恒速泵控制器；5—变频调速泵；
6、7、8—恒速泵；9—电控柜；
10—水位传感器；11—液位自动控制阀

2. 水泵的选择

选择水泵除满足设计要求外，还要考虑节约能源，使水泵在大部分时间保持高效运行。要达到这个目的，需正确地确定其流量、扬程。

(1) 流量的确定。在生活（生产）给水系统中，当无水箱（罐）调节时，其流量均应按设计流量确定；有水箱调节时，水泵流量应按最大小时流量确定；当调节水箱容积较大，且用水量均匀时，水泵流量可按平均小时流量确定。

(2) 扬程的确定。水泵的扬程应根据水泵的用途、与室外给水管网连接的方式来确定。当水泵从贮水池吸水向室内管网输水时，其扬程由下式确定：

$$H_b = H_z + H_s + H_c \tag{6-12}$$

当水泵从贮水池吸水向室内管网中的高位水箱输水时，其扬程由下式确定：

$$H_b = H_z + H_s + H_v \tag{6-13}$$

当水泵直接由室外管网吸水向室内管网输水时，其扬程由下式确定：

$$H_b = H_z + H_s + H_c - H_o \tag{6-14}$$

式(6-12)～式(6-14)中 H_b——水泵扬程，kPa；
H_z——水泵吸入端最低水位至室内管网中最不利点所要求的静水压，kPa；
H_s——水泵吸入口至室内最不利点的总水头，kPa；
H_c——室内管网最不利点处用水设备的流出水头，kPa；

H_v——水泵出水管末端的流速水头,kPa;

H_0——室外给水管网所能提供的最小压力,kPa。

计算出 H_b 选定水泵后,对于直接由室外管网吸水的系统,还应考虑室外给水管网的最大压力校核系统的超压情况。如果超压过大,则会损坏管道或附件,应采取泄压等保护性措施。

3. 水泵的设置

水泵机组一般设置在水泵房内,泵房应远离需要安静且要求防震、防噪声的房间,并有良好的通风、采光、防冻和排水的条件;泵房的条件和水泵的布置要便于起吊设备的操作,其间距要保证检修时能拆卸、放置泵体和电机,便于进行维修操作。

每台水泵一般应设独立的吸水管,如必须设置成几台水泵共用吸水管时,吸水管应管顶平接;水泵装置宜设计成自动控制运行方式,间歇抽水的水泵应尽可能设计成自灌式(特别是消防泵),自灌式水泵的吸水管上应装设阀门。在不可能设置成自灌式时才设计成吸上式,吸上式的水泵均应设置引水装置;每台水泵的出水管上应装设阀门、止回阀和压力表,并宜有防水击措施(但水泵直接从室外管网吸水时,应在吸水管上装设阀门、止回阀和压力表,并应绕水泵设装有阀门和止回阀的旁通管)。

与水泵连接的管道力求短、直;水泵基础应高出地面 $0.1\sim0.3$ m;水泵吸水管内的流速宜控制在 $1.0\sim1.2$ m/s,出水管内的流速宜控制在 $1.5\sim2.0$ m/s。

为减小水泵运行时振动产生的噪声,应尽量选用低噪声水泵,也可在水泵基座下安装橡胶、弹簧减振器或橡胶隔振器(垫),在吸水管、出水管上装设可曲挠橡胶接头,采用弹性吊(托)架,以及其他新型的隔振技术措施等。当有条件和必要时,建筑上还可采取隔振和吸声措施,如图 6-3 所示。

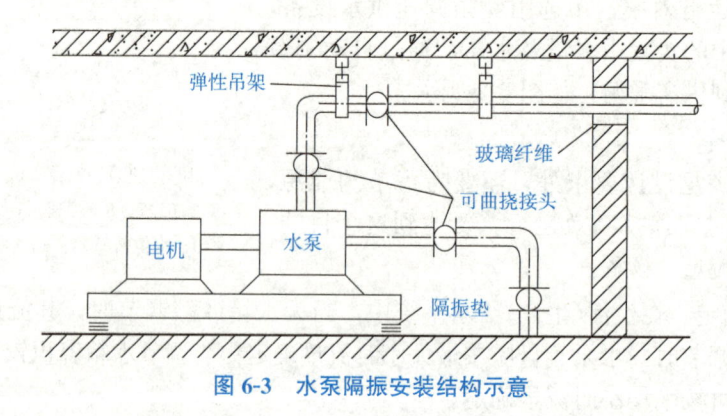

图 6-3 水泵隔振安装结构示意

生活和消防水泵应设备用泵,生产用水泵可根据工艺要求确定是否设置备用泵。

二、贮水池与水泵吸水井

(1)贮水池是贮存和调节水量的构筑物。当一幢(特别是高层建筑)或数幢相邻建筑所需的水量、水压明显不足,或者是用水量很不均匀(在短时间内特别大),市政供水管网难以满足时,应当设置贮水池。

贮水池可设置成生活用水贮水池、生产用水贮水池、消防用水贮水池,或者是生活与生产、生活与消防、生产与消防和生活、生产与消防合用的贮水池。贮水池的形状有圆形、方形、矩形和因地制宜的异形。贮水池一般采用钢筋混凝土结构,小型贮水池也可采用金属、玻璃钢等材料,应保证不漏(渗)水。

1)贮水池的容积计算。贮水池的容积与水源供水能力、生活(生产)调节水量、消防贮备水量和生产事故备用水量有关，可按下式计算：

$$V \geqslant (Q_b - Q_g)T_b + V_x + V_s \tag{6-15}$$

$$Q_g T_t \geqslant (Q_b - Q_g)T_b \tag{6-16}$$

式中　V——贮水池有效容积(m^3)；
　　　Q_b——水泵出水量(m^3/h)；
　　　Q_g——水源的供水能力(即水池进水量)(m^3/h)；
　　　T_b——水泵最长连续运行时间(h)；
　　　T_t——水泵运行的间隔时间(h)；
　　　V_x——消防贮备水量(m^3)；
　　　V_s——生产事故备用水量(m^3)。

当资料不足时，生活(生产)调节水量$(Q_b - Q_g)T_b$宜按建筑最高日用水量的20%～25%确定。若贮水池仅起调节水量的作用，则V_x和V_s不计入贮水池有效容积。

2)贮水池的设置。贮水池可布置在室内地下室或室外泵房附近，建筑物内的生活饮用水水池宜设在专用房间，其上方的房间不应有厕所、浴室、盥洗室、厨房、污水处理间，并应远离化粪池。生活贮水池不得兼作他用，消防和生产事故贮水池可兼作喷泉池、水景镜池和游泳池等，但不得少于两格；昼夜用水的建筑物贮水池和贮水池容积大于500 m^3时，应分成两格，以便清洗、检修。

贮水池的设置高度应利于水泵自灌式吸水，且宜设置深度≥1.0 m的集(吸)水坑，以保证水泵的正常运行和水池的有效容积；贮水池应设进水管、出(吸)水管、溢流管、泄水管、人孔、通气管和水位信号装置。溢流管应比进水管大一号，溢流管出口应高出地坪0.10 m；通气管直径应为200 mm，其设置高度应距覆盖层0.5 m以上；水位信号应反映到泵房和操纵室；必须保证污水、尘土、杂物不得通过人孔、通气管、溢流管进入池内；贮水池进水管和出水管应布置在相对位置，以便贮水经常流动，避免滞留和死角，以防池水腐化变质。

(2)吸水井。当室外给水管网能够满足建筑内所需水量、不需设置贮水池，但室外管网又不允许直接抽水时，即可设置仅满足水泵吸水要求的吸水井。吸水井的容积应大于最大一台水泵3 min的出水量。吸水井可设在室内底层或地下室，也可设在室外地下或地上，对于生活用吸水井，应有防污染的措施。吸水井的尺寸应满足吸水管的布置、安装和水泵正常工作的要求，吸水管在井内布置的最小尺寸如图6-4所示。

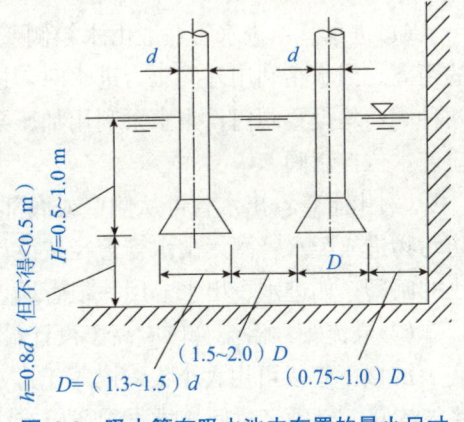

图6-4　吸水管在吸水池中布置的最小尺寸

三、水箱

按不同用途，水箱可分为高位水箱、减压水箱、冲洗水箱、断流水箱等多种类型，其形状多为矩形和圆形，制作材料有钢板、钢筋混凝土、不锈钢、玻璃钢和塑料等。这里主要介绍在给水系统中使用较广的起到保证水压和贮存、调节水量的高位水箱。

1. 水箱的有效容积

对于生活用水的调节水量，如水泵自动运行时，可按最高日用水量的10%计，如水泵为人工操作时，可按12%计；仅在夜间进水的水箱，生活用水贮存量应按用水人数和用水定额确定;生产事故备用水量应按工艺要求确定。

水箱内的有效水深一般采用 0.70~2.50 m。水箱的保护高度一般为 200 mm。

2. 水箱设置高度

水箱的设置高度可由下式计算:

$$H \geqslant H_s + H_c \tag{6-17}$$

式中　H——水箱最低水位至配水最不利点位置高度所需的静水压(kPa);

　　　H_s——水箱出口至最不利点管路的总水头损失(kPa);

　　　H_c——最不利点用水设备的流出水头(kPa)。

3. 水箱的配管与附件

水箱的配管与附件如图 6-5 所示。

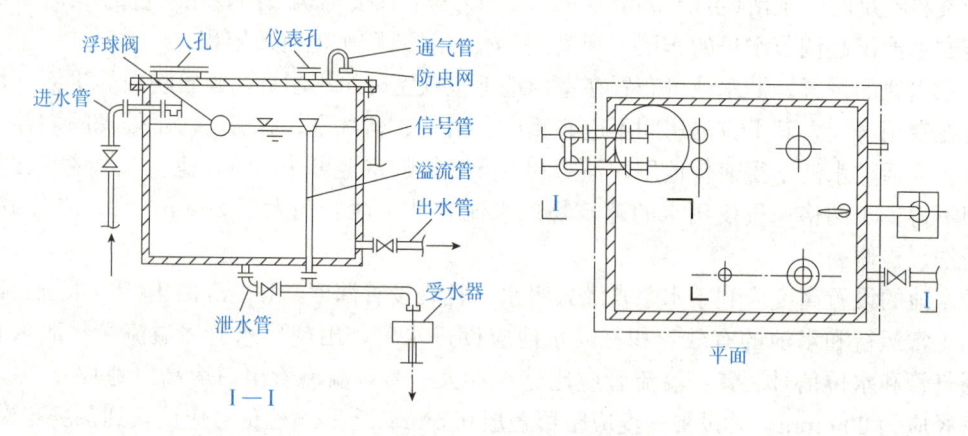

图 6-5　水箱配管、附件示意图

(1)进水管:进水管一般由水箱侧壁并应在溢流水位以上接入,其中心距箱顶应有 150 mm 的距离。当水箱利用外网压力进水时,进水管上应装设液压水位控制阀或不少于两个浮球阀,两种阀前均设置阀门;当水泵利用加压泵压力进水并利用水位升降自动控制加压泵运行时,不应装水位控制阀。

(2)出水管:出水管可从侧壁或底部接出,出水管内底或管口应高出水箱内底 150 mm,以防污物进入配水管网。出水管管径按设计秒流量计算。出水管宜单独设置,其上应装设阻力较小的闸阀;如进水、出水合用一根管道,则应在出水管上装设阻力较小的旋启式止回阀。

(3)溢流管:溢流管口应高于设计最高水位 50 mm,管径应比进水管大 1~2 号,但在水箱底 1 m 以下管段可用大小头缩成等于进水管管径。溢流管上不得装设阀门。溢流管不得与排水系统连接,必须经过间接排水,还应有防止尘土、昆虫、蚊蝇等进入的措施,如设置水封等。

(4)泄水管:为放空水箱而设置。管口由水箱底部接出与溢流管连接,管径 40~50 mm,在泄水管上应设置阀门。

(5)水位信号装置:该装置是反映水位控制阀失灵报警的装置。可在溢流管口(或内底)齐平处设信号管,一般自水箱侧壁接出,常用管径为 15 mm,其出口接至经常有人值班房间内的洗涤盆上。若水箱液位与水泵联锁,则应在水箱侧壁或顶盖上安装液位继电器或信号器,并应保持一定的安全容积:最高电控水位应低于溢流水位 100 mm;最低电控水位应高于最低设计水位 200 mm 以上。为了就地指示水位,应在观察方便、光线充足的水箱侧壁上安装玻璃液位计。

(6)通气管:供生活饮用水的水箱,当贮存量较大时,宜在箱盖上设通气管,以使箱内空气流通。其管径一般不小于 50 mm,管口应朝下并设网罩。

(7)人孔：为便于清洗、检修，箱盖上应设人孔。

4. 水箱的布置与安装

水箱宜设置在水箱间内，以防冻、防日光曝晒。水箱间的位置应结合建筑、结构条件和便于管道布置来考虑，能使管线尽量简短，同时应有良好的通风、采光和防蚊蝇条件，室内最低气温不得低于 5 ℃。水箱间的净高不得低于 2.20 m，并能满足布管要求。水箱间的承重结构应为非燃烧材料。

四、气压给水设备

气压给水设备是给水系统中的一种利用密封贮罐内空气的可压缩性进行贮存、调节和压送水量的装置，其作用相当于高位水箱或水塔，因而在不宜设置水塔和高位水箱的场所采用。这种设备的优点是安装位置灵活，建设速度快，容易拆迁，便于隐蔽，并且水在密封系统中流动，不会受到污染。但是，调节能力小，运行费用高，而且变压力气压给水设备的供水压力变化幅度较大，不适于用水量大和要求水压稳定的用水对象，因此使用受到一定限制。

1. 气压给水设备的基本组成

(1)密封罐：内部充满空气和水；
(2)水泵：将水送到罐内及管网；
(3)空气压缩机：加压水及补充空气漏损；
(4)控制器材：用以控制启动水泵或空气压缩机。
如图 6-6 所示。

2. 气压给水设备的工作原理

气压罐中的水被压缩空气压送至给水管网，随着罐内水量减少，空气体积膨胀，压力减少。当压力降至最小工作压力时，压力继电器动作，使水泵启动。水泵除供给水管网用水外，多余部分进入气压罐，空气又被压缩，压力上升。当压力升至最大工作压力时，压力继电器工作，水泵关闭。气压水罐内的气体具有压缩性和膨胀性，可能会因漏失或溶于水而使罐内气体量逐渐减少，因此需用补气装置向罐内补充所缺失的气体量。图 6-6 所示为空气压缩机补气的气压给水方式。

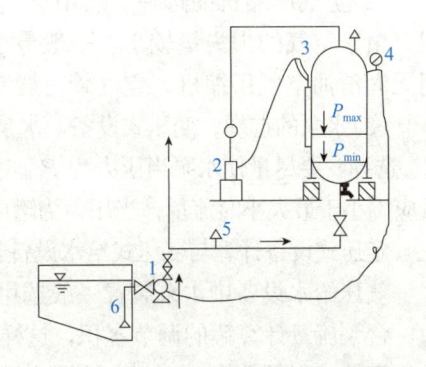

图 6-6 单罐变压式气压给水设备
1—水泵；2—空气压缩机；3—水位继电器；
4—压力继电器；5—安全阀；6—水池

3. 气压给水设备的基本类型

(1)按压力稳定情况分类：

1)变压式气压给水设备：用户对水压没有特殊要求时，一般常用变压式给水设备。气压水罐内的空气随供水工况而变，给水系统处于变压状态下工作。图 6-6 所示为单罐变压式气压给水设备。

2)定压式气压给水设备：在用户要求水压稳定时，可在变压式气压给水装置的供水管上安装调压阀，使阀后的水压在要求范围内，管网处于恒压下工作。

(2)按气压水罐的形式分类：

1)补气式气压给水设备：罐内空气与水接触，由于渗漏和溶解罐内空气逐渐损失，为确保给水系统的运行工况，需要随时补气。常用的补气方式有：利用空气压缩机补气，泄空补气，利用水泵出水管中积存空气补气等。

2)隔膜式气压给水设备：如图 6-7 所示，气压罐内装有橡胶囊式或帽式弹性隔膜，隔膜将罐体分为气室和水室两部分，靠隔膜的伸缩变形调节水量，可以一次充气，长期使用，不需要补气设备,是一种具有发展前途的新型气压给水设备。

4. 气压给水设备的选择计算

(1)贮罐总容积。

$$V = \beta \frac{V_X}{1-\alpha} \quad (6-18)$$

$$V_X = \frac{Cq_b}{4n} \quad (6-19)$$

式中　V——贮罐总容积(m^3);

　　　V_X——调节水容积(m^3);

　　　β——容积附加系数,补气式卧式水罐宜采用1.25,补气式立式水罐宜采用1.10,隔膜式气压水罐宜采用1.05;

　　　α——工作压力比,即P_1与P_2之比,宜采用0.65~0.85,在有特殊要求(如农村给水、消防给水)时,也可在0.5~0.90范围内选用;

　　　C——安全系数,宜采用1.5~2.0;

　　　q_b——平均工作压力时,配套水泵的计算流量,其值不应小于管网最大小时流量的1.2倍;当由几台水泵并联运行时,为最大一台水泵的流量(m^3/h);

　　　n——水泵1 h内最大启动次数,一般采用6~8次。

(2)空气压缩机的选择。当用空气压缩机补气时,空气压缩机的工作压力按稍大于P_{max}选用。由于空气的损失量较小,一般最小型的空气压缩机即可满足要求,为防止水质污染,宜采用无润滑油空气压缩机,空气管一般宜选直径为20~25 mm的铝塑管。

(3)水泵的选择。变压式设备,水泵应根据P_{min}(等于给水系统所需压力H)和采用的α值确定出P_{max}选择,要尽量使水泵当压力为P_{min}时,水泵流量不小于设计秒流量;当压力为P_{max}时,水泵流量应不小于最大小时流量;当压力为罐内平均压力时,水泵出水量应不小于最大小时流量的1.2倍。

定压式设备计算与变压式给水设备相同,但水泵应根据P_{min}选择,流量应不小于设计秒流量。

气压给水设备中水泵装置一般选用一罐两泵(一用一备)或3~4台小流量泵并联运行,按最大一台泵流量计算罐的调节容积,这样既可提高水泵的工作效率,也可减少调节容积和增加供水的可靠性。水泵选择时,宜选特性曲线较陡的水泵,如DA型多级离心泵和W系列离心泵。

图6-7　隔膜式气压给水设备
1—水泵;2—止回阀;
3—隔膜式气压水罐;
4—压力信号器;5—控制器
6—泄水阀;7—安全阀

> ✏️ **课堂能力提升训练**
>
> 运用所学知识与技能完成某高层建筑给水系统的贮水池、水泵、水箱的设备选择计算,掌握设备选择计算的方法和步骤。

思考题与习题

6.1　什么是用水定额?

6.2　设计秒流量的公式有哪几种?各适应什么建筑物?

6.3　给水管网水力计算的目的是什么?

6.4　建筑给水系统所需压力包括哪几部分?

6.5　如何确定贮水池的容积?

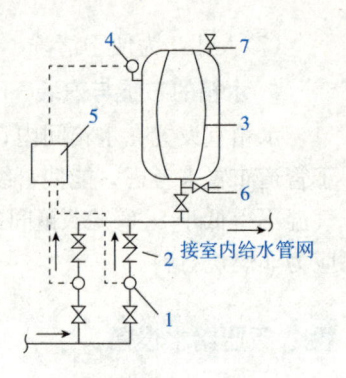

模块七　建筑消防给水系统施工图识读

单元一　消火栓给水系统的分类及组成

学习目标

能力目标：
1. 能判别消防给水系统的类别；
2. 能说出消防给水系统的组成及各部分功能。

知识目标：
1. 了解消防给水系统的分类；
2. 掌握消防给水系统的组成及作用。

素养目标：
1. 遵循基本道德规范，有责任心和社会责任感；
2. 培养创新思维，能创造性地开展工作。

视频：室内消火栓系统组成与供水方式

建筑消防系统最常用的是消火栓给水系统和自动喷水灭火系统，除此之外还有水幕系统、预作用喷水灭火系统、雨淋灭火系统和水喷雾灭火系统等。

建筑消防系统主要由消防供水水源、消防供水设备、消防给水管网和室内用水系统组成。消防供水水源主要有市政给水管网、天然水源、消防水池；消防供水设备主要有消防水箱、消防水泵、水泵接合器等；消防给水管网主要有进水管、水平干管和消防立管等；室内用水系统主要有室内消火栓系统和自动喷水系统等。

一、消火栓给水系统的分类

消火栓给水系统按照系统的构成和功能分为室外消火栓给水系统、室内消火栓给水系统、自动喷水灭火系统；按照消防给水压力分为高压消防给水系统、临时高压消防给水系统、低压消防给水系统。

二、消火栓给水系统的组成

消火栓给水系统一般由室内消火栓、消防水枪、消防水带、消防卷盘、消防管网、消防水池、高位水箱、水泵接合器及消防水泵组成。

1. 消火栓设备

消火栓箱（图7-1）内主要包括消火栓、消防水枪、消防水带，同时还应设置水泵启动按钮等。

（1）消火栓。消火栓是带有阀门的标准接口，供给室内消防用水，有单出口和双出口之分，常用的类型有直角单阀单出口、45°单阀单出口、直角单阀双出口和直角双阀双出口。单出口

· 97 ·

消火栓出口直径为 50 mm 和 65 mm，双出口消火栓出口直径为 65 mm。

（2）消防水枪。水枪常用铜、铝合金和塑料等不腐蚀材料制成，外形为锥形喷嘴，喷嘴直径为 13 mm、16 mm 和 19 mm，喷口直径为 13 mm 的水枪配直径为 50 mm 的水龙带，喷口直径为 16 mm 的水枪配直径为 50 mm 或 65 mm 的水龙带，喷口直径为 19 mm 的水枪配直径为 65 mm 的水龙带。

（3）消防水带。水带一般用麻线或化纤材料制成，可衬橡胶里，水龙带直径有 50 mm 或 65 mm 两种，长度一般为 15 m、20 m、25 m、30 m。

2. 消防卷盘

消防卷盘(图 7-2)可以单独设置，也可以安装在消火栓箱内，又称水喉，由阀门、软管、卷盘和喷枪，以及 25 mm 小口径的消火栓、内径 19 mm 的胶带和口径不小于 6 mm 的喷嘴组成，火灾初期非专业人士可使用。

3. 消防管网

单独设置的消防系统的给水管道材料一般为热镀锌钢管和给水铸铁管，具体是否与其他管道系统合并，应根据建筑物的性质和经济技术比较后决定。

4. 消防水池

当无天然水源和市政管网给水补充不足时，可建造消防水池，用于储水，可以设于室外地下或室内的地下室，根据系统对水质的要求，可以考虑与生活或生产储水池合并使用，或单独设置。

5. 消防水箱

消防水箱可以专设，也可与生活、生产共用，主要用于初期火灾的扑救，安装高度要满足最不利消火栓的水压要求，并采用重力自流式水箱，其应储存 10 min 的消防用水量。

6. 水泵接合器

水泵接合器(图 7-3)分为地上式、地下式和墙壁式三种，用于室内管网水量不足时，通过水泵接合器连接消防车向室内消防系统加压供水的装置，补给消防用水量，一般要设置在消防车易于接近、便于使用和不妨碍交通的明显地点。

图 7-1 消火栓箱 　　　　图 7-2 消防卷盘 　　　　图 7-3 水泵接合器

> **课堂能力提升训练**
>
> 1. 判别消火栓给水系统的类别；
> 2. 归纳消火栓给水系统的组成；
> 3. 说出消火栓给水系统各部分组成的功能。

单元二　自动喷水灭火系统的分类及组成

学习目标

能力目标：
1. 能判别自动喷水灭火系统的类别；
2. 能说出自动喷水灭火系统的组成及功能；
3. 能说出自动喷水灭火系统的主要设备。

知识目标：
1. 了解自动喷水灭火系统的类别；
2. 掌握自动喷水灭火系统的组成及功能。

素养目标：
1. 培养能够独立思考、解决工程问题的能力；
2. 树立正确的工作观念，有社会责任感。

视频：自动喷水灭火系统及组成

一、分类和组成

自动喷水灭火系统按喷头开启形式分为闭式自动喷水灭火系统和开式自动喷水灭火系统；按报警阀的形式，分为湿式系统、干式系统、预作用系统和雨淋系统等；按喷头形式分为普通型喷头、洒水型喷头和大水滴喷头等。自动喷水灭火系统具有灭火效率高、灭火范围大、效果好的特点，在教学楼、商场、剧院中应用广泛。

1. 湿式自动喷水灭火系统

湿式自动喷水灭火系统的喷头常闭，供水管路和喷头内始终充满有压水，由闭式喷头、管道系统、报警装置和供水设施、湿式报警器组成，当发生火灾，温度达到喷头开启温度时，喷头出水灭火。灭火系统简单、工作可靠、灭火速度快，但受环境温度限制，适用于室内温度不低于4 ℃、不高于70 ℃的建筑物内(图7-4)。

2. 干式自动喷水灭火系统

干式自动喷水灭火系统的供水管路和喷头内是不充满水的，平时处于充气状态，一般充满空气和氮气，由闭式喷头、管道系统、报警装置和供水设施、干式报警器和充气设备组成，当发生火灾时，闭式喷头打开，先喷出气体，管内气压降低，利用压力差将干式报警阀打开，喷头开始出水灭火。系统增加了充气设备，灭火时要先放气再喷水，系统复杂。但不受环境温度限制，适用于采暖期长而建筑物内无采暖场所(图7-5)。

3. 预作用喷水灭火系统

预作用喷水灭火系统管网中平时不充水，管内充以有压力和无压力的气体，系统包括火灾探测报警系统、闭式喷头、预作用阀、充气设备、管道系统、控制组件、供水设施等。当发生火灾时，系统接收到火灾探测信号，自动启动预作用阀开始向管内充水。这种系统综合运用了火灾自动探测控制技术和自动喷水灭火技术，兼有干式和湿式系统的优点。系统平时为干式，火灾发生时变为湿式。系统由干式转为湿式的过程含有灭火预备功能，所以称为预作用喷水灭火系统(图7-6)。

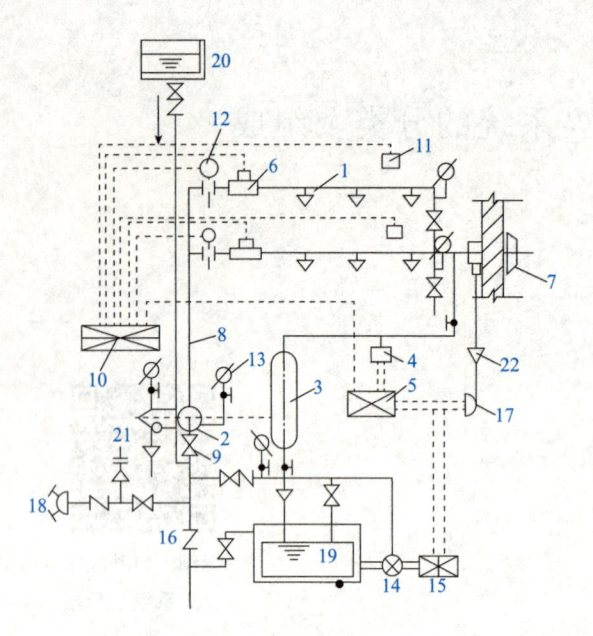

图 7-4 湿式自动喷水灭火系统

1—闭式喷头；2—湿式报警阀；3—延迟器；
4—压力继电器；5—电气自控箱；6—水流指示器；
7—水力警铃；8—配水管；9—阀门；
10—火灾收信机；11—感烟、感温火灾探测器；
12—火灾报警装置；13—压力表；14—消防水泵；
15—电动机；16—止回阀；17—按钮；
18—水泵接合器；19—水池；20—高位水箱；
21—安全阀；22—排水漏斗

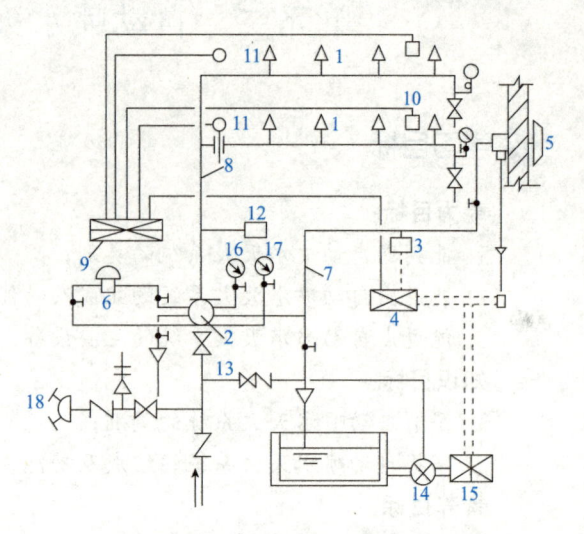

图 7-5 干式自动喷水灭火系统

1—闭式喷头；2—干式报警阀；3—压力继电器；
4—电气自控箱；5—水力警铃；6—快干器；
7—信号管；8—配水管；9—火灾收信机；
10—感温、感烟火灾探测器；11—报警装置；
12—气压保持器；13—阀门；14—消防水泵；
15—电动机；16—阀后压力表；
17—阀前压力表；18—水泵接合器

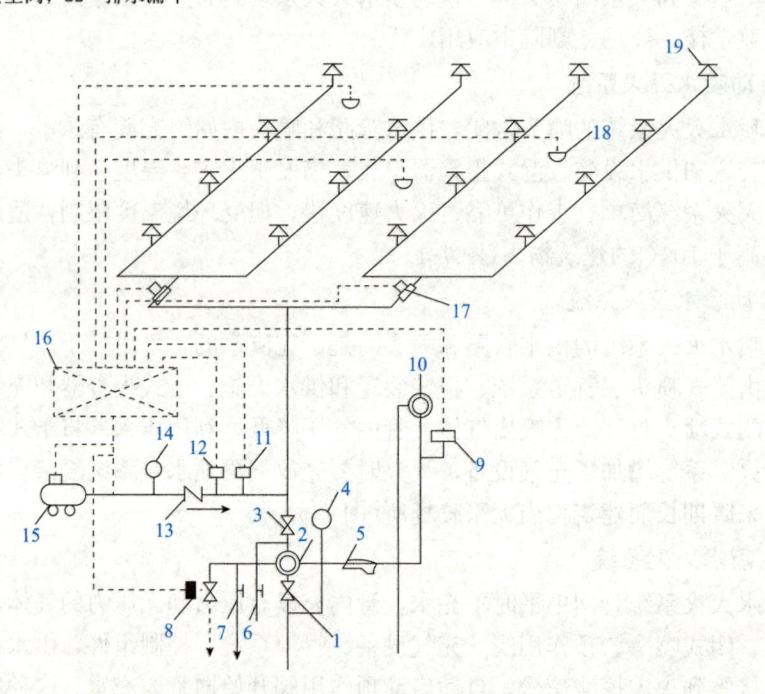

图 7-6 预作用喷水灭火系统

1—总控制阀；2—预作用阀；3—检修间阀；4—压力表；5—过滤器；6—截止阀；7—手动开启截止阀；8—电磁阀；
9，11—压力开关；10—水力警铃；12—低气压报警压力开关；13—止回阀；14—压力表；
15—空压机；16—火灾报警控制箱；17—水流指示器；18—火灾探测器；19—闭式喷头

• 100 •

4. 雨淋式灭火系统

雨淋式灭火系统是采用开式洒水喷头，自控装置打开集中控制阀门，自动或手动开启雨淋阀后，控制一组喷头同时喷水的自动喷水灭火系统。为保证每个区域的所有喷头都喷水灭火，配套需设火灾自动报警系统或传动管系统。雨淋式灭火系统由开式喷头、管道系统、雨淋阀、火灾探测器、报警控制装置、控制组件和供水设备等组成，其具有出水量大、灭火及时的优点，适用于火灾蔓延快、危险性大的建筑物（图 7-7）。

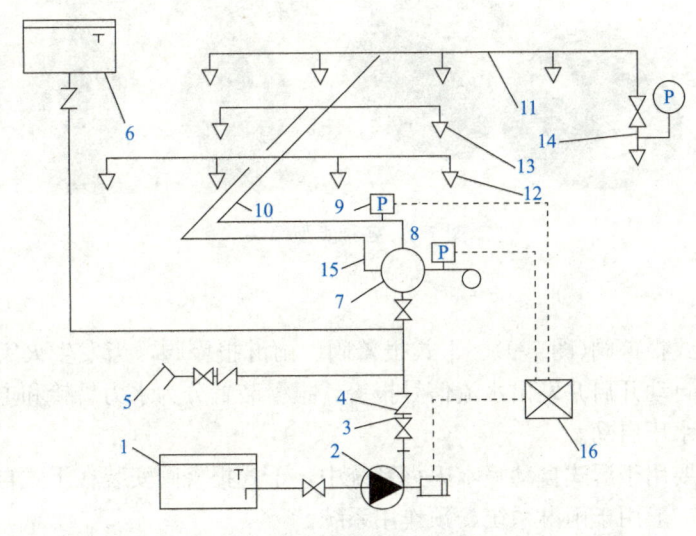

图 7-7 雨淋式灭火系统

1—水池；2—水泵；3—闸阀；4—止回阀；5—水泵接合器；6—消防水箱；7—雨淋报警阀组；
8—配水干管；9—压力开关；10—配水管；11—配水支管；12—开式洒水喷头；
13—闭式喷头；14—末端试水装置；15—传动管；16—报警控制器

5. 水幕系统

水幕系统是喷头沿线状布置，发生火灾时用以阻火、隔火、冷却防火的一种自动喷水系统。该系统主要由水幕喷头、给水管网、雨淋阀及其控制设备组成。水幕系统不能直接用于扑灭火灾，而是与防火卷帘、防火幕配合使用，用于防火隔断、防火分区及局部降温保护等。它也可以单独设置，用于保护建筑物门窗洞口等部位。

6. 水喷雾灭火系统

水喷雾灭火系统由水源、供水设备、管道、雨淋阀组、过滤器和水喷雾喷头组成，发生火灾时用喷雾喷头将水粉碎成细小的雾状水滴后喷射在燃烧物上，通过表面冷却窒息、乳化和稀释的作用实现灭火，同时可用于扑灭液体火灾、可燃气体火灾和电气火灾。

二、主要设备

1. 喷头

喷头（图 7-8）分为开式喷头和闭式喷头，开式喷头应用于开式系统，分为开启式、水幕式和喷雾式三类。

闭式喷头应用于闭式系统，由喷水口、温感释放器和溅水盘组成，由感温元件组成的释放机构封闭，分为玻璃球洒水喷头和易熔合金洒水喷头。

图 7-8　各种类型喷头

2. 报警阀

报警阀分为湿式报警阀(图 7-9)、干式报警阀、雨淋报警阀,当发生火灾时,喷头开式喷水,随之报警阀也自动开启并发出水流信号报警,报警装置分为水力警铃和电动警铃,前者靠水力推动,后者靠水压启动。

湿式报警阀主要用于湿式自动喷水灭火系统中,干式报警阀安装在干式自动喷水灭火系统中,雨淋式报警阀一般用于雨淋系统、预作用系统。

图 7-9　湿式报警阀

3. 水流指示器

水流指示器(图 7-10)安装在湿式自动喷水灭火系统中,当发生火灾时可将火灾的位置准确地传递给消防控制中心,一般安装在各楼层的配水干管或支管上,常用类型有浆式水流指示器和水流动作阀。

4. 火灾探测器

火灾探测器常用的有感烟、感温探测器,当接收到火灾信号后,火灾探测器能通过电气自控装置进行报警和启动消防设备,是自动喷水灭火系统的重要组成部分。感烟探测器的作用是对烟雾浓度进行探测;感温探测器的作用是对火灾引起的温升进行探测。

5. 延迟器

延迟器安装在报警阀和水力警铃(或压力开关)之间,防止由于水压波动等原因引起报警阀开启导致的误报,它是一个罐式容器。当报警阀开启后,水流经过 30 s 左右充满延迟器后才能冲打开水力警铃。

6. 末端试水装置

末端试水装置(图 7-11)由试水阀、压力表和试水接头组成,用来检测系统在最不利情况下只开一个喷头是否能可靠报警和正常启动,是每个水流指示器在作用范围内供水最不利设置检验水压、水流指示器及报警与水泵联动装置的检验装置。

序号	装置
1	压力表
2	手动阀
3	装置主体
4	喷嘴
5	接套

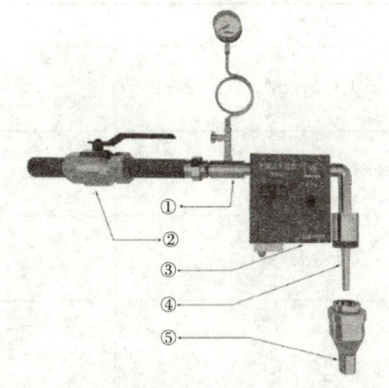

图 7-10 水流指示器　　　　图 7-11 末端试水装置

> ✏️ **课堂能力提升训练**
>
> 1. 判别自动喷水灭火系统的类别;
> 2. 归纳自动喷水灭火系统的组成;
> 3. 说出自动喷水灭火系统各部分组成的功能。

单元三　施工图识读

学习目标

能力目标:
1. 能认识消防给水系统施工图的图例;
2. 能识读消防给水系统施工图。

知识目标:
1. 掌握消防给水系统的识图过程;
2. 掌握消防给水系统的识读方法。

素养目标:
1. 遵循基本道德规范,有责任心和社会责任感;
2. 培养严谨、细致的工程师精神,具有解决工程实际问题的能力。

消防给水系统供民用建筑、公共建筑,以及工业企业建筑中各种消防设备的用水。一般高层住宅、大型公共建筑、车间都需要设消防给水系统。

一、消防给水系统施工图常用图例

消防给水系统施工图常用图例见表 7-1。

表 7-1　消防给水系统施工图常用图例

序号	名称	图例	备注
1	消火栓给水管	——— XH ———	
2	自动喷水灭火给水管	——— ZP ———	
3	室外消火栓		
4	室内消火栓（单口）	平面　系统	白色为开启面
5	室内消火栓（双口）	平面　系统	
6	水泵接合器		
7	自动喷洒头（开式）	平面　系统	
8	自动喷洒头（闭式）	平面　系统	下喷
9	自动喷洒头（闭式）	平面　系统	上喷
10	自动喷洒头（闭式）	平面　系统	上下喷
11	侧墙式自动喷洒头	平面　系统	
12	侧喷式喷洒头	平面　系统	

续表

序号	名称	图例	备注
13	雨淋灭火给水管	—— YL ——	
14	水幕灭火给水管	—— SM ——	
15	水炮灭火给水管	—— SP ——	
16	干式报警阀	平面 ◎　系统	
17	消防炮	平面　系统	
18	湿式报警阀	平面 ●　系统	
19	预作用报警阀	平面 ◐　系统	
20	信号闸阀		
21	水流指示器		
22	水力警铃		
23	雨淋阀	平面　系统	
24	末端试水装置	平面　系统	
25	手提式灭火器	△	
26	推车式灭火器		
注：分区管道用加注角标方式表示：如 XH1、XH2、ZP1、ZP2、…			

· 105 ·

二、室内消火栓给水工程图的识读方法

室内消火栓给水工程图应顺着水流方向按照消防引入管—干管—立管—支管—消火栓箱的顺序识读。

三、室内消火栓工程图的识读

以某高层消火栓给水系统为例。

1. 设计说明的识读

由于市政供水不能满足消防要求,在小区一期地下车库内设置消防水池、泵房,由一期泵房供给整个小区的自喷、室外消火栓用水。本工程设室内消火栓系统,采用临时高压消防给水系统,由水池-水泵-水箱联合供水。其管线采用外壁热镀锌钢管,采用丝扣、卡箍的连接方式。

2. 平面图的识读

如图 7-12 所示,1 层消防平面图有四根消防引入管 XH1、XH2、XH3、XH4,采用消防环状管网,分别有 XHL-1～XHL-4 四根消防立管,在暖库设置 XHL-a～XHL-l 共 12 个消火栓箱,在走廊中设置 3 个消火栓箱,通过水平干管各用水点(消火栓箱)。

如图 7-13 所示,2～17 层消防平面图右侧立管 XHL-1、XHL-2 分别供给走廊消火栓箱,左侧立管 XHL-3、XHL-4 共同供给走廊消火栓箱。

如图 7-14 所示,18 层消防平面图右侧 XHL-2 接出支管 XHL-2′。

如图 7-15 所示,机房层消防平面图右侧立管 XHL-2′接入消防电梯机房内消火栓箱,左侧立管 XHL-3 接入电梯机房内消火栓箱。

3. 系统图的识读

如图 7-16 所示,消火栓管线系统图四根 DN100 消防引入管在标高-2.50 m 进入建筑物外墙内向上翻折,通过 DN100 的环状管网水平干管进行连接,梁下敷设,通过 DN65 支管连接各消火栓箱。四根 XHL-1～XHL-4 立管,管径为 DN100,垂直向上接各层消火栓用水点,各层标高见系统图。

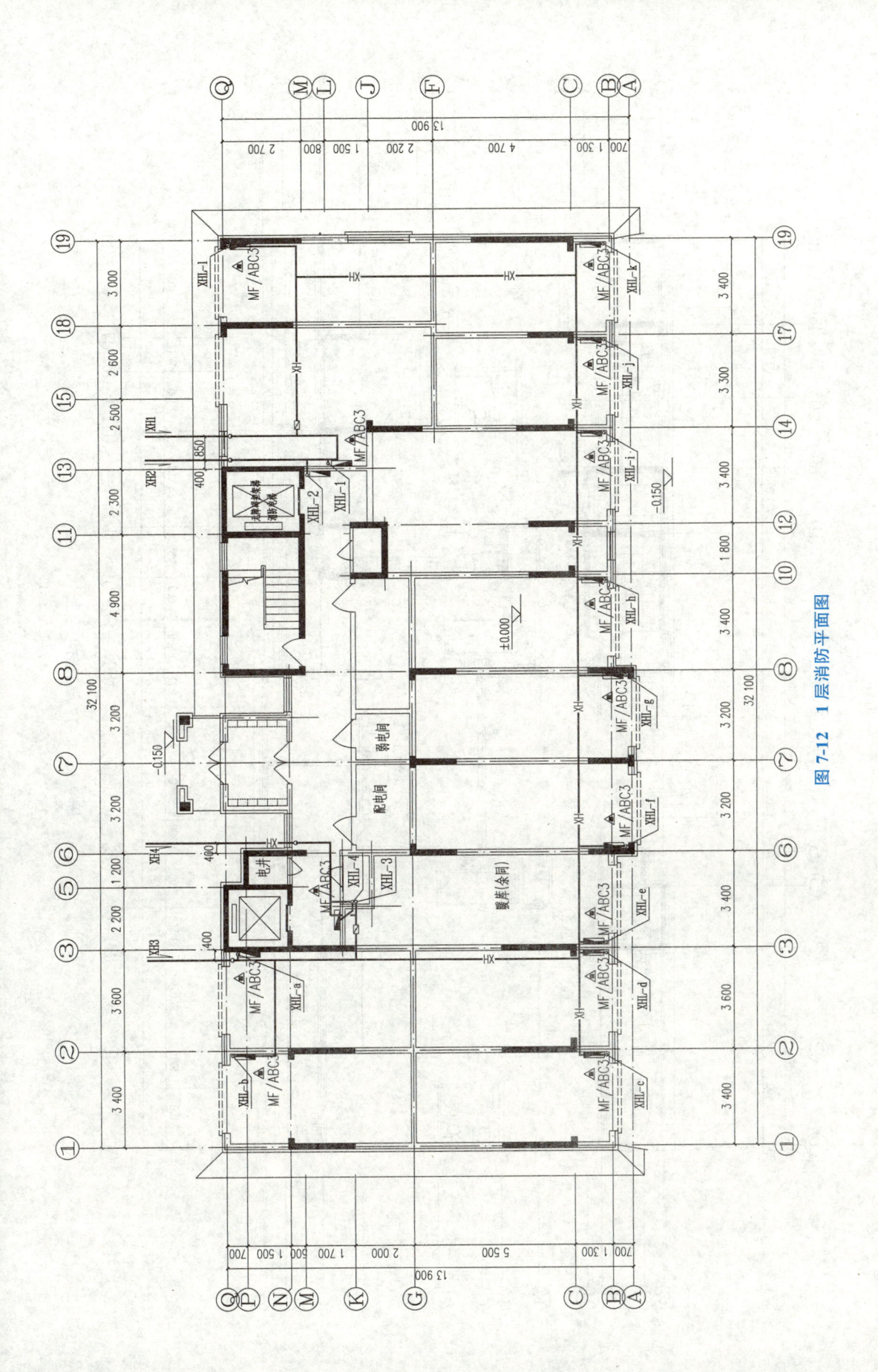

图 7-12 1层消防平面图

· 107 ·

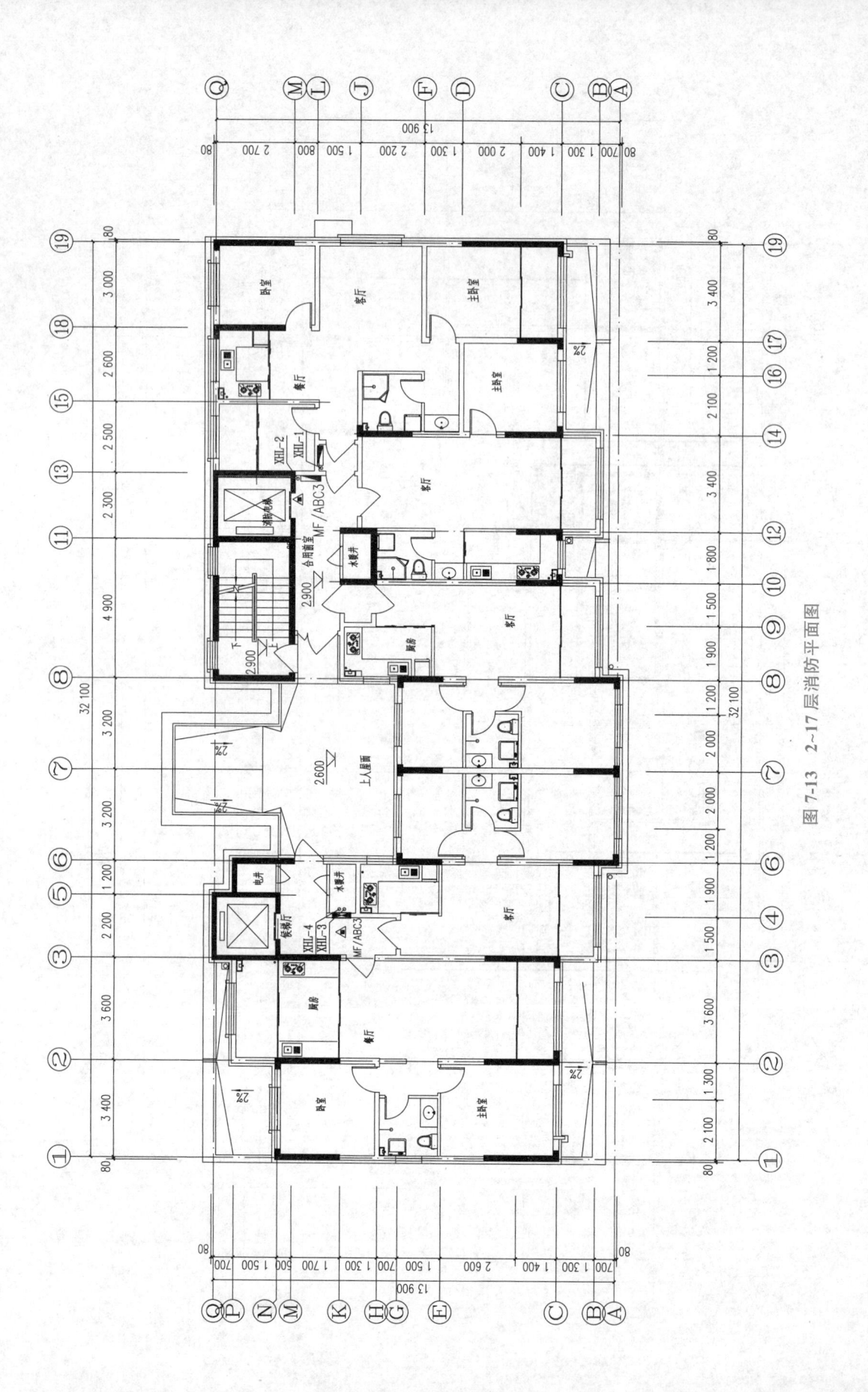

图 7-13 2~17层消防平面图

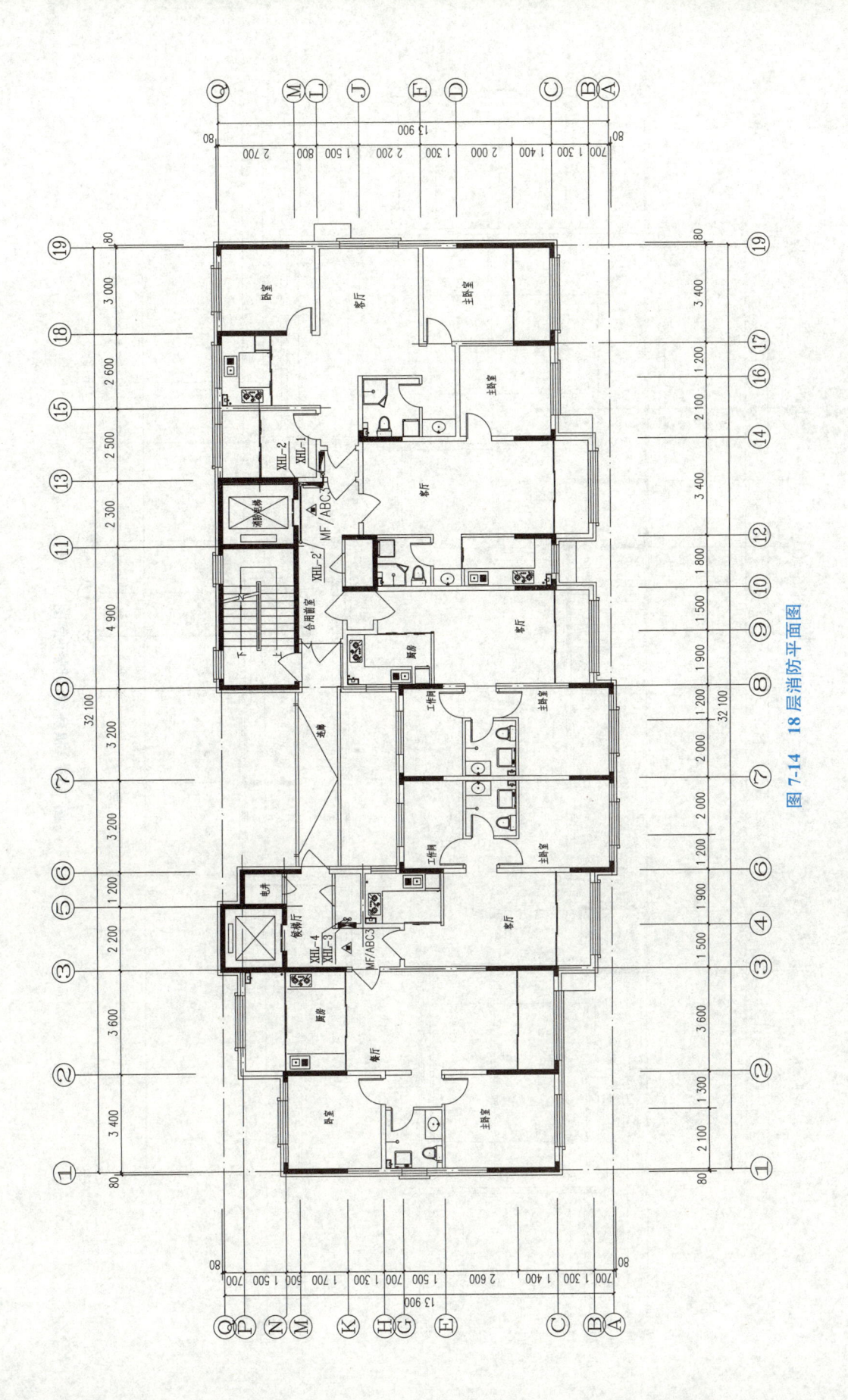

图 7-14 18层消防平面图

· 109 ·

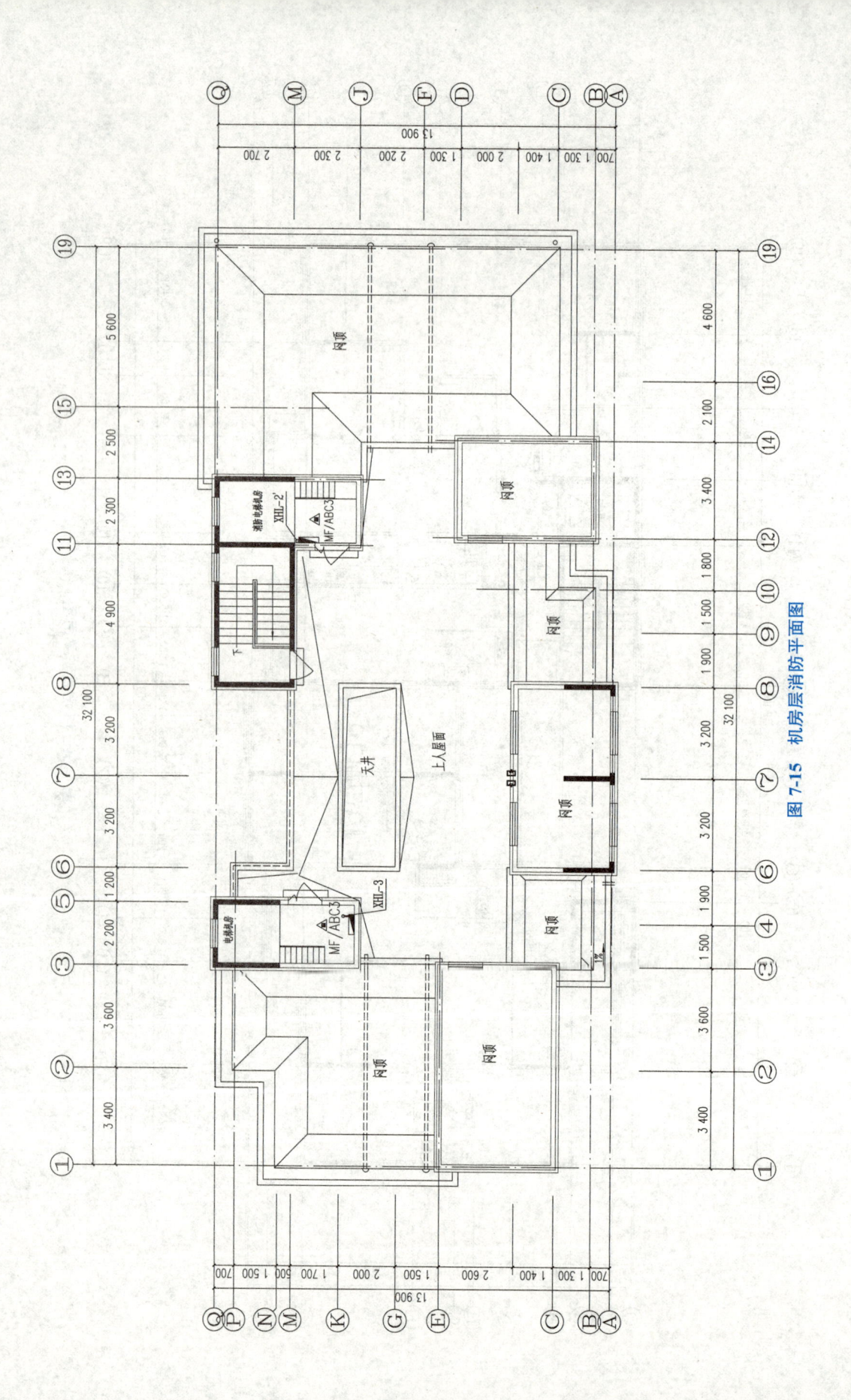

图 7-15 机房层消防平面图

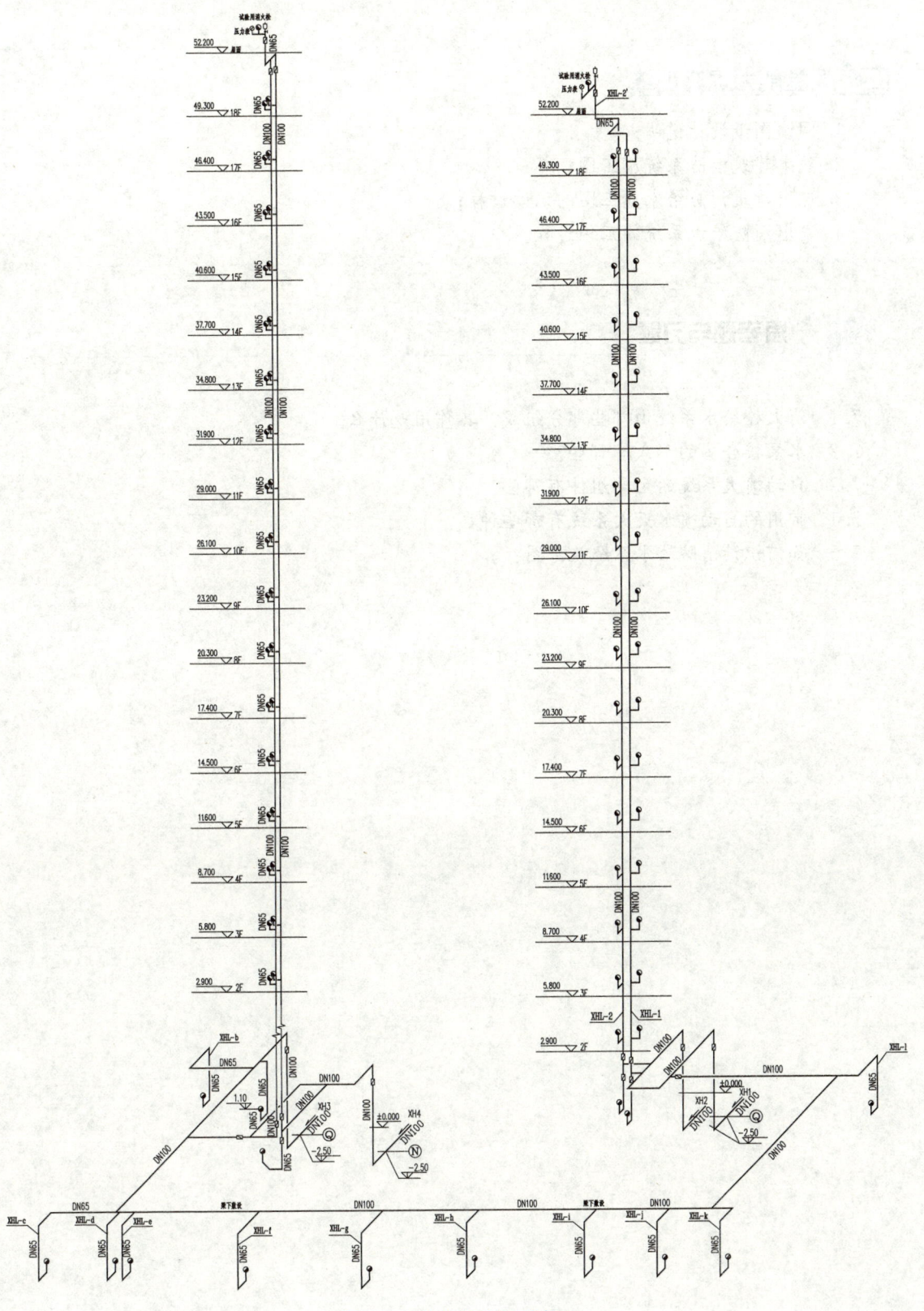

图 7-16 消火栓管线系统图

课堂能力提升训练

1. 阅读图纸设计说明；
2. 熟悉建筑消防系统施工图；
3. 说出建筑消防给水施工图的识读过程；
4. 说出消防给水系统的工作过程。

思考题与习题

7.1 消火栓给水系统由哪些部分组成？其作用是什么？
7.2 水泵接合器的形式有哪些？
7.3 自动喷水系统的主要组件有哪些？
7.4 常用的自动喷水灭火系统有哪些种类？
7.5 如何识读消防给水系统施工图？

模块八 建筑消防给水系统方案确定

单元一 多层建筑消防给水系统类型

学习目标

能力目标：
能合理选择多层建筑消防给水系统的给水方式。

知识目标：
掌握多层建筑消防给水系统的供水方式。

素养目标：
遵守相关法规和消防标准，确保系统的合法性和安全性。

根据《建筑设计防火规范（2018 年版）》(GB 50016—2014)的规定，建筑高度小于等于 27 m 的住宅和建筑高度小于等于 24 m 的非单层厂房、仓库和其他民用建筑为低层建筑，其余为高层建筑。对低层建筑物，消防车能直接使用室外水源扑救火灾，故室内设置的消防给水系统仅用于扑灭初期火灾。对于高层建筑，因为国内目前的市政消防设施和消防车的供水能力无法满足其水量、水压要求，所以扑灭高层建筑的火灾应以室内消防给水系统为主，立足于自救，保证室内消防给水管网始终处于临战状态，具有满足火灾延续时间内消防要求的水量和水压。

一、建筑消火栓给水系统的设置场所

1. 室外消火栓的设置场所

城镇、居住区、企事业单位；工厂、仓库及民用建筑、易燃、可燃材料露天、半露天堆场，可燃气体储罐或储罐区；汽车库、修车库与停车场在规划和建筑设计时，必须同时设计室外消防给水系统。

2. 室外消火栓的布置

室外消火栓应沿道路设置，道路的宽度超过 60 m 时，宜在道路两边设置消火栓，并宜靠近十字路口；消火栓距路边不应超过 2 m，距房屋外墙不宜小于 5 m。

室外消火栓的间距不应超过 120 m，保护半径不应超过 150 m；在市政消火栓保护半径 150 m 以内，如消防用水量不超过 15 L/s 时，可不设室外消火栓。

室外消火栓数量应按建筑室外消防用水量计算决定，每个室外消火栓的用水量应按 10～15 L/s 计算。

3. 室外消火栓类型

室外消火栓有地上式和地下式两种类型，室外地上式消火栓应有一个直径为 150 mm 或 100 mm 和两个直径为 65 mm 的栓口；室外地下式消火栓应有直径为 100 mm 和 65 mm 的栓口各一个，并有明显的标志，如图 8-1 所示。

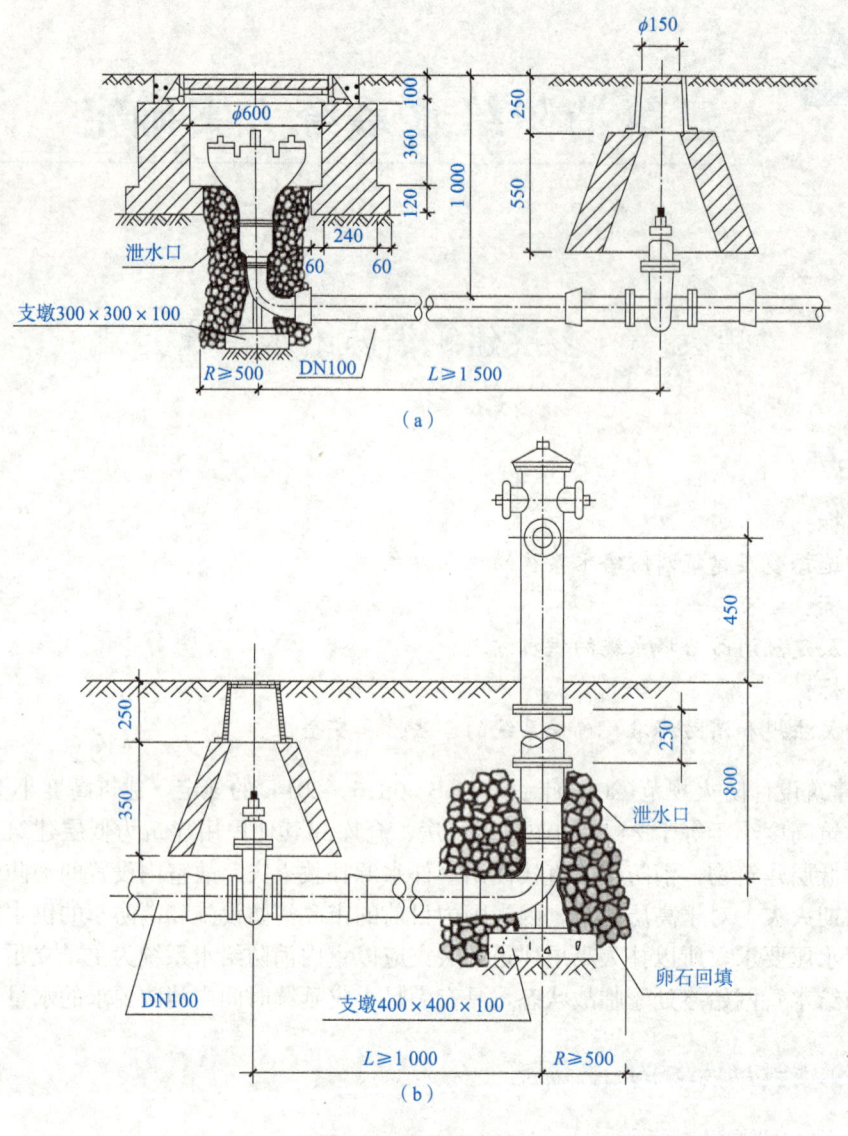

图 8-1 室外消火栓
(a)地下式；(b)地上式

4. 室外消防给水管道

(1)室外消防给水管道应布置成环状，但在建设初期或室外消防用水量不超过 15 L/s 时，可布置成枝状。

环状管网的输水干管及向环状管网输水的输水管均不应少于两条，当其中一条发生故障时，其余的干管应仍能通过消防用水量；环状管网应用阀门分成若干独立段，每段内消火栓数量不宜超过 5 个。

(2)室外消防给水管道的最小管径为 100 mm。

(3)室外消防给水管道可采用高压管道、临时高压管道和低压管道。

1)高压管道：室外管网内经常保持足够的压力，火场上不需要使用消防车或其他移动式水泵加压，而直接由消火栓接出水带、水枪灭火。

2)临时高压管道：室外管网内平时水压不高，在水泵站(房)内设有高压消防水泵，当接到火警时，消防水泵启动，使管网内的压力达到消防给水管道的压力要求。

· 114 ·

3)低压管道：室外管网内平时水压较低，火场上需要的压力由消防车或其他移动式消防泵加压形成。

如采用高压或临时高压给水系统，管道内的压力应保证用水总量达到最大且水枪在任何建筑物的最高处时，水枪的充实水柱仍不小于 100 kPa；如采用低压给水系统，管道的压力应保证灭火时最不利点消火栓的水压不小于 100 kPa（从地面算起）。

5. 室外消防用水量

城镇、居住区的室外消防用水量为同一时间内的火灾发生次数和一次灭火用水量的乘积。

各设置场所的室外消火栓用水量见《建筑设计防火规范（2018 年版）》（GB 50016—2014）。城镇的室外消防用水量应包括居住区、工厂、仓库（含堆场、储罐或罐区）和民用建筑的室外消火栓用水量。当工厂、仓库和民用建筑按各表计算，计算值有差异时，应取较大值为设计用水量。

二、多层建筑消防系统的供水方式

常见的消防给水方式如图 8-2 所示。

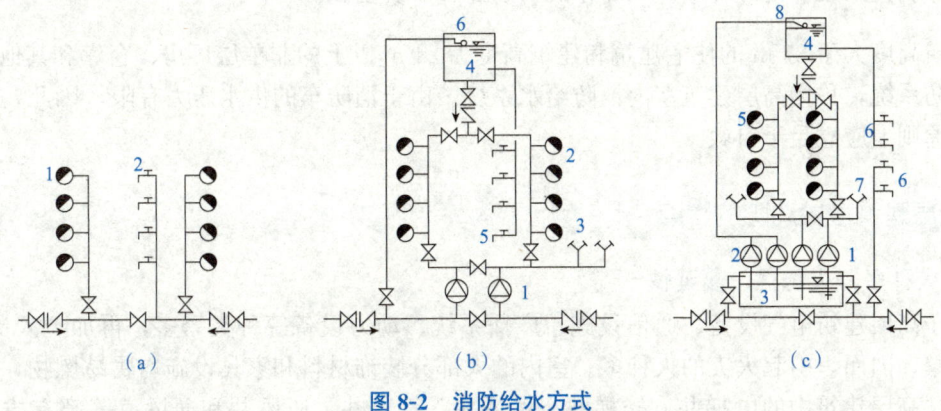

图 8-2 消防给水方式

(a) 直接给水方式
1—室内消火栓；2—生活给水
(b) 设水泵和水箱的给水方式
1—消防水；2—室内消火栓；3—水泵接合器；4—高位水箱；5—生活给水；6—浮球阀
(c) 设水泵、水箱和水池的给水方式
1—消防水泵；2—生活给水泵；3—水池；4—高位水箱；5—室内消火栓；6—生活给水；7—水泵接合器；8—浮球阀

(1) 直接给水方式：市政给水为常高压系统，室外管网为环状且在生产生活用水量达到最大时仍能满足室内外消火栓系统的水量、水压要求，适用于低层、车库和地下建筑。

(2) 设水泵和水箱的给水方式：市政给水为低压系统，室内为临时高压，室外管网为环状且在生产、生活用水量达到最大时仍能满足室内外消火栓系统的水量要求，室内火灾初期由水箱供水，水泵启动后由水泵供水，适用于低层或多层建筑和室外管网允许直接取水的场所。

(3) 设水泵、水箱和水池的给水方式：市政给水为低压系统，室内为临时高压，室内火灾初期由水箱供水，水泵启动后由水泵供水，适用于低层或高度≤50 m 的高层建筑，室外管网不允许直接取水场所。

> **课堂能力提升训练**
>
> 对照消防给水系统的供水方式合理选择多层建筑消防给水的供水方案。

单元二　高层建筑消防给水系统类型

学习目标

能力目标：
1. 能合理对高层建筑消防给水系统进行竖向分区；
2. 能合理选择高层建筑消防给水系统的给水方式。

知识目标：
1. 掌握高层建筑消防给水系统竖向分区方法及分区依据；
2. 掌握高层建筑供水方式的种类及特点。

素养目标：
遵守相关法规和消防标准，确保系统的合法性和安全性。

建筑高度大于 27 m 的住宅建筑和建筑高度为 24 m 以上的非单层厂房、仓库和其他民用建筑的消防系统，称为高层建筑室内消防给水系统。由于消防车的供水压力有限，因此，高层建筑消防原则上应立足于自救。

一、高层建筑室内消防的特点

1. 火种多、火势猛、蔓延快

由于高层建筑电气设备、通信设施、广播系统、动力设备等种类繁多，再加上人员众多、人流频繁，因而，引起火灾的火种多。室内的大部分装饰材料和家具设施均属易燃物，容易发生火灾。高层建筑中的电梯井、楼梯井、垃圾井、管道井、通风井和通风道等都有拔风的作用，都是火灾蔓延的通道，一旦发生火灾，火势凶猛、蔓延速度快。

2. 灭火困难

目前消防车的供水高度不超过 24 m，再加上消防队员身负消防设备，沿楼梯快速上到一定高度后，呼吸和心跳都超过身体的限度，因此，靠外部力量来救高层建筑内的火灾是很困难的，主要得靠室内的消防设备来进行灭火。

3. 人员疏散困难

在高层建筑中，含有大量一氧化碳和有害物的烟雾的扩散蔓延速度比火焰蔓延迅速，竖向扩散速度比横向扩散迅速，人会在几分钟内因缺氧晕倒而被毒死、烧死，再加上外来人员不熟悉安全通道和出口，疏散极为困难。

4. 经济损失大、政治影响大

高层建筑一旦发生火灾，又不能及时扑灭，会造成大量人员伤亡和巨大财产损失，还可能产生政治影响和国际影响。

因此，高层建筑必须设置完善的消防设备、报警设施，以最快的速度扑灭初期火灾。目前常用的消防设备有消火栓消防设备、自动喷水灭火设备及各种洁净气体灭火设备等。

二、一般规定

高层建筑必须设置室内、室外消火栓给水系统。消防用水可由给水管网、消防水池或天然水源供给。利用天然水源应确保枯水期最低水位时的消防用水量，并应设置可靠的取水设施。室内消防给水应采用高压或临时高压给水系统。当室内消防用水量达到最大时，其水压应满足室内最不利点灭火设施的要求。室外低压给水管道的水压，当生活、生产和消防用水量达到最大时，不应小于 0.10 MPa（从室外地面算起）。生活、生产用水量应按最大时流量计算，消防用水量应按最大秒流量计算。

对于建筑高度大于 50 m 的高层建筑，为防止水枪开闭时产生的水锤破坏消防设施，室内消火栓栓口处的压力应不超过 0.8 MPa，如超过 0.8 MPa，则应采用分区给水系统。

三、高层建筑消防系统的供水方式

常用的分区供水方式如图 8-3 所示。

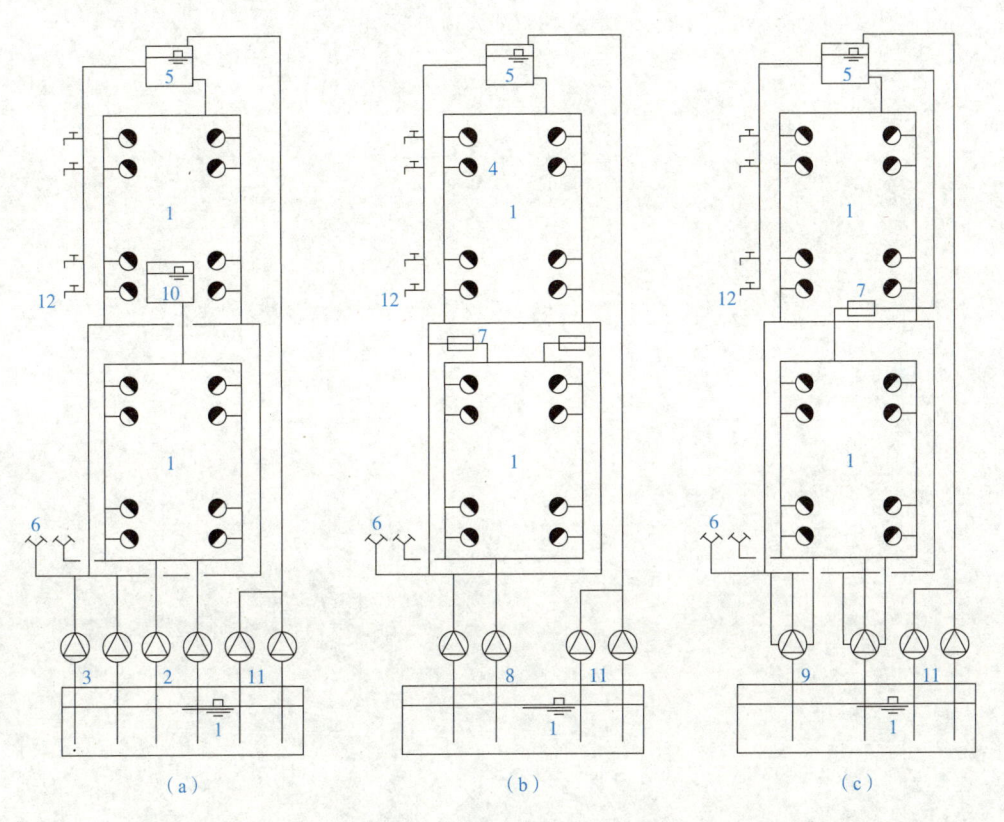

图 8-3 消防分区给水系统

(a)采用不同扬程的水泵分区；(b)采用减压阀分区；(c)采用多级多出口水泵分区
1—水池；2—低区水泵；3—高区水泵；4—室内消火栓；5—屋顶水箱；6—水泵接合器；7—减压阀；8—消防水泵；
9—多级多出口水泵；10—中间水箱；11—生活给水泵；12—生活给水

课堂能力提升训练

1. 根据所给高层建筑的概况，合理进行消防给水系统竖向分区，确定高层消防给水系统的方案；
2. 确定高层消防给水系统的组成及工作过程。

思考题与习题

8.1 室外消火栓类型有哪些?
8.2 室外消防给水管道布置形式有哪些?
8.3 多层建筑消防系统的供水方式有哪些?
8.4 高层建筑消防系统的供水方式有哪些?

模块九 建筑内消防给水系统施工图绘制

单元一 建筑内消火栓及消火栓管道的布置

学习目标

能力目标：
1. 能够计算或选择水枪充实水柱的长度；
2. 能够根据消火栓布置原则和水枪充实水柱的长度，合理布置消火栓的位置和间距；
3. 能够根据消火栓管道布置原则合理布置消火栓管道。

知识目标：
1. 掌握水枪充实水柱长度计算方法与各类建筑所要求的最小水枪充实水柱长度；
2. 掌握消火栓布置间距的计算方法与消火栓管道的布置原则。

素养目标：
1. 培养在火灾紧急情况下处理消火栓系统的能力；
2. 能够快速启用消火栓系统并组织有效的灭火行动。

视频：室内消火栓系统的布置

一、水枪充实水柱长度

消火栓设备的水枪射流灭火，需要有一定强度的密实水流才能有效地扑灭火灾。如图 9-1 所示，水枪射流中在 26~38 cm 直径圆断面内包含全部水量 75%~90% 的密实水柱长度称为充实水柱长度，以 H_m 表示。根据试验数据统计，当水枪充实水柱长度小于 7 m 时，火场的辐射热使消防人员无法接近着火点，达不到有效灭火的目的；当水枪的充实水柱长度大于 15 m 时，因射流的反作用力而使消防人员无法把握水枪灭火。

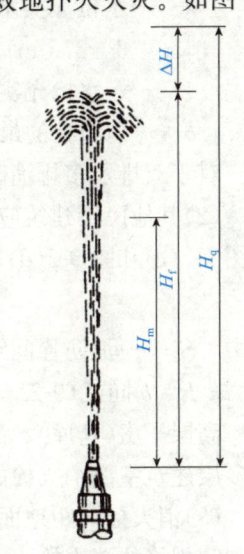

建筑物灭火所需的充实水柱长度按下式计算：

$$S_k = \frac{H_1 - H_2}{\sin \alpha} \quad (9-1)$$

式中 S_k——所需的水枪充实水柱长度(m)；
H_1——室内最高着火点距室内地面的高度(m)；
H_2——水枪喷嘴距地面的高度，一般取 1 m；
α_A——射流的充实水柱与地面的夹角，一般取 45° 或 60°。

水枪的充实水柱的长度不应小于表 9-1 的规定，设计时可参照选用。

图 9-1 垂直射流组成

表 9-1　各类建筑物要求水枪充实水柱长度

建筑物类别	充实水柱长度
1. 一般建筑 2. 甲、乙类厂房； 3. 层数超过 6 层的公共建筑； 4. 层数超过 4 层的厂房（仓库）； 5. 人防工程、车库； 6. 建筑高度不超过 100 m 的高层民用建筑	≥10
1. 高层厂房（库房）、高架仓库； 2. 体积大于 25 000 m³ 的商店、体育馆、影剧院、会堂、展览建筑、车站、码头、机场建筑等； 3. 建筑高度超过 100 m 的高层民用建筑	≥13
其他建筑	≥7

二、建筑内消火栓布置

根据规范要求设消火栓消防给水系统的建筑内，每层（除无可燃物的设备层内）均应设置消火栓。消火栓的间距布置应满足下列要求：

（1）建筑高度≤24 m 且体积≤5 000 m³ 的多层库房，应保证有 1 支水枪的充实水柱达到同层内任何部位，如图 9-2(a)(b) 所示，其布置间距按下列公式计算：

$$S_1 \leqslant 2 \cdot \sqrt{R^2 - b^2} \tag{9-2}$$

$$R = C \cdot L_d + h \tag{9-3}$$

式中　S_1——消火栓间距(m)；
　　　R——消火栓保护半径(m)；
　　　C——水带展开时的弯曲折减系数，一般取 0.8～0.9；
　　　L_d——水带长度，每条水带的长度不应大于 25 m；
　　　h——水枪充实水柱倾斜 45°时的水平投影长度(m)，$h = 0.71 H_m$，对一般建筑（层高为 3～3.5 m），由于两楼板间的限制，一般取 $h = 3.0$ m；
　　　H_m——水枪充实水柱高度(m)；
　　　b——消防栓的最大保护宽度，应为一个房间的长度加走廊的长度(m)。

对于双排及多排消防栓间距按图 9-2(b)(d) 所示布置。

（2）其他民用建筑应保证每一个防火分区间同层有 2 个水枪的充实水柱同时能到任何部位，如图 9-2(c) 和图 9-2(d) 所示，其布置间距按下列公式计算：

$$S_2 \leqslant \sqrt{R^2 - b^2} \tag{9-4}$$

式中　S_2——消防栓间距（2 股水柱达到同层任何部位）(m)；
　　　R、b 同式(9-2)。

高层厂房（仓库）、高架仓库和甲、乙类厂房室内消火栓的间距不应大于 30 m，其他单层和多层建筑室内消火栓的间距不应大于 50 m。

（3）消火栓口距地面安装高度为 1.1 m，栓口宜向下或与墙面垂直安装。同一建筑内应选用同一规格的消火栓、水带和水枪，为方便使用，每条水带的长度不应大于 25 m。为保证及时灭火，每个消火栓处应设置报警信号装置。

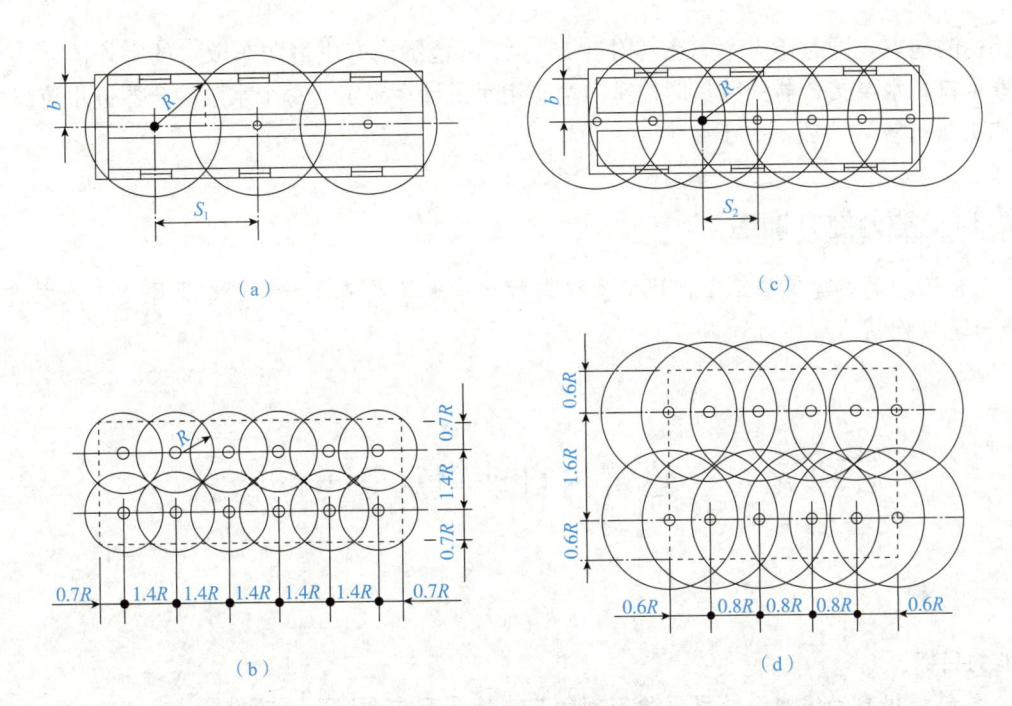

图 9-2 消火栓布置间距

(a)单排 1 股水柱到达室内任何部位；(b)单排 2 股水柱到达室内任何部位；
(c)多排 1 股水柱到达室内任何部位；(d)多排 2 股水柱到达室内任何部位

(4)消火栓应设置在位置明显且操作方便的走道内，宜靠近疏散方便的通道口处、楼梯间内。建筑物设有消防电梯时，其前室应设消火栓。冷库内的消火栓应设置在常温穿堂内或楼梯间内。在建筑物屋顶应设 1 个消火栓，以利于消防人员经常试验和检查消防给水系统是否能正常运行，同时还能起到保护本建筑物免受邻近建筑火灾的波及。在寒冷地区，屋顶消火栓可设在顶层出口处、水箱间或采取防冻技术措施。

三、建筑内消火栓管道的布置

建筑内消防栓给水管道布置应满足下列要求：

(1)室内消防竖管管径不应小于 DN100。当室内消火栓个数多于 10 个且消防用水量大于 15 L/s 时，室内消防给水管道应布置成环状，且至少应有两条进水管与室内管道或消防水泵连接。当其中一条进水管发生事故时，其余的进水管应仍能供应全部消防用水量。单元式、塔式住宅的消火栓宜设置在楼梯间的首层和各楼层的休息平台上，当设置两根消防竖管确有困难时，可设 1 根消防竖管，但必须采用双口双阀型消火栓。

(2)高层厂房(仓库)应设置独立的消防给水系统，室内消防立管应连成环状。

(3)消防栓给水管网应与自动喷水灭火管网分开设置。若布置有困难时，可共用给水干管，在自动喷水灭火系统报警阀后不允许设消火栓。

(4)闸门的设置应便于管网维修和使用安全，对于多层民用建筑和其他厂房(仓库)，检修关闭阀门后，停止使用的消防竖管不超过 1 根，但管网设置的竖管超过 3 根时，可关闭 2 根。对于单层厂房(仓库)和公共建筑，检修停止使用的消火栓不应多于 5 个。阀门应保持常开，并应有明显的启闭标志或信号。

(5)高层厂房(仓库)、设置室内消火栓且层数超过 4 层的厂房(仓库)、设置室内消火栓且层数超过 5 层的公共建筑，消火栓给水系统应设置消防水泵接合器。水泵接合器应设在消防车易于到达的地点，同时还应考虑在其附近 15~40 m 范围内有供消防车取水的室外消火栓或贮水池取水口。水泵接合器的数量应按室内消防用水量计算确定，每个水泵接合器进水流量可按 10~15 L/s 计算，一般不少于 2 个。

> **课堂能力提升训练**
>
> 给出不同类型建筑施工图，让学生根据所学消火栓及消火栓管道布置原则，独立进行管线与消火栓箱的实操布置训练。

单元二　建筑内自动喷水管道的布置

学习目标

能力目标：
1. 能够根据自动喷水系统设置原则判断某建筑是否需要设置自动喷水系统；
2. 能够根据喷头间距要求合理布置喷头；
3. 能够根据自动喷水管网布置形式合理布置管网。

知识目标：
1. 掌握常见类型建筑自动喷水系统的设置原则；
2. 掌握喷头及管网的布置要求。

素养目标：
1. 培养在火灾紧急情况下处理自动喷水灭火系统的能力；
2. 能够快速启用自动喷水灭火系统并组织有效的灭火行动。

视频：自动喷水灭火系统组件及布置

一、自动喷水灭火系统的设置原则

自动喷水灭火系统是发生火灾时能自动打开喷头喷水灭火并同时发出火警信号的消防设施。据资料统计，自动喷水灭火系统扑灭初期火灾的效率在 97% 以上，因此在国外一些国家的公共建筑都要求设置自动喷水灭火系统，鉴于我国的经济发展状况，目前要求在人员密集不易疏散、外部增援灭火与救生较困难或火灾危险性较大的场所设置自动喷水灭火系统，见表 9-2。

表 9-2　设置各类自动喷水灭火系统的原则

自动喷水灭火系统类型	设置原则
设置闭式喷水灭火系统（常用的是湿式、干式、预作用）喷水灭火系统	(1) 大于或等于 50 000 纱锭的棉织厂的开包、清花车间；大于或等于 5 000 锭的麻纺厂的分级、梳麻车间；服装、针织高层厂房；面积 >1 500 m² 的木器厂房；火柴厂的烤梗、筛选部位；泡沫塑料厂的预发、成型、切片、压花部位。 (2) 占地面积 >1 000 m² 的棉、麻、丝、毛、化纤、毛皮及其制品库房；占地面积 >6 000 m² 的香烟、火柴库房；建筑面积 >500 m² 的可燃物品仓库；可燃、难燃品的高架仓库和高层库房（冷库除外）；省级以上或藏书 >100 万册图书馆的书库。 (3) 超过 1 500 个座位的剧院观众厅、舞台上部（屋顶采用金属构件时）、化妆室、道具室、贵宾室；>2 000 个座位的会堂或礼堂的观众厅、舞台上部、储藏室、贵宾室；>3 000 个座位的体育馆、观众厅的吊顶上部、贵宾室、器材室、运动员休息室。

自动喷水灭火系统类型	设置原则
设置闭式喷水灭火系统（常用的是湿式、干式、预作用）喷水灭火系统	(4)省级邮政楼的信函和包裹分拣间、邮袋库。 (5)每层面积＞3 000 m² 或建筑面积＞9 000 m² 的百货楼、展览楼。 (6)设有空气调节系统的旅馆、综合办公楼的走道、办公室、餐厅、商店、库房和无楼层服务的客房。 (7)飞机发动机试验台的准备部位。 (8)国家级文物保护单位的重点砖木或木结构建筑。 (9)一类高层民用建筑（普通住宅、教学楼、普通旅馆、办公楼以及建筑中不宜用水扑救的部位除外）的主体建筑和主体建筑相邻的附属建筑物的下列部位：舞台、观众厅、展览厅、多功能厅、门厅、电梯厅、舞厅、餐厅、厨房、商场营业厅和保龄球房等公共活动用房；走道（电信楼内走道除外）、办公室和每层无服务台的客房；＞25 辆的汽车停车库和可燃品库房；自动扶梯底部和垃圾道顶部；避难层或避难区。 (10)二类高层民用建筑中的商场营业厅、展览厅、可燃物陈列室。 (11)建筑高度＞100 m 的超高层建筑（卫生间、厕所除外）。 (12)高层民用建筑物顶层附设的观众厅、会议厅。 (13)Ⅰ、Ⅱ、Ⅲ类停车库、多层停车库和底层停车库。 (14)人防工程的下列部位：使用面积＞1 000 m² 的商场、医院、旅馆、餐厅、展览厅、旱冰场、体育场、舞厅、电子游艺厅、丙类生产车间、丙类和丁类物品库房等；＞800 个座位的电影院、礼堂的观众厅，且吊顶下表面至观众席地面＞8 m，舞台面积＞200 m² 时
水幕系统	(1)＞1 500 个座位的剧院和＞2 000 个座位的会堂、礼堂的舞台口以及与舞台相邻的侧台、后台的门窗侧口； (2)应设防火墙等防火分隔物而无法设置的开口部位； (3)防火卷帘或防火幕的上部； (4)高层民用建筑物内＞800 个座位的剧院、礼堂的舞台口和防火卷帘或防火幕的部位； (5)人防工程内代替防火墙的防火卷帘的上部
雨淋喷水灭火系统	(1)火柴厂的氯酸钾压碾厂房； (2)建筑面积超过 60 m² 或储存质量超过 2 t 硝化棉、喷漆棉、赛璐珞胶片、硝化纤维库房； (3)建筑面积超过 100 m² 生产、使用硝化棉、喷漆棉、赛璐珞胶片、硝化纤维厂房； (4)日装瓶数超过 3 000 瓶液化石油气储配站的灌瓶间、实瓶库； (5)超过 1 500 个座位的剧院和超过 2 000 个座位的会堂舞台的葡萄架下部； (6)建筑面积超过 400 m² 的演播室、录音室； (7)建筑面积超过 500 m² 的电影摄影棚； (8)乒乓球厂的扎坯、切片、磨球、分球检验部位
水喷雾灭火系统	(1)单台储油量＞5 t 的电力变压器； (2)飞机发动机试验台试车部位； (3)一类民用高层主体建筑内的可燃油浸电力变压器室，充有可燃油高压电容器和多油开关室等

二、喷头及管网布置

1. 喷头的布置

喷头间距要求在所保护的区域内任何部位发生火灾都能够得到一定强度的水量。喷头的布置形式应根据顶棚、吊顶的装修要求布置成正方形、长方形和菱形 3 种形式，间距应按下列公式计算：

正方形布置时：
$$X = 2R\cos 45° \tag{9-5}$$

长方形布置时：
$$\sqrt{A^2 + B^2} \leqslant 2R \tag{9-6}$$

菱形布置时：
$$A = 4R \cdot \cos 30° \cdot \sin 30° \tag{9-7}$$
$$B = 2R \cdot \cos 30° \cdot \cos 30° \tag{9-8}$$

式中 R——喷头的最大保护半径(m)，见表9-3。

表 9-3 同一根配水支管上喷头或相邻配水支管的最大间距

喷水强度 /[L·(min·m²)⁻¹]	正方形布置的边长/m	矩形或平行四边形布置的长边边长/m	一只喷头的最大保护面积/m²
4	4.45	4.6	20.0
6	3.65	4.0	13.3
8~12	3.4	3.6	11.5
16~20	3.2	3.4	10.0

注：①仅在走道设置单排喷头的闭式系统，其喷头间距应按走道地面不留漏喷空白点确定。
②货架内喷头的间距不应小于2 m，并不应大于3 m。

水幕喷头布置根据成帘状的要求应成线状布置，根据隔离强度要求可布置成单排、双排和防火带形式。

图9-3所示为喷头布置的基本形式。

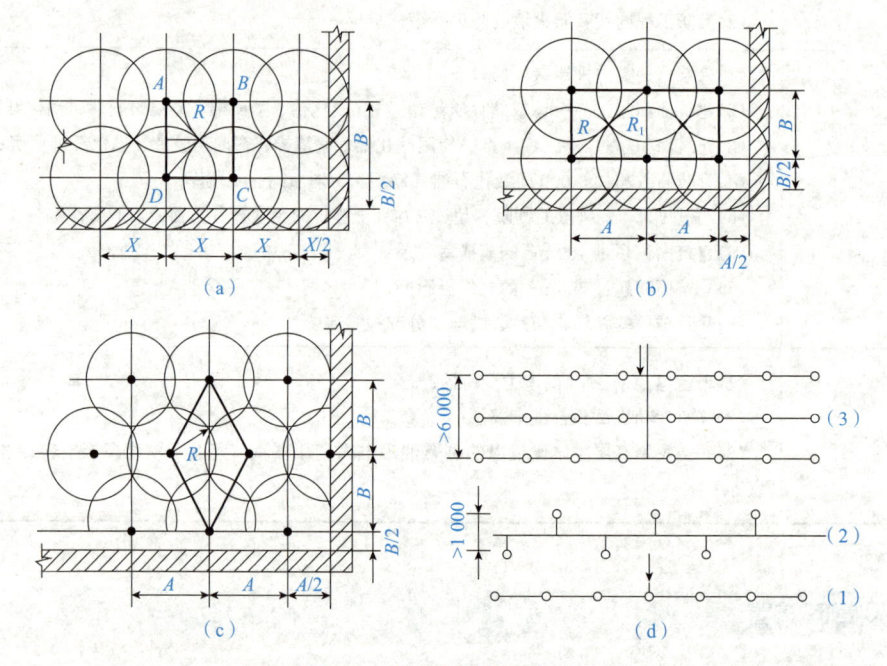

图 9-3 喷头布置的几种形式

(a)喷头正方形布置：X—喷头间距；R—喷头计算喷水半径；(b)喷头长方形布置：A—长边喷头间距；B—短边喷头间距；(c)喷头菱形布置；(d)双排级水幕防水带平面布置；(1)单排；(2)双排；(3)防火带

喷头的具体位置可设于建筑的顶板下、吊顶下，喷头距顶板、梁及边墙的距离可参考表9-4。

表 9-4 喷头布置在不同场所时的布置要求

喷头布置场所	布置要求
除吊顶形喷头外喷头与吊顶、楼板间距	不宜小于 7.5 cm、不宜大于 15 cm
喷头布置在坡屋顶或吊顶下面	喷头应垂直于其斜面，间距按水平投影确定。但当屋面坡度＞1∶3，而且在距屋脊 75 cm 范围内无喷头时，应在屋脊处增设一排喷头
喷头布置在梁、柱附近	对有过梁的屋顶或吊顶，喷头一般沿梁跨度方向布置在两梁之间。梁距大时，可布置成两排。 当喷头与梁边的距离为 20～180 cm 时，喷头溅水盘与梁底距离，对直立型喷头为 1.7～34 cm；下垂型喷头为 4～46 cm（尽量减小梁对喷头喷洒面积的阻挡）
喷头布置在门窗口处	喷头距洞口上表面的距离≤15 cm；距墙面的距离为 7.5～15 cm
在输送可燃物的管道内布置喷头时	沿管道全长间距≤3 m 均匀布置
输送易燃而有爆炸危险的管道	喷头应布置在该种管道外部的上方
生产设备上方布置喷头	当生产设备并列或重叠而出现隐蔽空间时。 当其宽度＞1 m 时，应在隐蔽空间增设喷头
仓库中布置喷头	喷头溅水盘距下方可燃物品堆垛不应小于 90 cm，距难燃物品堆垛，不应小于 45 cm
货架高度＞7 m 的自动控制货架库房内布置喷头时	在可燃物品或难燃物品堆垛之间应设一排喷头，且堆垛边与喷头的垂线水平距离不应小于 30 cm。 屋顶下面喷头距离不应大于 2 m。 货架内应分层布置喷头，分层垂直高度，当贮存可燃物品时≤4 m，当贮存难燃物品时≥6 m
舞台部位喷头布置	此束喷头上应设集热板。 舞台葡萄架下应采用雨淋喷头。 葡萄棚以上为钢屋架时，应在屋面板下布置闭式喷头。 舞台口和舞台与侧台、后台的隔墙上洞口处应设水幕系统
大型体育馆、剧院、食堂等净空高度＞8 m 时	吊顶或顶板下可不设喷头
闷顶或技术夹层净高＞80 cm，且有可燃气体管道、电缆电线等	其内应设喷头
装有自动喷水灭火系统的建筑物、构筑物，与其相连的专用铁路线月台、通廊	应布置喷头
装有自动喷水灭火系统的建筑物、构筑物内：宽度＞80 cm 挑廊下；宽度＞80 cm 矩形风道或 D＞1 m 圆形风道下面	应布置喷头
自动扶梯或螺旋梯穿楼板部位	应设喷头或采用水幕分隔
吊顶、屋面板、楼板下安装边墙喷头时	要求在其两侧 1 m 和墙面垂直方向 2 m 范围内不应设有障碍物。 喷头与吊顶、楼板、屋面板的距离应为 10～15 cm。距边墙距离应为 5～10 cm
沿墙布置边墙型喷头	沿墙布置为中危险级时，每个喷头最大保护面积为 8 m²；轻危险级为 14 m²；中危险级时喷头最大间距为 3.6 m；轻危险级为 4.6 m。 房间宽度≤3.6 m 可沿房间长向布置一排喷头；3.6～7.2 m 时应沿房间长向的两侧各布置一排喷头；＞7.2 m 房间除两侧各布置一排边墙型喷头外，还应按表 9-5 要求布置标准喷头

2. 管网的布置

自动喷水灭火管网的布置应根据建筑平面的具体情况布置成侧边式和中央布置式两种形

式，如图9-4所示。一般情况每根支管上设置的喷头不宜多于8个，一个报警阀所控制的喷头数不宜超过表9-6所规定的数量。

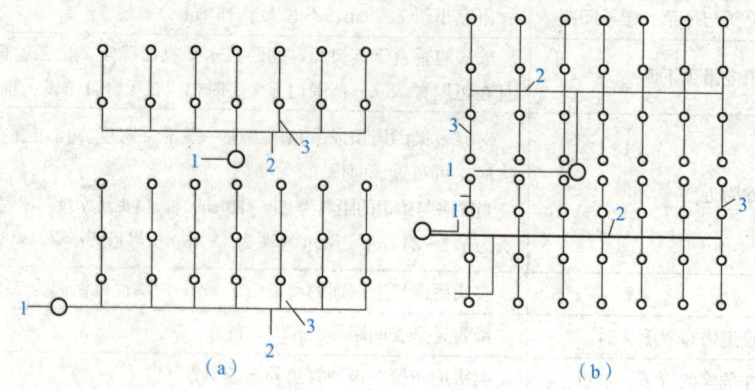

图9-4 管网布置形式
(a)侧边布置；(b)中央布置
1—主配水管；2—配水管；3—配水支管

表9-5 同一根配水支管上喷头或相邻配水支管的最大间距

喷水强度 [L·(min·m²)⁻¹]	正方形布置 的边长/m	矩形或平行四边形 布置的长边边长/m	一只喷头的最大 保护面积/m²	喷头与端墙的 最大距离/m
4	4.4	4.5	20.0	2.2
6	3.6	4.0	12.5	1.8
8~12	3.4	3.6	11.5	1.7
16~20	3.0	3.6	9.0	1.5

表9-6 一个报警阀控制的最多喷头数

系统类型		危险等级		
^	^	轻危险级	中危险级	严重危险级
^	^	喷头数		
充水式喷水灭火系统		500	800	800
充气式喷水灭火系统	有排气装置	250	500	500
^	无排气装置	125	250	—

课堂能力提升训练

给出不同类型建筑施工图，让学生根据所学自动喷水系统喷头与管网的布置原则，独立进行实操布线与布置喷头训练。

单元三 建筑消火栓系统施工图绘制

学习目标

能力目标：

1. 能够合理确定消火栓立管及消火栓箱的平面位置；

2. 能够根据消火栓立管的位置，合理布置消火栓管线的入户管；
3. 能够根据消火栓系统平面图绘制消火栓管线系统图。

知识目标：
1. 掌握消火栓系统立管、消火栓箱、管线、灭火器、系统图、试验消火栓的绘制方法；
2. 掌握在绘制过程中各部分参数的选择与计算。

素养目标：
1. 培养严谨细致的工作态度；
2. 培养团队合作和沟通的能力。

某高层住宅消火栓系统施工图绘制步骤如下：

一、消火栓立管的绘制

执行【管线】→【立管布置】命令，弹出如图 9-5 所示的【立管】对话框，单击【消防】按钮，输入需要的管径和编号，布置方式根据需要选择，这里选择【任意布置】，输入该立管的管底标高和管顶标高，在建筑平面图中适当位置绘制立管，在所需位置单击鼠标左键，确定立管位置，绘制消火栓立管的结果如图 9-6 所示。XHL-1、XHL-2 为两根消火栓立管，在建筑内两根立管在首层与顶层相连，呈环状布置，其他各层消防立管的绘制方法同上，消火栓系统不分区。

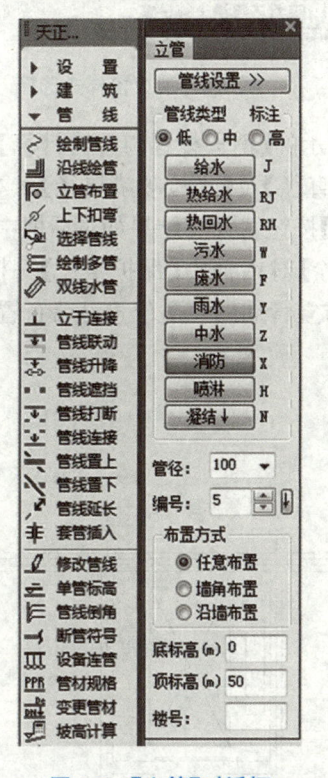

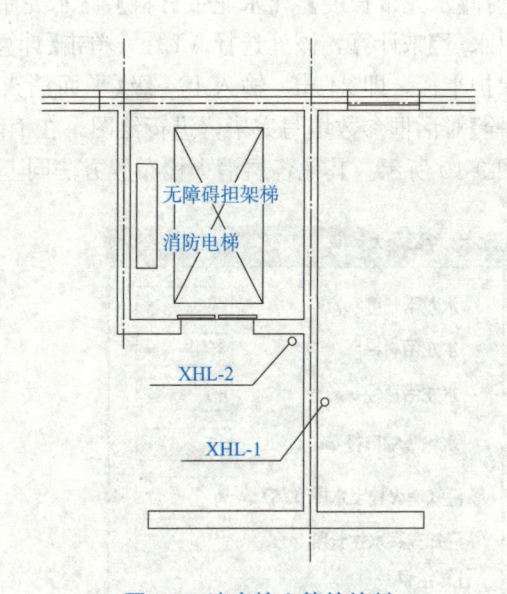

图 9-5 【立管】对话框　　　　图 9-6 消火栓立管的绘制

二、消火栓的绘制

执行【平面消防】→【布消火栓】命令，弹出如图 9-7 所示的【平面消火栓】对话框，在对话框中选择消火栓样式，如图 9-8 所示，本例选择单栓上接；选取消火栓箱的尺寸，本例选择 700 mm×200 mm；选择布置方式，本例选择沿线布置；输入消火栓箱距墙距离，本例采用默认值 0。

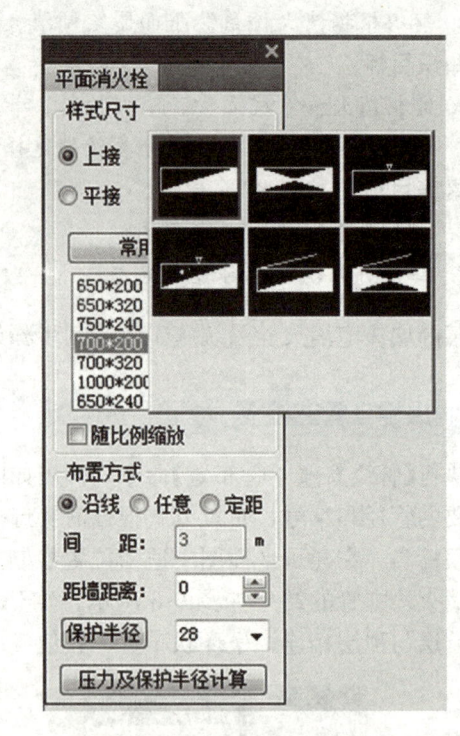

图 9-7 【平面消火栓】对话框   图 9-8 消火栓样式选择

单击【压力及保护半径计算】按钮，弹出如图 9-9 所示的【消火栓栓口压力计算】对话框，在对话框中选择【水龙带长度】、【水龙带材料】、【水龙带直径】及【水枪喷嘴口径】，本例选择【已知消火栓出水量】来计算，该处选择 5 L/s，单击【计算】按钮，计算结果如对话框中所示，将计算出来的保护半径，即 24 m，输入上一级【平面消火栓】对话框中【保护半径】一栏中。至此，【平面消火栓】对话框参数填写完毕，进行绘图，在消防立管周围合适位置沿墙布置消火栓，绘制结果如图 9-10 所示。其他各层消火栓布置方法同上。

图 9-9 【消火栓栓口压力计算】对话框   图 9-10 布置消火栓的绘制

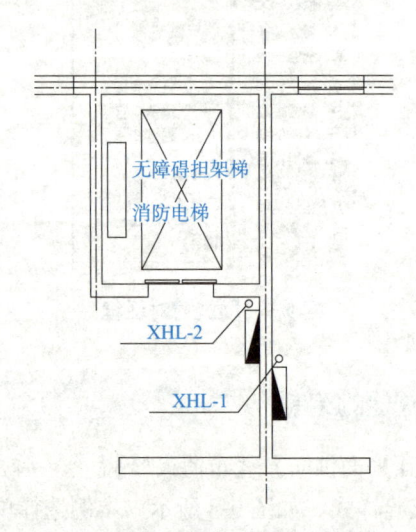

三、消火栓管线的绘制

执行【管线】→【绘制管线】命令，弹出如图 9-11 所示的【管线】对话框，在弹出的【管线】对话框中单击【消防】按钮，输入需要的管径及标高，如有管线交叉，需采用等标高管线交叉的处理方法，这里选择【生成四通】，标高不等时系统自动生成置上或置下处理。参数输入完毕后，绘制消火栓管线，在首层绘制两条引入管 XH1、XH2，在建筑内成环，将各消火栓立管连接至环状消火栓管线，结果如图 9-12 所示。

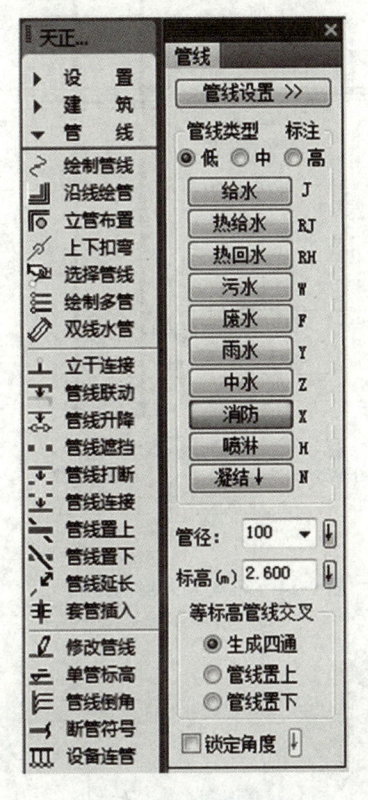

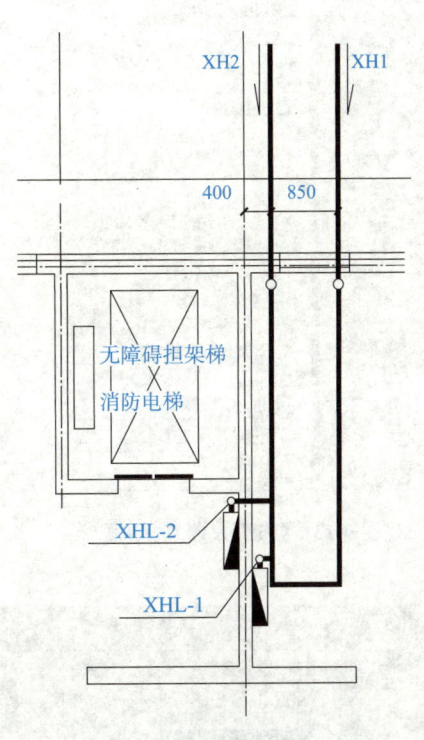

图 9-11 【管线】对话框　　图 9-12 消火栓管线的绘制

四、灭火器的绘制

执行【平面消防】→【布灭火器】命令，弹出如图 9-13 所示的【布灭火器】对话框，本例在【灭火器选型】选项中选择【手提式】，【布置方式】选择【任意】，【型号规格】选择【MF/ABC3 干粉磷酸铵盐灭火器】，【灭火级别】选择【2A】，其他参数选择如图 9-13 所示。参数输入完毕后，在消火栓箱旁绘制灭火器，绘制结果如图 9-14 所示。

五、消火栓立管系统图的绘制

执行【系统】→【消防系统】命令，弹出如图 9-15 所示的【消火栓系统】对话框，在对话框中选择立管与消火栓连接方式，本例选择【引双立管右上】，消火栓样式选择【单栓】，【定义层高】、【楼层数】根据工程实际填写，根据绘图需要输入【楼板线长】，【接管标高】根据需要填写，保证栓口距离地面 1.1 m。其他参数选择如图 9-15 所示。参数输入完毕后，在图纸适当位置单击鼠标左键，插入消火栓立管系统图，绘制结果如图 9-16 所示。

同上方法，绘制其他消火栓立管，系统生成后，进行局部修改，完善细节，使图纸达到施工图深度。

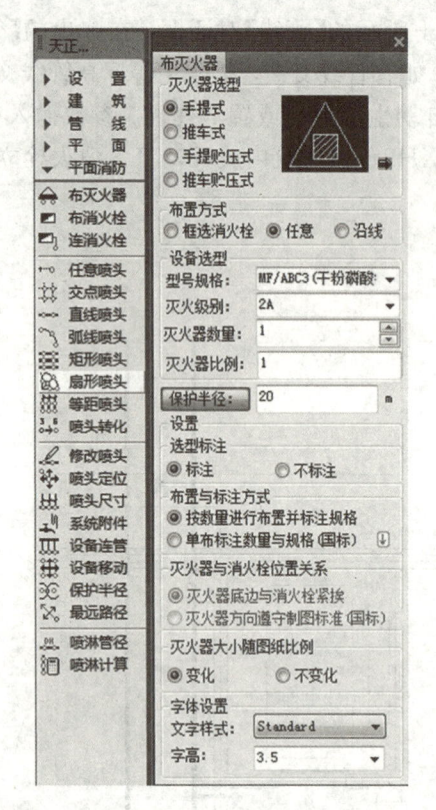

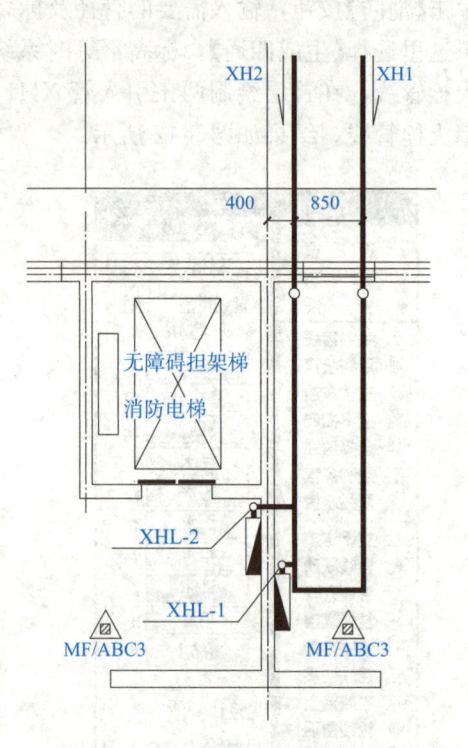

图 9-13　【布灭火器】对话框　　　　　图 9-14　布置灭火器的绘制

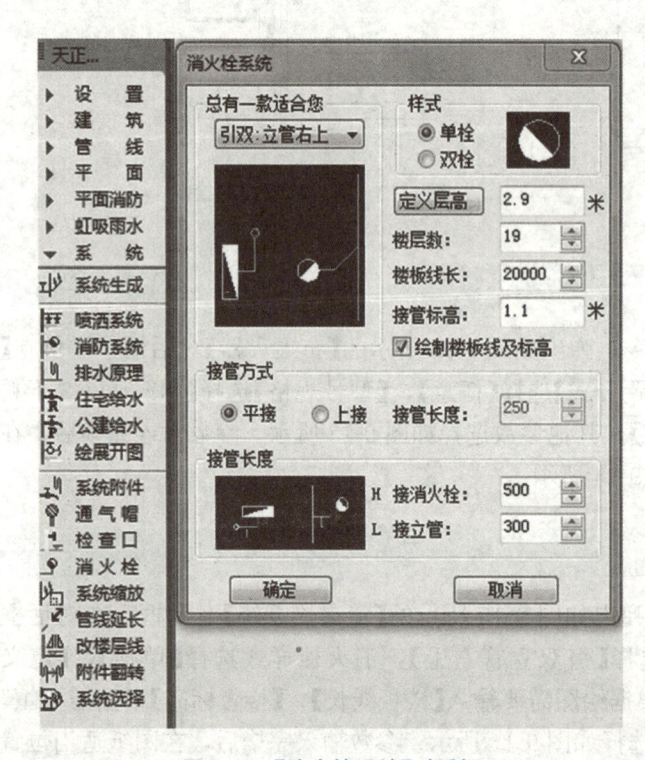

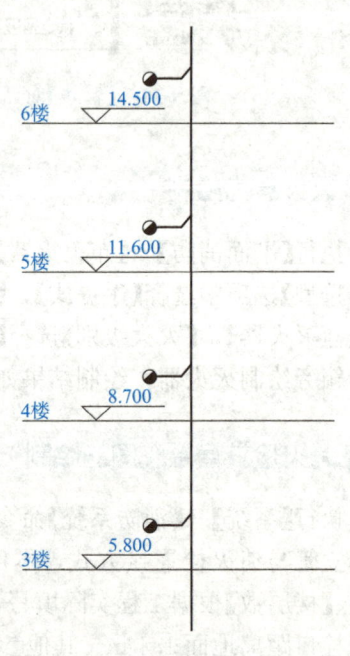

图 9-15　【消火栓系统】对话框　　　　图 9-16　消火栓立管系统图的绘制

六、试验消火栓的绘制

设有消火栓系统的建筑，在顶层要设置试验消火栓，本例试验用消火栓设置在屋顶机房层，在系统图中要有所体现。

执行【平面】→【阀门阀件】命令，弹出如图 9-17 所示的【仪表】对话框，在对话框中选择压力表和自动排气阀，在试验消火栓末端插入压力表，在消防立管最高点插入自动排气阀，同理在如图 9-18 所示的【阀门】对话框中选择蝶阀，在所需位置插入蝶阀。试验消火栓绘制结果如图 9-19、图 9-20 所示。

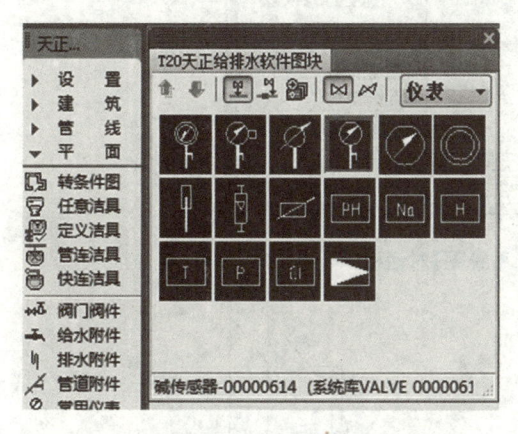

图 9-17 【仪表】对话框

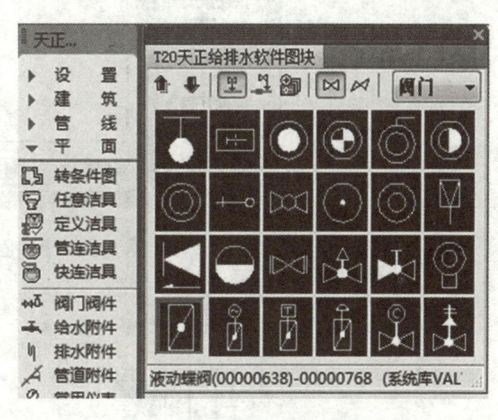

图 9-18 【阀门】对话框

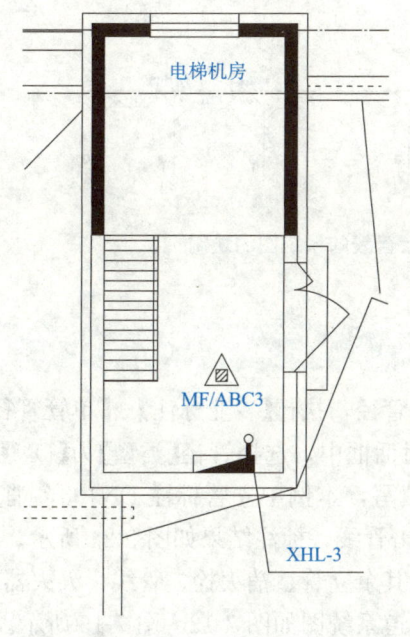

图 9-19 电梯机房内试验消火栓平面图

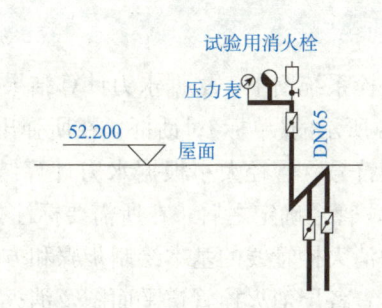

图 9-20 试验消火栓系统图

七、一层消火栓环管系统图的绘制

执行【系统】→【系统生成】命令，弹出如图 9-21 所示的【平面图生成系统图】对话框，在对话框【管线类型】中选择【消防】选项，单击【直接生成单层系统图】按钮，框选一层消火栓平面图，在图纸适当位置单击鼠标左键，插入一层消火栓环状管线的系统图，如图 9-22 所示。

完成一层消火栓系统图之后，将一层环管与立管结合，完成整个消火栓管线系统图。

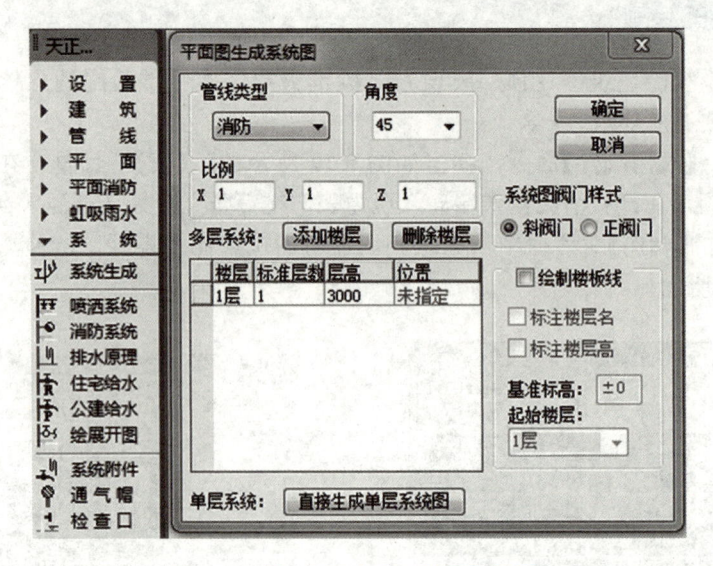

图 9-21 【平面图生成系统图】对话框

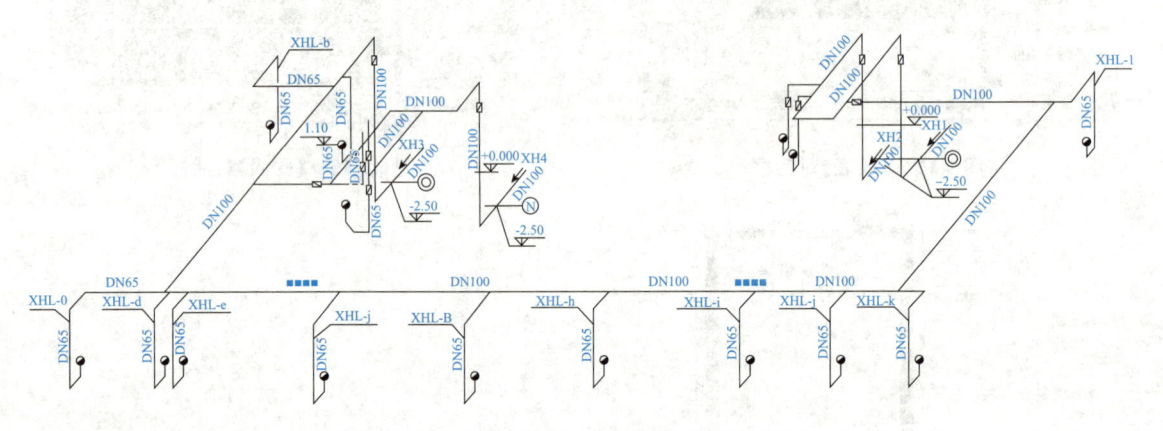

图 9-22 一层消火栓环状管线的系统图的绘制

八、管径标注

在消火栓系统图中，根据水力计算结果标注管径，执行【专业标注】→【单管管径】命令，弹出如图 9-23 所示的【单标】对话框，在所弹出的对话框中，选择管径【类型】为【DN】，即镀锌钢管公称直径符号，管径大小根据水力计算结果填写，本例中立管标注 DN100，消火栓前支管标注 DN65，管径确定之后，在所需要标注处单击管线，标注结果如图 9-24 所示。

以上为消火栓管线的基本绘制步骤和方法，其余立管、消火栓、管线、灭火器及系统图绘制方法同上，各层消火栓管道平面图及消火栓管道系统图如图 7-12～图 7-16 所示。

> 📝 **课堂能力提升训练**
>
> 1. 给出不同类型的建筑施工图，合理确定消火栓立管及消火栓箱的位置、灭火器类型与灭火级别，以保证该建筑的灭火要求，并应用天正给水排水软件绘制消火栓平面图。
>
> 2. 根据消火栓平面图，绘制消火栓管线系统图，并标注管径。

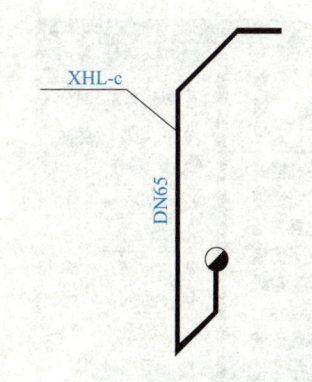

图 9-23　【单标】对话框　　　图 9-24　消火栓管线标注的绘制

单元四　建筑自动喷水系统施工图绘制

学习目标

能力目标：
1. 能够合理确定自喷立管的平面位置；
2. 能够合理布置自喷喷头，根据喷头布置合理连接自喷管网；
3. 能够根据自喷系统平面图绘制自喷管线系统图。

知识目标：
1. 掌握自喷系统立管、喷头布置、连接喷头、自喷管径及尺寸标注、立管系统图及平面布置系统图的绘制方法；
2. 掌握在绘制过程中各部分参数的选择与计算。

素养目标：
1. 培养严谨细致的工作态度；
2. 培养团队合作和沟通的能力。

某高层办公楼自动喷水系统施工图绘制步骤如下：

前例的高层住宅，按照自动喷水设置原则，不需要设置自动喷水系统，故在此处引入某办公楼施工图，作为讲解自动喷水系统绘制的样例。

· 133 ·

该办公楼设有集中空气调节系统总建筑面积大于 3 000 m²，需要设置自动喷水灭火系统，本例建筑环境温度不低于 4 ℃、不高于 70 ℃，根据系统选型原则，采用湿式系统。

一、自动喷水立管的绘制

执行【管线】→【立管布置】命令，弹出如图 9-25 所示的【立管】对话框，在弹出的【立管】对话框中单击【喷淋】按钮，输入需要的管径和编号，布置方式根据需要选择，这里选择【任意布置】，输入该立管的管底标高和管顶标高，在建筑平面图中适当位置绘制立管，在所需位置单击鼠标左键，确定立管位置，绘制自动喷水立管的结果如图 9-26 所示。ZPL-1、ZPL-2、ZPL-3 为 3 根自动喷水立管，每根立管由单独湿式报警阀控制，以保证每个报警阀控制的喷头数不超过 800 只，其他各层自动喷水立管的绘制方法同上。

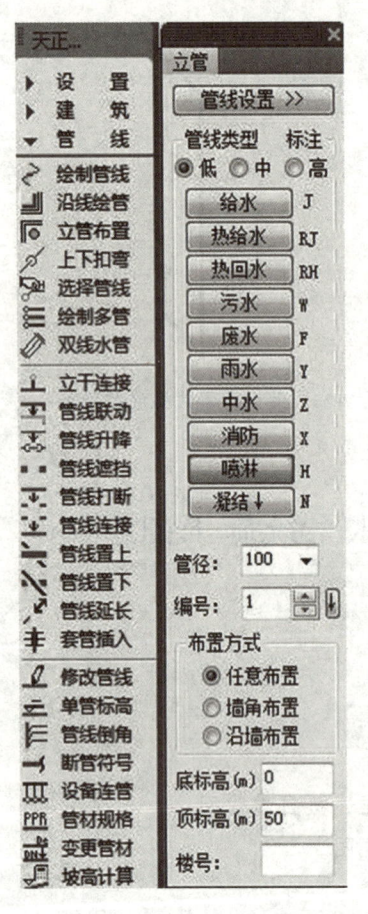

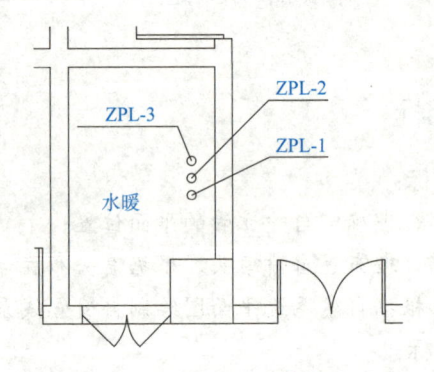

图 9-25 【立管】对话框　　图 9-26 自动喷水立管的绘制

二、喷头的布置

执行【平面消防】→【矩形喷头】命令，弹出如图 9-32 所示的【矩形布置喷头】对话框，在对话框中选择【矩形】布置；本例【布置参数】选择【已知间距】；【危险等级】根据建筑类型选择，本例选择【中危Ⅰ级】；办公室设有吊顶，喷头形式选择【下喷】。其余设置参数如图 9-27 所示。至此，【矩形布置喷头】对话框参数填写完毕，进行绘图。每个房间用鼠标点取两个对角线，喷头按危险等级距离要求自动布置，布置结果如图 9-28 所示。其他办公室、走廊、前室等房间喷头布置方法同上。

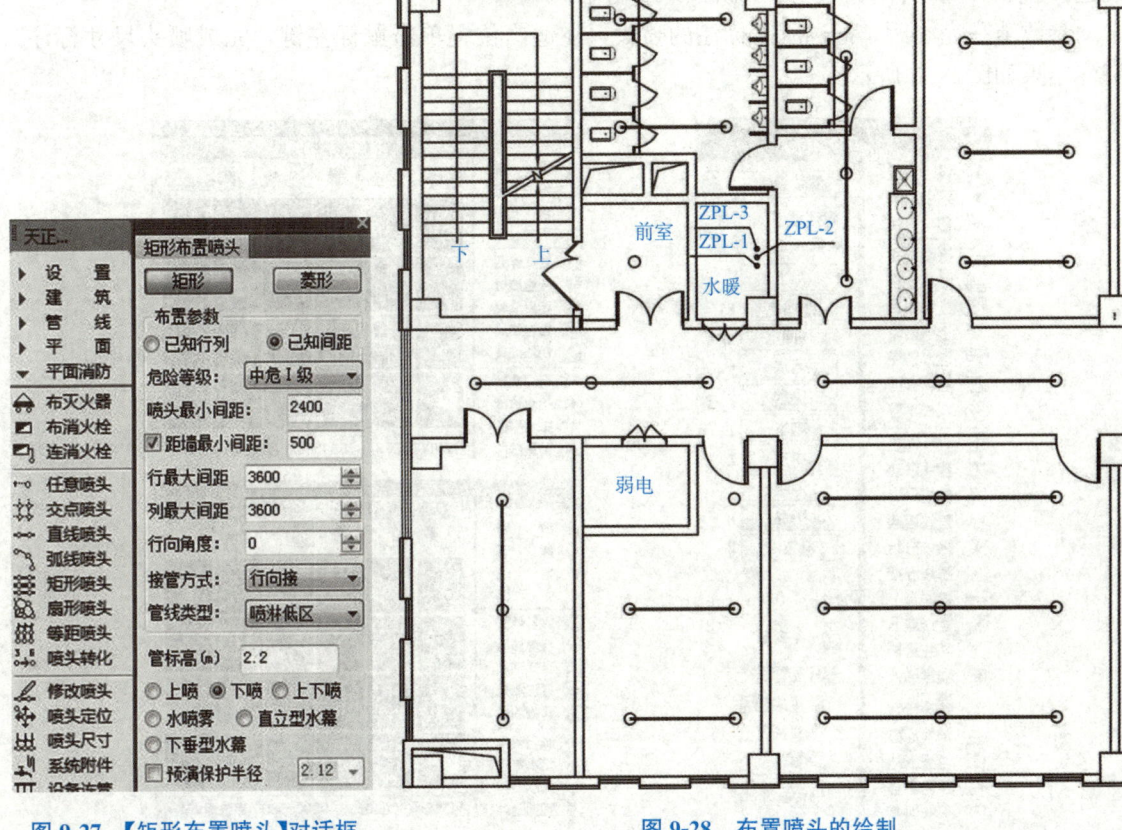

图 9-27 【矩形布置喷头】对话框　　　　　图 9-28　布置喷头的绘制

三、绘制自动喷水管线连接喷头

执行【管线】→【绘制管线】命令，弹出如图 9-29 所示的【管线】对话框，在弹出的【管线】对话框中单击【喷淋】按钮，输入需要的管径及标高，管径可以任意，因为下面可以执行【喷淋管径】命令来统一快捷标注。如有管线交叉，需采用等标高管线交叉的处理方法，这里选择【生成四通】，标高不等时系统自动生成置上或置下处理。参数输入完毕后，绘制喷淋管线连接喷头，使平面内所有喷头连成支管管网。

执行【平面】→【阀门阀件】命令，弹出如图 9-30 所示的【阀门】对话框，在对话框中选择水流指示器和信号阀，插入在自喷管线的立管始端，结果如图 9-31 所示。

四、自动喷水管线管径的标注

执行【平面消防】→【喷淋管径】命令，弹出如图 9-32 所示的【根据喷头数计算管径】对话框，根据本例工程实际，在对话框中选择【中危险级】，【管径与喷头数对应关系】自动生成，其余参数填写如图 9-32 所示。

参数填写完毕后，单击【确定】按钮，绘图区鼠标拾取点变为块状，单击自喷管网起始端，系统根据管线连接喷头的数量自动标注管径。标注结果如图 9-33 所示。

五、自动喷水管线尺寸标注

执行【平面消防】→【喷头尺寸】命令，弹出如图 9-39 所示的【喷头尺寸】对话框，在对话框中选择【两端喷头距墙体距离】是否标注，本例选择【标注】；选择【两端喷头标注】的起始端，本

· 135 ·

例选择【距墙体】，其余参数填写如图9-34所示。

参数填写完毕后，框选所需标注的喷头，在适当位置单击鼠标左键，完成喷头尺寸标注。标注结果如图9-35所示。

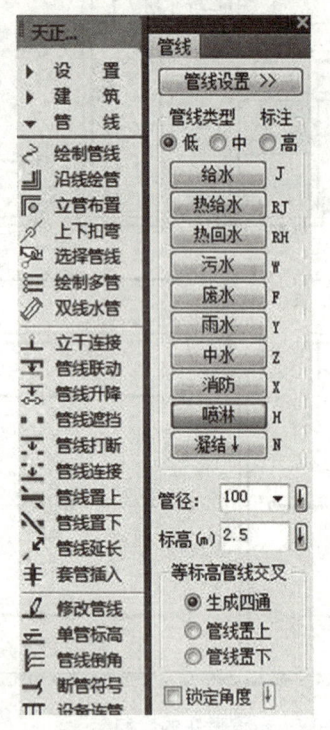

图9-29　【管线】对话框 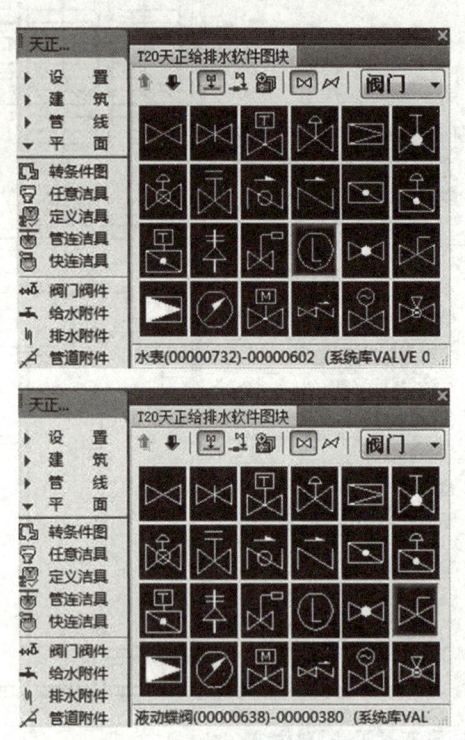　　　　　　　　　　图9-30　【阀门】对话框

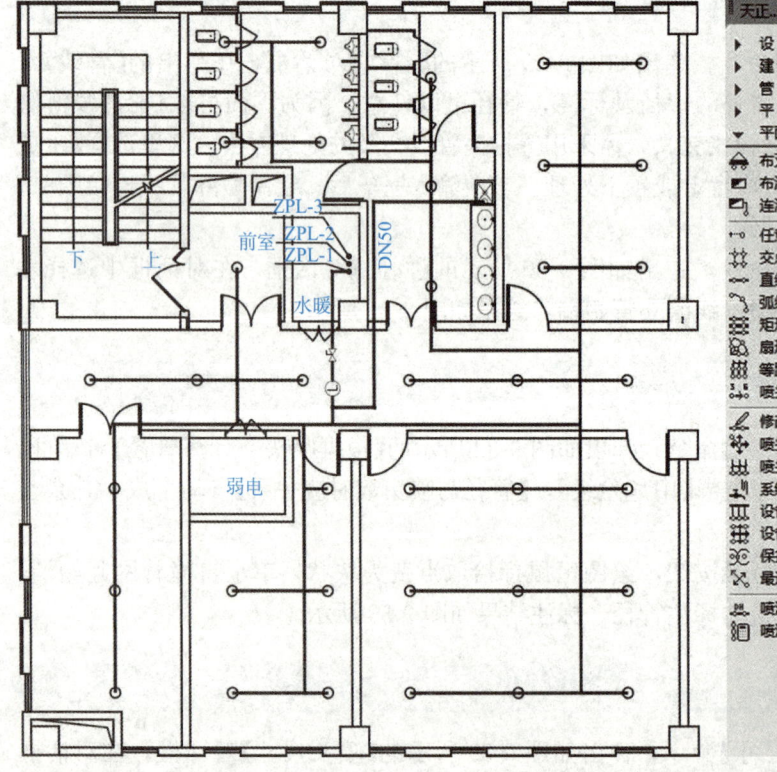

图9-31　连接喷头管线及阀门的绘制 　　　　图9-32　【根据喷头数计算管径】对话框

· 136 ·

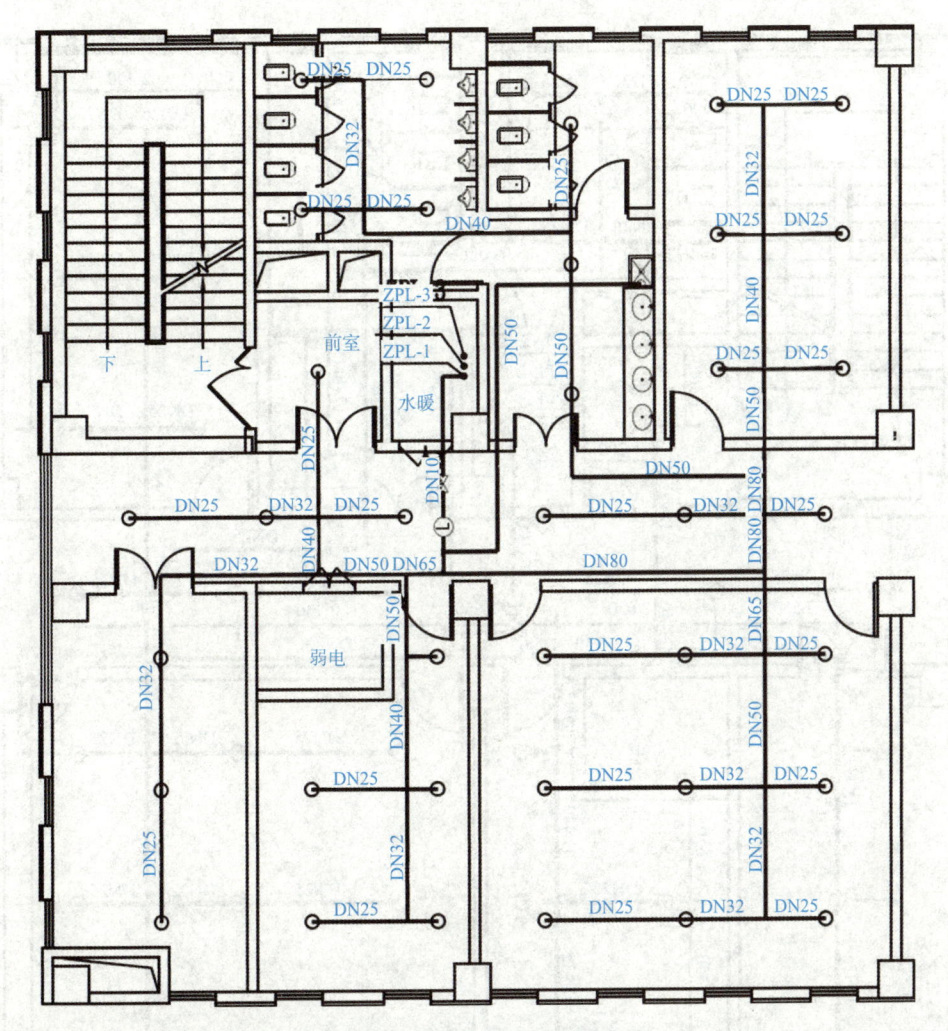

图 9-33 自喷管径标注的绘制

六、自动喷水立管系统图的绘制

执行【系统】→【喷洒系统】命令，弹出如图 9-36 所示的【喷洒系统】对话框，在本例中，喷头类型选择【闭式】与【下喷】，其他参数选择如图 9-36 所示，单击【确定】按钮，在图纸适当位置单击鼠标左键，插入自动喷水立管系统图，并执行【专业标注】→【单管管径】命令，标注立管管径，绘制结果如图 9-37 所示。

同上方法，绘制其他自动喷水立管，系统生成后，进行局部修改，完善细节，使图纸达到施工图深度，自喷立管系统图着重于系统形式的描述，各层喷头的布置详见自喷平面管线系统图的绘制。

图 9-34 【喷头尺寸】对话框

七、自动喷水平面管线系统图的绘制

执行【系统】→【系统生成】命令，弹出如图 9-38 所示的【平面图生成系统图】对话框，在对话框【管线类型】中选择【喷淋】；根据需要添加或删除楼层，定义标准层数和层高，单击【位置】下面的【未指定】按钮，根据命令行提示框选相应区域自喷管线平面图，在图纸适当位置单击鼠标左键，插入自动喷水立管系统图。

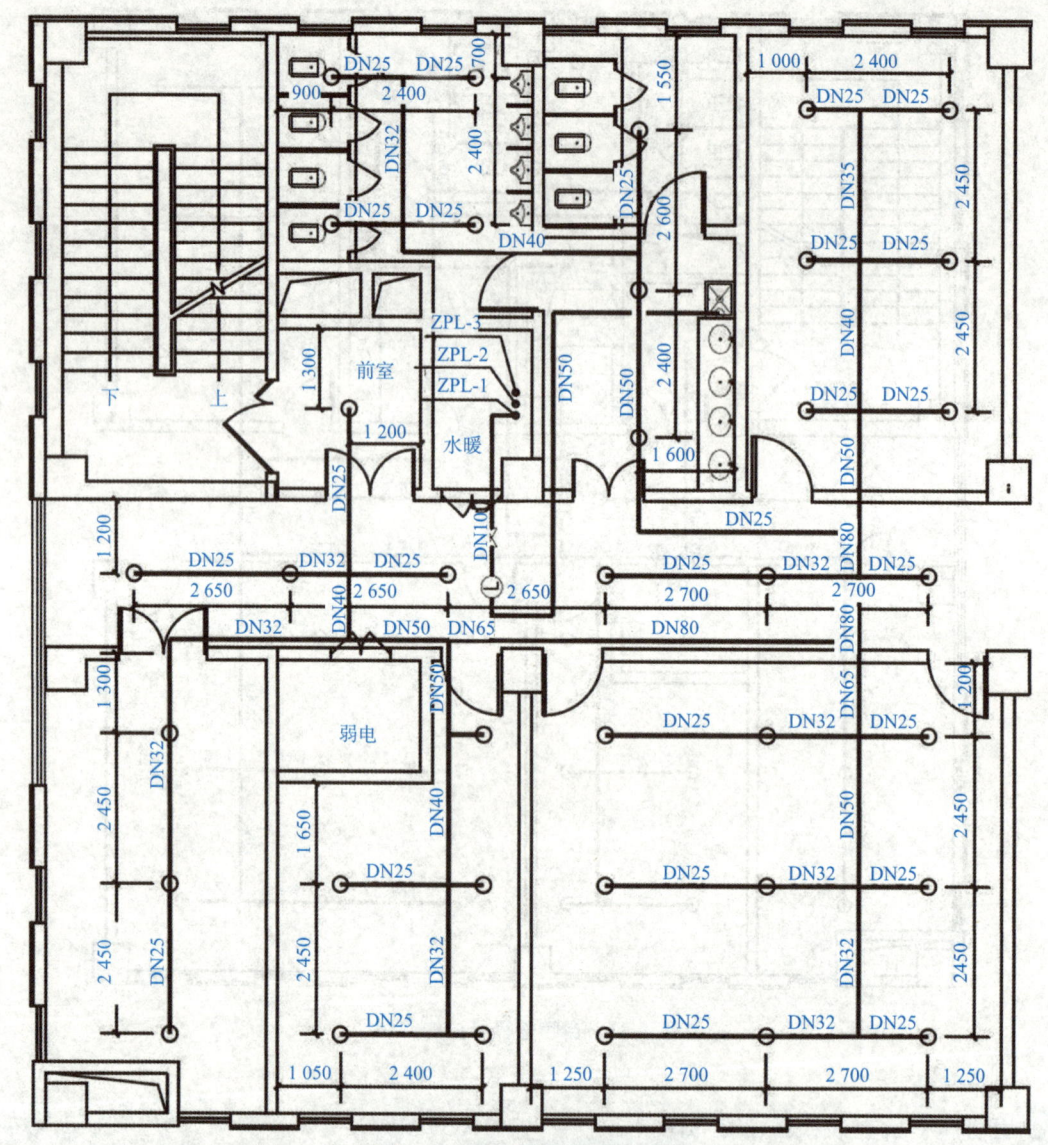

图 9-35 喷头尺寸标注的绘制

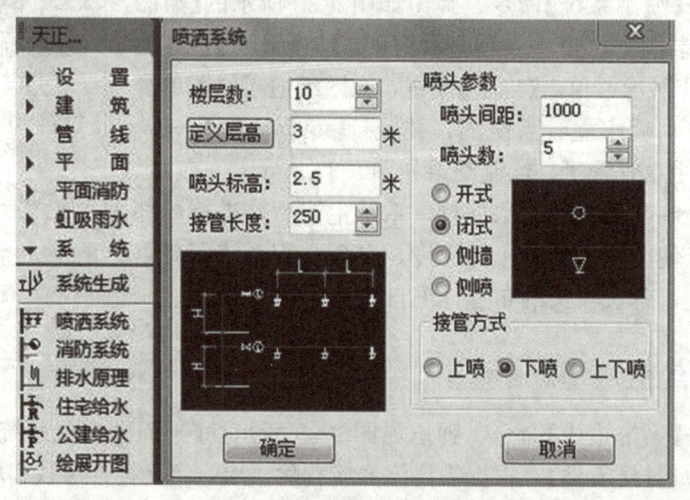

图 9-36 【喷洒系统】对话框

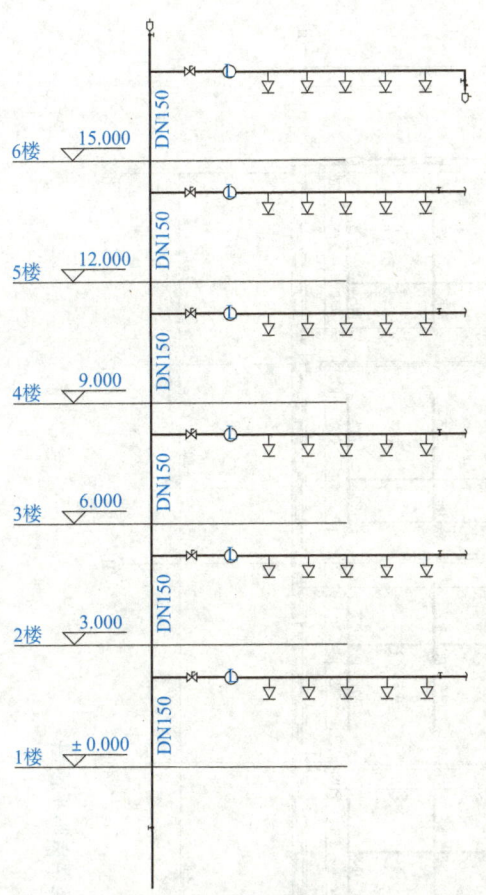

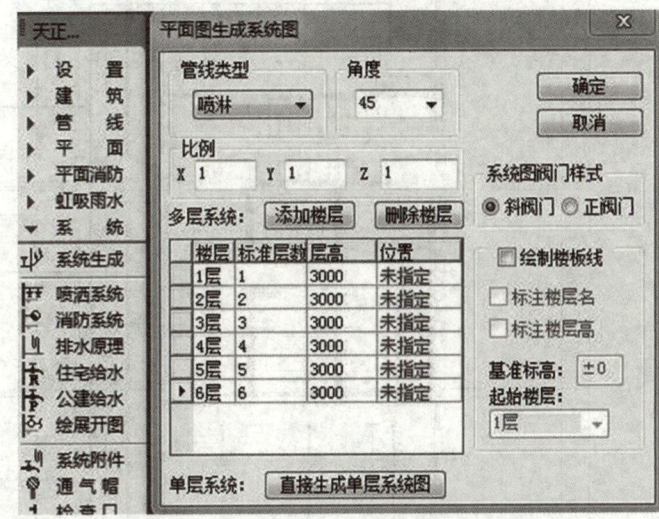

图 9-37　自动喷水立管系统图的绘制　　　　图 9-38　【平面图生成系统图】对话框

如果自动喷水管线单层平面较大，如上所述绘制的系统图会因重叠在一起而无法辨识，因此在实际绘制时可以单击【直接生成单层系统图】按钮，将各层自喷管线系统图分开放置，便于识图，绘制结果见标准层自喷管线系统图。

以上为自动喷水管线的基本绘制步骤和方法，其余立管、喷头布置、管线连接喷头及系统图绘制方法同上，标准层自动喷水管线平面图及系统图详见图 9-39 和图 9-40。

> **课堂能力提升训练**
>
> 1. 给出不同类型的建筑施工图，合理确定自喷立管位置，应用天正给水排水软件布置喷头、连接喷头、标注管经及尺寸，完成自动喷水平面图的绘制。
> 2. 根据自动喷水平面图，绘制自喷管线系统图，并标注管径。

思考题与习题

9.1　建筑内消火栓布置原则有哪些？
9.2　建筑物消防栓给水管道布置形式有哪些？
9.2　自动喷水灭火管网的布置形式有哪些？

图 9-39 标准层自喷平面图

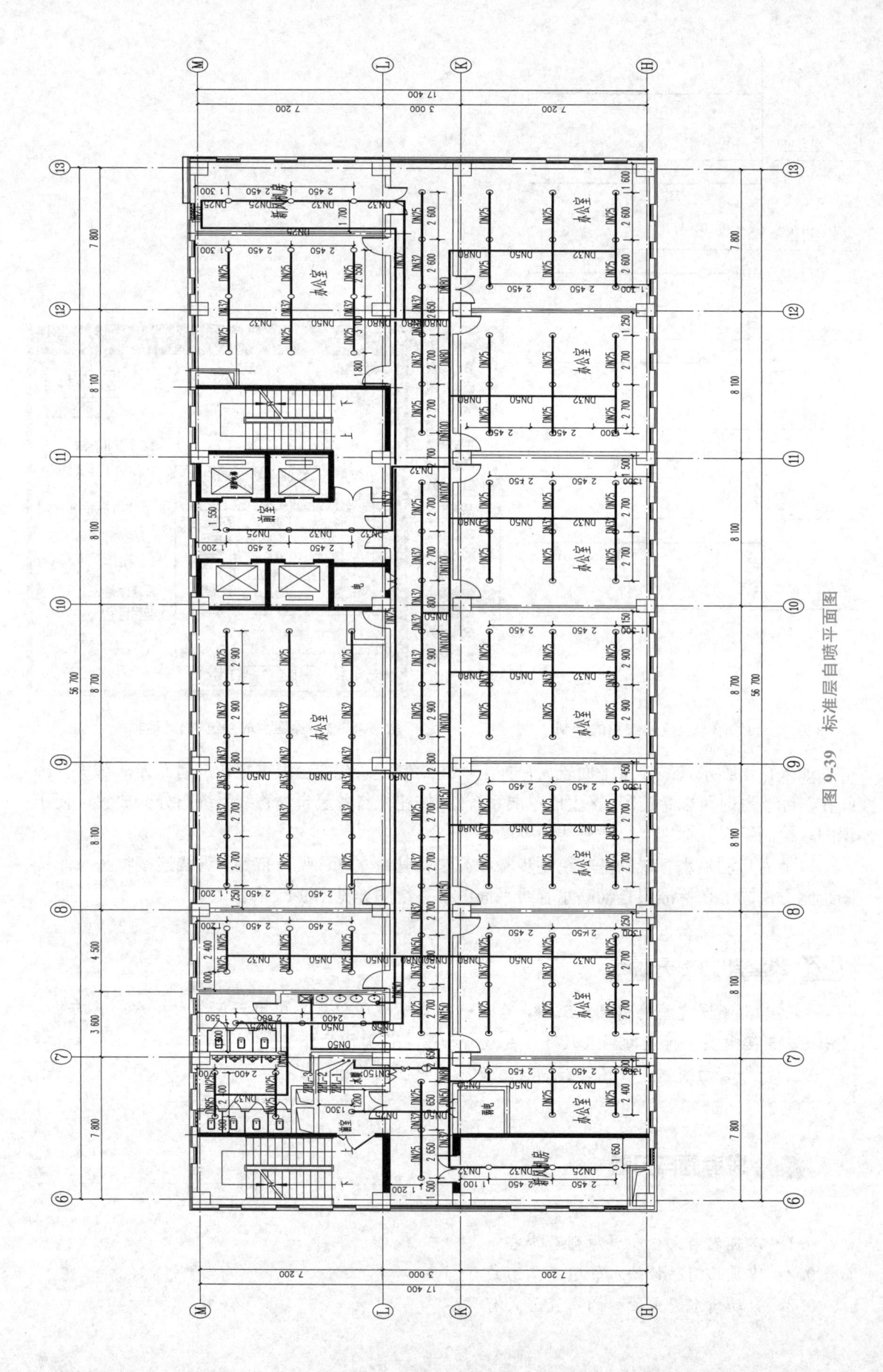

图 9-40 标准层自喷系统图

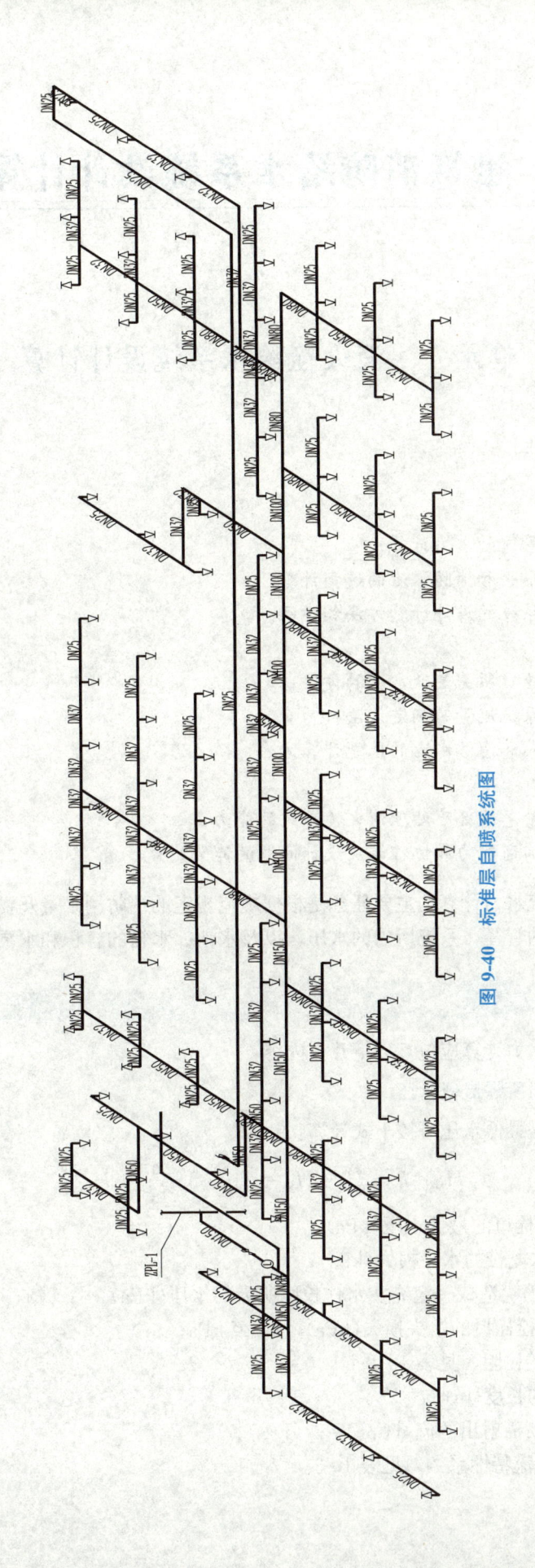

模块十　建筑消防给水系统设计计算

单元一　消火栓给水系统设计计算

学习目标

能力目标：
1. 能完成消防管道的水力计算；
2. 能完成消防水箱和消防水池的选型计算；
3. 能掌握消防系统的设计计算方法和步骤。

知识目标：
1. 掌握消火栓栓口所需最低水压的方法；
2. 掌握消火栓系统流量的确定方法；
3. 掌握消防水箱和消防水池的选型计算方法。

素养目标：
1. 培养在火灾紧急情况下处理消火栓系统的能力；
2. 培养有效的沟通能力和协作解决设计问题的能力。

视频：消火栓系统水力计算

消火栓给水系统水力计算的主要任务是根据规范规定的消防用水量及要求使用的水枪数量和水压，确定管网的管径，系统所需的水压，以及水池、水箱的容积和水泵的型号等。

一、消防管道的水力计算

消火栓系统的水力计算应包括以下几个内容：

(一) 消火栓栓口所需最低水压

消火栓栓口所需最低水压可按下式计算：

$$H_{xh} = h_d + H_q + H_{sk} = A_d L_d q_{xh}^2 + \frac{q_{xh}^2}{B} + H_{sk} \qquad (10-1)$$

式中　H_{xh}——消火栓口的最低水压(kPa)；
　　　h_d——消防水龙带的水头损失(kPa)；
　　　H_q——水枪喷嘴造成一定充实水柱长度所需的水压(kPa)；
　　　H_{sk}——消火栓栓口的水头损失(kPa)，取 20 kPa；
　　　A_d——水带的比阻，见表 10-1；
　　　L_d——水带的长度(m)；
　　　q_{xh}——水枪喷嘴射出的流量(表 10-2)(L/s)；
　　　B——水枪水流特性系数，见表 10-3。

表 10-1　水带的比阻 A_d

水带的口径/mm	水带的比阻 A_d
50	0.067 7
65	0.017 2

表 10-2　水枪的充实水柱、压力和流量

| 充实水柱 S_k/m | 不同水枪直径的压力和流量 ||||||
| | $\phi13$ mm || $\phi16$ mm || $\phi19$ mm ||
	H_q 压力/kPa	q_{xh} 流量/(L·s^{-1})	H_q 压力/kPa	q_{xh} 流量/(L·s^{-1})	H_q 压力/kPa	q_{xh} 流量/(L·s^{-1})
6	81	1.7	80	2.5	75	3.5
7	96	1.8	92	2.7	90	3.8
8	112	2.0	105	2.9	105	4.1
9	130	2.1	125	3.1	120	4.3
10	150	2.3	140	3.3	135	4.6
11	170	2.4	160	3.5	150	4.9
12	190	2.6	175	3.8	170	5.2
12.5	215	2.7	195	4.0	185	5.4
13	240	2.9	220	4.2	205	5.7
13.5	265	3.0	240	4.4	225	6.0
14	296	3.2	265	4.6	245	6.2
15	330	3.4	290	4.8	270	6.5
15.5	370	3.6	320	5.1	295	6.8
16	415	3.8	355	5.3	325	7.1
17	470	4.0	395	5.6	335	7.5

表 10-3　水枪的水流特性系数 B

喷嘴直径/mm	13	16	19	22	25
B	0.034 6	0.079 3	0.155 7	0.283 4	0.472 7

(二)室内消火栓管网计算

室内消火栓管网的水力计算可把消火栓管网简化成枝状管网进行计算，在保证最不利消火栓所需的消防流量和水枪所需的充实水柱的基础上确定管网的流量、管径，计算管网的水头损失。

1. 流量计算

消火栓系统的供水量按室内消火栓系统用水量达到设计秒流量时计算，当消防用水与其他用水合用系统，其他用水达到最大流量时，应仍能供应全部消防用水量，淋浴用水量可按计算用水量的 15% 计算，洗刷用水量可不计算在内。

系统的立管流量分配对于多层和高层建筑可按表 10-4 确定，但不得小于竖管的最小流量规定。

系统的横干管流量应为消火栓用水量。

2. 水头损失计算

消火栓管网的水头损失计算与给水管网的水力计算方法相同，但由于消防用水的特殊性，立管的上下管径不变。管道的局部水头损失可按沿程水头损失的 20% 计算，管道的流速不宜大于 2.5 m/s。高层建筑消防立管的管径不应小于 100 mm。

表 10-4 消防立管流量分配

低层建筑				高层建筑			
室内消防流量＝同时使用水枪支数×每支流量/(L·s^{-1})	消防立管出水枪数/支			室内消防流量＝同时使用水枪支数×每支流量/(L·s^{-1})	消防立管出水枪数/支		
	最不利立管	次不利立管	第三不利立管		最不利立管	次不利立管	第三不利立管
5＝1×5	1			10＝2×5	2		
5＝2×2.5	2						
10＝2×5	2						
15＝3×5	2	1		20＝4×5	2	2	
20＝4×5(1)	2	2					
20＝4×5(2)	3	1		30＝6×5	3	3	
25＝5×5	3	2					
30＝5×6	3	2		40＝8×5	3	3	2
40＝5×8	3	3	2				

二、消防水箱和消防水池

(一)消防水箱

为了保证火灾初期有足够的水量和水压，规范规定设置临时高压的消防给水系统，应设置消防水箱或气压水罐、水塔，并符合下列要求：

(1)应在建筑物的最高部位设置重力自流的消防水箱。

(2)室内消防水箱(包括气压水罐、水塔、分区给水的分区水箱)，应储存 10 min 的消防水量。多层建筑当室内消防用水量不超过 25 L/s 时，经计算水箱消防储水量超过 12 m^3 时，仍可采用 12 m^3；当室内消防用水量超过 25 L/s 时，经计算水箱消防储水量超过 18 m^3 时，仍可采用 18 m^3。高层建筑消防水箱的储水量，一类公共建筑不应小于 18 m^3；二类公共建筑不应小于 6 m^3 和一类居住建筑不应小于 12 m^3；二类居住建筑不应小于 6 m^3。

(3)消防用水与其他用水合并的水箱，应有消防用水不做他用的技术措施。

(4)消防水箱的出水管上应设置止回阀，以防止发生火灾后由消防水泵供给的消防用水进入消防水箱。

(5)高位消防水箱的设置高度应保证最不利点消火栓静水压力。当建筑物高度不超过 100 m 时，高层建筑最不利点静水压力不应低于 0.07 MPa；当建筑物高度超过 100 m 时，高层建筑最不利点消火栓静水压力不应低于 0.15 MPa。当高位消防水箱不能满足上述静压要求时，应设增压措施。

(6)设置常高压给水系统的建筑物，如能保证最不利点消火栓和自动喷水灭火设备等的水量和水压时，可不设消防水箱。

(二)消防水池

1. 消防水池的设置条件

规范规定下列情况下应设置消防水池：

(1)当生产、生活用水量达到最大时,市政给水管道、进水管或天然水源不能满足室内外消防用水量。

(2)市政给水管道为枝状或只有一条进水管(二类居住建筑除外),且消防用水量之和超过 25 L/s。

2. 消防水池的容积

当室外给水管网能保证室外消防用水量时,消防水池的有效容积应满足在火灾延续时间内室内消防用水量要求;当室外给水管网不能保证室外消防用水量时,消防水池的有效容积应能满足在火灾延续时间内室内消防用水量和室外消防用水量不足部分之和的要求。各类建筑物的火灾延续时间如下:

居住区、工厂和戊类仓库的火灾延续时间按 2 h 计算;甲、乙、丙类物品仓库、可燃气体储罐和煤、焦炭露天堆场的火灾延续时间应按 3 h 计算;易燃、可燃材料露天、半露天堆场(不包括煤、焦炭露天堆场)应按 6 h 计算;商业楼、展览馆、综合楼、一类建筑的财贸金融楼、图书馆、书库、重要的档案楼、科研楼和高级旅馆的火灾延续时间应按 3 h 计算,其他按 2 h 计算;自动喷水灭火系统按 1 h 计算。

在火灾发生情况下能保证连续补水时,消防水池的容量可减去火灾延续时间内补充的水量。

3. 消防水池的设置要求

对于低层和多层建筑消防水池的容积如超过 1 000 m³ 时,应分成两个;对于高层建筑消防水池的容积超过 500 m³ 时,应分成两个能独立使用的消防水池。消防水池的补水时间不宜超过 48 h,缺水地区或独立的石油库可延长到 96 h。

供消防车取水的消防水池,保护半径不应大于 150 m;供消防车取水的消防水池应设取水口,其取水口与建筑物的距离宜按规范执行;供消防车取水的消防水池应能保证消防车的吸水高度不超过 6 m。

消防用水与生产、生活用水合并的水池,应有确保消防用水不做他用的技术措施;寒冷地区的消防水池应有防冻设施。

三、消火栓给水系统计算实例

有一栋 16 层高层塔式民用住宅楼,住宅楼层高为 2.8 m,考虑暖气走管,在 8 层和 16 层层高取 3.1 m,室内外高差取 1.2 m。每层 9 户,建筑面积为 720 m³。试设计其室内消防给水系统。

1. 消防管的设置

该建筑为建筑高度小于等于 50 m 的普通住宅,属二类民用高层建筑。由于每层住宅多于 8 户,建筑面积超过 650 m³,故楼内至少设 2 条消防竖管。结合楼内平面布置,根据应保证同层相邻两个消火栓的水枪充实水柱能同时到达被保护范围内的任何部位的规定,楼内每层平面设 2 条消防立管即可,同时在消防电梯前室另设 1 条消防立管,全楼共设 3 条消火栓消防立管。其消火栓消防给水系统图如图 10-1 所示。

市政给水管网水压不能直接供至建筑物最高处,所以在楼外与其他高层住宅楼一起设立区域集中临时高压消防给水系统,并在楼内设屋顶消防水箱。发生火灾前 10 min 消防用水由屋顶消防水箱供水,火灾发生后,在使用消火栓的同时,按下直接启动消防水泵的按钮,在报警的同时启动区域高压消防给水水泵房中的消防水泵,续供 10 min 以后的消防用水。

2. 屋顶水箱的设置与计算

（1）水箱的容积：对于二类居住建筑，水箱有效容积取 6 m³。

（2）水箱的设置高度：根据"当建筑高度不超过 100 m 时，高层建筑最不利点消火栓静水压力不应低于 0.07 MPa"的规定，水箱箱底的设置高度取：43.4＋7.0＝50.4(m)。

3. 消火栓及管网的计算

（1）底层消火栓所承受的静水压力为 50.40－1.10＝49.30(m)＜80 m，因此该消火栓系统可不分区。

（2）最不利点消火栓栓口的压力计算：设图 10-1 中的 3 点为消防用水入口，那么立管 1 的顶层 1 号消火栓为最不利点；室内消火栓选用 SN65 型、水枪为 QZ19、衬胶水带 DN65 长 25 m，根据范围规定 1 号消火栓水枪充实水柱不应低于 10 m，查表 10-2，此时该消火栓栓口压力为 0.135 MPa，水枪流量为 4.6 L/s，不足 5.0 L/s；根据范围规定一支消火栓流量应为 5.0 L/s，因此要提高压力，增大水枪流量 q_{xh} 至 5 L/s；根据式(10-1)计算 1 号消火栓栓口最低水压，查表 10.1，A_d＝0.017 2，查表 10-3，B＝0.158，水龙带长 L_d＝25 m。则

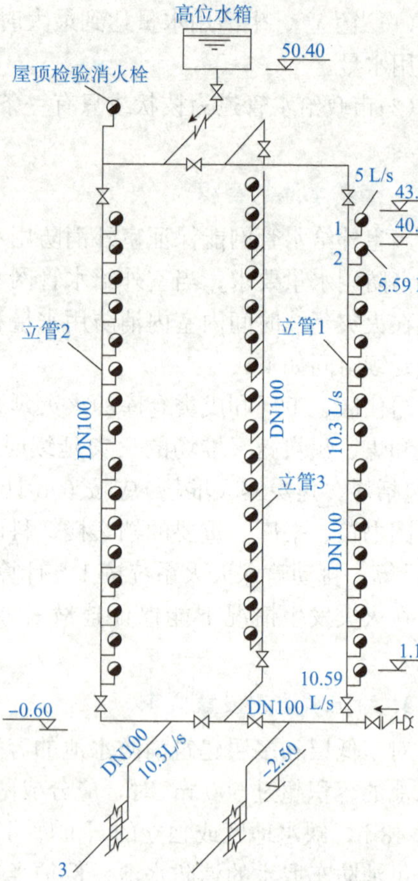

$$H_{xh}=A_d L_d q_{xh}^2+\frac{q_{xh}^2}{B}+H_{sk}$$

$$=0.017\ 2\times 25\times 5^2+\frac{5^2}{0.158}+20=10.75+158.22+20$$

$$=188.97(kPa)=0.19\ MPa$$

所以 1 号消火栓栓口最低压力为 0.19 MPa。

（3）消防给水管网管径的确定：查表 10-4，楼内消火栓消防用水量为 10 L/s。立管上出水枪数为 2 支。虽然，对于用水量 10 L/s，选用 DN80 钢管即可（逆流 v＝2.01 m/s），但根据范围规定高层建筑室内消防立管管径不应小于 100 mm，故决定将给水管及立管都选用 DN100 钢管。

（4）消防给水管网入口压力的计算：在图 10-1 系统图中，消防用水从 3 点入口时，16 层 1 号消火栓为最不利点。

该处的压力为 H_1＝0.19 MPa，流量为 5 L/s。

15 层 2 号消火栓的压力 H_2 应等于 H_1＋(层高 2.8 m)＋(15～16 层的消防竖管的水头损失)。DN100 钢管，当 q＝5 L/s 时，每米水头损失 i＝0.074 9 Pa/m，则 15～16 层的消防竖管水头损失为

$$0.074\ 9\times(1+20\%)\times 2.8=0.25(kPa)$$

$$H_2=190+28+0.074\ 9\times(1+20\%)\times 2.8=218(kPa)$$

15 层消火栓的消防出水量为

$$H_{xh}=A_d L_d q_{xh}^2+\frac{q_{xh}^2}{B}+H_{sk}$$

图 10-1 消火栓消防给水系统

$$q_2=\sqrt{\frac{H_2-H_{sk}}{A_dL_d+\frac{1}{B}}}=\sqrt{\frac{218-20}{0.017\ 2\times25+\frac{1}{0.158}}}=5.41(\text{L/s})$$

2 点与 3 点之间的流量：$q=q_1+q_2=5+5.41=10.41(\text{L/s})$，DN100 钢管，每米管长损失 $i=0.285\ \text{kPa/m}$，管道长 65.5 m。则 2～3 点之间水头损失为

$$655\times0.285\times(1+20\%)=224(\text{kPa})$$

消防给水管网入口 3 点所需水压为

$$[434-(-25)]+190+(0.25+224)=873.25(\text{kPa})$$

从以上计算可知，16 层消火栓栓口动水压力为 0.19 MPa；15 层消火栓栓口压力为 0.218 MPa。同理，14 层消火栓处的压力应等于 H_2+（层高 2.8）+（14～15 层）消防立管的水头损失，应为

$$218+28+2.8\times(1+20\%)\times0.285=247(\text{kPa})$$

同理，计算出从 13 层至 1 层的消火栓栓口动水压力。各消防栓的剩余压力即为动水压力减去保证消火栓流量为 5 L/s 时栓口的水压为 190 kPa，则 1～5 层的消火栓动水压力会超过 0.5 MPa，有必要设置减压装置，可采用减压稳压型消火栓。

(5) 水泵接合器的选定：楼内消火栓消防用水量为 10 L/s，每个水泵接合器的流量为 10～15 L/s，故选用 1 个水泵接合器即可，采用外墙墙壁式，型号为 SQB 型，DN100。

> **课堂能力提升训练**
>
> 基于消防规范和建筑需求，设计一个具体场景的消火栓给水系统，包括水管布局、阀门设置、水泵选择等要素，并进行相应的水力计算，以提高学生对实际工程中消防系统设计的实践应用能力。

单元二　自动喷水灭火系统设计计算

学习目标

能力目标：
能够掌握自动喷水灭火系统的设计计算方法和步骤。
知识目标：
掌握自动喷水灭火系统水量、水压的计算方法。
素养目标：
培养在火灾紧急情况下处理自动喷水灭火系统的能力。

视频：自动喷水
灭火系统水力计算

闭式自动喷水灭火系统水力计算的目的与消火栓系统相同，但采用的基本设计数据和计算方法不同。

一、水量与水压

闭式自动喷水灭火系统的基本设计水量与水压数据，应保证被保护建筑物的最不利点喷头有足够的喷水强度，以有效地扑灭火灾。各危险等级的建筑物的设计喷水强度、作用面积和喷头设计压力见表 10-5。

表 10-5 民用建筑和工业厂房的自动喷水灭火系统设计基本参数

火灾危险等级		喷水强度/[L·(min·m²)⁻¹]	作用面积/m²	喷头工作压力/MPa
轻危险级		4	160	0.10
中危险级	Ⅰ级	6		
	Ⅱ级	8		
严重危险级	Ⅰ级	12	260	
	Ⅱ级	16		

注：1. 系统最不利点处的工作压力，不应低于 0.05 MPa；
2. 仅在走道设置单排喷头的闭式系统的作用面积按最大疏散距离对应的走道面积确定；
3. 消防用水量＝(设计喷水强度/60)×作用面积；
4. 作用面积指一次火灾中系统按喷水强度保护的最大面积。

二、喷头出水量

喷头的出水量与喷头处的压力有关，其计算方式如下：

$$q = K\sqrt{10P} \tag{10-2}$$

式中　q——喷头出水量(L/min)；
K——喷头流量特性系数，标准玻璃球喷头 $K=80$；
p——喷头工作压力(MPa)。

玻璃球喷头各种水压下喷头的出水量见表 10-6。

表 10-6 玻璃球喷头各种水压下喷头的出水量

喷头工作压力 /(×10⁴ Pa)	4.90、5.39、5.88、6.37、6.86、7.35、7.84、8.33、8.82、9.31
喷头出水量 /(L·min⁻¹)	56.57、59.33、61.97、64.50、66.93、69.28、71.55×73.76、75.89、77.97
喷头工作压力 /(×10⁴ Pa)	9.80、10.29、10.78、11.27、11.76、12.25、12.74、13.23、13.72、14.21、14.70
喷头出水量 /(L·min⁻¹)	80.00、81.98、83.90、85.79、87.64、89.44、91.21、92.95、94.66、96.33、97.98

三、系统的设计流量

系统的设计流量应保证任意作用面积内的平均喷水强度不低于表 10-5 的规定值，最不利点处作用面积内任意 4 个喷头围合范围内的平均喷水强度，轻危险级、中危险级不应低于表 10-5 规定的 80%；严重危险级，不应低于表 10-5 的规定，按最不利点处作用面积内喷头同时喷水的送流量计算，其计算公式如下：

$$Q_s = \frac{1}{60}\sum_{i=1}^{n} q_i \tag{10-3}$$

式中　Q_s——系统设计流量(L/s)；
q——最不利点处作用面积内各喷头节点的流量(L/min)；
n——最不利点处作用面积内的喷头数。

在自动喷水系统计算管网的流量中，由于各个喷头的出流量不同，故其水力计算不同于给水。轻、中危险级可按作用面积法计算，其假定作用面积内各喷头出水数量相等，即将作用面积内各喷头均按最不利点喷头的出水量[按表 10-5、表 10-6 和式(10-2)确定，标准玻璃球喷头在 0.01 MPa 工作压力下的喷头出水量为 1.33 L/s]计算。

严重危险级应按特性系数法进行水力计算，即作用面积内各喷头出水量按实际喷头处工作压力下的喷头出水量计算(查表 10-6 确定)，计算步骤如下：

(1) 假定最不利喷头 1 号处水压为 P_1，求出该喷头流量为

$$q_1 = K\sqrt{10P_1}$$

(2) 以此流量求喷头 1 号与后面喷头 2 号之间的 1-2 管段水头损失 h_{1-2}，喷头 2 号喷头处的压力为 $P_2 = P_1 + h_{1-2}$，则喷头 2 号处的流量为 $q_2 = K\sqrt{10(P_1 + h_{1-2})}$。

(3) 以 1 号、2 号两个喷头流量之和为喷头 2 号与后面的喷头 3 号之间的 2-3 管段的管段流量，求得 2-3 管段的水头损失 h_{2-3}，喷头 3 号处的流量为 $q_3 = K\sqrt{10(P_2 + h_{2-3})}$。以后以此类推，计算作用面积内所有喷头、管道流量及压力损失。

(4) 当有分支喷头时，从分支末端喷头计算到同一节点的压力将小于从最不利点喷头 1 号喷头计算而来的节点压力，则低压方向(分支管段)上的管段流量应按下式修正：

$$\frac{P_1}{P_2} = \frac{Q_1^2}{Q_2^2} \quad Q_2 = Q_1\sqrt{\frac{P_2}{P_1}} \tag{10-4}$$

式中　P_1——低压方向(分支管段)的管段计算至此点的压力(MPa)；
　　　P_2——最不利点喷头计算至此点的压力(高压方向，即主计算管段)(MPa)；
　　　Q_1——低压方向(分支管段)的管段计算至此点的流量(L/s)；
　　　Q_2——所求的低压方向(分支管段)的管段实际流量(修正后的流量)(L/s)。

四、管道的水头损失计算

管道内的水流速度，宜采用经济流速，一般不大于 5 m/s，必要时可超过 5 m/s，但不应大于 10 m/s。

(1) 管道的沿程水头损失，可按下式计算：

$$h = iL \tag{10-5}$$

式中　h——沿程水头损失(MPa)；
　　　i——管道单位长度的水头损失(MPa/m)；
　　　L——计算管道长度(m)。

(2) 管道的局部水头损失计算：管道的局部水头损失宜按表 10-7 用当量长度法计算，或按沿程水头损失的 20% 取用。

表 10-7　阀门与螺纹钢管管件当量长度表

管件名称	管件直径/mm															
	25		32		40		50		70		80		100		125		150
45°弯头	0.3	0.3	0.6	0.6	0.9	0.9	1.2	1.5	2.1								
90°弯头	0.6	0.9	1.2	1.5	1.8	2.1	3.1	3.7	4.3	0.6	0.9	1.2	1.5	1.8	2.1	3.1	3.7	4.3
三通、四通	1.5	1.8	2.4	3.1	3.7	4.6	6.1	7.6	9.2								
异径接头	32		40		50		70		80		100		125		150		200
	25		32		40		50		70		80		100		125		150
	0.2		0.3		0.3		0.5		0.6		0.8		1.1		1.3		1.6
蝶阀							1.8	2.1		3.1		3.7		2.7		3.1	
闸阀							0.3	0.3		0.3		0.6		0.6		0.9	
止回阀	1.5		2.1		2.7		3.4		4.3		4.9		6.7		8.3		9.8

五、系统所需的水压

水泵的扬程或系统入口的供水压力按下式计算：

$$H = H_1 + H_2 + H_3 + H_p \tag{10-6}$$

式中　H——自动喷水系统所需的水压(MPa)；

　　　H_1——最不利点处喷头与消防水池的最低水位或系统入口管的高程差(MPa)，当系统入口或消防水池最低水位高于最不利点处喷头时，应取负值；

　　　H_2——计算管路总水头损失(MPa)；

　　　H_3——最不利点处喷头的工作压力(MPa)；

　　　H_p——湿式报警阀和水流指示器的水头损失，取 0.02 MPa。

六、水力计算步骤

自动喷水灭火系统的水力计算，可按下述步骤进行：

(1)在管网系统上，选定最不利区，并根据建筑物危险等级，确定喷头的作用面积及选出最不利计算管路，水力计算确定的作用面积宜为矩形，其长度不宜小于作用面积平方根的 1.2 倍。

(2)在假定所选最不利区喷头全部同时开放的情况下，计算出各个洒水喷头及各管段的流量。要求在整个作用面积内的消防用水量为规定消防用水量的 1.15～1.3 倍，否则可适当扩大计算范围。当满足要求时，以后管段计算流量不再增加。在求得各管段流量的同时，管网管径一般可根据其所负担的喷头数直接选定，管网各管段中流速不宜大于 5 m/s，否则应进行适当调整。在确定管段的直径后，可计算出各管段的水头损失。

(3)确定系统所需水压，可按公式(10-6)求出。

(4)选择增压设备并确定贮水设备容积。

消防泵的选择应根据消防用水量及所需水压来进行。

消防贮水池容积不应小于 1 h 自动喷洒用水量。火灾连续进水时，水池容积可减去连续补充的水量。

若设有消防水箱，其容积按不小于 10 min 消防用水量计算。

> **📝 课堂能力提升训练**
>
> 结合建筑类型和危险等级，设计一个自动喷水灭火系统，考虑系统的布局、灭火水量、喷头选择等因素，并进行相应的水力计算，以提升学生将理论知识应用于实际工程的能力。

思考题与习题

1. 消火栓系统的水力计算与给水系统的水力计算有何异同？
2. 闭式自动喷水灭火系统的水力计算与给水系统的水力计算有何异同？

模块十一　建筑排水系统施工图识读

单元一　建筑排水系统的分类及组成

学习目标

能力目标：
1. 能判别排水系统的类别；
2. 能进行排水系统的体制分类；
3. 能说出排水系统的组成及各部分功能；
4. 能说出建筑排水系统的水流过程。

知识目标：
1. 掌握排水系统的类别；
2. 掌握排水系统的组成及各部分功能。

素养目标：
1. 遵循基本道德规范，有责任心和社会责任感；
2. 培养安全规范、文明施工的工作理念，具有解决工程实际问题的能力。

视频：排水系统的分类与组成

建筑排水系统主要是将室内卫生器具、工业生产设备产生的污（废）水和屋面的雨水、雪水收集后，通过排水管道排放到室外排水管道（图11-1）。

一、排水系统的分类

(1)生活污（废）水系统，包括生活污水和生活废水。在居民建筑、公共建筑中人们日常生活中的洗涤设备、淋浴设备盥洗设备和厨房等卫生器具排泄的洗涤水（洗涤剂和细小悬浮颗粒）称作生活废水，污染程度较轻；大、小便器以及相似的卫生设备产生的含有粪便和纸屑等杂物的粪便污水和生活废水总称为生活污水，污染程度较重。

(2)工业废水系统，包括生产污水和生产废水。被污染工业用水，包括水温过高，排放后会造成热污染的工业用水，称为生产污水；未受污染或受轻微污染以及水温稍有升高的工业用水，称为生产废水。

(3)雨（雪）水系统。屋面上的雨水和融化的雪水，应由管道系统排除。

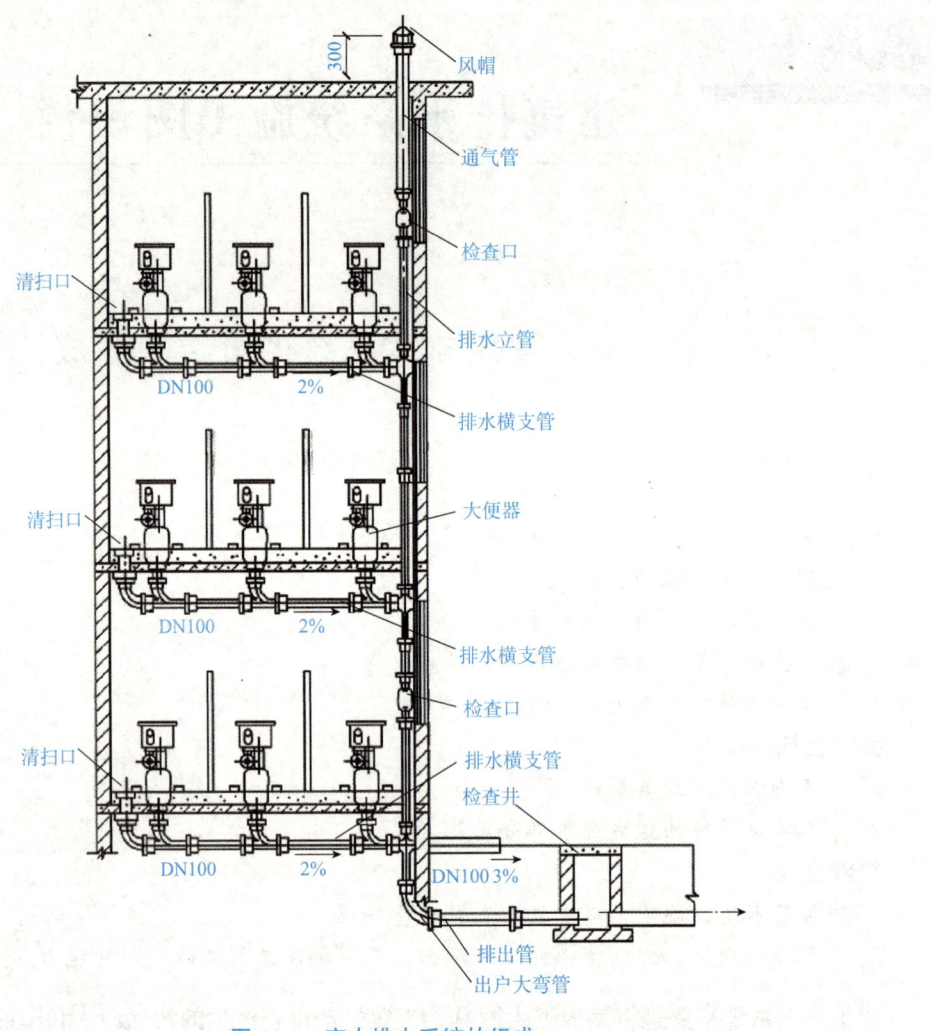

图 11-1 室内排水系统的组成

二、排水体制

(一)分流制

按照排水的不同性质将污水、废水和雨水分别设置管道排出建筑物外的,称为分流制排水。分流制排水有利于污水和废水的分别处理和再利用,造价较高。

(二)合流制

将室内的污水、废水共用管道合并排出,称为合流制排水。其造价较低。

(三)排水体制的选择

1. 合流制排水

(1)城市有污水处理厂,生活废水不需要回收再利用的;
(2)生产污水和生活污水性质相似时。

2. 分流制排水

(1)两种污水合流后,会产生有毒有害气体或其他有害物质时;
(2)污染物质同类,但浓度差异大时;

(3)医院污水中含有大量致病菌或含有放射性元素超过排放标准规定的浓度时；

(4)不经处理和稍经处理后可重复利用的水量较大时；

(5)建筑中水系统需要收集原水时；

(6)餐饮业和厨房洗涤水中含有大量油脂时；

(7)工业废水中含有贵重工业原料需回收利用，或含有大量矿物质或有毒、有害物质需要单独处理时；

(8)锅炉、水加热器等加热设备排水水温超过 40 ℃等。

三、排水系统的组成

(1)污(废)水受水器。污(废)水受水器是各种卫生器具、排放工业废水的设备及雨水斗等。

(2)排水管系统。排水管系统由器具排出管(指连接卫生器具和排水横支管的短管，除坐式大便器外应包括存水弯)、有一定坡度的横支管、立管及埋设在室内地下的总横干管和排至室外的排出管所组成。

(3)通气管系统。一般层数不多、卫生器具较少的建筑物，仅设排水立管上部延伸出屋顶的通气管和通气帽；对于层数较多的建筑物或卫生器具设置较多的排水管系统，应设辅助通气管及专用通气管和通气帽，以使排水系统气流畅通，压力稳定，防止水封被破坏(图 11-2)。

图 11-2 通气帽
(a)甲型；(b)乙型

(4)清通设备。清通设备指疏通管道用的检查口、清扫口、检查井及带有清通门的 90°弯头或三通接头设备(图 11-3、图 11-4)。

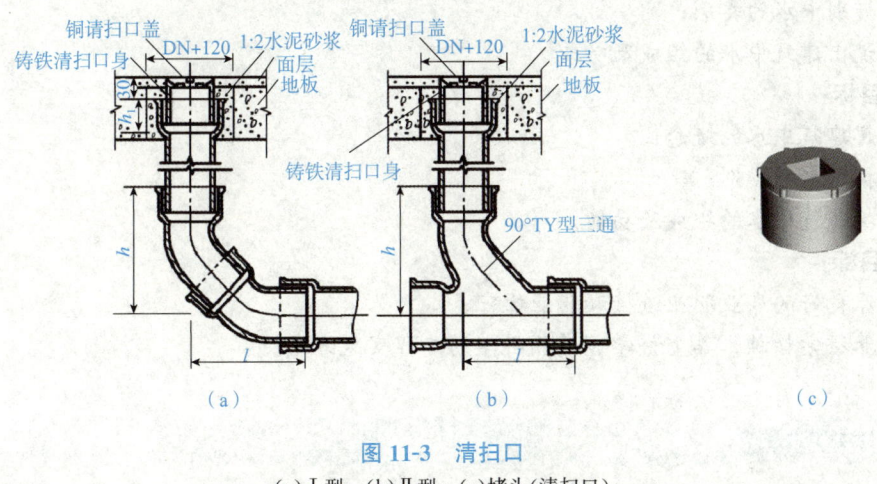

图 11-3 清扫口
(a)Ⅰ型；(b)Ⅱ型；(c)堵头(清扫口)

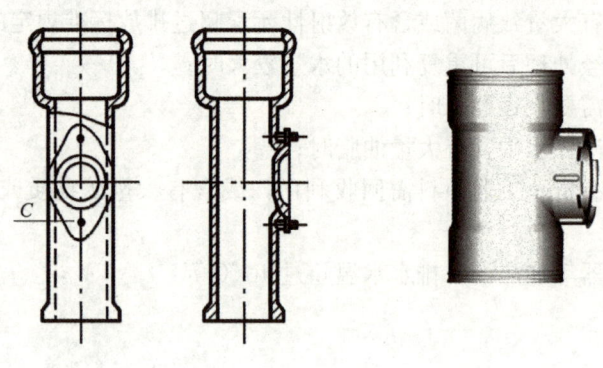

图 11-4　检查口

（5）抽升设备。民用建筑物的地下室、人防建筑物、高层建筑物的地下技术层等地下建筑物内的污水不能自流排至室外时，必须设置抽升设备。

（6）局部污水处理构筑物。室内污水未经处理不允许直接排入室外下水管道或严重危及水体卫生时，必须经过局部处理。

> **课堂能力提升训练**
> 1. 指出排水水流过程；
> 2. 辨别排水系统的类别；
> 3. 归纳排水系统的组成及各部分功能。

单元二　建筑中水系统

学习目标

能力目标：
1. 能理解建筑中水的概念；
2. 能辨别中水的类别；
3. 能说出建筑中水的组成及功能。

知识目标：
1. 理解建筑中水的概念；
2. 掌握中水的类别；
3. 掌握建筑中水的组成及功能。

素养目标：
1. 培养良好的专业职业道德和职业操守；
2. 培养科学精神，尊重科学，遵循科学的工程实践方式。

一、建筑中水的概念

建筑中水是指各种排水经处理后，达到规定的水质标准，可在生活、市政、环境等范围内重复用的非饮用水，其水质介于生活饮用水和排水之间。

1. 建筑中水系统

建筑中水系统的原水取自建筑物内部的排水，经过各种处理后达到中水的水质标准后进行回收利用，具有投资少、见效快的优点。目前建筑中使用较多的中水系统，常利用生活给水来补充中水的水量(图 11-5)。

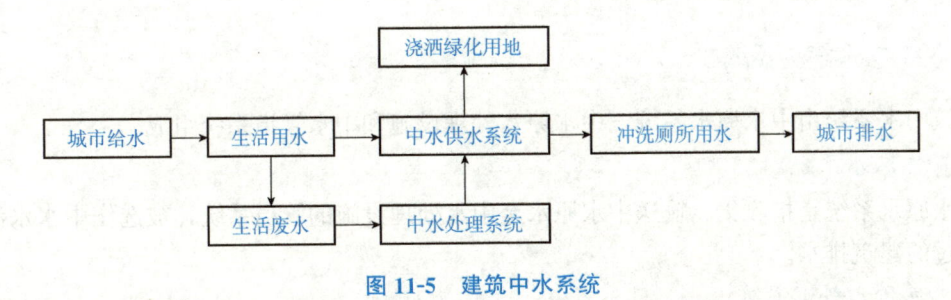

图 11-5　建筑中水系统

2. 小区中水系统

小区中水系统的原水取自居住小区的公共排水系统，经过处理后用于建筑小区，适用于居住小区和大中专院校的建筑群(图 11-6)。

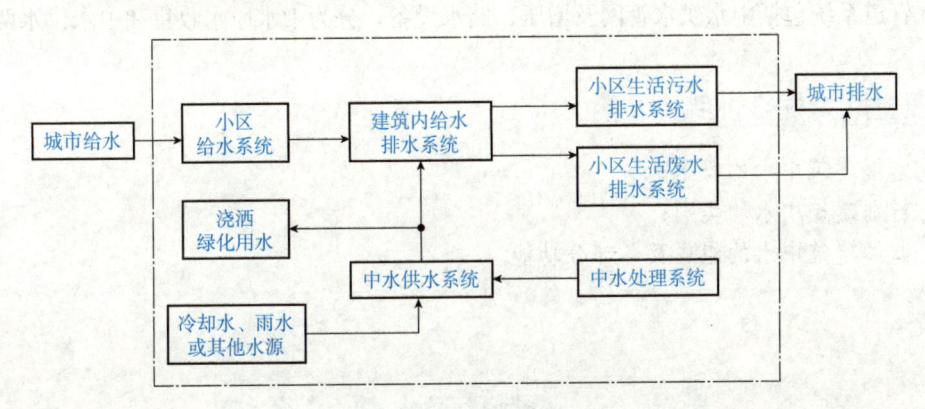

图 11-6　小区中水系统

3. 城镇区域中水系统

城镇区域中水系统是将城市的污水经过二级处理后再进一步经过深度处理作为中水来进行使用，目前使用较少(图 11-7)。

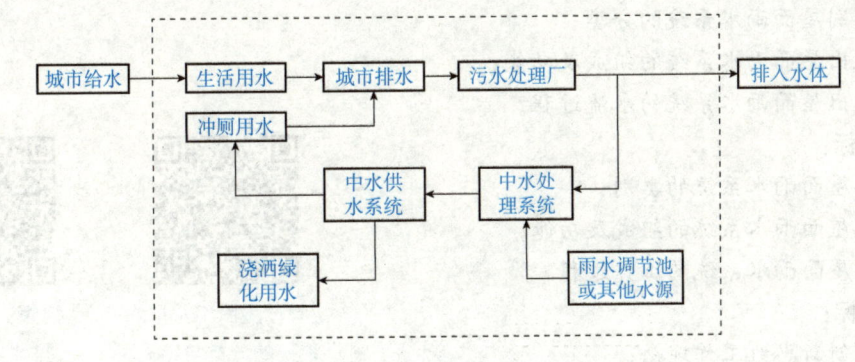

图 11-7　城镇区域中水系统

二、中水的用途

中水可以作为绿化、冲厕、街道清扫、车辆冲洗、建筑施工、消防用水等来进行使用。污水再生利用按用途分类，包括农林牧渔业用水、城市杂用水、工业用水、景观环境用水、补充水源水等。

三、建筑中水系统的组成

建筑中水系统由中水原水系统、中水原水处理设施和中水管道系统组成。

1. 中水原水系统

中水原水系统是指收集、输送中水原水至中水处理设施的管道系统，被选作中水水源而未经处理过的建筑排水。

2. 中水原水处理设施

中水原水处理设施包括原水处理设施，截留较大漂浮物的格栅、滤网和除油池，以及去除水中有机物、无机物的混凝池、生物转盘等。

3. 中水管道系统

中水管道系统包括中水供水管网及增压、储水设备，分为中水原水收集和中水供水两部分。

> **课堂能力提升训练**
>
> 1. 掌握建筑中水的概念；
> 2. 辨别建筑中水的类别；
> 3. 归纳建筑中水的组成及各部分功能。

单元三　屋面雨水排水系统

学习目标

能力目标：
1. 能辨别屋面雨水系统的分类；
2. 能说出屋面雨水系统的组成及功能；
3. 能说出屋面雨水系统的水流过程。

知识目标：
1. 了解屋面雨水系统的类别；
2. 掌握屋面雨水系统的组成及功能；
3. 理解屋面雨水系统的工作过程。

素养目标：
1. 培养创新思维工作理念；
2. 树立精益求精的工作精神。

视频：屋面雨水排水系统的分类与组成

视频：屋面雨水排水系统计算

屋面雨水排水系统是将降落在屋面上的雨水和雪水有组织地顺利排除。按照雨水管道的设置位置，屋面雨水排水系统分为内排水系统和外排水系统；按照设计流态，屋面雨水排水系统分为重力流雨水系统、压力流雨水系统。一般情况下应尽量采用外排水系统。

一、檐沟外排水（落水管外排水）

檐沟外排水系统由檐沟、雨水斗、雨水立管等组成，雨水通过屋面檐沟汇集后，流水沿外墙设置的落水管排泄至地下管沟或地面明沟。该法多用于一般的居住建筑、屋面面积较小的公共建筑及单跨的工业建筑（图11-8）。

二、天沟外排水

天沟外排水系统由天沟、雨水斗、雨水立管等组成，利用屋面构造所形成的长天沟本身的容量和坡度，使雨水向建筑物两墙（山墙）方向流动，并经山墙外的排水立管排至地面或雨水管道。天沟布置以伸缩缝、沉降缝、变形缝为分水线，坡度不小于0.003，天沟一般伸出山墙0.4 m（图11-9）。

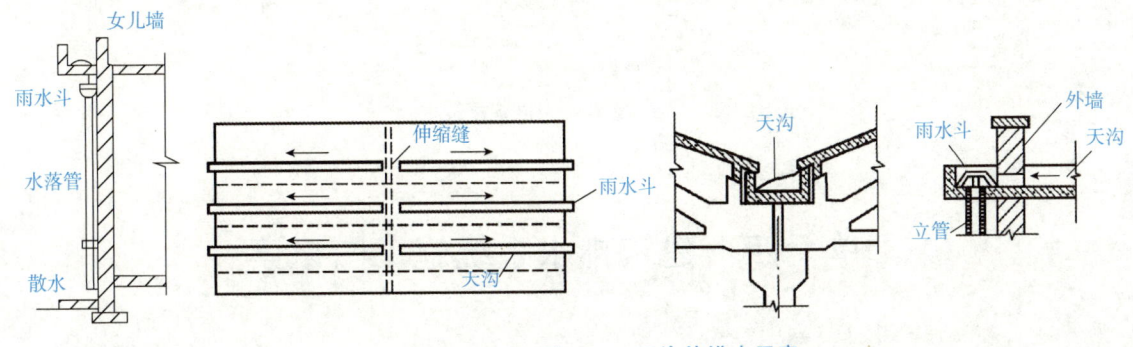

图 11-8 檐沟外排水

图 11-9 天沟外排水示意

三、内排水

内排水系统由雨水斗、连接管、悬吊管、立管、排出管和检查井组成。一般大屋面面积的工业厂房，大面积的平屋顶建筑，或采用外排水方法有困难的建筑，均应采用内排水。如图11-10所示，降落在屋面上的雨水沿着屋面流入雨水斗，经连接管、悬吊管进入水立管，再经排出管流入雨水检查井，或经埋地干管排至室外雨水管道。按每根雨水立管连接的雨水斗个数，内排水系统分为单斗和多斗雨水排水系统；按雨水管中水流的设计流态，内排水系统可分为重力流雨水系统和虹吸式压力流雨水系统。

> **课堂能力提升训练**
> 1. 屋面雨水系统有哪些类别？
> 2. 归纳屋面雨水系统的组成及功能。

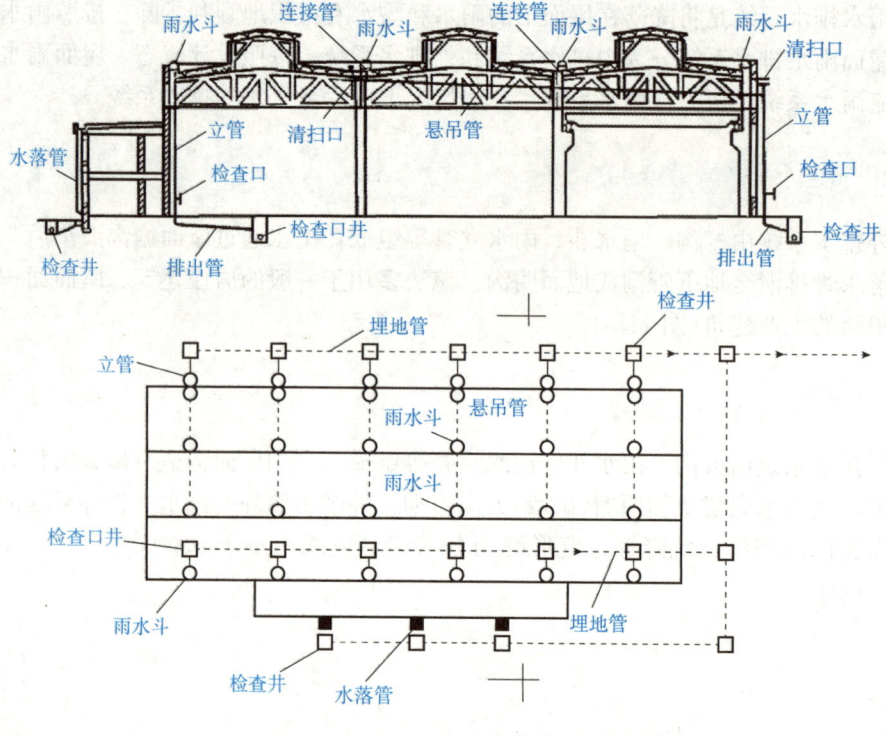

图 11-10 内排水系统

单元四 建筑排水系统施工图识读

学习目标

能力目标：
1. 能识读排水系统施工图的各种图例；
2. 能理解排水系统的识读方法；
3. 能看懂高层建筑排水系统的工作过程。

知识目标：
1. 熟悉排水系统施工图相关图例；
2. 掌握排水系统的识读方法；
3. 掌握高层建筑排水系统的工作过程。

素养目标：
1. 遵循基本道德规范，有责任心和社会责任感；
2. 培养严谨、细致的工程师精神，具有解决工程实际问题的能力。

排水施工图分室内排水和小区排水两部分。排水施工图应符合《建筑给水排水制图标准》(GB/T 50106—2010)的相关规定。

一、排水施工图常用图例

排水施工图常用图例见表 11-1。

表 11-1 排水施工图常用图例

管道附件的图例				
序号	名称	图例		备注
1	管道伸缩器			
2	方形伸缩器			
3	刚性防水套管			
4	柔性防水套管			
5	波纹管			
6	可曲挠橡胶接头	单球	双球	
7	管道固定支架			
8	立管检查口			
9	清扫口	平面	系统	
10	通气帽	成品	蘑菇形	
11	雨水斗	YD-平面	YD-系统	

· 159 ·

续表

管道附件的图例

序号	名称	图例	备注
12	排水漏斗	平面　系统	
13	圆形地漏	平面　系统	通用。如为无水封，地漏应加存水弯
14	方形地漏	平面　系统	
15	自动冲洗水箱		
16	挡墩		
17	减压孔板		
18	Y 形除污器		
19	毛发聚集器	平面　系统	
20	倒流路止器		
21	吸气阀		

管件的图例

序号	名称	图例	备注
1	偏心异径管		
2	同心异径管		
3	乙字管		
4	喇叭口		

· 160 ·

续表

管件的图例				
序号	名称		图例	备注
5	转动接头		⊢○⊣	
6	S形存水弯			
7	P形存水弯			
8	90°弯头			
9	正三通		⊥	
10	斜三通			
11	正四通		+	
12	斜四通			
13	浴盆排水管			

卫生设备及水池的图例			
序号	名称	图例	备注
1	立式洗脸盆		
2	台式洗脸盆		
3	挂式洗脸盆		

续表

| 卫生设备及水池的图例 ||||
序号	名称	图例	备注
4	浴盆		
5	化验盆、洗涤盆		
6	带沥水板洗涤盆		不锈钢制品
7	盥洗槽		
8	污水池		
9	妇女净身盆		
10	立式小便器		
11	壁挂式小便器		
12	蹲式大便器		
13	坐式大便器		
14	小便槽		
15	淋浴喷头		

| 小型给水排水构筑物的图例 ||||
序号	名称	图例	备注
1	矩形化粪池	HC	HC 为化粪池代号

续表

小型给水排水构筑物的图例				
序号	名称	图例	备注	
2	隔油池	→▭ YC	YC 为除油池代号	
3	沉淀池	→▭ CC	CC 为沉淀池代号	
4	降温池	→▭ JC	JC 为降温池代号	
5	中和池	→▭ ZC	ZC 为中和池代号	
6	雨水口	▭	单箅	
		▭	双箅	
7	阀门井 检查井	○ □		
8	水封井	⊖		
9	跌水井	⊘		
10	水表井	▶		

二、排水施工图的组成

建筑排水施工图一般由设计说明、平面图、系统图、详图和主要设备材料表几部分组成。

(1)设计说明和主要材料表设计说明。在图纸中无法表达或表达不清楚的内容，必须用文字说明。设计说明包括设计依据、执行标准、设计技术参数、材料选用、连接方式、质量要求、设计规格、型号、施工做法及设计图中采用标准图集的名称及页码等。同时为了使施工准备的材料和设备符合设计要求，设计人员还需要编制主要设备材料明细表，将施工图中设计的主要设备、管材、阀门、仪表等列入表中。

(2)排水平面图。建筑排水平面图表示各层排水管道及卫生器具的平面布置情况，主要内容包括各卫生器具的平面位置；各干管、立管、支管的平面位置，立管的编号和管道的敷设方式；管道附件(阀门、消防栓等)平面位置、规格、种类、敷设方式；污水排出管的平面位置、编号以及与室外排水管网的联系。排水平面图的比例一般为1∶100。

(3)排水系统图。采用45°轴测投影原理反映管道、设备的空间位置关系。主要内容包括排水排出管、排水横管、排水立管的空间走向；各种管道的管径、标高、坡度及坡向和立管编号；排水管道附件的位置、形成规格等。一般采用与平面图相同的比例，必要时也可放大或缩小，不按比例绘制。

(4)局部详图。凡在以上图中无法表示清楚的局部构造或由于比例的原因不能表达清楚的内容，必须绘制局部详图。局部详图应优先采用通用标准图，如卫生器具安装、阀门井、局部污水处理构筑物等。

三、室内排水工程图的识读方法

识读顺序：排水系统按照卫生器具排水管—排水横支管—排水立管—排水干管—排出管的顺序来读室内排水平面图，再对照排水平面图识读室内排水系统图，然后识读详图。

(1)室内排水平面图的识读方法。识读顺序：先底层平面图，然后各层平面图。识读底层平面图时，先识读排水系统的支、干、立、排出管。

识读各层平面图时，先识读卫生器具，再识读排水系统的支、干、立管。

(2)室内排水系统图的识读方法。识读室内排水系统图的方法为对照法：将室内排水系统图与排水平面图对照识读，先找出排水系统图与排水平面图中相同编号的排出管和排水立管，然后依次识读干、支管。

四、室内给水排水工程图的识读

以某高层排水工程图为例。

1. 设计说明的识读

本工程排水系统室内生活污、废水采用合流制，在室外经化粪池处理后排入市政污水管网。

2. 室内排水平面图的识读

图 11-11 所示为沈阳学府美地工程 1 层排水平面图，共有 10 个污水排水系统 W1～W10；2 个废水排水系统 F1～F2；2 个雨水排水系统 YL1～YL2；消防电梯设基坑水管 F3。同时可以看出各排出管的位置。排出管标高在冻土深度以上示出，用聚氨酯发泡做保温处理，周围回填炉渣。图 11-12 所示为 2～18 层排水平面图，该建筑共有 18 层，除底层外，其余各层的卫生器具布置、管道布置均相同，图中可以看出各立管与卫生器具的位置。

图 11-13 所示为机房层排水平面图，采用旋流降噪特殊单立管排水系统(GH-1 型)，排水立管采用 PVC-U 排水塑料管，伸顶通气管有防止碰撞和日晒的措施。屋面标高 52.200 m。

3. 室内排水系统图的识读

图 11-14、图 11-15 所示为排水管线系统图。污水立管、废水立管和雨水立管的管径均为 dn110，立管落至标高为 −2.000 m 后由室内排至城市污水管网。排水支管、横干管、伸顶通气管采用 PVC 光壁管，管材粘接；连接排水立管的三通、四通采用 PVC-U 旋流降噪特殊管件；与潜水排污泵连接的管道，均采用涂塑钢管通过沟槽式或法兰连接。屋面雨水采用重力流排水系统，散排至室外地面，管材采用 HDPE 塑料排水管。

4. 排水支管平面图的识读

厨房有洗涤盆单独排水，管道井地漏单独排水，卫生间有洗脸盆、坐便器、洗衣机地漏、地漏合流排水，带水封的地漏水封不小于 50 mm，卫生器具存水弯不小于 50 mm。例如将来自各层 dn50 洗脸盆、dn100 坐便器、dn50 洗衣机地漏、dn50 地漏的合流污水汇集 dn110 的排水横支管，各层横支管流入管径为 dn110 的 WL-2 立管，来自各层管道井地漏的废水通过横支管流入 dn110 的 FL-1 立管，两者共同汇入标高为 −2.000 m 的排出管后排至污水井。伸顶通气管高出屋顶 700 mm。其他相同(图 11-16)。

图 11-11 1层排水平面图

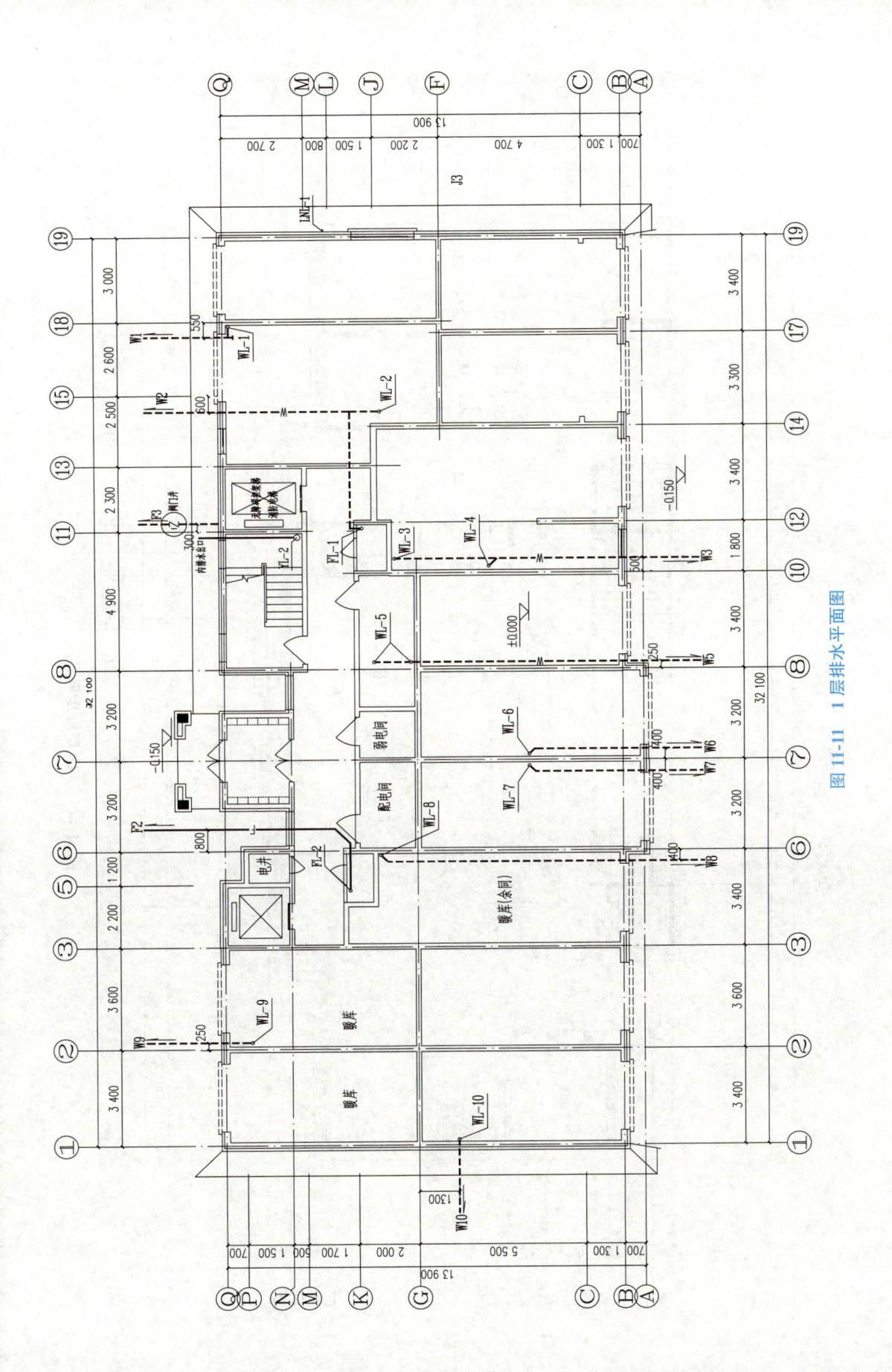

图 11-12 2~18层排水平面图

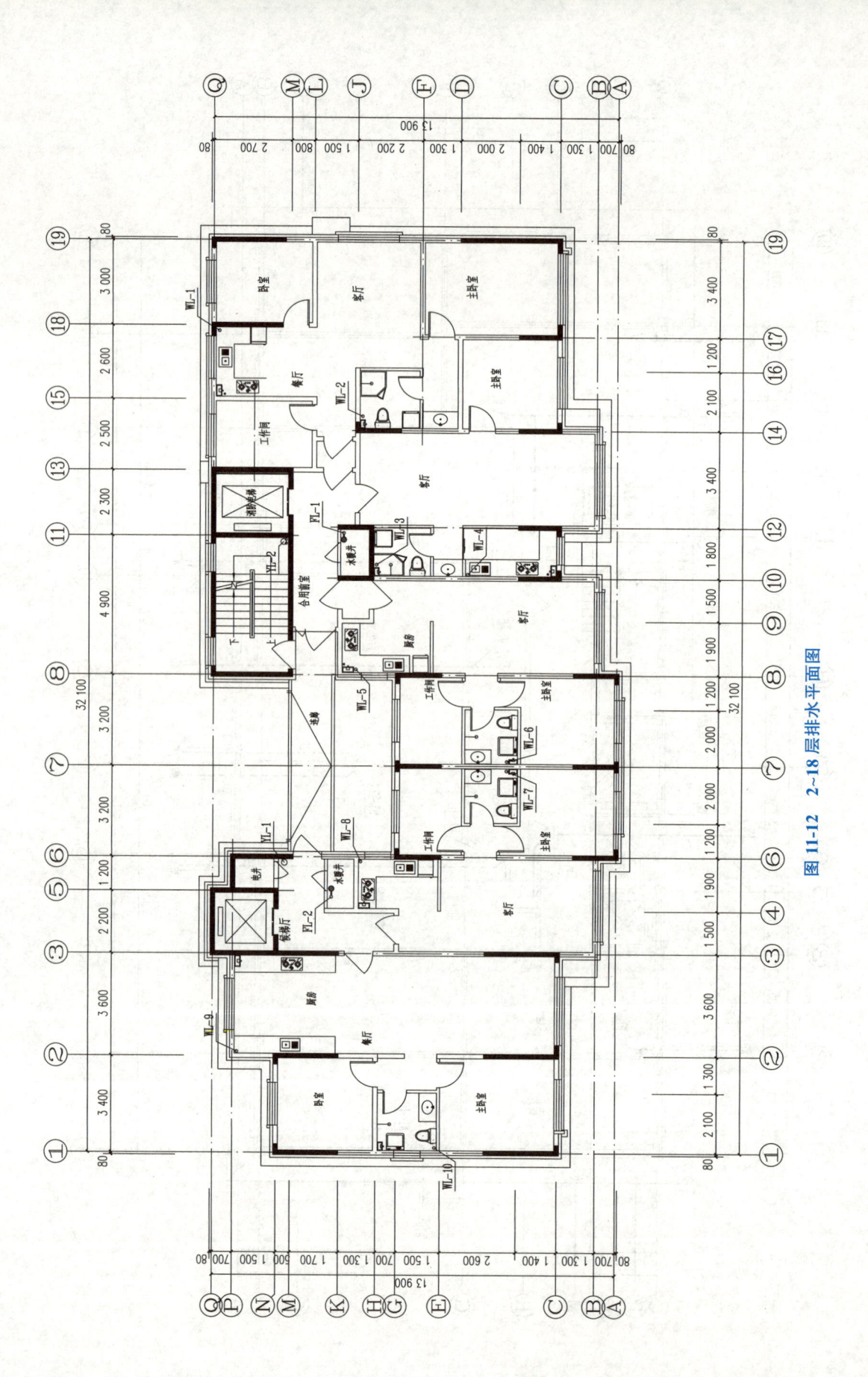

· 166 ·

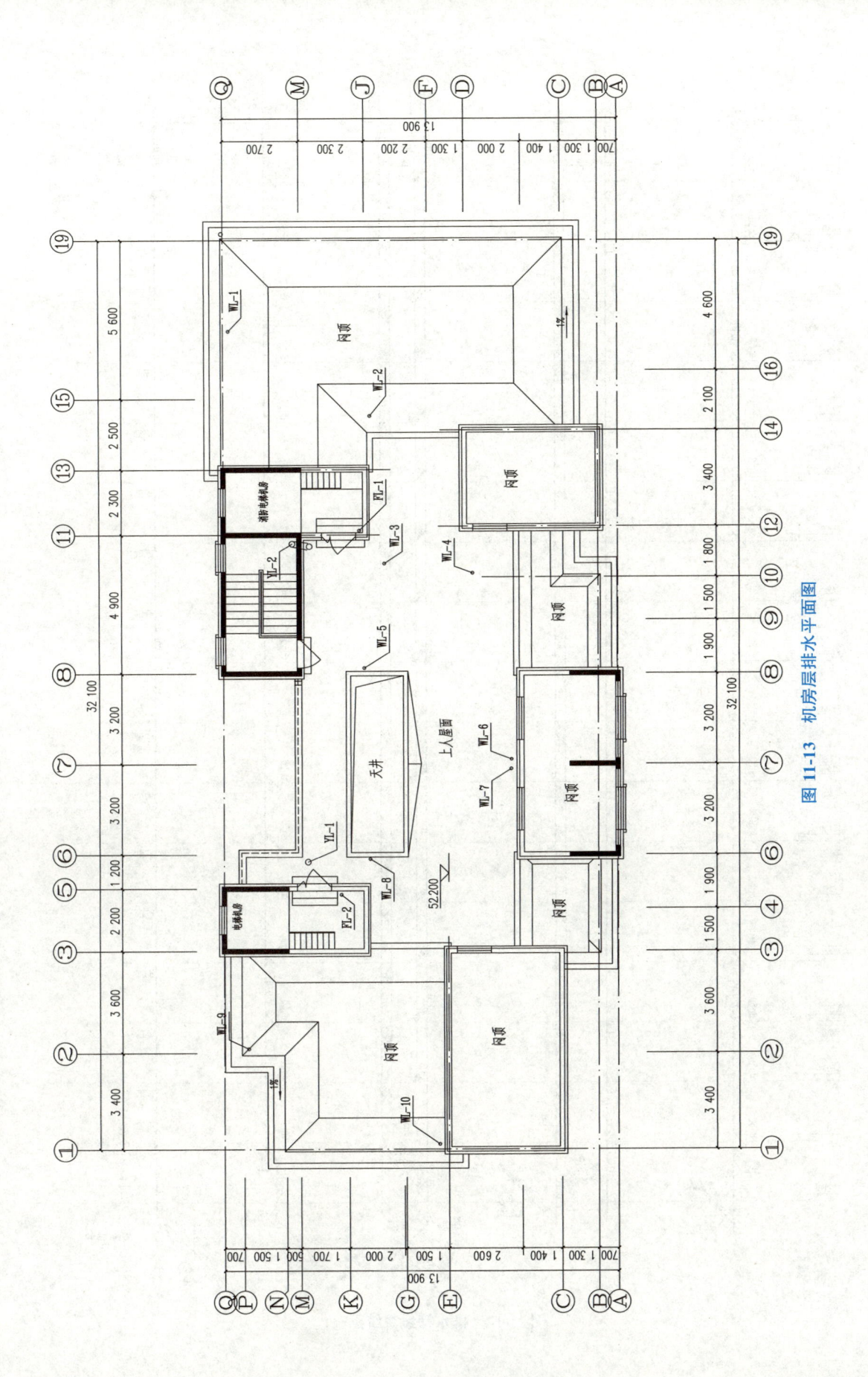

图 11-13 机房层排水平面图

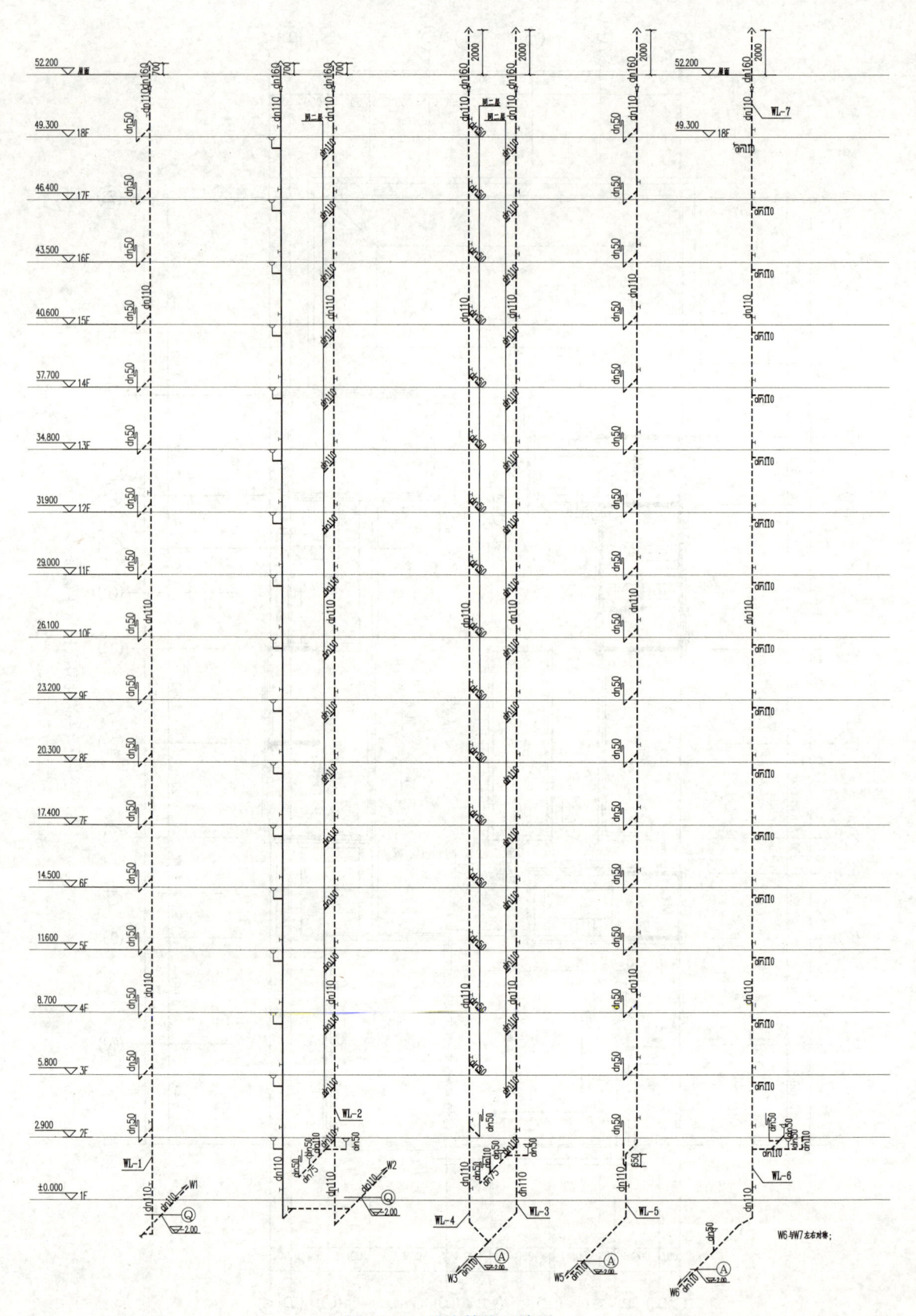

图 11-14　排水管线系统图一

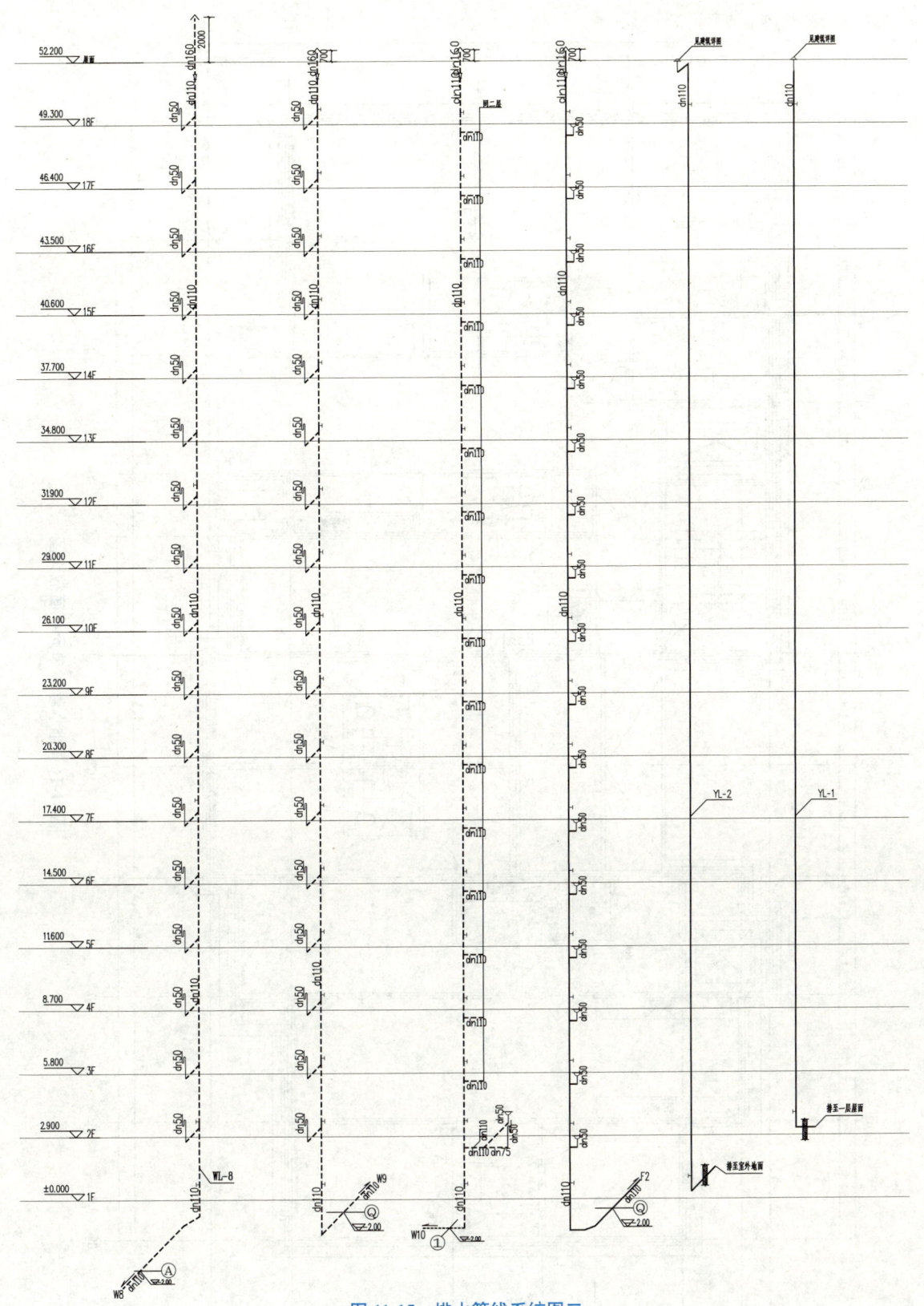

图 11-15　排水管线系统图二

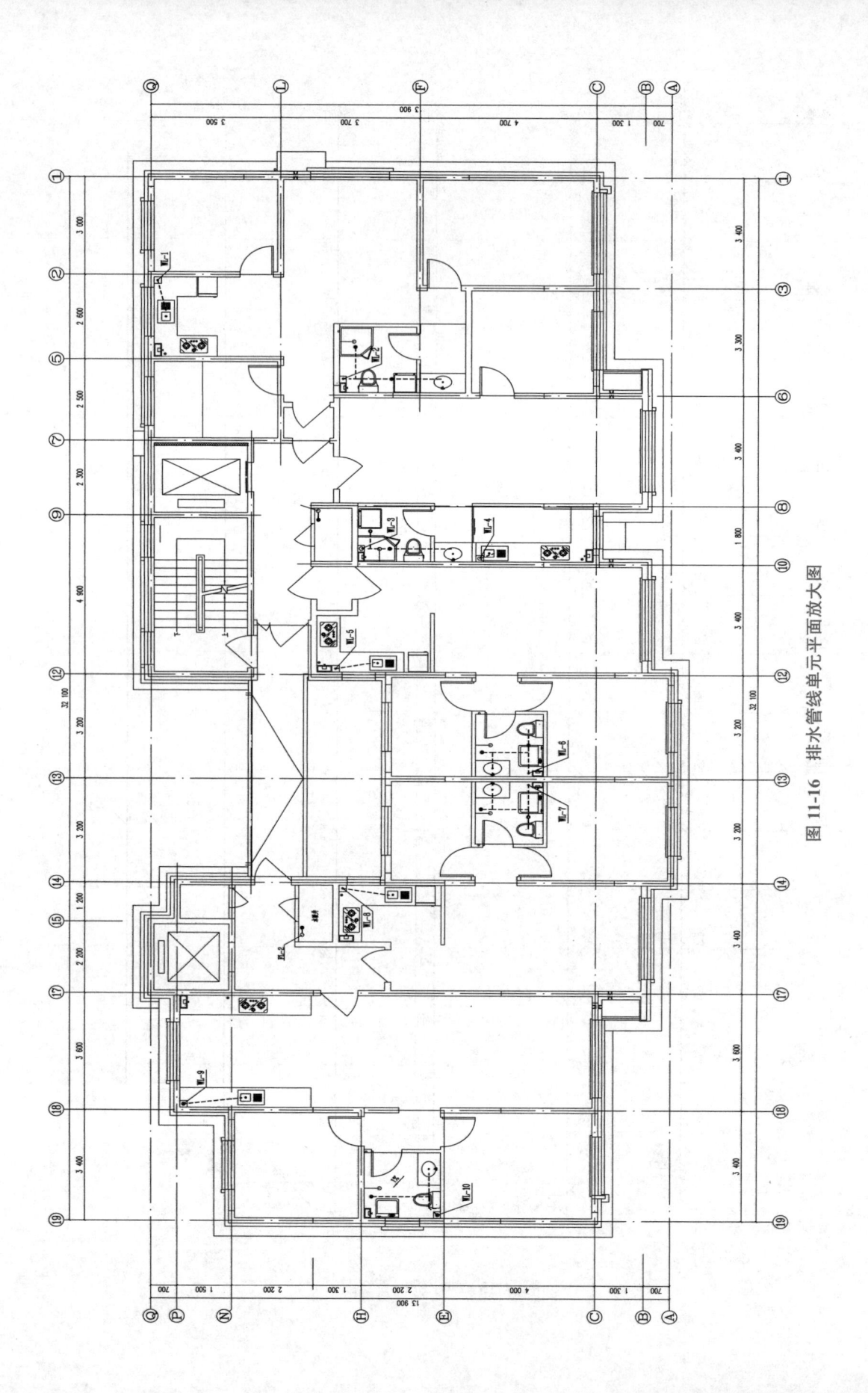

图 11-16 排水管线单元平面放大图

课堂能力提升训练

1. 阅读图纸设计说明；
2. 熟悉土建施工图；
3. 指出水流过程；
4. 判别排水系统的类别；
5. 归纳排水系统的组成及各部分功能；
6. 说出排水系统的工作过程。

思考题与习题

11.1　建筑排水系统分为哪几类？
11.2　排水体制分几类？应如何选择？
11.3　举例说明清通设备有哪些。
11.4　建筑中水系统由哪几部分组成？各自的作用是什么？
11.5　屋面雨水排水系统分为哪几类？
11.6　如何识读排水系统施工图？

模块十二　建筑排水系统方案确定

单元一　排水系统选择

学习目标

能力目标：
能合理选择建筑物内排水系统。

知识目标：
掌握排水系统的选择因素及要求。

素养目标：
1. 培养环保和节水观念；
2. 优化排水系统的设计和运行，减少资源的浪费。

建筑内部排水系统类型的选择直接影响人们的日常生活和生产活动，在设计过程中应首先保证排水畅通和室内良好的生活环境，再根据建筑类型、标准、投资等因素，在兼顾其他管道、线路和设备的情况下，进行系统的选择。室内排水系统选择分流制还是合流制，应综合考虑污（废）水性质、污染程度、室外排水体制、处理和再利用要求及排水点位置等因素后确定。在确定建筑内部排水体制和选择建筑内部排水系统时，只要考虑下列因素：

一、污废水的性质

根据污废水中所含污染物的种类，确定是合流还是分流。当两种生产污水合流会产生有毒有害气体和其他难处理的有害物质时应分流排放；与生活污水性质相似的生产污水可以和生活污水合流排放。不含有机物且污染轻微的生产废水可排入雨水排水系统。

二、污废水污染程度

为便于轻污染废水的回收利用和重污染废水的处理，污染物种类相同但浓度不同的两种污水宜分流排除。

三、污废水综合利用的可能性和处理要求

工业废水中常含有能回收利用的贵重工业原料，为减少环境污染，变废为宝，宜采用清浊分流、分质分流，否则会影响回收价值和处理效果。

对卫生标准要求较高，设有中水系统的建筑物，生活污水与废水宜采用分流排放。含油较多的公共饮食业厨房的洗涤废水和洗车台冲洗水；含有大量致病病毒、细菌或放射性元素超过排放标准的医院污水；水温超过 40 ℃的锅炉和水加热器等加热设备排水；可重复利用的冷却

水以及用作中水水源的生活排水应单独排放且遵守以下规定：
(1)新建居住小区应采用生活污水与雨水分流排水系统。
(2)建筑物内下列情况下宜采用生活污水与生活废水分流的排水体制：
1)生活污水需经化粪池处理后才能排入市政排水管道时；
2)建筑物使用性质对卫生标准要求较高时；
3)生活废水需回收利用时。
(3)下列建筑排水应单独排至水处理或回收构筑物：
1)公共饮食业厨房含有大量油脂的洗涤废水；
2)洗车台冲洗水；
3)含有大量致病菌或放射性元素超过排放标准的医院污水；
4)水温超过40℃的锅炉、水加热器等加热设备的排水；
5)用作中水水源的生活排水。
(4)建筑物的雨水管道应单独设置，在缺水或严重缺水地区，宜设置雨水贮存池。

> **课堂能力提升训练**
>
> 对某建筑进行排水体制的选择确定。

单元二　建筑排水系统的类型

学习目标

能力目标：
1. 能够区别各类排水系统的特点及适用情况；
2. 能够进行建筑排水系统类型的选择。

知识目标：
1. 掌握各类排水系统的特点及适用情况；
2. 掌握建筑排水系统类型的选择方法。

素养目标：
1. 培养持续学习的习惯；
2. 能够不断更新知识和技能，适应行业的变化和发展。

一、污废水排水系统的类型

污废水排水系统通气的好坏直接影响排水系统的正常使用，按系统通气方式，建筑内部污废水排水系统分为单立管排水系统、双立管排水系统和三立管排水系统，如图12-1所示。

1. 单立管排水系统

单立管排水系统是指只有一根排水立管，没有专门通气立管的系统。单立管排水系统利用排水立管本身及其连接的横支管和附件进行气流交换。根据建筑层数和卫生器具的多少，单立管排水系统又有3种类型。

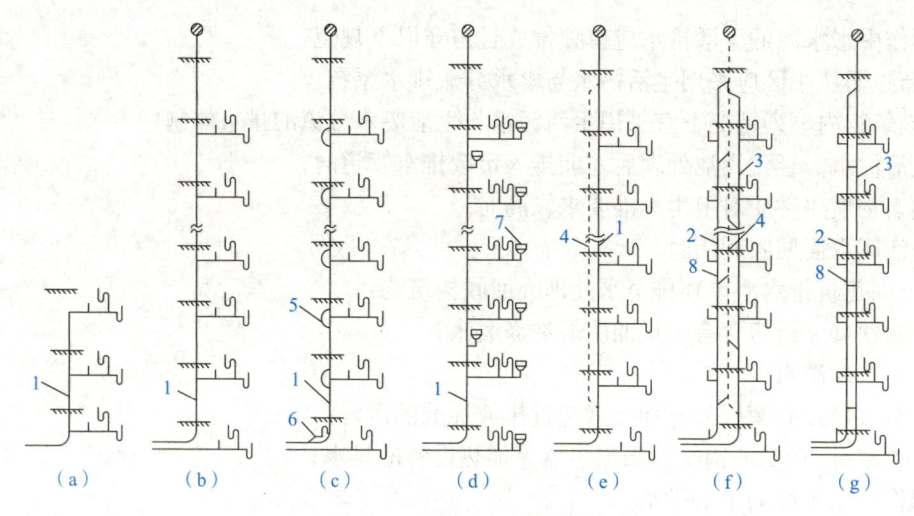

图 12-1　污废水排水系统类型
(a)无通气单立管；(b)普通单立管；(c)特制配件单立管；(d)吸气阀单立管；
(e)双立管；(f)三立管；(g)污废水立管互为通气管
1—排水立管；2—污水立管；3—废水立管；4—通气立管；
5—上部特制配件；6—下部特制配件；7—吸气阀；8—结合通气管

(1)无通气管的单立管排水系统。这种形式的立管顶部不与大气连通，适用于立管短、卫生器具少、排水量少、立管顶端不便伸出屋面的情况。

(2)有通气的普通单立管排水系统。排水立管向上延伸，穿出屋顶与大气连通，适用于一般多层建筑。

(3)特制配件单立管排水系统。在横支管与立管连接处，设置特制配件代替一般的三通；在立管底部与横干管或排除管连接处设置特制配件代替一般的弯头。在排水立管管径不变的情况下改善管内水流与通气状态，增大排水能力。这种内通气方式因其特殊结构改变水流方向和状态，所以也叫诱导式内通气，适用于各类多层、高层建筑，如苏维脱单立管排水系统、旋流排水系统。

1)苏维脱单立管排水系统是瑞士弗里茨·苏玛(Fritz Sommer)在1961年研制的产品，其方式是各层排水横支管与立管的连接采用混合器排水配件和在排水立管底部设置跑气器的接头配件，从而可取消辅助通气立管。混合器的作用是限制立管中水及空气的速度，使污水与空气有效地混合，以保持水气压力的稳定。跑气器的作用是分离污水中的空气，以保证污水通畅地流入横干管。苏维脱单立管排水系统的主要优点是减少立管内的压力波动，降低正负压绝对值。

2)旋流排水系统是由法国勒格(Roger Legg)、理查(Georges Richard)和鲁夫(M. Louve)共同于1967年研究发明的，设有把各个排水立管相连接起来的"旋流连接配件"和设于立管底部的"特殊排水弯头"(旋流连接配件、特殊排水弯头)。旋流连接配件的作用是使立管水流沿管壁旋下，管中为空气芯，因此管内压力较为稳定。特殊排水弯头的作用是使污水沿横干管畅通流出。

2. 双立管排水系统

双立管排水系统由一根排水立管和一根专用通气立管组成。双立管排水系统是利用排水立管与另一根立管之间进行气流交换，所以叫外通气，适用于污废水合流的各类多层和高层建筑。

3. 三立管排水系统

三立管排水系统由三根立管组成,分别为生活污水立管、生活废水立管和通气立管。两根排水立管共用一根通气立管。三立管排水系统的通气方式也是干式外通气,适用于生活污水和生活废水需要分别排出室外的各类多层、高层建筑。

图 12-1(g)所示是三立管排水系统的一种变形系统,去掉专用通气立管,将废水立管与污水立管每隔 2 层互相连接,利用两立管的排水时间差,互为通气立管,这种外通气方式也叫湿式外通气。

二、新型排水系统

目前,建筑内部排水系统绝大部分属于重力非满流排水,利用重力作用,水由高处向低处流动,不消耗动力,节能且管理简单。但重力非满流排水系统管径大,占地面积大,横管要有坡度,管道容易淤积堵塞。为克服这些缺点,近几年国内外出现了一些新型排水系统。

1. 压力流排水系统

压力流排水是在卫生器具排水口下装设微型污水泵,卫生器具排水时微型污水泵启动加压排水,使排水管内的水流状态由重力非满流变为压力满流。压力流排水系统的排水管径小,管配件少,占用空间小,横管无须坡度,流速大,自净能力较强,卫生器出口可不设水封,室内环境卫生条件好。

2. 真空排水系统

在建筑物地下室内设有真空泵站,真空泵站由真空泵、真空收集器和污水泵组成。采用设有手动真空阀的真空坐便器,其他卫生器具下面设液位传感器,自动控制真空阀的启闭。卫生器具排水时真空阀打开,真空泵启动,将污水吸到真空收集器里贮存,定期将污水送到室外。真空排水系统具有节水(真空坐便器一次用水量是普通坐便器的 1/6)、管径小(真空坐便器排水管管径 de40 mm,而普通坐便器最小为 de117 mm)、横管无须重力坡度,甚至可向高处流动(最高达 5 m)、自净能力强,管道不会淤积,即使管道受损污水也不会外漏等优点。

> 📝 **课堂能力提升训练**
>
> 对某建筑进行排水系统类型的选择确定。

思考题与习题

12.1 排水体制分哪几类?
12.2 建筑内污废水排水系统有哪些形式?

模块十三　建筑排水系统施工图绘制

单元一　排水管道布置与敷设

学习目标

能力目标：
1. 能够根据布置原则完成不同类型建筑排水管道的布置；
2. 能够根据敷设原则正确安装和敷设排水管道。

知识目标：
1. 掌握排水管道布置基本要求与原则；
2. 掌握排水管道敷设形式与原则。

素养目标：
1. 培养与其他专业人员有效沟通和协作的能力；
2. 培养合理处理污水，减少对环境影响的意识。

视频：排水管材与附件　　视频：室内排水系统的敷设安装

一、排水管道的布置

室内排水管道布置应力求管线短、转弯少，以使污水以最佳水力条件排至室外管网；管道的布置不得影响、妨碍房屋的使用和室内各种设备的正常运行；管道布置还应便于安装和维护管理，满足经济和美观要求。除此之外，还应遵守以下原则：

(1) 排水管道一般宜在地下埋设或在地面上、楼板下明设。如建筑有特殊要求时，可在管槽、管道井、管窿、管沟或吊顶内暗设，但应便于安装和维修。在室外气温较高、全年不结冻的地区，可沿建筑物外墙敷设。

(2) 排水管道不得布置在遇水引起燃烧、爆炸的原料、产品和设备的上方。

(3) 排水管道不得穿过沉降缝、伸缩缝、烟道和风道。

(4) 排水立管不得穿越卧室、病房等对卫生、安静有较高要求的房间，并不宜靠近与卧室相邻的内墙。

(5) 排水立管宜靠近排水量最大的排水点。排水管道不宜穿越橱窗、壁柜。

(6) 架空管道不得敷设在对生产工艺或卫生有特殊要求的生产厂房内，以及食品、贵重商品仓库、通风小室和变配电间、电梯机房内。

(7) 排水横管不得布置在食堂、饮食业厨房的主副食操作烹调配餐的上方。当受条件限制不能避免时，应采取保护措施。

(8) 塑料排水管应避免布置在热源附近。如不能避免，并导致导管表面受热温度大于 60 ℃ 时，应采取隔热措施。塑料排水立管与家用灶具净距不得小于 0.4 m。

(9) 塑料排水立管应避免布置在易受机械撞击处。如不能避免时，应采取保护措施。

(10)排水埋地管道不得穿越生产设备基础或布置在可能受重物压坏处。在特殊情况下，应与有关专业协商处理，如保证一定的埋深和做金属保护套管，并应在适当位置加设清扫口。厂房内排水管的最小埋设深度见表13-1。

表 13-1　厂房内排水管的最小埋设深度

管材	地面至管顶的距离/m	
	素土夯实、缸砖、木砖地面	水泥、混凝土、沥青混凝土、菱苦土地面
排水铸铁管	0.7	0.4
混凝土管	0.7	0.5
排水塑料管	1.0	0.6

注：①在铁路下应敷设钢管或给水铸铁管，管道的埋设深度从轨底至管顶距离不得小于1.0 m。
　　②在管道有防止机械损坏措施或不可能受机械损坏的情况下，其埋设深度可小于本表及注①的规定值。

二、排水管道的敷设

根据建筑物的性质及对卫生、美观等方面要求不同，建筑内部排水管道的敷设分明装和暗装两种。

明装指管道在建筑内沿墙、梁、柱地板暴露敷设。明装的优点是造价低，安装方便；缺点是影响建筑物的整洁，不够美观，管道表面易积灰尘和产生凝结水，一般民用建筑及大部分车间均以明装方式为主。

暗装指管道在地下室的吊顶下或吊顶中及专门的管廊、管道井、管道内槽中等隐蔽敷设。暗装的优点是整洁、美观；缺点是施工复杂，工程造价高，维护管理不便，一般用于标准较高的民用建筑、高层建筑及生产工艺要求高的工业企业建筑中。

排水管道敷设应遵守以下原则：

(1)排水立管与排水管端部的连接，宜采用2个45°弯头或弯曲半径不小于4倍管径的90°弯头。排水管应避免轴线偏置，当受条件限制时，宜用乙字管或2个45°弯头连接。

(2)卫生器具排水管道与排水横管垂直连接，应采用90°斜三通。

(3)支管接入横干管、立管接入横干管时，宜在横干管管顶或其两侧45°范围内接入。

(4)塑料排水管道应根据环境温度变化、管道布置位置及管道接口形式等考虑设置伸缩节，但埋地或埋设于墙体、混凝土柱体内的管道不应设置伸缩节。

硬聚氯乙烯管道设置伸缩节时，应遵守下列规定：

1)当层高小于或等于4 m时，污水立管道和通气立管应每层设一伸缩节；当层高大于4 m时，其数量应根据管道设计伸缩量和伸缩节允许伸缩量综合确定，伸缩节允许伸缩量见表13-2。

表 13-2　伸缩节最大允许伸缩量表(mm)

管径	50	75	90	110	125	160
最大允许伸缩量	12	15	20	20	20	25

2)排水横支管、横干管、器具通风管、环形通气管和汇合通风管上无汇合管件的直线管段大于2 m时，应设伸缩节。排水横管应设置专用伸缩节且应采用锁紧式橡胶圈管件，当横干管公称外径大于或等于160 mm时，宜采用弹性橡胶密封圈连接。伸缩节之间最大间距不得大于

4 m。伸缩节设置位置应靠近水流汇合管件处,如图 13-1 所示。

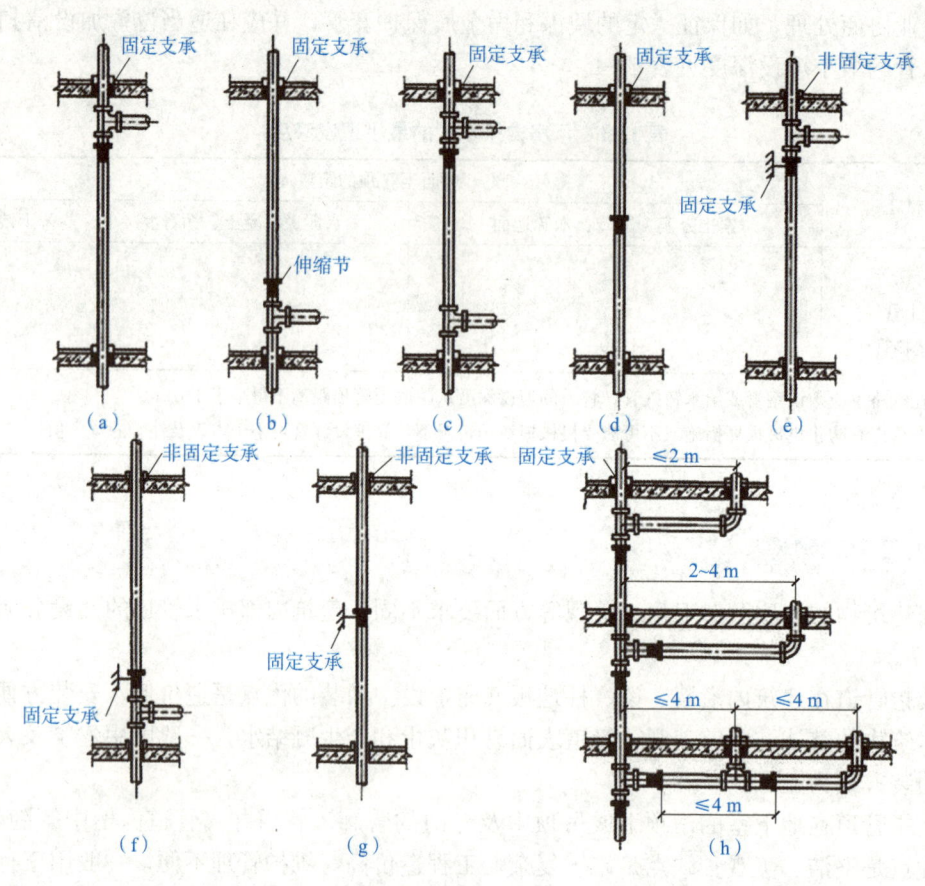

图 13-1 伸缩节设置位置
(a)~(d)立管穿越楼层处为固定支承(伸缩节不固定);(e)~(g)伸缩节为固定支承(立管穿越楼层处不固定);
(h)横管上伸缩节位置

(5)排水管道的横管与立管连接,宜采用 45°斜三通、45°斜四通和顺水三通或顺水四通。

(6)靠近排水立管底部的排水支管连接,除应符合表 13-3 和图 13-2 的规定外,排水支管连接在排出管或排水横干管上时,连接点距立管底部下游水平距离不宜小于 3.0 m。当靠近排水立管底部的排水支管的连接不能满足本条的要求时,排水管应单独排至室外检查井或采取有效的防返压措施。

表 13-3 最低横支管与立管连接处至立管管底的垂直距离

立管连接卫生器具的层数	垂直距离/m	立管连接卫生器具的层数	垂直距离/m
≤4	0.45	13~19	3.0
5~6	0.75	≥20	6.0
7~12	1.2		

(7)横支管接入横干管竖直转向管段时,连接点应距转向处距离不得小于 0.6 m。

(8)生活饮用水贮水箱、水池的泄水管和溢流管、开水器、热水器排水、医疗灭菌消毒设备排水等不得与污废水水管道系统直接连接,应采取间接排水的方式。所谓间接排水是指设备容器的排水管与污废水管道之间不但要设有存水弯隔气,而且还应留有一段空气间隔,如图 13-3 所示,间隙排水口最小空隙见表 13-4。

· 178 ·

图 13-2 最低横支管与立管连接处至排水管管底垂直距离
1—立管；2—横支管；3—排出管；
4—45°弯头；5—偏心异径管；6—大转弯半径弯头

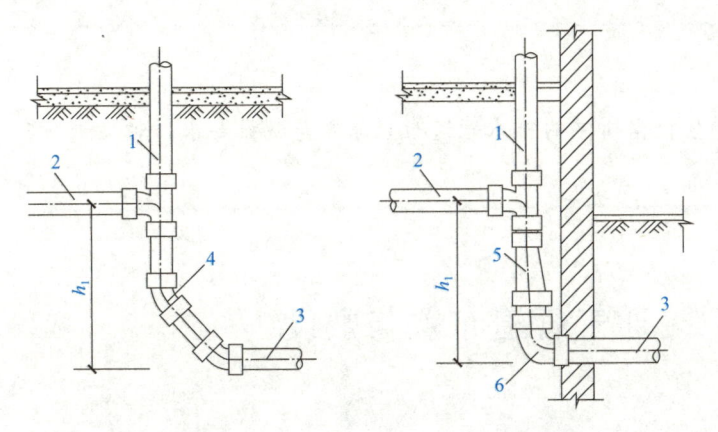

图 13-3 间接排水

表 13-4 间接排水口最小空隙(mm)

间接排水管管径	排水口最小空隙	间接排水管管径	排水口最小空隙
25 及 25 以下	50	50 以上	150
32~50	100		

(9)室内排水管与室外排水管道应用检查井连接；室外排水管除有水流跌落差以外，宜管顶平接。排出管管顶标高不得低于室外接户管管顶标高；其连接处的水流转角不得小于90°，当跌落差不大于 0.3 m 时，可不受角度的限制。

(10)排水管如穿过地下室外墙或地下构筑物的墙壁处，应采取防水措施。

(11)当建筑物沉降可能导致排水管倒坡时，应采取防倒坡措施。

(12)排水管在穿越楼层设套管且立管底部架空时，应在立管底部设支墩或其他固定措施。地下室立管与排水管转弯处也应设置支墩或固定措施。

(13)塑料排水管道支、吊架间距应符合表 13-5 的规定。

表 13-5 塑料排水管道支、吊架最大间距

管径/mm	40	50	75	90	110	125	160
立管/m	—	1.2	1.5	2.0	2.0	2.0	2.0
横管/m	0.4	0.5	0.75	0.90	1.10	1.25	1.60

(14)住宅排水管道的同层布置。为避免住宅建筑排水上下的护间相互影响，对住宅建筑宜采用同层排水技术，即卫生器具排水管不穿越楼板进入其他户。同层排水管道布置的方法如下：

1)卫生间和厨房不设地漏或卫生间采用埋设在楼板层中的特种地漏，大便器采用后出水型。

2)厨房不设地漏，将卫生间楼板下降或上升一个高度，即降板法或升板法，如图 13-4 所示。

3)设排水集水器的同层排水技术。

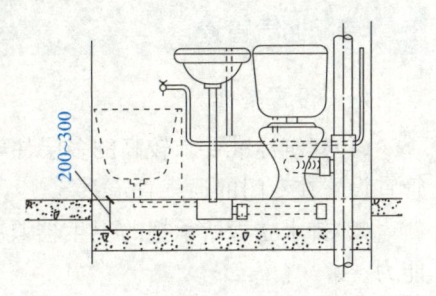

图 13-4 降板法同层排水

> **课堂能力提升训练**
>
> 给出不同建筑的平面图，学生根据所学的排水管道布置原则与敷设要求，独立进行实操布线训练。

单元二　通气管道布置与敷设

学习目标

能力目标：
1. 能够区分不同形式的通气管道；
2. 能够正确布置和敷设伸顶通气立管与专门通气立管。

知识目标：
1. 掌握伸顶通气立管布置与敷设原则；
2. 掌握专门通气管道布置与敷设原则。

素养目标：
1. 培养对通气系统的安全性意识；
2. 培养学生对工程安全的认识和重视。

一、伸顶通气立管

为使生活污水管道和产生有毒有害气体的生产污水管道内的气体流通，压力稳定，排水立管顶端应设伸顶通气管，其顶端应装设风帽或网罩，避免杂物落入排水立管。

高出屋面的通气管布置原则如下：

(1)伸顶通气管的设置高度与周围环境、当地的气象条件、屋面使用情况有关，伸顶通气管高出屋面不小于 0.3 m，但应大于该地区最大积雪厚度。

(2)屋顶有人停留时，高度应大于 2.0 m；当在通气管口周围 4 m 以内有门窗时，通气管口应高出窗顶 0.6 m 或引向无门窗一侧。

(3)通气管口不宜设在建筑物挑出部分(如屋檐檐口、阳台和雨篷等)的下面。

二、专门通气管道

(一)设置条件

(1)建筑标准要求较高的多层住宅和公共建筑、10 层及 10 层以上高层建筑的生活污水立管宜设置在专门的通气管道系统。

(2)排水立管所承担的卫生器具排水设计流量超过表 13-6 中伸顶通气立管最大设计排水能力。

(二)通气管道分类

通气管道系统包括通气支管、通气立管、结合通气管、汇合通气管和自循环通气管，如图 13-5 所示。

表 13-6　伸顶通气立管最大设计排水能力

| 立管与横支管 | 排水立管管径/mm | | | | |
链接配件	50	75	100(110)	125	150(160)
90°顺水三通	0.8	1.3	3.2	4.0	5.7
45°斜三通	1.0	1.7	4.0	5.2	7.4

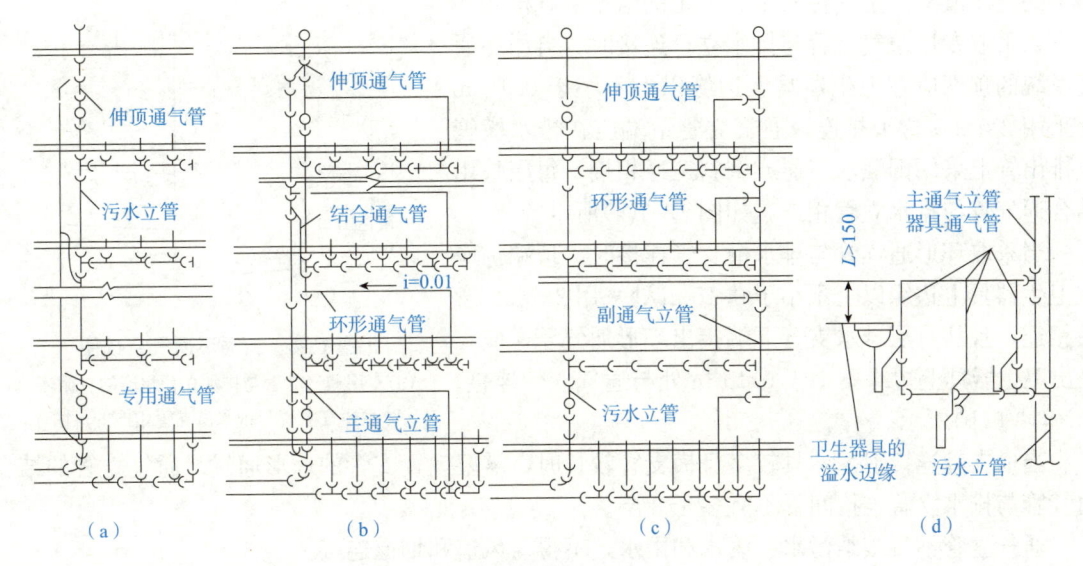

图 13-5　通气管系统图式
(a)专用通气立管；(b)主通气立管与环形通气管；
(c)副通气立管与环形通气管；(d)主通气立管与器具通气管

1. 通气支管

通气支管分为有环形通气管和器具通气管两类。当排水横支管较长、连接的卫生器具较多时(连接 4 个及 4 个以上卫生器具且长度大于 12 m 或连接 6 个及 6 个以上大便器)应设置环形通气管。环形通气管在横支管起端的两个卫生器具之间接出，接点在横支管中心线以上，与横支管呈垂直或 45°连接。对卫生和安静要求较高的建筑物宜设置器具通气管，器具通气管在卫生器具的存水弯出口端接出，环形通气管和器具通气管与通气立管连接，连接处的标高应在卫生器具上边缘 0.15 m 以上，具有不小于 0.01 的上升坡度。

2. 通气立管

通气立管分为专用通气立管、主通气立管和副通气立管 3 类。系统不设环形通气管和器具通气管时，通气立管通常叫专用通气立管；系统设有环形通气管和器具通气管，通气立管与排水立管相邻布置时，叫主通气立管；通气立管与排水立管相对布置时，叫副通气立管。

3. 结合通气管

为了在排水系统形成空气流通环路，通气立管与排水立管间需设结合通气管(或 H 管件)，专用通气立管每隔 2 层设一个，主通气立管宜每隔 8～10 层设一个。结合通气管的上端在卫生器具上边缘以上不小于 0.15 m 处与通气立管以斜三通连接，下端在排水横支管以下与排水立管以斜三通连接。当污水立管与废水立管合用一根通气立管时，结合通气管可隔层分别与污水立管和废水立管连接，但最低横支管连接点以下应该设结合通气管。

4. 汇合通气管

当建筑物不允许每根通气管单独伸出屋面时，可设置汇合通气管。也就是，将若干根通气立管在室内汇合后，再设一根伸顶通气管。

5. 自循环通气管

若建筑物不允许设置伸顶通气管时，可设置自循环通气管道系统，如图 13-6 所示。该管路不与大气直接相通，而是通过自身管路的连接方式变化来平衡排水管路中的气压波动，是一种安全、卫生的新型通气模式。

当采取专用通气立管与排水立管连接时，自循环通气系统的顶端应在卫生器具上边缘以上不小于 0.15 m 处采用 2 个 90°弯头相连，通气立管下端应在排水横管或排出管上采用倒顺水三通或倒斜三通相接，每层采用结合通气管与排水立管相连，如图 13-6(a)所示。

当采取环形通气管与排水横支管连接时，顶端仍应在卫生器具上边缘以上不小于 0.15 m 处采用 2 个 90°弯头相连，且从每层排水支管下端接出环形通气管，应在高出卫生器具上边缘不小于 0.15 m 处与通气立管连接，如图 13-6(b)所示。

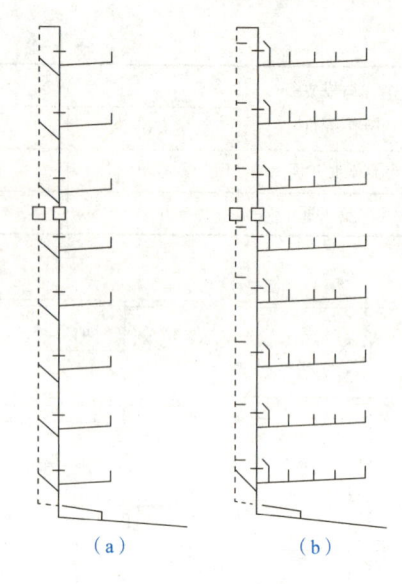

图 13-6 自循环通气系统图
(a)专用通气立管与排水立管相连的自循环；
(b)主通气立管与排水横支管相连的自循环

当横支管连接卫生器具较多且横支管较长时，需要设置支管的环形通气。通气立管的结合通气管与排水立管连接间隔不宜多于 8 层。

通气立管不得接纳污水、废水和雨水，不得与风道和烟道连接。

📝 课堂能力提升训练

给出不同类型建筑施工图，让学生根据所学知识，合理选择通气管道类型及相应的布置与敷设方法，独立进行实操布线训练。

单元三　建筑排水系统施工图绘制

学习目标

能力目标：
1. 能够合理确定排水立管的平面位置；
2. 能够根据排水立管的位置，合理布置排水管线的出户管；
3. 能够根据排水管道平面图绘制排水立管系统图。

知识目标：
1. 掌握排水立管、出户管和立管系统图绘制方法；
2. 掌握在绘制过程中各部分参数的选择。

素养目标：
1. 培养严谨、细致的工作态度；
2. 培养团队合作和沟通的能力。

一、排水立管的绘制

执行【管线】→【立管布置】命令,弹出如图13-7所示的【立管】对话框,单击【污水】按钮,输入需要的管径和编号,布置方式根据需要选择,这里选择【任意布置】,输入该立管的管底标高和管顶标高,在建筑平面图中管道井位置绘制立管,在卫生间和厨房所需位置单击鼠标左键,确定立管位置,绘制污水立管的结果如图13-8所示。其他卫生间和厨房立管布置方法同上。

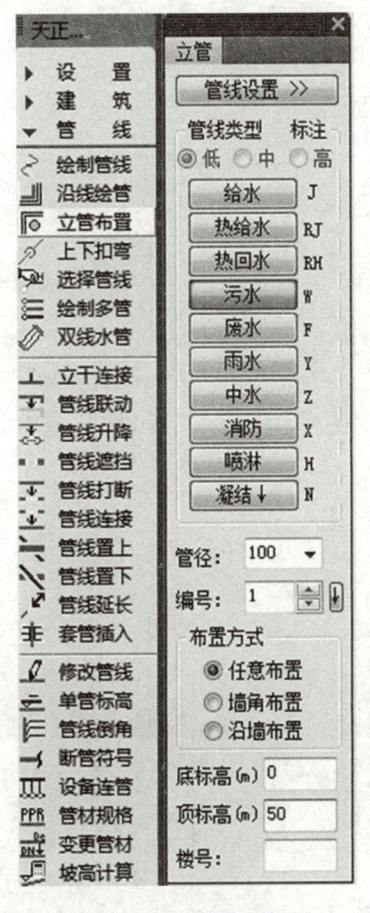

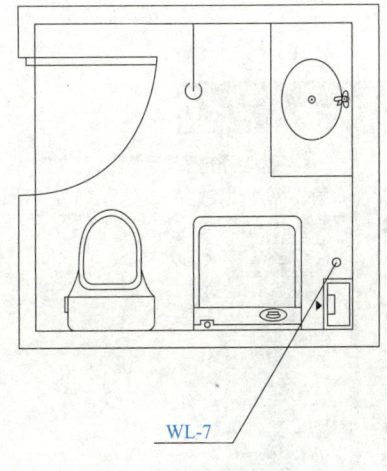

图13-7 【立管】对话框   图13-8 污水立管的绘制

雨水立管与管道井中的废水立管绘制方法同上,如图13-9、图13-10所示。
将标准层各个卫生间及厨房的排水立管、雨水立管及废水立管复制到各层平面图中。

二、排水管线的绘制

执行【管线】→【绘制管线】命令,弹出如图13-11所示的【管线】对话框,在弹出的【管线】对话框中单击【污水】按钮,输入需要的管径及标高,如有管线交叉,需采用等标高管线交叉的处理方法,这里选择【生成四通】,标高不等时系统自动生成置上或置下处理。参数输入完毕后,绘制污水管线,将首层排水立管就近排到建筑物外部,WL-7污水立管排出管、消防电梯集水坑排水管如图13-12所示。

三、排水立管系统图的绘制

排水管道平面图绘制完成后，根据平面图绘制排水管道系统图，WL-7 排出管局部如图 13-13 所示，WL-7 伸顶通气管局部如图 13-14 所示，YL-1 雨水立管雨水口局部如图 13-15 所示，消防电梯集水坑排出管 F3 局部如图 13-16 所示。

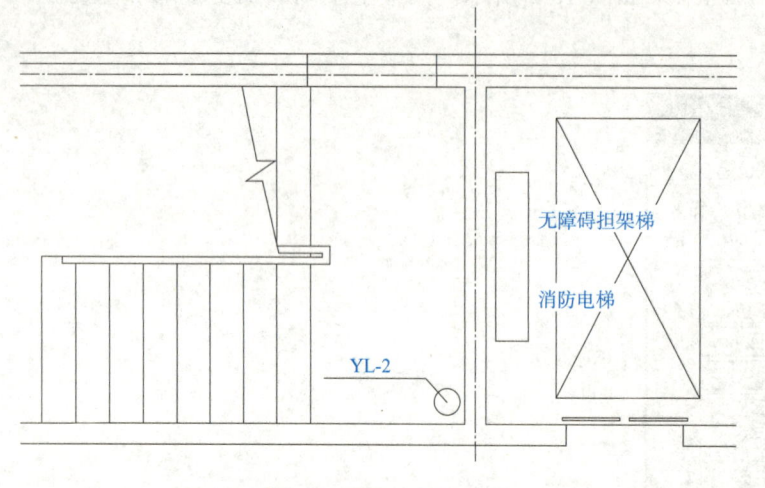

图 13-9　雨水立管的绘制

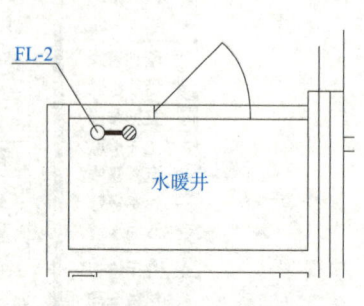

图 13-10　废水立管的绘制

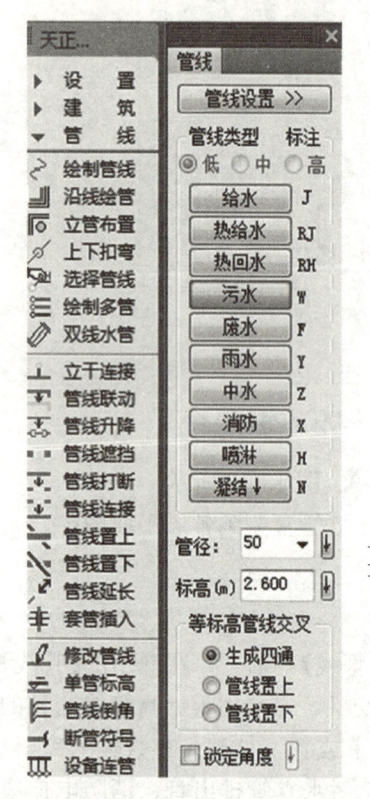

图 13-11　【管线】对话框

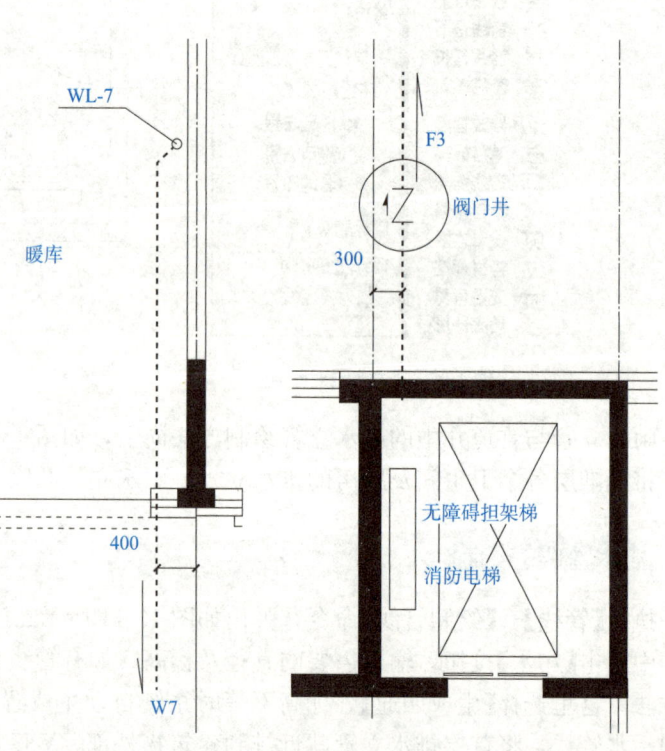

图 13-12　污、废水排出管的绘制

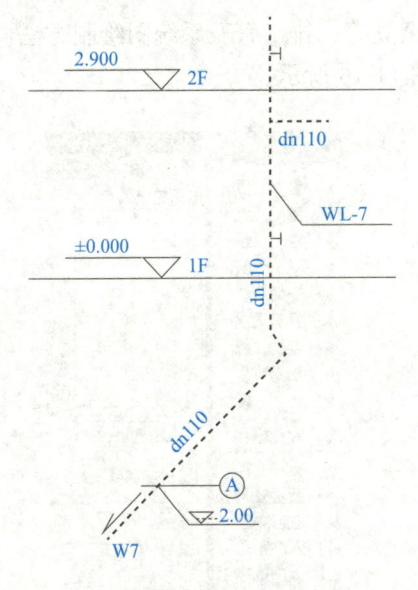

图 13-13　WL-7 排出管的绘制 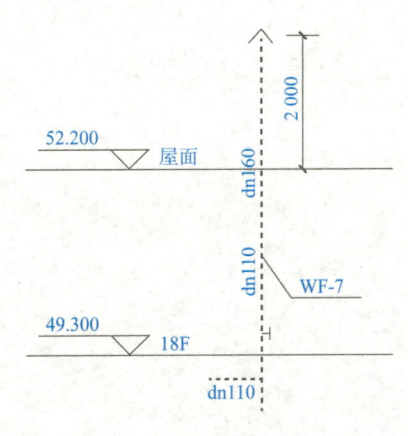　　　　图 13-14　WL-7 伸顶通气管的绘制

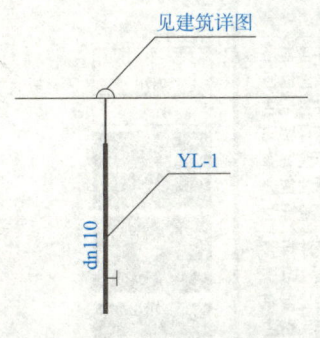

图 13-15　YL-1 雨水立管的绘制 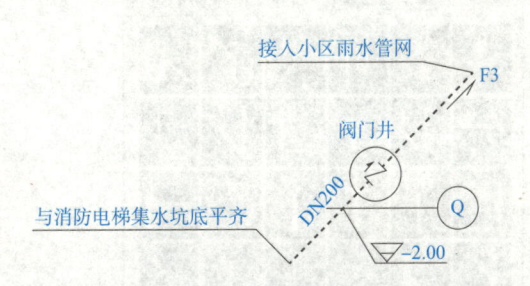　　　图 13-16　消防电梯集水坑排出管 F3 的绘制

执行【系统】→【系统附件】命令，弹出如图 13-17～图 13-19 所示的【图块】对话框，选择【排水附件】，选择检查口、通气帽和雨水口等附件插入到排水系统图中正确的位置。

图 13-17　【图块】对话框——选择检查口 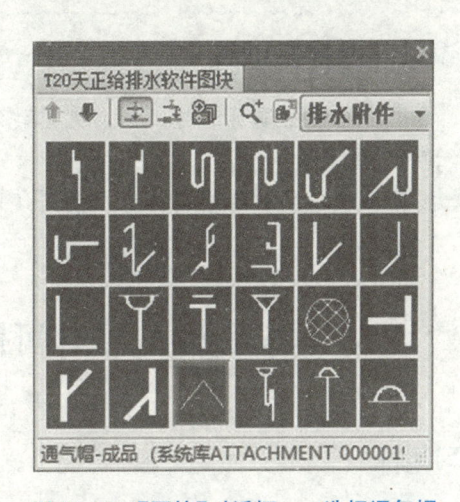　　图 13-18　【图块】对话框——选择通气帽

执行【单管管径】命令，弹出如图 13-20 所示的【单标】对话框，选择管径类型为【dn】，即塑料管外径符号，管径大小根据水力计算结果填写，然后在所需要标注的管线处单击标注。

· 185 ·

以上为排水管线的基本绘制步骤和方法，其余立管、排出管及系统图绘制方法同上，各层排水管道平面图及排水管道系统图如图 11-11～图 11-16 所示。

图 13-19 【图块】对话框——选择雨水口　　　　图 13-20 【单标】对话框

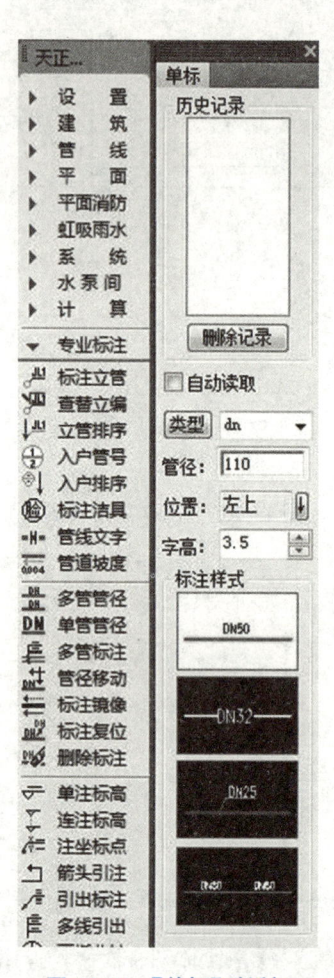

> **课堂能力提升训练**
>
> 1. 给出不同类型建筑的施工图，熟悉建筑的平面布局，应用天正给水排水软件，绘制排水管道的平面图。
> 2. 根据排水平面图，绘制排水立管系统图，并标注管径。

单元四　卫生间排水管道详图绘制

学习目标

能力目标：

1. 能够根据卫生器具位置，进行排水管道绘制及连接卫生洁具；
2. 能够根据卫生间大样图绘制卫生间排水管线系统图。

知识目标：
1. 掌握卫生间给水管线平面图及系统图绘制方法；
2. 掌握在绘制过程中各部分参数的选择。

素养目标：
1. 培养严谨、细致的工作态度；
2. 培养团队合作和沟通的能力。

一、布置洁具

布置洁具已在第五章卫生间给水管线详图绘制部分讲解，排水立管布置已在上节讲解，这里不再赘述，布置结果如图 13-21 所示。

二、绘制卫生间排水管线

绘制卫生间排水管线大样图时，管线比例为 1：50，绘图之前要先改变绘图比例，执行【文件布图】→【改变比例】命令，在命令行中输入【50】，按【Space】键确定。

改变绘图比例之后开始绘制管线，执行【管线】→【绘制管线】命令，弹出如图 13-22 所示的【管线】对话框，在弹出的【管线】对话框中单击【污水】按钮，输入需要的管径及标高，参数输入完毕后，绘制卫生间排水管线，如图 13-23 所示。

图 13-21　洁具布置

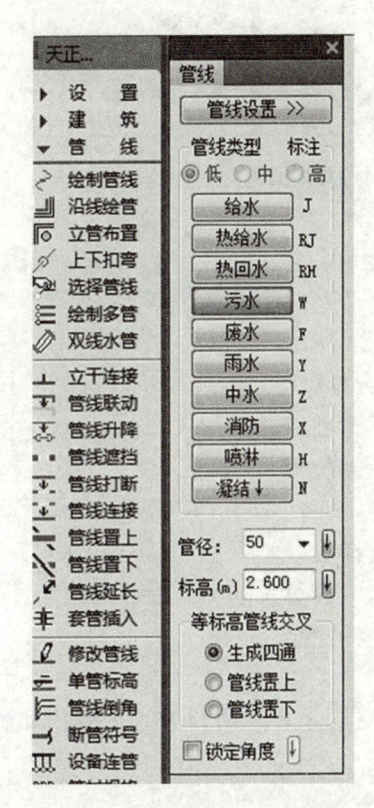

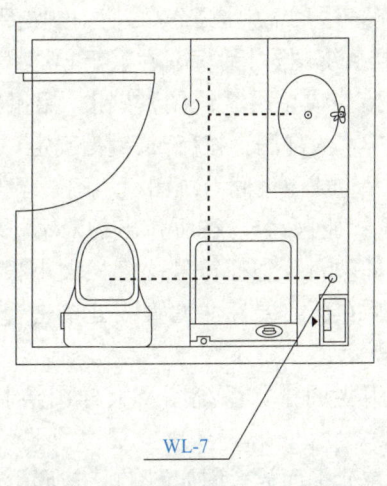

图 13-22　【管线】对话框　　　**图 13-23　卫生间排水管的绘制**

187

三、绘制排水附件

执行【平面】→【排水附件】命令，弹出如图 13-24 所示的【排水附件】对话框，分别选取【圆地漏】和【洗衣机地漏】，在排水管线适当位置单击鼠标左键，插入排水附件，如图 13-25 所示。

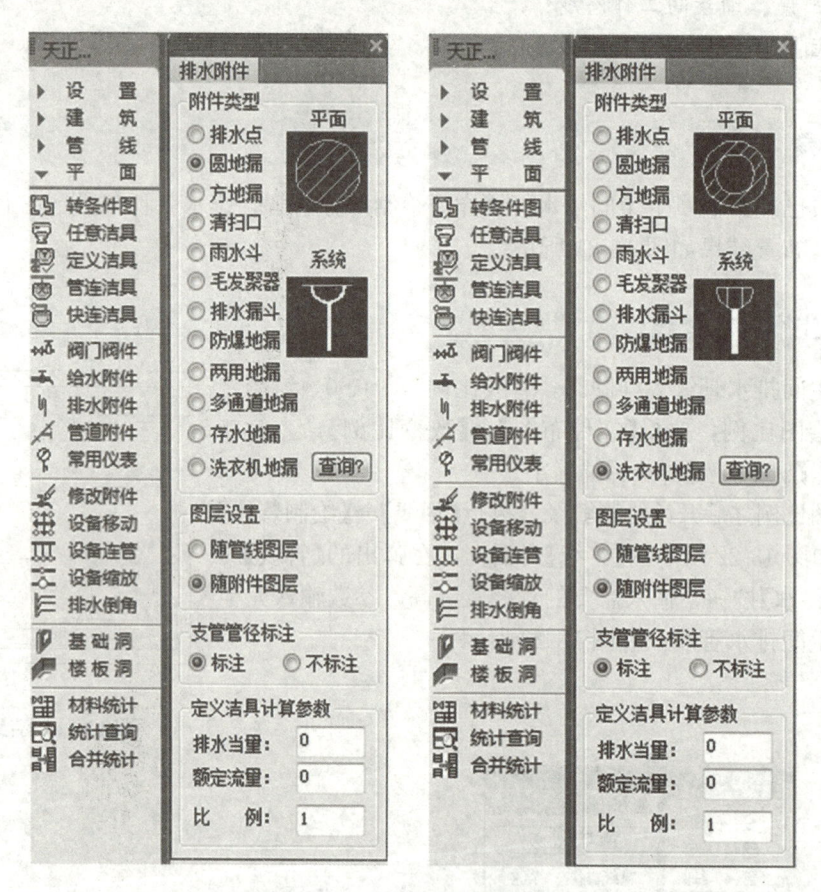

图 13-24 【排水附件】对话框

四、卫生间排水管线系统图的绘制

执行【系统】→【系统生成】命令，弹出如图 13-26 所示的【平面图生成系统图】对话框，在【管线类型】中选择【污水】，单击【直接生成单层系统图】按钮，用鼠标框选已经完成的卫生间排水大样图，按【Space】键确定，在所需位置单击鼠标左键，生成卫生间系统图。

执行【单管管径】命令，在所弹出的对话框中选择管径类型为【dn】，即塑料管外径符号，管径大小根据水力计算结果填写，然后在所需要标注的管线处单击管线，标注结果如图 13-27 所示。

其他户型卫生间排水系统图及大样图绘制方法同上，如图 13-28 所示。

排水管线单元平面放大图如图 11-16 所示。

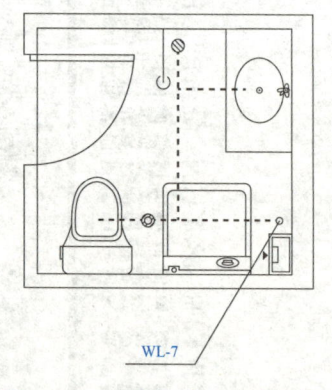

图 13-25 卫生间排水附件的绘制

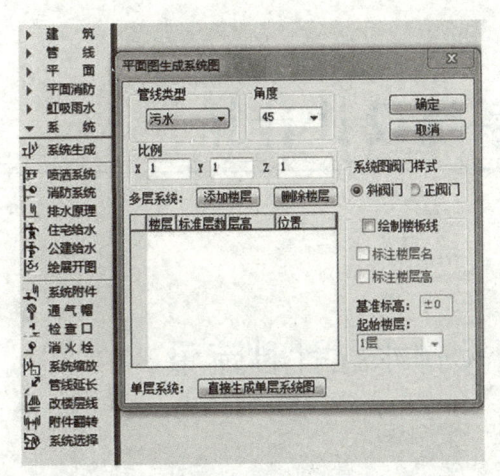

图 13-26 【平面图生成系统图】对话框　　图 13-27　卫生间排水管线系统图的绘制

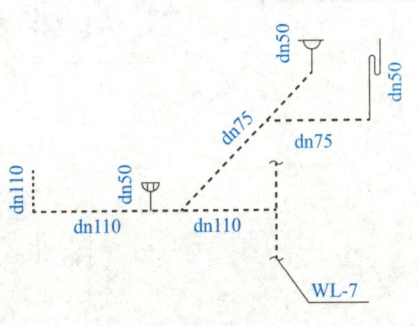

WL-6、WL-7左右对称

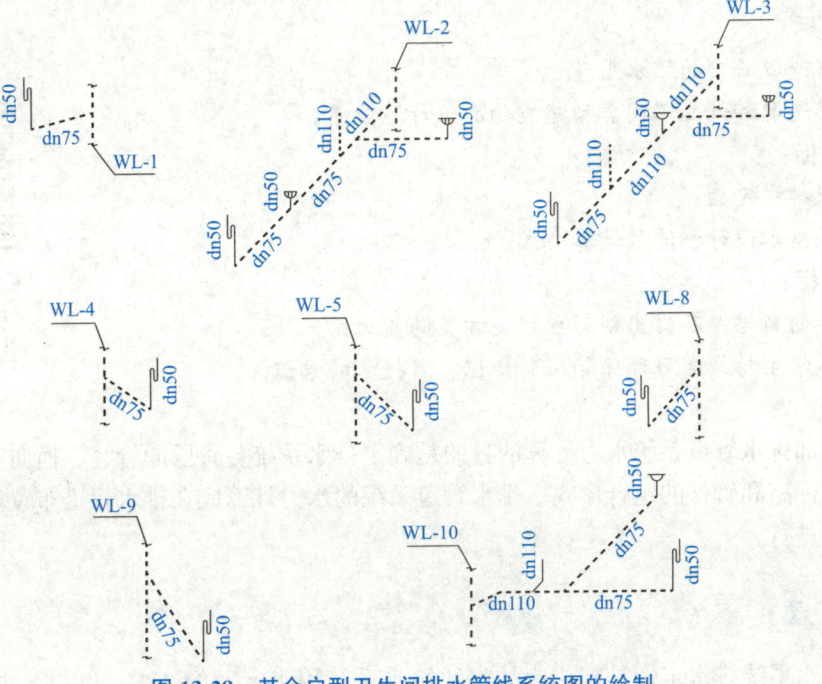

图 13-28　其余户型卫生间排水管线系统图的绘制

> 📝 **课堂能力提升训练**
>
> 1. 给出各类卫生间设计图集，学习排水布线范例。
> 2. 给出不同尺寸卫生间平面图，让学生根据所学知识，绘制卫生间内排水管线，连接支管与卫生器具，并绘制卫生间排水支管系统图。

◢ 思考题与习题

13.1　排水管道布置的总原则是什么？
13.2　建筑内部排水管道的敷设形式有哪几种？
13.3　伸顶通气立管设置高度有哪些要求？

模块十四　建筑排水系统设计计算

单元一　排水定额及排水设计秒流量

学习目标

能力目标：
1. 能够选取正确的排水当量；
2. 能够选取和计算不同类型建筑物的设计秒流量。

知识目标：
1. 掌握排水定额；
2. 掌握排水设计秒流量计算公式。

素养目标：
1. 培养创新思维及提出创新性解决方案的能力；
2. 培养学生持续学习环保领域新知识、新技术的意识。

视频：排水定额和设计秒流量

建筑内部排水管道系统水力计算的目的是确定排水系统各管段的管径、横向管道的坡度及各控制点的标高和管件的组合形式。排水管道系统的水力计算应在排水管道布置定位，绘出管道轴测图后进行。

一、排水定额

生活排水系统排水定额是其相应的生活给水系统用水定额的 85%～95%。居住小区生活排水系统小时变化系数与其相应的生活给水系统小时变化系数相同，同样公共建筑生活排水定额和小时变化系数与公共建筑生活给水定额和小时变化系数也相同。结合计算公式需要，便于计算，以污水盆的排水流量 0.33 L/s 作为一个排水当量，将其他卫生器具的排水流量与 0.33 L/s 的比值，作为该种卫生器具的排水当量。同时考虑到卫生器具排水突然、迅速、流率大的特点，一个排水当量的排水流量是一个给水当量的额定流量的 1.65 倍。

卫生器具排水定额是经过多年实测资料整理后制定的，主要用于计算各排水管段的排水设计秒流量，进而确定管径。各种卫生器具的排水流量和当量值见表 14-1。

表 14-1　卫生器具排水的流量、当量、排水管管径

序号	卫生器具名称		排水流量/(L·s^{-1})	当量	排水管管径/mm
1	洗涤盆、污水盆(池)		0.33	1.00	50
2	餐厅、厨房洗菜盆(池)	单格洗涤盆(池)	0.67	2.00	50
		双格洗涤盆(池)	1.00	3.00	50

续表

序号	卫生器具名称		排水流量/(L·s^{-1})	当量	排水管管径/mm
3	盥洗槽(每个水嘴)		0.33	1.00	50~75
4	洗手盆		0.10	0.50	32~50
5	洗脸盆		0.25	0.75	32~50
6	浴盆		1.00	3.00	50
7	淋浴器		0.15	0.45	50
8	大便器	冲洗水箱	1.50	4.50	100
		自闭式冲洗阀	1.20	3.60	100
9	医用倒便器		1.50	4.50	100
10	小便器	自闭式冲洗阀	0.10	0.30	40~50
		感应式冲洗阀	0.10	0.30	40~50
11	小便槽	≤4 个蹲位	2.50	7.50	100
		>4 个蹲位	3.00	9.00	150
12	小便槽(每米长)	自动冲洗水箱	0.17	0.50	—
13	化验盆(无塞)		0.20	0.60	40~50
14	净身器		0.10	0.30	40~50
15	饮水器		0.05	0.15	25~50
16	家用洗衣机		0.50	1.50	50

注：家用洗衣机下排水软管直径为 30 mm，上排水软管内径为 19 mm。

二、设计秒流量

建筑内部排水系统的设计秒流量是按瞬时高峰排水量制定的。目前国内使用的计算公式有下列两种形式：

(1)住宅、宿舍(居室内设卫生间)、旅馆、宾馆、酒店式公寓、医院、疗养院、幼儿园、养老院、办公楼、商场、图书馆、书店、客运中心、航站楼、会展中心、中小学教学楼、食堂或营业餐厅等建筑生活排水管道设计秒流量，应按下式计算：

$$q_p = 0.12\alpha \sqrt{N_p} + q_{max}$$

式中 q_p——计算管段排水设计秒流量(L/s)；

N_p——计算管段的卫生器具排水当量总数；

α——根据建筑物用途而定的系数，按表 14-2 确定；

q_{max}——计算管段上最大一个卫生器具的排水流量(L/s)。

当计算所得流量值大于该管段上按卫生器具排水流量累加值时，应按卫生器具排水流量累加值计。

表 14-2 根据建筑物用途而定的系数 α 值

建筑物名称	住宅、宿舍(居室内设卫生间)、宾馆、酒店式公寓、医院、疗养院、幼儿园、养老院的卫生间	旅馆和其他公共建筑的盥洗室和厕所间
α 值	1.5	2.0~2.5

(2)宿舍(设公用盥洗卫生间)、工业企业生活间、公共浴室、洗衣房、职工食堂或营业餐厅的厨房、实验室、影剧院、体育场(馆)等建筑的生活排水管道设计秒流量,应按下式计算:

$$q_p = \sum q_{p0} n_0 b_p$$

式中　q_{p0}——同类型的一个卫生器具排水流量(L/s);
　　　n_0——同类型卫生器具数;
　　　b_p——卫生器具的同时排水百分数,按表6-7～表6-9的规定采用。冲洗水箱大便器的同时排水百分数应按12%计算。

当计算值小于一个大便器排水流量时,应按一个大便器的排水流量计算。

> **课堂能力提升训练**
> 1. 给出不同类型建筑物的排水系统图,让学生计算各个管段的设计秒流量;
> 2. 思考设计秒流量和实际流量的关系。

单元二　排水管道的水力计算

学习目标

能力目标:
1. 能够通过排水横管水力计算选取合适管径的排水横管;
2. 能够通过排水立管水力计算选取合适管径的排水立管;
3. 能够选取合适管径的通气管。

知识目标:
1. 掌握排水横管水力计算方法;
2. 掌握排水立管水力计算方法。

素养目标:
1. 培养采集实际工程中所需的水力计算数据的能力;
2. 培养识别和解决实际工程问题的能力。

视频:水力计算

一、排水横管的水力计算

(一)计算规定

为了使排水管道在良好的水力条件下工作,必须满足下述3个水力要素的规定:

1. 充满度

排水管道内的污水是在非满管流动的情况下自流排出室外的,管道充满度为管内水深 h 与管径 D 的比值。管道顶部未充满水的目的在于排出管道内的臭气和有害气体,容纳超过设计的高峰流量,以及减少管道内气压波动。因此,设计规范规定了排水管道的最大设计充满度,见表14-3、表14-4。

表 14-3　建筑物内生活排水铸铁管道的最小坡度和最大设计充满度

管径/mm	通用坡度	最小坡度	最大设计充满度
50	0.035	0.025	0.5
75	0.025	0.015	
100	0.5	0.012	
125	0.015	0.010	
150	0.010	0.007	0.6
200	0.008	0.005	

表 14-4　建筑排水塑料横管的坡度、设计充满度

外径/mm	通用坡度	最小坡度	最大设计充满度
110	0.012	0.004 0	0.5
125	0.010	0.003 5	
160	0.007	0.003 0	0.6
200	0.005		
250			
315			

注：胶圈密封接口的塑料排水横支管可调整为通用坡度。

2. 管道坡度

污水中含有固体杂质，如果管道坡度过小，污水的流速慢，固体杂物会在管内沉淀淤积，减小过水断面积，造成排水不畅或堵塞管道，为此对管道坡度做了规定。建筑内部生活排水管道的坡度有通用坡度和最小坡度两种，见表 14-3、表 14-4。通用坡度是指正常条件下应予保证的坡度；最小坡度为必须保证的坡度。一般情况下应采用通用坡度，当横管过长或建筑空间受限制时，可采用最小坡度。标准的塑料排水管件（三通、弯头）的夹角为 91.5°，所以，塑料排水横支管的标准坡度均为 0.026，最大设计充满度为 0.5。

3. 最小管径

为了排水通畅，防止管道堵塞，规定了最小管径：大便器排水管最小管径不得小于 100 mm；建筑物内排出管最小管径不得小于 50 mm；多层住宅厨房间的立管管径不宜小于 75 mm；单根排水立管的排出管宜与排水立管具有相同管径。

下列场所设置排水横管时，管径的确定应符合下列规定：

当公共食堂厨房内的污水采用管道排除时，其管径应比计算管径大一级，且干管管径不得小于 100 mm，支管管径不得小于 75 mm；医疗机构污物洗涤盆（池）和污水盆（池）的排水管管径不得小于 75 mm；小便槽或连接 3 个及 3 个以上的小便器，其污水支管管径不宜小于 75 mm；公共浴池的泄水管管径不宜小于 100 mm。

（二）水力计算方法

对于横干管和连接多个卫生器具的横支管，应逐段计算各段的排水设计秒流量，通过水力计算来确定各管段的管径和坡度。排水横管按重力流计算，水力计算公式为

$$q_p = A \cdot v$$

$$v = \frac{1}{n} R^{\frac{2}{3}} \cdot I^{\frac{1}{2}}$$

式中 q_p——计算管段排水设计秒流量(L/s);

A——管道在设计充满度的过水断面(m^2);

v——速度(m/s);

R——水力半径(m);

I——水力坡度,采用排水管的坡度;

n——粗糙系数,铸铁管为0.013;混凝土管、钢筋混凝土管为0.013~0.014;钢管为0.012;塑料管为0.009。

为方便计算,已经制有排水管道的水力计算表。排水管道实际设计计算时,在符合最大设计充满度、最小坡度和最小管径的前提下,查表14-5、表14-6确定管径。

表14-5 建筑内部排水铸铁管水力计算表($n=0.013$)

坡度	生产污水													
	$h/D=0.6$				$h/D=0.7$						$h/D=0.8$					
	DN50		DN75		DN100		DN125		DN150		DN200		DN250		DN300	
	q	v	q	v	q	v	q	v	q	v	q	v	q	v	q	v
0.003													52.50	0.87		
0.0035													35.00	0.83	56.70	0.94
0.004									20.60	0.77	37.40	0.89	60.60	1.01
0.005									23.00	0.86	41.80	1.00	67.90	1.11
0.006									9.70	0.75	25.20	0.94	46.00	1.09	74.40	1.24
0.007									10.50	0.81	27.20	1.02	49.50	1.18	80.40	1.33
0.008									11.20	0.87	29.00	1.09	53.00	1.26	85.80	1.42
0.009									11.90	0.92	30.80	1.15	56.00	1.33	91.00	1.51
0.01							7.80	0.86	12.50	0.97	32.60	1.22	59.20	1.41	96.00	1.59
0.012					4.64	0.81	8.50	0.95	13.70	1.06	35.60	1.33	64.70	1.54	105.00	1.74
0.015					5.20	0.90	9.50	1.06	15.40	1.19	40.00	1.49	72.50	1.72	118.00	1.95
0.02			2.25	0.83	6.00	1.04	11.00	1.22	17.70	1.37	46.00	1.72	83.60	1.99	135.80	2.25
0.025			2.51	0.93	6.70	1.16	12.30	1.36	19.80	1.53	51.40	1.92	93.50	2.22	151.00	2.51
0.03	0.97	0.79	2.76	1.02	7.35	1.28	13.50	1.50	21.70	1.68	56.50	2.11	102.50	2.44	166.00	2.76
0.035	1.05	0.85	2.98	1.10	7.95	1.38	14.60	1.60	23.40	1.81	61.00	2.28	111.00	2.64	180.00	2.98
0.04	1.12	0.91	3.18	1.17	8.50	1.47	15.60	1.73	25.00	1.94	65.00	2.44	118.00	2.82	192.00	3.18
0.045	1.19	0.96	3.38	1.25	9.00	1.56	16.50	1.83	26.60	2.06	69.00	2.58	126.00	3.00	204.00	3.38
0.05	1.25	1.01	3.55	1.31	9.50	1.64	17.40	1.93	28.00	2.17	72.60	2.72	132.00	3.15	214.00	3.55
0.06	1.37	1.11	3.90	1.44	10.40	1.80	19.00	2.11	30.60	2.38	79.60	2.98	145.00	3.45	235.00	3.90
0.07	1.48	1.20	4.20	1.55	11.20	1.95	20.00	2.28	33.10	2.56	86.00	3.22	156.00	3.73	254.00	4.20
0.08	1.58	1.28	4.50	1.66	12.00	2.08	22.00	2.44	35.40	2.74	93.40	3.47	165.50	3.94	274.00	4.40
坡度	生产废水															
	$h/D=0.6$				$h/D=0.7$						$h/D=1.0$					
	DN50		DN75		DN100		DN125		DN150		DN200		DN250		DN300	
	q	v	q	v	q	v	q	v	q	v	q	v	q	v	q	v
0.003													53.00	0.75		
0.0035													35.40	0.72	57.30	0.81

续表

坡度	生产废水													
	$h/D=0.6$				$h/D=0.7$						$h/D=1.0$			
	DN50		DN75		DN100		DN125		DN150		DN200		DN250		DN300	
	q	v	q	v	q	v	q	v	q	v	q	v	q	v
0.004											20.80	0.66	37.80	0.77	61.20	0.87
0.005									8.85	0.68	23.25	0.74	42.25	0.86	68.50	0.97
0.006					6.00	0.67	9.70	0.75	25.50	0.81	46.40	0.94	75.00	1.06
0.007					6.50	0.72	10.50	0.81	27.50	0.88	50.00	1.02	81.00	1.15
0.008					3.80	0.66	6.95	0.77	11.20	0.87	29.40	0.94	53.50	1.09	86.50	1.23
0.009					4.02	0.70	7.36	0.82	11.90	0.92	31.20	0.99	56.50	1.15	92.00	1.30
0.01					4.25	0.74	7.80	0.86	12.50	0.97	33.00	1.05	59.70	1.22	97.00	1.37
0.012					4.64	0.81	8.50	0.95	13.70	1.06	36.00	1.15	65.30	1.33	106.00	1.50
0.015			1.95	0.72	5.20	0.90	9.50	1.06	15.40	1.19	40.30	1.28	73.20	1.49	119.00	1.68
0.02	0.79	0.46	2.25	0.83	6.00	1.04	11.00	1.22	17.70	1.37	46.50	1.48	84.50	1.72	137.00	1.94
0.025	0.88	0.72	2.51	0.93	6.70	1.16	12.30	1.36	19.80	1.53	52.00	1.65	94.40	1.92	153.00	2.17
0.03	0.97	0.79	2.76	1.02	7.35	1.28	13.50	1.50	21.70	1.68	57.00	1.82	103.50	2.11	168.00	2.38
0.035	1.05	0.85	2.98	1.10	7.95	1.38	14.60	1.60	23.40	1.81	61.50	1.96	112.00	2.28	181.00	2.57
0.04	1.12	0.91	3.18	1.17	8.50	1.47	15.60	1.73	25.00	1.94	66.00	2.10	120.00	2.44	194.00	2.75
0.045	1.19	0.96	3.38	1.25	9.00	1.56	16.50	1.83	26.60	2.06	70.00	2.22	127.00	2.58	206.00	2.91
0.05	1.25	1.01	3.55	1.31	9.50	1.64	17.40	1.93	28.00	2.17	73.50	2.34	134.00	2.72	217.00	3.06
0.06	1.37	1.11	3.90	1.44	10.40	1.80	19.00	2.11	30.60	2.38	80.50	2.56	146.00	2.98	238.00	3.36
0.07	1.48	1.20	4.20	1.55	11.20	1.95	20.60	2.28	33.10	2.56	87.00	2.77	158.00	3.22	256.00	3.64
0.08	1.58	1.28	4.50	1.66	12.00	2.08	22.00	2.44	35.40	2.74	93.00	2.96	169.00	3.44	274.00	3.88

坡度	生活污水											
	$h/D=0.5$								$h/D=0.7$			
	DN50		DN75		DN100		DN125		DN150		DN200	
	q	v	q	v	q	v	q	v	q	v	q	v
0.003												
0.0035												
0.004												
0.005											15.35	0.80
0.006											16.90	0.88
0.007									8.46	0.78	18.20	0.95
0.008									9.04	0.83	19.40	1.01
0.009									9.56	0.89	20.60	1.07
0.01							4.97	0.81	10.10	0.94	21.70	1.13
0.012					2.90	0.72	5.44	0.89	11.00	1.02	23.80	1.24
0.015			1.48	0.67	3.23	0.81	6.08	0.99	12.40	1.14	26.60	1.39
0.02			1.70	0.77	3.72	0.93	7.02	1.15	14.30	1.32	30.70	1.60
0.025	0.65	0.66	1.90	0.86	4.17	1.05	7.85	1.28	16.00	1.47	35.30	1.79

续表

坡度	生活污水									
	$h/D=0.5$								$h/D=0.7$	
	DN50		DN75		DN100		DN125		DN150		DN200	
	q	v	q	v	q	v	q	v	q	v	q	v
0.03	0.71	0.72	2.08	0.94	4.55	1.14	8.60	1.39	17.50	1.62	37.70	1.96
0.035	0.77	0.78	2.26	1.02	4.94	1.24	9.29	1.51	18.90	1.75	40.60	2.12
0.04	0.81	0.83	2.40	1.09	5.26	1.32	9.93	1.62	20.20	1.87	43.50	2.27
0.045	0.87	0.89	2.56	1.16	5.60	1.40	10.52	1.71	21.50	1.98	46.10	2.40
0.05	0.91	0.93	2.60	1.23	5.88	1.48	11.10	1.89	22.60	2.09	48.50	2.53
0.06	1.00	1.02	2.94	1.33	6.45	1.62	12.14	1.98	24.80	2.29	53.20	2.77
0.07	1.08	1.10	3.18	1.42	6.97	1.75	13.15	2.14	26.80	2.47	57.50	3.00
0.08	1.18	1.16	3.35	1.52	7.50	1.87	14.05	2.28	30.44	2.73	65.40	3.32

注：表中单位，q—L/s；v—m/s；DN—mm。

表 14-6　建筑内部排水塑料管水力计算表（$n=0.009$）

坡度	$h/D=0.5$						$h/D=0.6$	
	dn50		dn75		dn110		dn160	
	q	v	q	v	q	v	q	v
0.002							6.48	0.60
0.004					2.59	0.62	9.68	0.85
0.006					3.17	0.75	11.86	1.04
0.007			1.21	0.63	3.43	0.81	12.80	1.13
0.010			1.44	0.75	4.10	0.97	15.30	1.35
0.012	0.52	0.62	1.58	0.82	4.49	1.07	16.77	1.48
0.015	0.58	0.69	1.77	0.92	5.02	1.19	18.74	1.65
0.020	0.66	0.80	2.04	1.06	5.79	1.38	21.65	1.90
0.026	0.76	0.91	2.33	1.21	6.61	1.57	24.67	2.17
0.030	0.81	0.98	2.50	1.30	7.10	1.68	26.51	2.33
0.035	0.88	1.06	2.70	1.40	7.67	1.82	28.63	2.52
0.040	0.94	1.13	2.89	1.50	8.19	1.95	30.61	2.69
0.045	1.00	1.20	3.06	1.59	8.69	2.06	32.47	2.86
0.050	1.05	1.27	3.23	1.68	9.16	2.17	34.22	3.01
0.060	1.15	1.39	3.53	1.84	10.04	2.38	37.49	3.30
0.070	1.24	1.50	3.82	1.98	10.84	2.57	40.49	3.56
0.080	1.33	1.60	4.08	2.12	11.59	2.75	43.29	3.81

当建筑底层无通气的排水管道与其他楼层管道分开单独排出时，其排水横支管管径可按表 14-7 确定。

表 14-7　无通气的底层单独排出的排水横支管最大设计排水能力

排水横支管管径/mm	50	75	100	125	150
最大设计排水能力/(L·s^{-1})	1.0	1.7	2.5	3.5	1.8

二、排水立管的水力计算

排水立管管径是根据最大排水能力确定的。经过对排水立管排水能力的研究分析,考虑排水立管的通气功能,按非满流使用。生活排水立管的最大设计排水能力应按表 14-8 确定。

表 14-8 排水立管最大排水能力

排水立管系统类型			最大设计通水能力/(L·s^{-1}) 排水立管管径/mm				
			50	75	100(110)	125	150(160)
伸顶通气	立管与横支管连接配件	90°顺水三通	0.8	1.3	3.2	4.0	5.7
		45°斜三通	1.0	1.7	4.0	5.2	7.4
专用通气	专用通气管 75 mm	结合通气管每层连接	—	—	5.5	—	—
		结合通气管隔层连接	—	3.0	4.4	—	—
	专用通气管 100 mm	结合通气管每层连接	—	—	8.8	—	—
		结合通气管隔层连接	—	—	4.8	—	—
	主、副通气立管+环形通气管		—	—	11.5	—	—
自循环通气	专用通气形式		—	—	4.4	—	—
	环形通气形式		—	—	5.9	—	—
特殊单立管	混合器		—	—	4.5	—	—
	内螺旋管+旋流器	普通型	—	1.7	3.5	—	8.0
		加强型	—	—	6.3	—	—

管径 DN100 的塑料排水管公称外径为 de110 mm,管径 DN150 的塑料排水管公称外径为 de160 mm。排水立管工作高度,按最高排水横支管和立管连接点至排出管中心线间的距离计算。当排水立管工作高度在表中列出的两个高度值之间时,可用内插法求得排水立管的最大排水能力数值。排水立管管径不得小于横支管管径。

三、通气管的水力计算

通气管的管材一半与排水管的管材相同,可采用塑料排水管和柔性接口机制排水铸铁管等。

通气管管径应根据排水管负荷、管道的长度等来确定,一般不宜小于排水管管径的 1/2,其最小管径可按表 14-9 确定。

表 14-9 通气管最小管径(mm)

通气管名称	排水管管径			
	50	75	100	150
器具通气管	32	—	50	—
环形通气管	32	40	50	—
通气立管	40	50	75	100

通气管的管径在确定时还应遵守以下规定:
(1)通气立管长度大于 50 m 时,其管径(包括伸顶通气部分)应与排水立管管径相同。
(2)通气立管长度不大于 50 m,且两根及两根以上排水立管同时与一根通气立管相连时,应以最大一根排水立管按表 14-9 确定通气立管管径,且管径不宜小于其余任何一根排水立管管径，伸顶通气部分管径应与最大一根排水立管管径相同。

（3）结合通气管的管径不得小于通气立管管径。

（4）伸顶通气管管径与排水立管管径相同。但在最冷月平均气温低于-13 ℃的地区，应在室内平顶或吊顶以下0.3 m处将管径放大一级。

（5）当两根或两根以上污水立管的通气管汇合连接时，汇合通气管的断面面积应为最大一根通气管的断面面积加其余通气管断面面积之和的25%。

> **课堂能力提升训练**
>
> 给出不同类型建筑物的排水系统图，让学生根据水力计算结果选取横支管、立管、横干管和通气管的管径。

单元三　污废水的局部处理与提升

学习目标

能力目标：
1. 能够正确选取不同的污废水局部处理构筑物；
2. 能够选取合适的污水提升泵。

知识目标：
1. 掌握化粪池等污废水构筑物的有效容积计算和设置要求；
2. 掌握污水提升泵的选型要求和集水池的容积要求。

素养目标：
1. 培养严谨认真的工作态度；
2. 培养环保意识，认识到污废水对环境和人类健康的影响。

视频：污废水提升与局部处理

一、污废水的局部处理

在建筑内部污水未经处理不允许直接排入市政排水管网或水体时，应在建筑物内或附近设置局部处理构筑物予以处理，如化粪池、隔油池、降温池、沉砂池等。

（一）化粪池

化粪池是一种利用沉淀和厌氧发酵原理去除生活污水中悬浮性有机物的最低级处理构筑物，目前仍是我国广泛采用的一种分散、过渡性的污水处理设施。

1. 化粪池的有效容积计算

$$V=V_1+V_2=\frac{\alpha N \cdot q \cdot t}{24\times 1\,000}+\frac{\alpha N \cdot a \cdot T \cdot (1-b) \cdot K \cdot m}{(1-c)\times 1\,000}(m^3)$$

式中　V——化粪池有效容积(m^3)；

　　　V_1——污水部分容积(m^3)；

　　　V_2——污泥部分容积(m^3)；

　　　N——化粪池服务总人数（或床位数、座位数）；

α——使用卫生器具人数占总人数的百分比,与人们在建筑内停留时间有关,医院、疗养院、养老院和有住宿的幼儿园取 100%;住宅、集体宿舍、旅馆取 70%;办公室、教学楼、实验楼、工业企业生活间取 40%;职工食堂、餐饮业、影剧院、体育场、商场和其他类似公共场所(按座位计)取 5%~10%;

q——每人每日污水量,生活污水与生活废水合流排出时,为用水量的 85%~95%,生活污水单独排放时,生活污水量 15~20 L/(人·d);

a——每人每日污泥量,生活污水与生活废水合流排放时取 0.7 L/(人·d),生活污水单独排放时取 0.4 L/(人·d);

t——污水在化粪池内停留时间,h,一般取 12~24 h,当化粪池作为医院污水消毒前的预处理时,停留时间不小于 36 h;

T——污泥清掏周期(d),宜采用 90~360 d,当化粪池作为医院污水消毒前的预处理时,污泥清掏周期宜为一年;

b——新鲜污泥含水率,取 95%;

c——污泥发酵浓缩后的含水率,取 90%;

K——污泥发酵后体积缩减系数,取 0.8;

m——清掏污泥后遗留的熟污泥量容积系数,取 1.2。

2. 化粪池的选型

化粪池有矩形和圆形两种,对于矩形化粪池,当日处理污水量小于或等于 10 m³ 时,采用双格,当日污水处理量大于 10 m³ 时,采用三格。图 14-1 所示为双格和三格矩形化粪池的构造。根据上面计算的化粪池有效容积,在相应的国家和地方标准图中选取合适的化粪池。

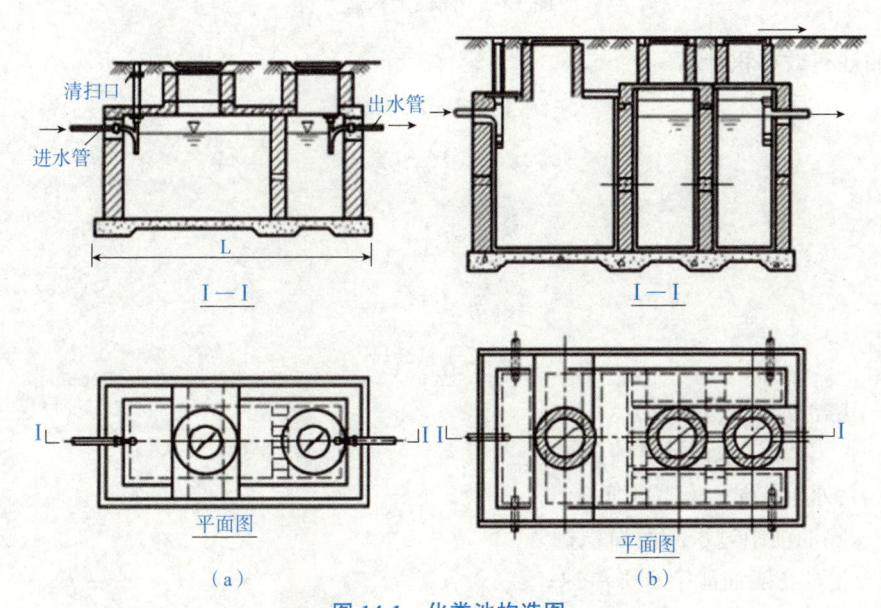

图 14-1 化粪池构造图
(a)双格化粪池;(b)三格化粪池

3. 化粪池设置要求

(1)化粪池应设在室外,外壁距建筑物外墙不宜小于 5 m,并不得影响建筑物基础;化粪池外壁距地下水取水构筑物外壁宜有不小于 30 m 的距离。当受条件限制化粪池不得不设置在室内时,必须采取通气、防臭、防爆等措施。

(2)化粪池应根据每日排水量、交通、污泥清掏等因素综合考虑集中设置;宜设置在接户管的下游端，便于机动车清掏的位置。

(二)隔油池

隔油池属于除油装置。公共食堂和饮食业排放的污水中含有植物油和动物油脂。污水中含油量的多少与地区、生活习惯有关，一般为 50～150 mg/L。厨房洗涤水中含油量约为 750 mg/L。据调查，含油量超过 400 mg/L 的污水排入下水道后，随着水温的下降，污水中挟带的油脂颗粒便开始凝固，黏附在管壁上，使管道过水断面减少，堵塞管道，故含油污水应经除油装置后方可排入污水管道。除油装置还可以回收废油脂，变废为宝。汽车修理厂、汽车库及其他类似场所排放的污水中含有汽油、煤油等易爆物质，也应经除油装置进行处理。图 14-2 所示为隔油池构造。

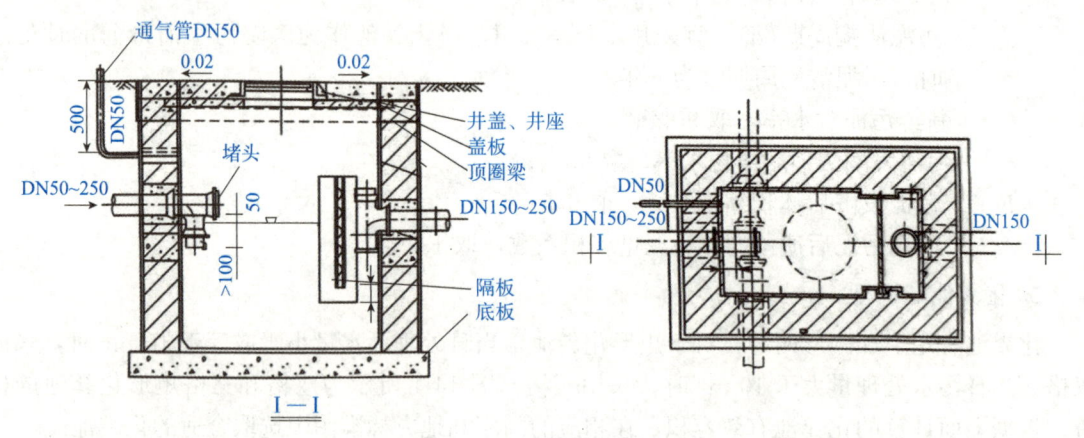

图 14-2　隔油池构造

1. 隔油池有效容积计算

$$V = 60Q_{max}t$$

$$A = \frac{Q_{max}}{v}$$

$$L = \frac{V}{A}$$

$$b = \frac{A}{h}$$

$$V_1 \geq 0.25V$$

式中　V——隔油池有效容积；
　　　Q_{max}——含油污水设计秒流量；
　　　t——污水在隔油池停留时间；
　　　A——隔油池中过水断面面积；
　　　v——污水在隔油池中水平流速；
　　　b——隔油池宽；
　　　h——隔油池有效水深；
　　　V_1——贮油部分容积。

2. 隔油池设计应符合的规定

(1)污水流量应按设计秒流量计算。
(2)含食用油污水在池内的流速不得大于 0.005 m/s，在池内停留的时间宜为 2～10 min。
(3)人工除油的隔油池内存油部分的容积，不得小于该池有效容积的 25%。

(4)隔油池应设活动盖板。进水管应考虑有清通的可能，出水管管底至池底的深度不得小于 0.6 m。

(三)降温池

温度高于 40 ℃的污(废)水，排入城镇排水管道前，应采取降温措施。一般宜设降温池，其降温方法主要为二次蒸发，通过水面散热添加冷却水的方法，以利用废水冷却降温为好。

对温度较高的污(废)水，应考虑将其所含热量回收利用，然后采用冷却水降温的方法，当污(废)水中余热不能回收利用时，可采用常压下先二次蒸发，然后冷却降温，降温池的构造如图 14-3 所示。

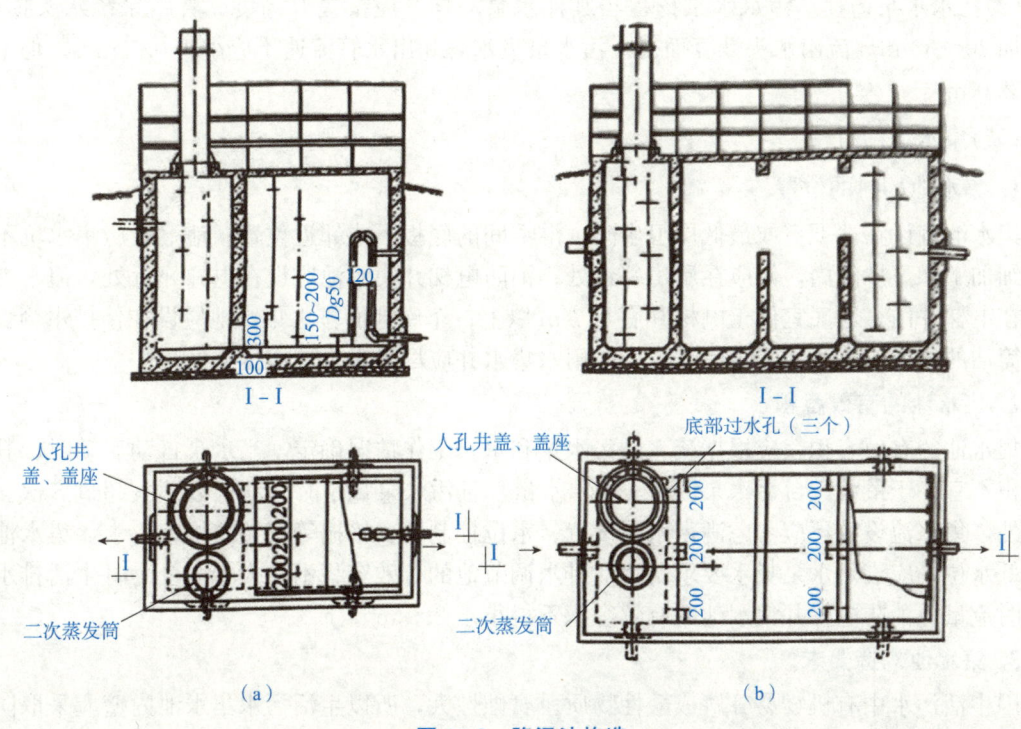

图 14-3 降温池构造
(a)虹吸式降温池；(b)隔板式降温池

二、污废水提升

(一)污水泵

建筑内部常用的污水泵有潜水排污泵、液下排水泵、立式排水泵等。

1. 污水泵房的位置

污水泵房应设置在有良好通风的地下室或底层单独的房间内，并应有卫生防护隔离带，且应靠近集水池；应使室内排水管道和水泵出水管尽量简短，并应考虑维修检测上的方便。污水泵房不得设在对卫生环境有特殊要求的生产厂房和公共建筑内，且不得设在有安静和防振要求的房间内。

2. 污水泵的管线和控制

污水泵的排出管道为压力排水，宜单独排至室外，不要与自流排水合用排出管，排出管的横管段应有坡度坡向出口。由于建筑物内场地一般较小，排水量不大，故污水泵应优先选用潜水排污泵和液下排水泵，其中液下排水泵一般在重要场所使用。当 2 台或 2 台以上水泵共用一条出水管时，应在每台水泵出水管上装设阀门和止回阀；单台水泵排水有可能产生倒灌时，应设置止回阀。

为了保证排水，公共建筑内应以每个生活污水集水池为单位设置一台备用泵，平时宜交互运行。地下室、设备机房、车库冲洗地面的排水，如有 2 台或 2 台以上污水泵时可不设备用泵。当集水池不能设事故排出管时，污水泵应有不间断的动力供应；当能关闭污水进水管时，可不设不间断动力供应，但应设置报警装置。

3. 污水泵的选择

(1) 污水水泵流量。建筑物内的污水水泵的流量应按生活排水设计秒流量选定。当有排水量调节时，可按生活排水最大小时流量选定。消防电梯集水池内的排水泵流量不小于 10 L/s。

(2) 污水水泵扬程。污水水泵扬程与其他水泵一样，应按提升高度、管路系统水头损失，另附加 20～30 kPa 流出水头计算而得。污水泵吸水管和出水管流速不应小于 0.7 m/s，但不宜大于 2.0 m/s。

(二) 集水池(井)

1. 集水池(井)的位置

集水池宜设在地下室或最低层卫生间、淋浴间的底板下或邻近位置；地下厨房集水坑不宜设在细加工和烹炒间内，但应在厨房邻近处；消防电梯井集水池应设在电梯邻近处，但不能直接设在电梯井内，池底宜低于电梯井底 0.7 m 以上；车库地面排水集水池应设在使排水管、沟尽量简洁的地方；收集地下车库坡道处的雨水集水井应尽量靠近坡道尽头处。

2. 集水池的有效容积

集水池的有效容积，应根据流入的污水量和水泵工作情况确定，当水泵自动启动时，其有效容积不宜小于最大一台污水泵 5 min 的出水量，且污水泵每小时启动次数不宜超过 6 次。除此之外，集水池设计还应考虑满足水泵设置、水位控制器、格栅等安装、检查要求，集水池设计最低水位，应满足水泵吸水要求。生活排水调节池的有效容积不得大于 6 个小时生活排水平均小时流量。消防电梯井集水池的有效容积不得小于 2.0 m³。

3. 集水池构造要求

因生活污水中有机物易分解成酸性物质，腐蚀性大，所以生活污水集水池内壁应采取防腐防渗漏措施。集水池底应有不小于 0.05 的坡度坡向泵位，并在池底设置自冲管。集水坑的深度及其平面尺寸，应按水泵类型而定。集水池应设置水位指示装置，必要时应设置超警戒水位报警装置，将信号引至物业服务中心。集水池如设置在室内地下室时，池盖应密封，并设通气管系；室内有敞开的集水池时，应设强制通风装置。

> **课堂能力提升训练**
>
> 给出某住宅楼施工图设计说明，让学生根据基础数据计算所需化粪池有效容积，并在图集上选取合适的化粪池型号。

思考题与习题

14.1　什么是排水定额？它与给水定额的关系是什么？

14.2　排水横干管的水力计算要考虑哪几点水力要素？

14.3　排水立管的管径如何选取？

模块十五　建筑热水供应系统施工图识读

单元一　建筑热水供应系统的分类和组成

学习目标

能力目标：
1. 能判别热水供应系统的类别；
2. 能说出热水供应系统的组成及各部分功能；
3. 能看懂建筑热水供应系统的工作过程。

知识目标：
1. 了解热水供应系统的类别；
2. 掌握热水供应系统的组成；
3. 理解热水供应系统各组成部分的功能。

素养目标：
1. 培养降低能耗和运行成本意识；
2. 培养职业协调合作意识，发挥协同效应。

视频：热水系统的分类与组成

一、热水供应系统的分类

建筑热水供应系统按照热水供应范围分为局部热水供应系统、集中热水供应系统和区域性热水供应系统。

（1）局部热水供应系统采用小型加热器进行加热，供局部范围的一个或多个用水点来使用的热水系统，适用于标准较低的民用和部分公共建筑、热水用水点少的公共食堂、医疗卫生等建筑，采用电加热器、太阳能、小型锅炉、蒸汽加热器等。

（2）集中热水供应系统的供热范围要大于局部热水供应系统，在锅炉房、热交换站将水加热，并通过热水管网输送至建筑中各用水点，适用于用水点比较集中的建筑物，如宾馆、医院、商务楼和高级住宅等。

（3）区域性热水供应系统的供热范围是向建筑群供应热水，在热电站、区域性的锅炉房或热交换站集中加热，通过市政热力网输送至建筑群的各个建筑，再经室内热水管网送至各用水点的热水系统。

二、热水供应系统的组成

热水供应系统的工作原理是锅炉产生的蒸汽经热媒管道送入水加热器，把冷水加热。蒸汽放出汽化潜热后变成凝结水，经凝水管排至凝结水箱，凝结水泵把凝结水箱的水打入锅炉再重新加热成蒸汽。水加热器中的热水由配水管送到各个用水点。水加热器中所需要的冷水由冷水箱供给。

热水供应系统由热媒循环管网、热水配水管网、管网附件组成。

(1)热媒循环管网又称为第一循环系统，由热源、水加热器和热媒管网组成，锅炉生产的蒸汽或过热水通过热媒管网送入水加热器加热冷水，经过热交换器交换蒸汽变成冷凝水，回到凝结水箱，由凝结水泵将凝结水送回锅炉重新加热成蒸汽。

(2)热水配水管网又称为第二循环系统，由热水配水管网和循环管网组成，配水管网将加热器中加热到一定温度的热水送到各个配水点，冷水由高位水箱或给水管网补给。为保证各个用水点随时都有规定水温的热水，在支管和干管中设循环管网，使一部分水回加热器后重新加热，用来补偿热量、损失，保证各配水点的水温。

(3)管网附件包括各种阀门、水龙头、管道补偿器、疏水器、温度自动调节器、温度计等。

三、热水加热方式

热水加热方式分为直接加热方式、间接加热方式。

(1)直接加热方式也称为一次换热，利用热水锅炉，把冷水直接加热到所需要的温度，或将蒸汽或高温水通过穿孔管或喷射器直接与冷水接触混合制备热水。其具有热效率高和节能的优点，能制备高质量的热媒，但是噪声大，对蒸汽质量要求高，一般适用于具有合格的蒸汽热媒，且对噪声无严格要求的公共浴室、洗衣房和工矿企业等。

(2)间接加热方式也称为二次加热，是利用热媒通过水加热器把热量传递给冷水，将冷水加热到所需的热水温度，而热媒在整个加热过程中与被加热的水不直接接触。这种加热方式噪声较小，被加热的水不会造成污染，运行安全可靠，适用于要求供水安全稳定、噪声低的宾馆、住宅、医院和办公楼。

四、热水供水方式

按照管网有无循环管道，热水供水可分为全循环、半循环和无循环的方式(图15-1)；按照循环方式不同，热水供水可分为机械循环和自然循环；按照配水干管在建筑内布置的不同，热水供水可分为下行上给式和上行下给式。

(1)全循环热水供应方式，如图15-1(a)所示，它所有的供水干管、立管和支管都设有相同的回水管道，可以保证配水管网中的任意点的水温。冷水从冷水箱经冷水管从下部进入水加热器，热水从上部流出，经过上部的热水干管、立管和支管送到各用水点。这种方式适用于随时要求获得稳定热水的建筑，如旅馆、医院、疗养院、幼儿园等。当配水干管与回水干管之间的高差较大时，可以采用不设循环泵的自然循环系统。

(2)半循环热水供应方式，分为干管循环[图15-1(b)]和立管循环[图15-1(c)]。干管循环热水供应方式仅保持在干管内循环，在使用热水前，需先打开配水龙头放掉立管和支管内的冷水。立管循环热水供应方式是指热水干管和热水立管都保持有热水的循环，打开配水龙头时只需放掉热水支管中存有的少量冷水，就能获得热水。其适用于用水较集中或一次用水量较大的场所，比全循环式热水供应方式节省管材。

(3)不设循环管道的热水供应方式，如图15-1(d)所示，优点是节省管材，缺点是每次供应热水前要放掉管中的冷水。其适用于浴室、生产车间等定时供应热水的场所。

(4)倒循环热水供应方式，如图15-1(e)所示，优点是水加热器承受的水压小，冷水进水管短，阻力损失小，可降低冷水箱的设置高度，膨胀排气管短，但必须设置循环水泵，减震要求高，适用于高层建筑。

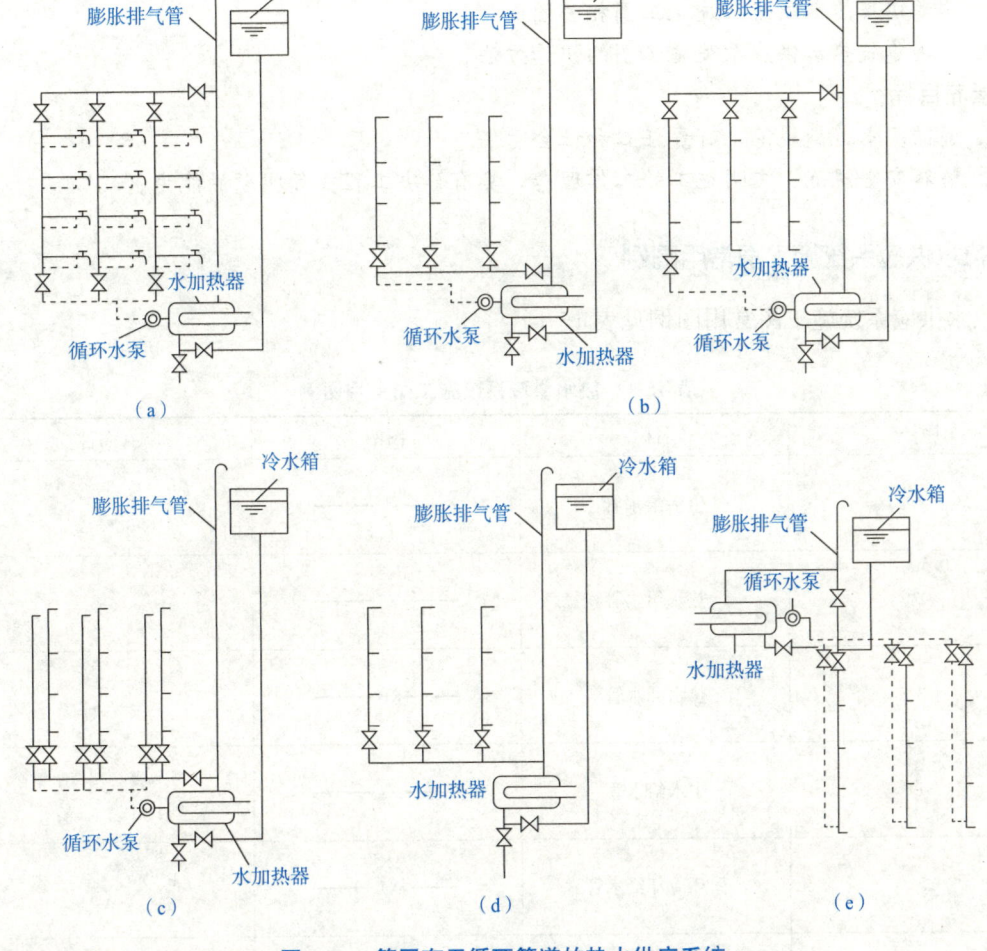

图 15-1　管网有无循环管道的热水供应系统
(a)全循环；(b)干管循环；(c)立管循环；(d)不设循环管道；(e)倒循环

> 📝 **课堂能力提升训练**
>
> 1. 说出热水供应系统的分类。
> 2. 归纳热水供应系统的组成及各部分功能。
> 3. 能说出热水系统的加热方式和供水方式。

单元二　施工图识读

学习目标

能力目标：
1. 能识别热水供应系统施工图的各种图例；
2. 能进行热水供应系统施工图的识读。

· 205 ·

知识目标：
1. 熟悉建筑热水供应系统施工图相关图例；
2. 掌握建筑热水供应系统施工图的识读方法。

素养目标：
1. 遵循基本道德规范，有责任心和社会责任感；
2. 培养安全规范、文明施工的工作理念，具有解决工程实际问题的能力。

一、热水供应系统施工图常用图例

热水供应系统施工图常用图例见表 15-1。

表 15-1 热水供应系统施工图常用图例

序号	名称	图例	备注
1	生活给水管	——J——	
2	热水给水管	——RJ——	
3	热水回水管	——RH——	
4	中水给水管	——ZJ——	
5	循环冷却给水管	——XJ——	
6	循环冷却回水管	——XH——	
7	热媒给水管	——RM——	
8	热媒回水管	——RMH——	
9	蒸汽管	——Z——	
10	凝结水管	——N——	
11	废水管	——F——	可与中水原水管合用
12	压力废水管	——YF——	
13	通气管	——T——	

续表

序号	名称	图例	备注
14	污水管	—— W ——	
15	压力污水管	—— YW ——	
16	雨水管	—— Y ——	
17	压力雨水管	—— YY ——	
18	膨胀管	—— PZ ——	
19	保温管	～～～	
20	多孔管	↑ ↑	
21	地沟管	=====	
22	防护套管	▭	
23	管道立管	XL-1 平面 XL-1 系统	X：管道类别 L：立管 1：编号
24	伴热管	------	
25	空调凝结水管	—— KN ——	
26	排水明沟	坡向 ⟶	
27	排水暗沟	坡向 ⟶	

注：分区管道用加注角标方式表示：如 J_1、J_2、RJ_1、RJ_2、…

二、热水供应系统施工图的识读方法

室内热水供应系统施工图应顺着水流方向按照引入管—干管—立管—配水干管—供水立管—供水支管—用水点（水龙头）的顺序识读。

三、热水供应系统施工图的识读

以某酒店集中热水供应系统施工图为例。

为讲解热水系统的识读，引入某酒店施工图，该酒店建筑高度 63.40 m，共 15 层，其中 1～4 层为商用建筑，5～15 层是格局相同的客房，两个毗邻卫生间共用一个管道井，热水管道系统把热水配送至每个卫生间的配水龙头。

为保证卫生间用水点冷热水压力相同，热水供应系统采用与冷水系统相同的分区方式，

· 207 ·

5～10层为低区，11～15层为高区，采用上行下给式干管循环热水供应系统，半循环热水供应方式，供水干管设有回水管道，保证满足该酒店全日制供应热水的设计要求。

1. 平面图的识读

图 15-2 所示为 5 层热水管道平面图。5 层热水管道是热水回水管道 RH，RH 布置在走廊楼板下敷设，11 根 RJL 回水均汇入 RH，经 RHL 回水。水暖管井中分别有低区立管 JL、RJL、RHL 和高区立管 GJL、GRJL、GRHL。

图 15-3 所示为 6～9 层热水管道平面图，水暖管井中分别有低区立管 JL、RJL 和高区立管 GJL、GRJL、GRHL，各管井中有 JL-1～JL-11 和 RJL-1～RJL-11，共 11 根立管。

图 15-4 所示为 10 层热水管道平面图，水暖管径中的低区 RJL 和 JL 立管，将水送入走廊中的 RJ 和 J 的配水干管，再通过支管送入各管井。

图 15-5 所示为 11 层热水管道平面图。11 层热水管道是热水回水管道 GRH，GRH 布置在走廊楼板下敷设，11 根 GRJL 回水均汇入 GRH，经 GRHL 回水。水暖管井中有高区立管 GJL、GRJL、GRHL。

图 15-6 所示为 12～14 层热水管道平面图，水暖管井中有高区 GJL、GRJL 立管，各管井中有 GJL-1～GJL-11 和 GRJL-1～GRJL-11，共 11 根立管。

图 15-7 所示为 15 层热水管道平面图，水暖管径中的高区 GRJL 和 GJL 立管，将水送入走廊中的 GRJ 和 GJ 的配水干管，再通过支管送入各管井。

2. 系统图的识读

图 15-8 所示为 15 层热水管线系统图，低区立管 JL(管径 DN80)、RJL(管径 DN100) 和高区立管 GJL(管径 DN80)、GRJL(管径 DN100) 将生活给水和热水给水送入配水干管，由配水干管送入至各立管，再由各立管送入支管中送至各用水点，立管回水 RHL(管径 DN50) 和 GRHL(管径 DN100) 回至热源。具体管径和标高见系统图。

> **课堂能力提升训练**
>
> 1. 阅读图纸设计说明。
> 2. 熟悉建筑热水系统施工图。
> 3. 说出建筑热水供应系统施工图的识读过程。
> 4. 说出建筑热水系统的工作过程。

思考题与习题

15.1　热水供应系统分为哪几类？
15.2　热水供应系统由哪几部分组成？各有哪些作用？
15.3　各种加热方式有何特点？适用于什么情况？
15.4　如何识读建筑热水供应系统施工图？

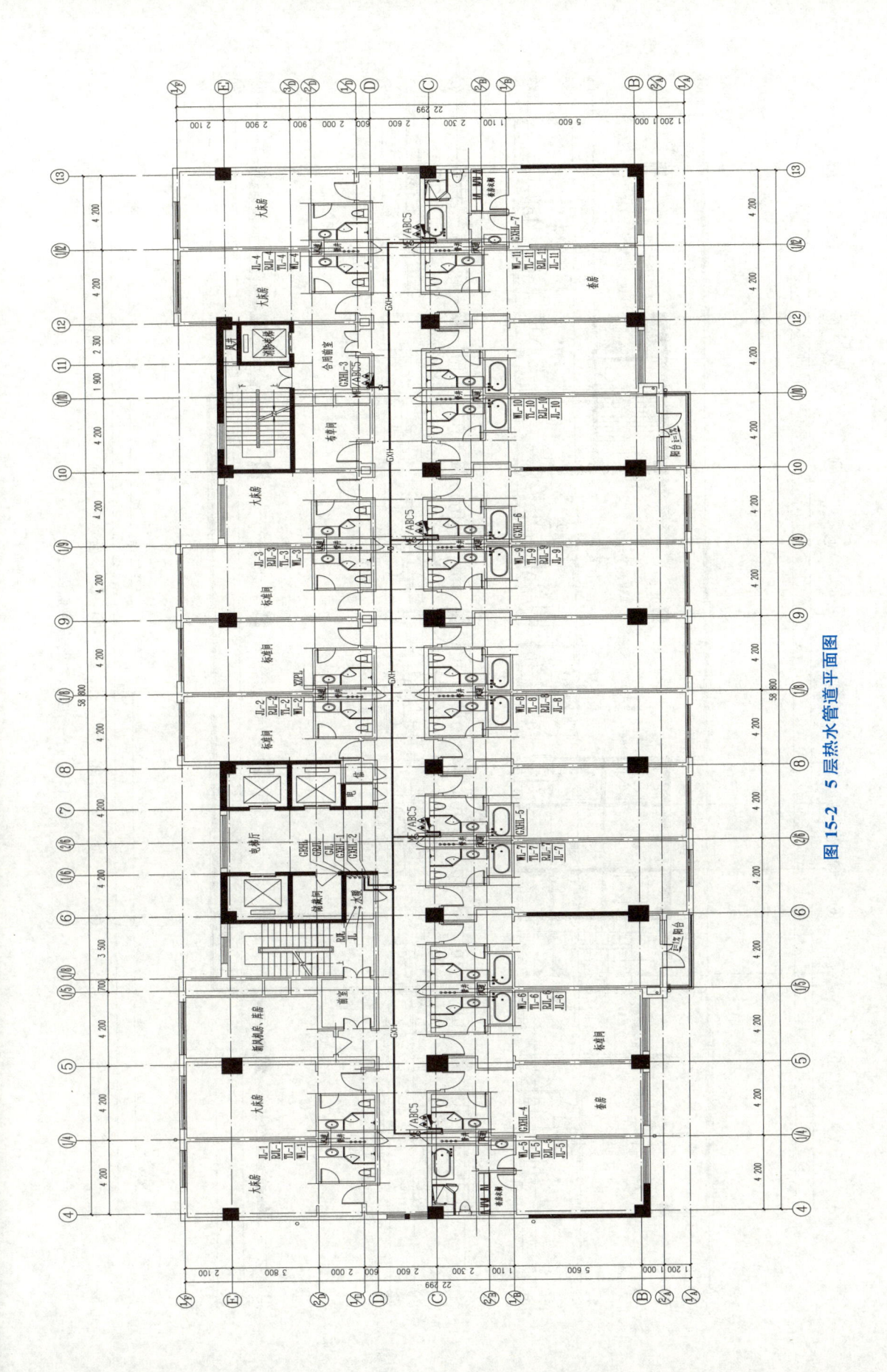

图 15-2 5 层热水管道平面图

图 15-3 6~9 层热水管道平面图

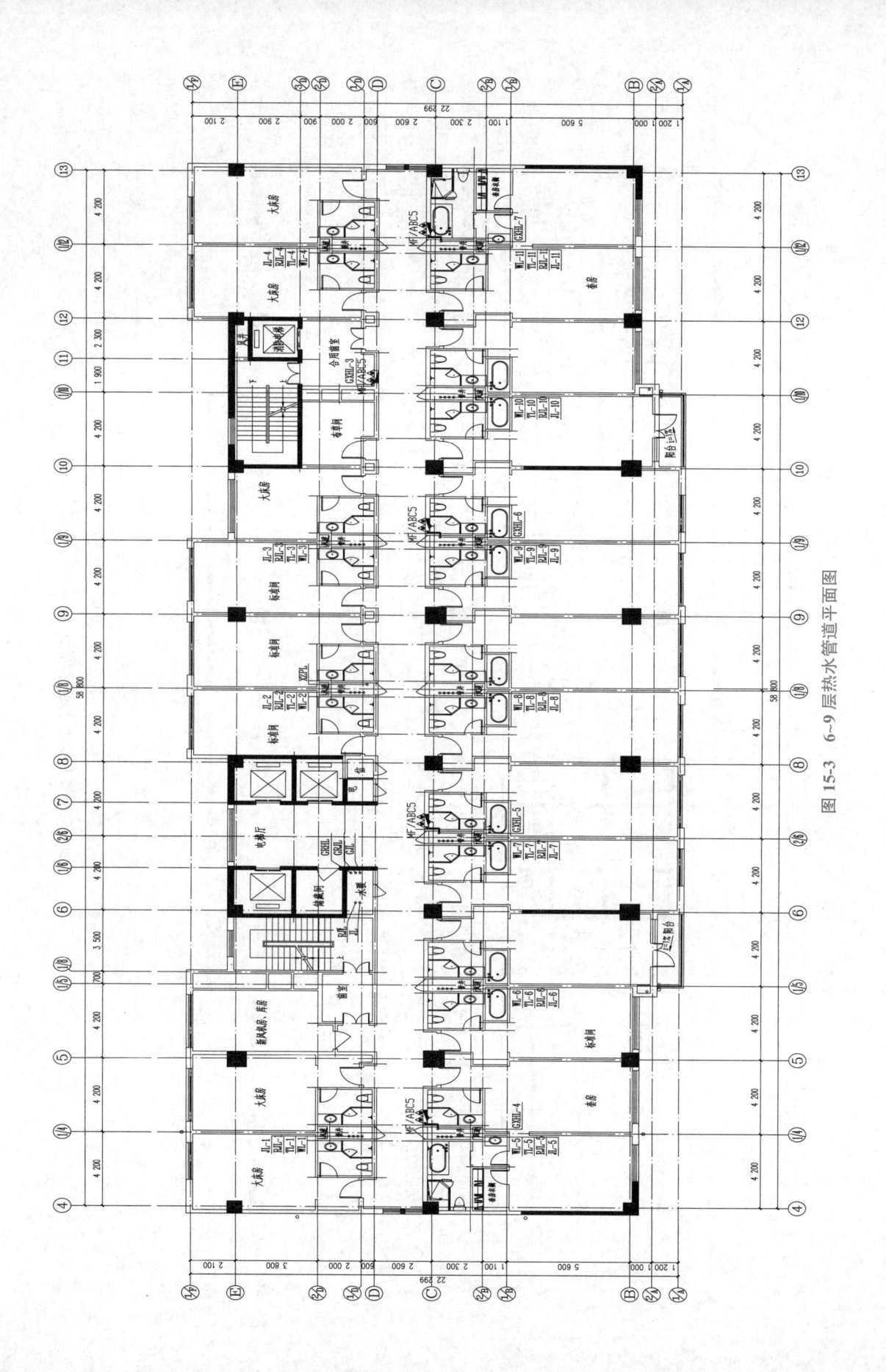

图 15-4 10层热水管道平面图

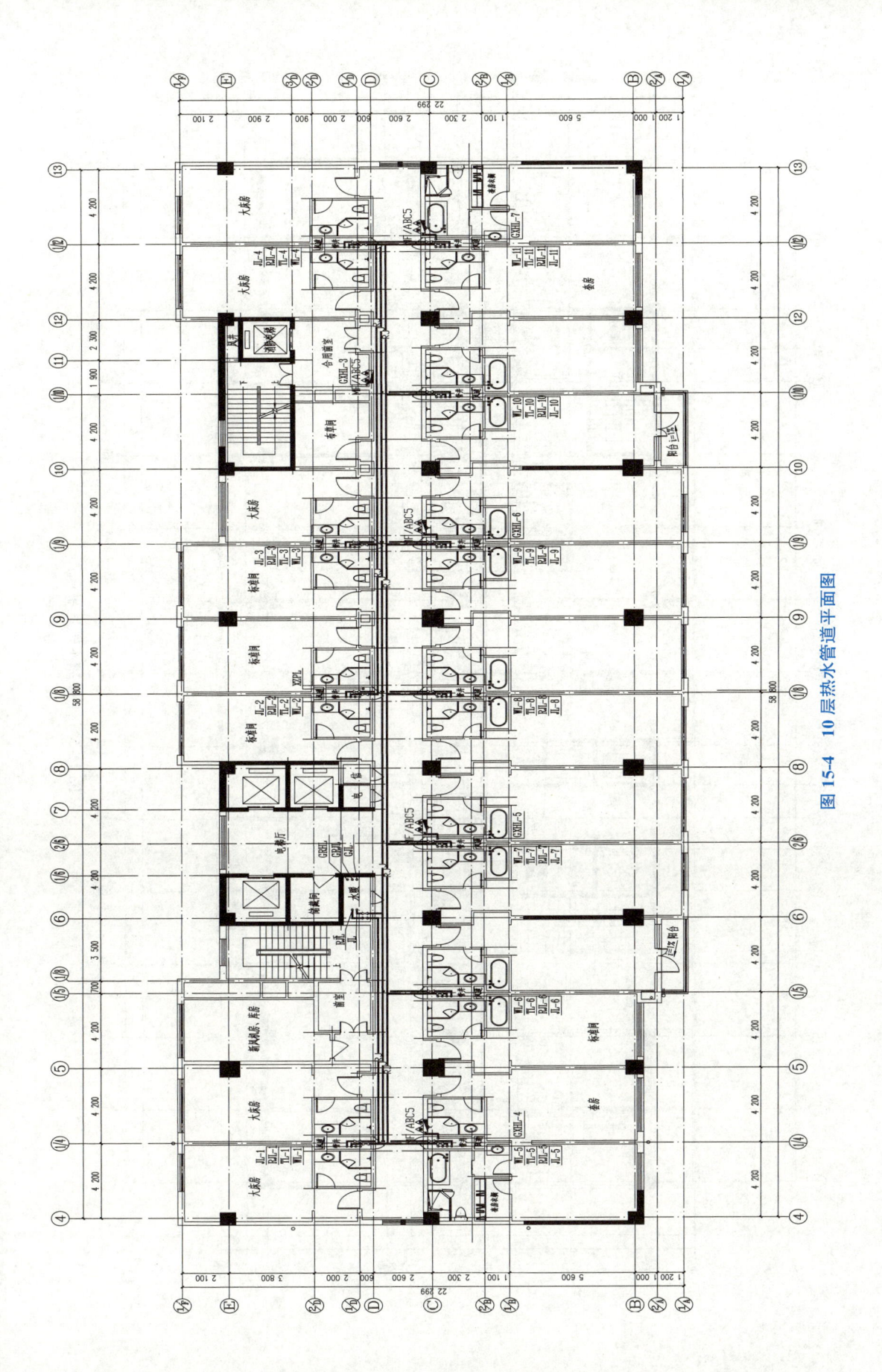

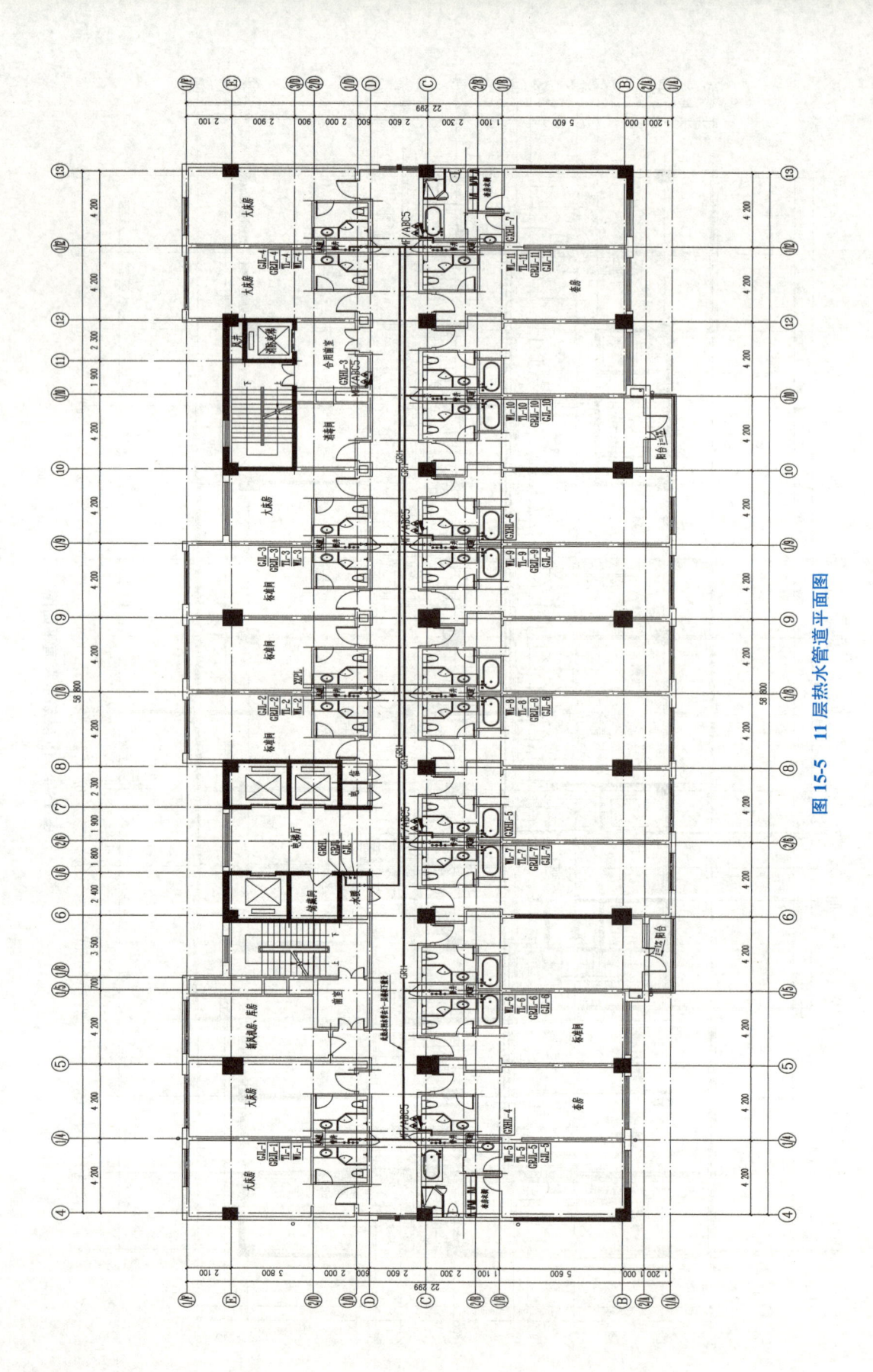

图 15-5　11 层热水管道平面图

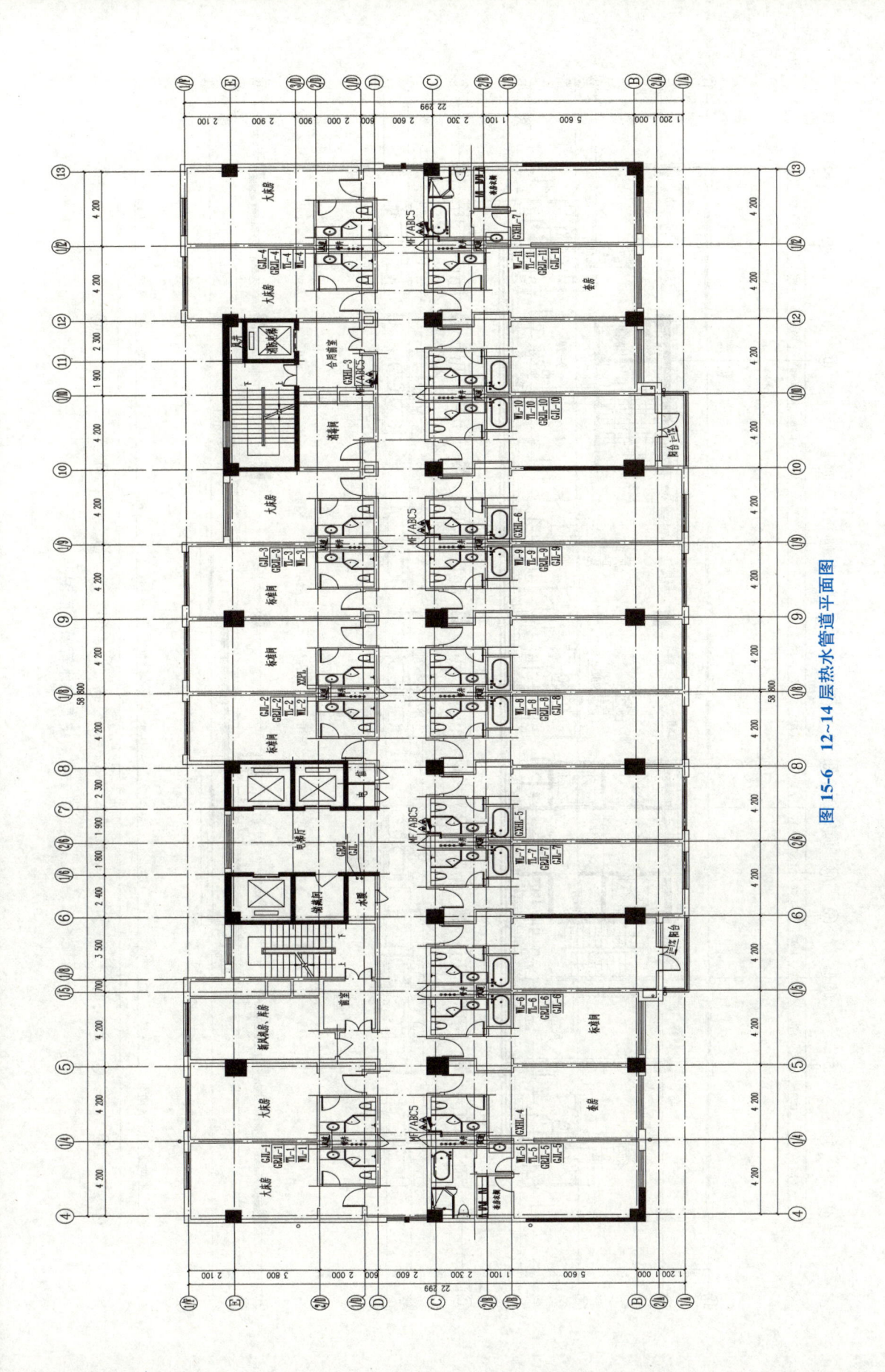

图 15-6 12~14 层热水管道平面图

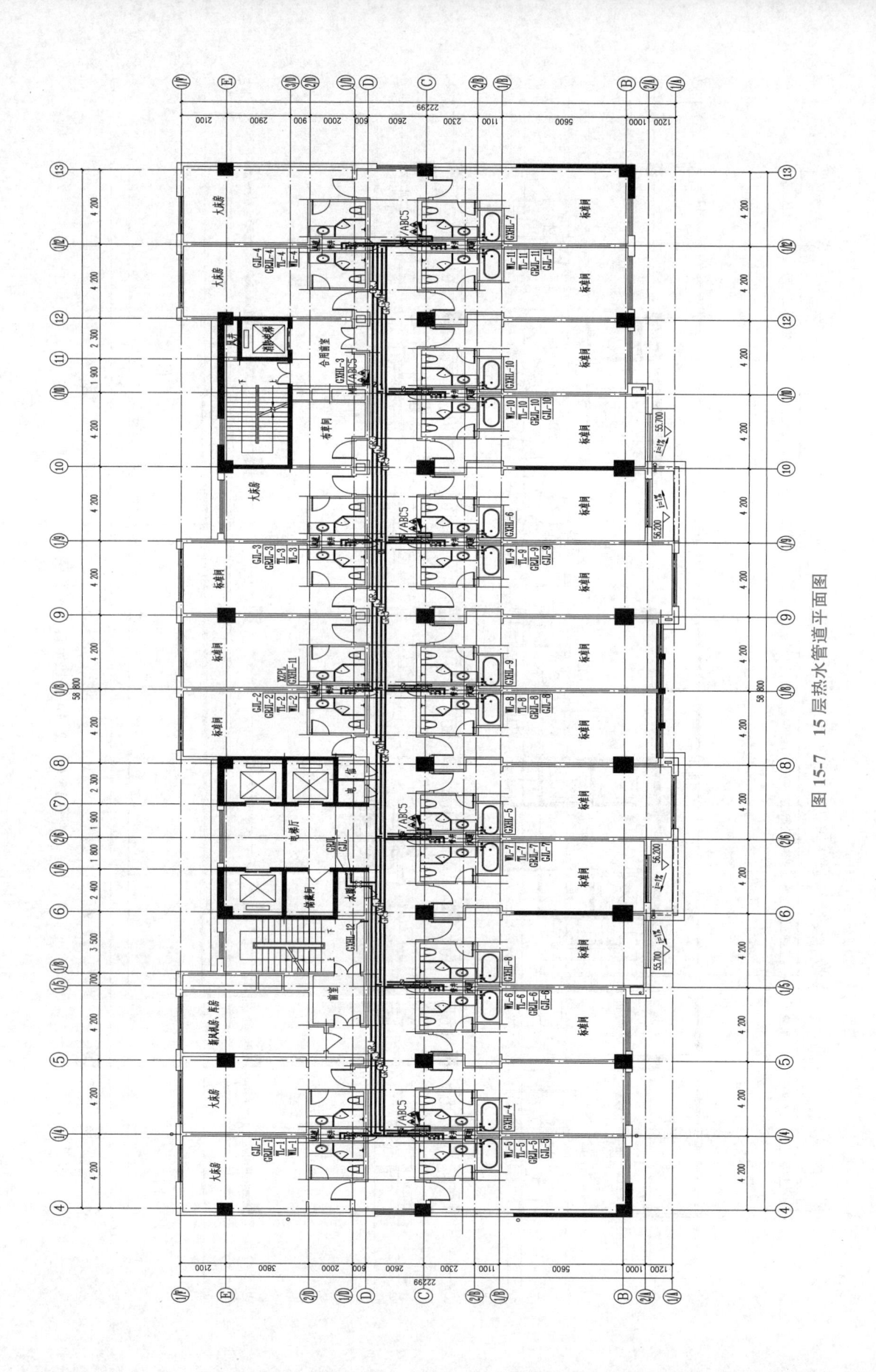

图 15-7 15层热水管道平面图

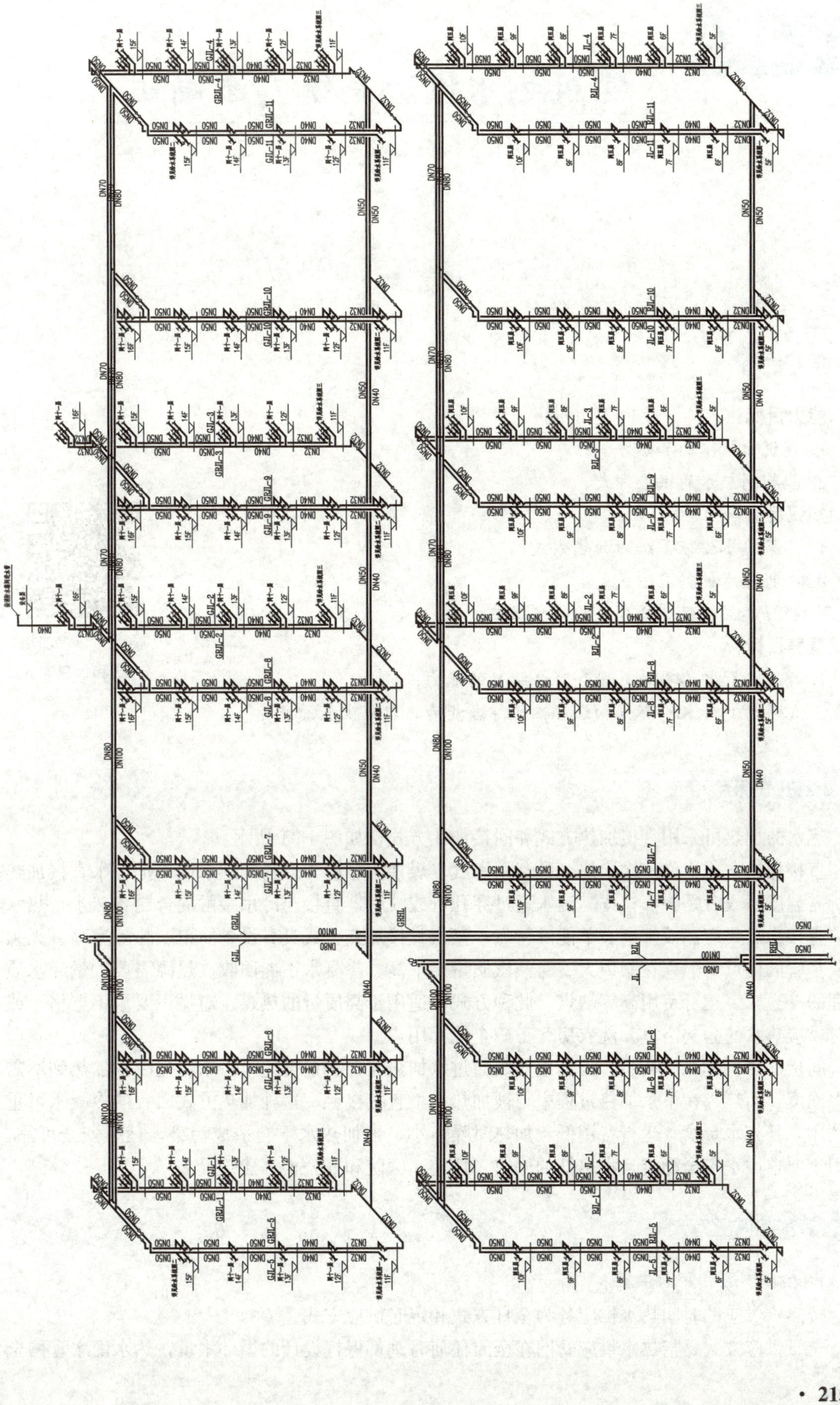

图 15-8 热水管线系统图

模块十六　建筑热水供应系统方案确定

单元一　热水加热方式和供应方式

学习目标

能力目标：
1. 能说出热水的加热方式；
2. 能判别热水的供应方式。

知识目标：
1. 了解热水供应系统的加热方式；
2. 掌握热水的供应方式；
3. 根据不同情况选择合适的热水供应方案。

素养目标：
1. 培养评估热水系统效率和可持续性的能力；
2. 培养考虑能耗、环保和经济性的综合能力，以减少能源浪费。

视频：热水加热方式和供应方式

一、热水的加热方式

热水的加热可采用直接加热方式和间接加热方式，如图 16-1 所示。

直接加热方式也称一次换热，是利用燃气、煤油、燃煤为燃料的热水锅炉把冷水直接加热到所需温度，或者是将蒸汽或高温水通过穿孔管或喷射器直接与冷水接触混合制备热水，热水锅炉直接加热具有热效率高、节能的特点；蒸汽直接加热方式具有设备简单、热效率高、无须冷凝水管的优点，但存在噪声大、对蒸汽质量要求高、冷凝水不能回收、热源需要大量经水质处理的补充水、运行费用高等缺点，此种方式仅适用于高质量的热媒、对噪声要求不严格，或定时供应热水的公共浴室、洗衣房、工矿企业等用户。

间接加热也称二次换热，是利用热媒通过水加热器把热量传递给冷水，把冷水加热到所需热水温度，而热媒在整个加热过程中与被加热水不直接接触，这种加热方式回收的冷凝水可重复利用，补充水量少，运行费用低，加热时噪声小，被加热水不会造成污染，运行安全可靠，适用于要求供水安全稳定且噪声低的旅馆、住宅、医院和办公楼等建筑。

二、热水的供应方式

1. 全日供应和定时供应

按热水供应的时间热水供应分为全日方式和定时供应方式。

全日供应方式是指热水供应管网在全天任何时刻都保持设计的循环水量，热水配水管网全天任何时刻都可正常供水，并能保证配水点的水温。

定时供应方式是指热水供应系统每天定时供水，其余时间系统停止运行，此方式供水前利用循环水泵将管网中已冷却的水强制循环到水加热器进行加热，达到一定温度才能使用。

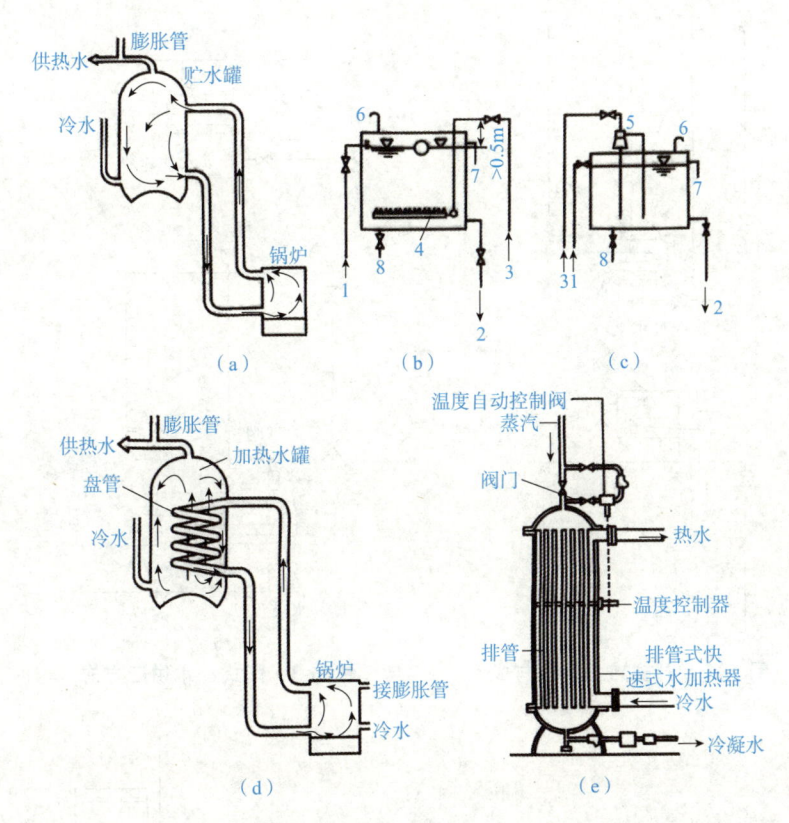

图 16-1 加热方式
(a)热水锅炉直接加热；(b)蒸汽多孔管直接加热
(c)蒸汽喷射器混合直接加热；(d)热水锅炉间接加热；(e)蒸汽-水加热器间接加热
1—给水；2—热水；3—蒸汽；4—多孔管；5—喷射器；6—通气管；7—溢水管；8—泄水管

2. 开式系统和闭式系统

根据热水管网的压力工况不同，热水供水系统可分为开式系统和闭式系统两类。

开式热水供水方式在配水点关闭后系统仍与大气相遇，如图 16-2 所示，此方式一般在管网顶部设有开式热水箱或冷水箱和膨胀管，水箱的设置高度决定系统的压力，而不受外网水压波动的影响，供水安全可靠，用户水压稳定，但开式水箱易受外界污染，且占用建筑面积和空间。此方式使用于用户要求水压稳定又允许设高位水箱的热水系统。

闭式热水供水方式在配水点关闭后系统与大气隔绝，形成密闭系统，如图 16-3 所示，此系统的水加热器设有安全阀、压力膨胀罐，以保证系统安全运行。闭式系统具有管路简单、系统中热水不易受到污染等特点，但水压不稳定，一般用于不宜设置高位水箱的热水系统。

3. 同程式系统和异程式系统

同程式系统是指每一个热水循环环路长度相等，对应管段管径相同，所有环路的水头损失相同，如图 16-4 所示。

异程式系统是指每一个热水循环环路各不相等，对应管段管径也不相同，所有环路水头损失也不相同，如图 16-5 所示。

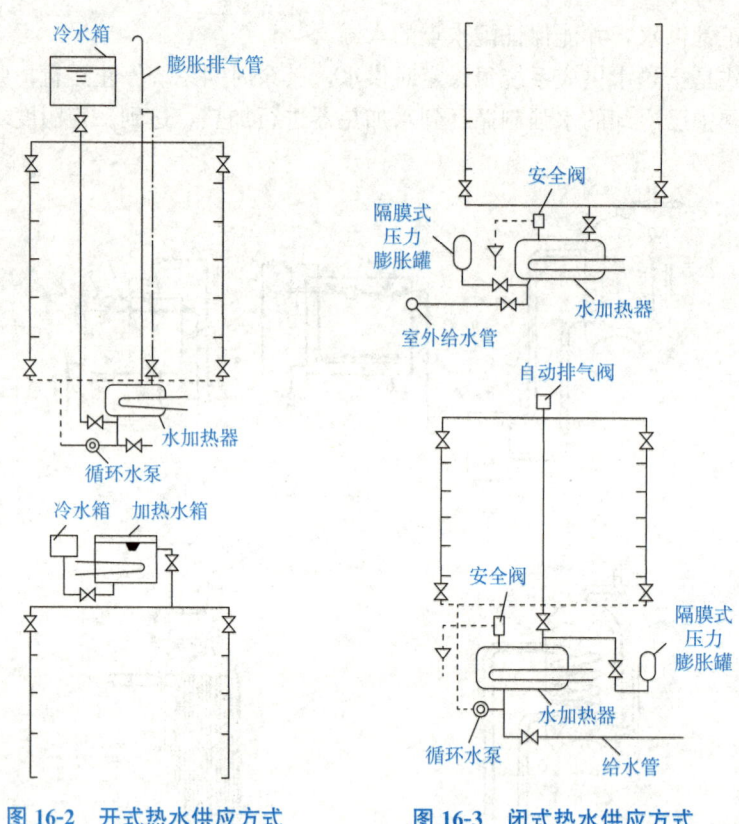

图 16-2　开式热水供应方式　　　　图 16-3　闭式热水供应方式

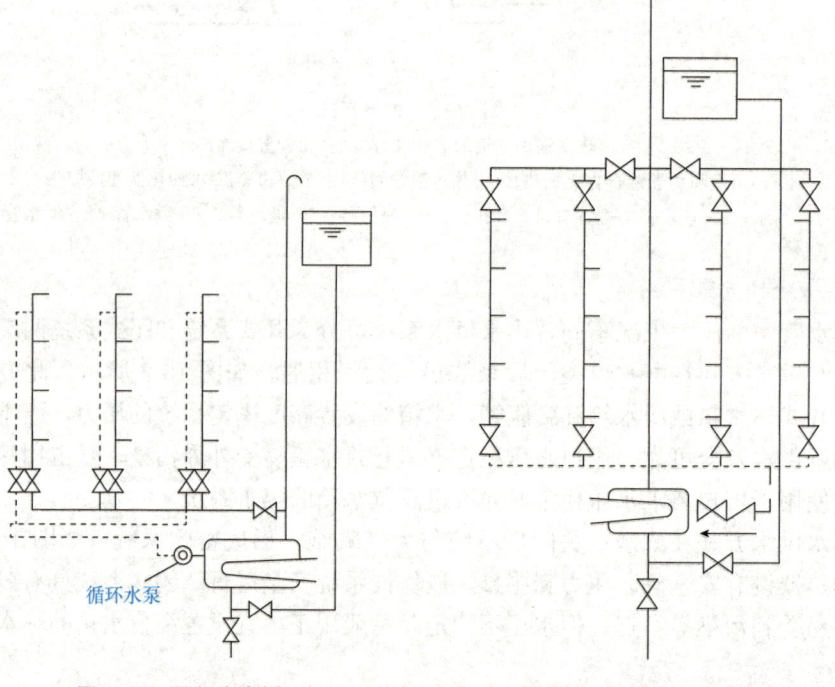

图 16-4　同程式全循环　　　　图 16-5　异程式自然循环

4. 下行上给式和上行下给式

热水管网根据水平干管的位置不同，分为下行上给式供水方式和上行下给式供水方式。水平干管设置在顶层向下供水方式称上行下给式供水方式，如图 16-6 所示；水平干管设

· 218 ·

置在底层向上供水的方式为下行上给式供水方式，如图 16-7 所示。

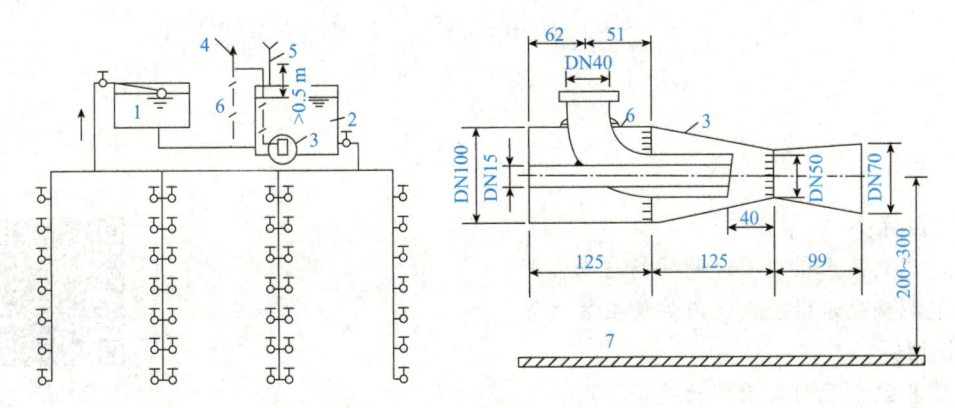

图 16-6　直接加热上行下给方式
1—冷水箱；2—加热水箱；3—消声喷射器；4—排气阀；5—透气管；6—蒸汽管；7—热水箱底

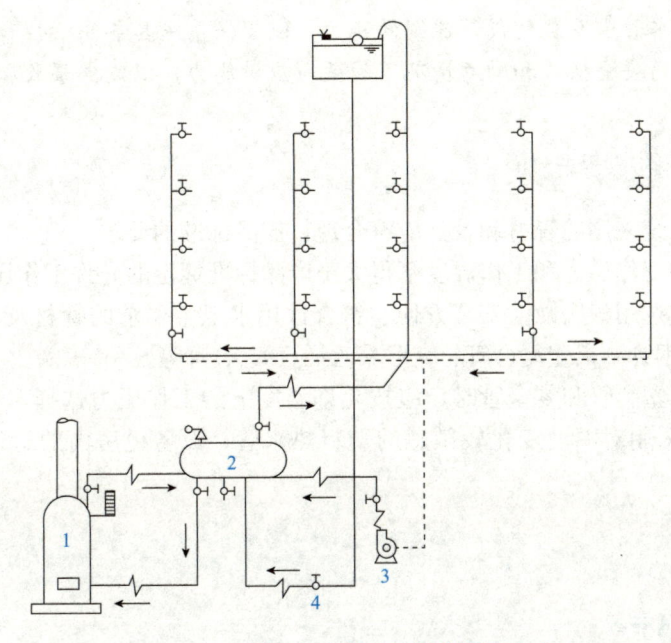

图 16-7　干管下行上给式机械半循环方式
1—热水锅炉；2—热水储罐；3—循环泵；4—给水管

选用何种方式，根据建设物的用途、热源情况、热水用量和卫生器具的布置情况进行技术和经济比较后确定，实际应用时，常将上述各种方式进行组合。

课堂能力提升训练

1. 说出热水各种加热方式的特点。
2. 归纳热水的供水方式及各自优缺点。

单元二　热水供应系统的管材与附件

学习目标

能力目标：
1. 能识别热水供应系统的管材与附件；
2. 能明确热水供应系统附件的安装位置。

知识目标：
1. 掌握热水管材与附件的选择要求；
2. 掌握各种附件的安装位置及安装要求。

素养目标：
1. 培养运用热水管道系统的设计原则的能力，以确保系统具备高效性和可维护性；
2. 培养工作中的安全操作和紧急情况下的适当应对能力，以减少事故和损害风险。

视频：热水供应系统的管材与管道布置

一、热水管材与管件的要求

(1)热水供应系统采用的管材和管件应符合现行产品标准的要求。

(2)热水管道的工作压力和工作温度不得大于产品标准标定的允许工作压力和工作温度。

(3)热水管道应选用耐腐蚀、安装方便、符合饮用水卫生要求的管材及相应的配件，可采用薄壁铜管、不锈钢管、铝塑复合管、交联聚乙烯(PE-X)管等。

(4)当选用热水塑料管和复合管时，应按允许温度下的工作压力选择，管件宜采用与管道相同的材质，不宜采用对温度变化较敏感的塑料热水管，设备机房内的管道不宜采用塑料热水管。

二、附件

(一)自动温度调节器

热水供应系统中为实现节能节水、安全供水，应在水加热设备的热媒管道上安装自动温度调节装置来控制出水温度。

当水加热器出口的水温需要控制时，常采用直接式或间接式自动温度调节器，实质上是由阀门和温包组成，温包放在水加热器热水出口管道内，感受温度自动调节阀门的开启及开启度大小，阀门放置在热媒管道上，自动调节进入水加热器的热媒量，其构造原理如图16-8所示，其安装方法如图16-9所示。

(二)疏水器

疏水器的作用是自动排出管道和设备中的凝结水，同时又阻止蒸汽流失。在用蒸汽设备的凝结水管道的最低处应每台设备设疏水器，当水加热器的换热能确保凝结水回水温度不大于80 ℃时，可不设疏水器。热水系统常采用高压疏水器。常用的有机械型浮桶式疏水器和热动力式疏水器。

浮桶式疏水器是机械型疏水器的一种，它依靠蒸汽和凝结水的密度差工作。

热动力式疏水器是利用相变原理靠蒸汽和凝结水热动力学特性的不同来工作的。

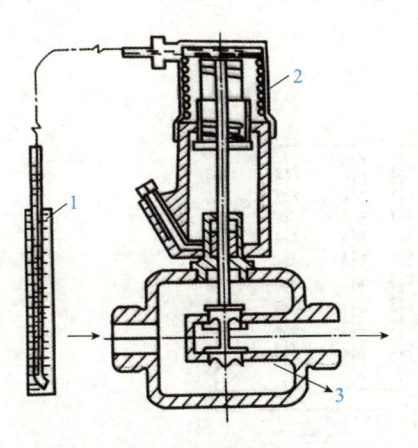

图 16-8 自动温度调节器构造
1—温包；2—感温元件；3—调压阀

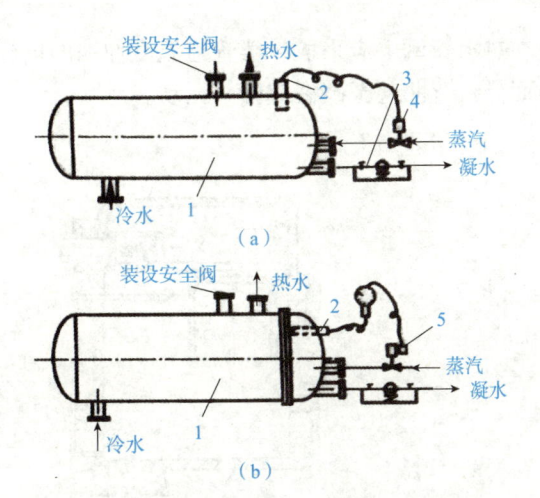

图 16-9 自动温度调节器安装示意
(a)直接式自动温度调节器；(b)间接式自动温度调节器
1—加热设备；2—温包；3—疏水器；
4—自动调节器；5—齿轮传动变速开关阀门

疏水器可按水加热设备的最大凝结水量和疏水器进出口的压差按产品样本选择。同时，当蒸汽的工作压力 $0 \leqslant P \leqslant 0.6$ MPa 时，可采用浮桶式疏水器；当蒸汽的工作压力 $P \leqslant 1.6$ MPa 且凝结水温度 $t \leqslant 100$ ℃时，可选用热动力式疏水器。

(三)减压阀

减压阀是通过启闭件(阀瓣)的节流来调节介质压力的阀门。减压阀按其结构不同分为弹簧薄膜式、活塞式、波纹管式等，常用于空气、蒸汽等管道。

减压阀的安装要求也各有不同。蒸汽减压阀的阀前与阀后压力之比应为 5~7，超过时应采用 2 级减压；活塞式减压阀的阀后压力不应小于 100 kPa，如必须达到 70 kPa 以下时，则应在活塞式减压阀后增设波纹管式减压阀或截止阀进行二次减压。减压阀的公称直径应与管道一致，产品样本列出的阀孔面积值是指最大截面面积，实际选用时应小于此值。比例式减压阀宜垂直安装，可调式减压阀宜水平安装。安装节点还应安装阀门、过滤器、安全阀、压力表及旁通管等附件。

(四)安全阀

安全阀设在闭式热水系统和设备中，用于避免超压而造成管网和设备等的破坏。承压热水锅炉应设安全阀，并由厂家配套提供。

水加热器宜采用微启式弹簧安全阀，并设防止随意调整螺钉的装置；安全阀的开启压力一般为热水系统工作压力的 1.1 倍，但不得大于水加热器本体的设计压力；安全阀的直径应比计算值放大一级，并应直立安装在水加热器的顶部；安全阀应设置在便于维修的位置，排泄热水的导管应引至安全地点；安全阀与设备之间不得装设取水管、引气管或阀门。

(五)自动排气阀

自动排气阀用于排除热水管道系统中热水汽化产生的气体(溶解氧气和二氧化碳)，以保证管内热水畅通，防止管道腐蚀，一般在上行下给式系统配水干管最高处设自动排气阀。

自动排气阀及其位置如图 16-10 所示。

(六)自然补偿管道和伸缩器

热水供应系统中管道因受热膨胀伸长或因温度降低收缩而产生应力，为保证管网的使用安全，在热水管网上应采取补偿管道温度伸缩的措施，以避免管道因承受了超过自身所许可的内应力而导致弯曲甚至破裂或接头松动。

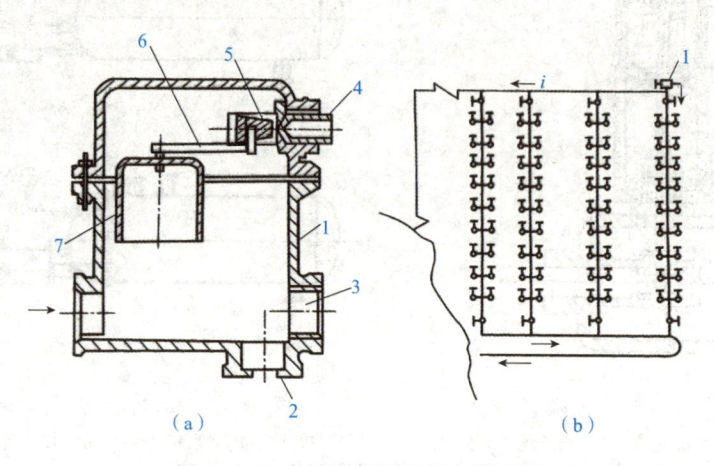

图 16-10 自动排气阀及其安装位置
(a)自动排气阀构造示意；(b)自动排气阀的安装位置；
1—排气阀体；2—直角安装出水口；3—水平安装出水口；4—阀座；5—滑阀；6—杠杆；7—浮钟

管道的热伸长量按式(16-1)计算。

$$\Delta L = \alpha(t_2 - t_1)L \tag{16-1}$$

式中 ΔL——管道的热伸长(膨胀)量(mm)；
t_2——管道中热水最高温度(℃)；
t_1——管道周围环境温度(℃)，一般取 $t_1=5$ ℃；
α——线膨胀系数[mm/(m·℃)]，见表 16-1；
L——计算管段长度(m)。

表 16-1　不同管材的 α 值

管材	PP-R	PEX	PB	ABS	PVC-U	PAP	薄壁铜管	钢管	无缝铝合金衬塑	PVC-C	薄壁不锈钢管
α	0.16 (0.14~0.18)	0.15 (0.2)	0.13	0.1	0.07	0.025	0.02 (0.017~0.018)	0.012	0.025	0.08	0.016 6

1. 自然补偿管道

自然补偿管道即为管道敷设时自然形成的 L 形或 Z 形弯曲管段和方形补偿器，用来补偿直线管段部分的伸缩量，通常在转弯前后的直线管段上设置固定支架，让其伸缩在弯头处补偿，一般 L 形壁和 Z 形平行伸长壁不宜大于 20~25 m。

方形补偿器如图 16-11 所示。

2. 伸缩器

当直线管段较长，无法利用自然补偿时，应每隔一定的距离设置伸缩器。常用的有套管式补偿器，如图 16-12 所示，也可用可曲挠橡胶接头替代补偿器，但必须采用耐热橡胶制品。

套管伸缩器适用于管径 DN≥100 mm 的直线管段中，伸长量可达 250~400 mm。波纹管伸缩器常用不锈钢制成，用法兰或螺纹连接，具有安装方便、节省面积、外形美观及耐高温、耐腐蚀、寿命长等特点。

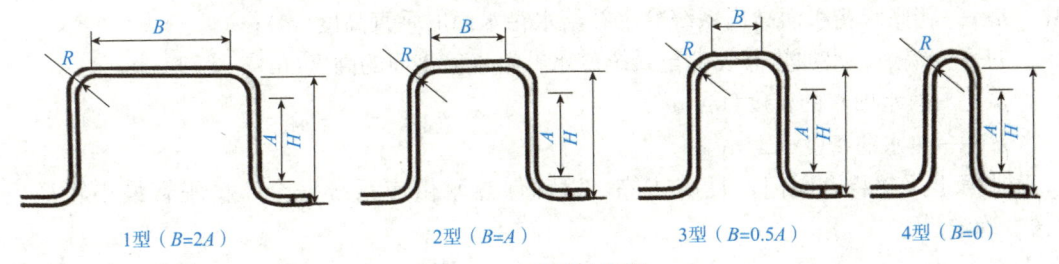

1型（B=2A）　　2型（B=A）　　3型（B=0.5A）　　4型（B=0）

图 16-11　方形补偿器

(七) 膨胀管、膨胀水箱和压力膨胀罐

在热水供应系统中，冷水被加热后，水的体积要膨胀。对于闭式系统，当配水点不用水时，会增加系统的压力，系统有超压的危险，因此要设膨胀管、膨胀水箱或膨胀水罐。

1. 膨胀管

膨胀管用于由高位冷水箱向水加热器供应冷水的开式热水系统，可将膨胀管引至同一建筑物的除生活饮用水以外的其他高位水箱的上空，如图 16-13 所示。当无此条件时，应设置膨胀水箱。膨胀管的设置高度按式(16-2)计算。

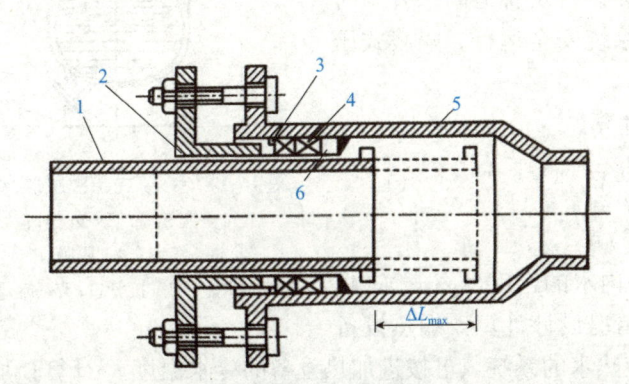

图 16-12　套管式补偿器

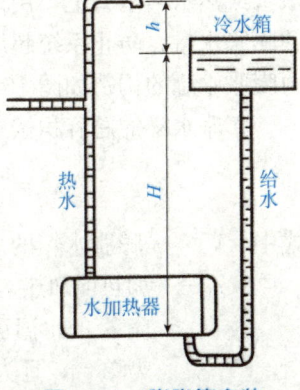

1—内套筒；2—填料压盖；3—压紧环；4—密封填料；5—外壳；6—填料支撑环

图 16-13　膨胀管安装高度计算用图

$$h = H\left(\frac{\rho_l}{\rho_r} - 1\right) \tag{16-2}$$

式中　h——膨胀管高出生活饮用高位水箱水面的垂直高度(m)；
　　　H——锅炉、水加热器底部至生活饮用高位水箱水面的高度(m)；
　　　ρ_l——冷水的密度(kg/m³)；
　　　ρ_r——热水的密度(kg/m³)。

膨胀管出口离接入水箱水面的高度不应小于 100 mm。

2. 膨胀水箱

热水供应系统上如设置膨胀水箱，其容积按式(16-3)计算。

$$V_p = 0.000\ 6\Delta t V_s \tag{16-3}$$

式中　V_p——膨胀水箱的有效容积(L)；
　　　Δt——系统内水的最大温差(℃)；
　　　V_s——系统内的水容量(L)。

膨胀水箱水面高出系统冷水补给水箱水面的高度按式(16-4)计算。

$$h = H\left(\frac{\rho_h}{\rho_r} - 1\right) \tag{16-4}$$

式中　　h——膨胀水箱水面高出系统冷水补给水箱水面的垂直高度(m);

　　　　H——锅炉、水加热器底部至系统冷水补给水箱水面的高度(m);

　　　　ρ_h——热水回水的密度(kg/m³);

　　　　ρ_r——热水的密度(kg/m³)。

膨胀管上严禁装设阀门,且应防冻,以确保热水供应系统安全。膨胀管最小管径应按表 16-2 确定。

表 16-2　膨胀管最小管径

锅炉或水加热器的传热面积/m²	<10	≥10 且≤15	≥15 且≤20	>20
膨胀管的最小管径/mm	25	32	40	50

注:对多台锅炉或水加热器应分别设置膨胀管。

3. 膨胀水罐

在日用热水量大于 10 m³ 的闭式热水供应系统中应设置压力膨胀水罐,可采用泄压阀泄压的措施。压力膨胀水罐(隔膜式或胶囊式)宜设置在水加热器和止回阀之间的冷水进水管或热水回水管上,用以吸收贮热设备及管道内水升温时的膨胀水量,防止系统超压,保证系统安全运行。隔膜式压力膨胀水罐的构造如图 16-14 所示。

膨胀水罐的总容积按式(16-5)计算。

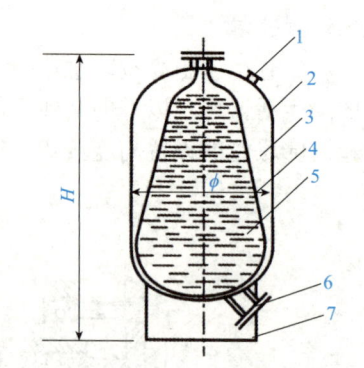

$$V_e = \frac{(\rho_f - \rho_r)P_2}{(P_2 - P_1)\rho_r} V_s \quad (16-5)$$

图 16-14　隔膜式压力膨胀水罐
1—充气嘴;2—外壳;
3—气室;4—隔膜;
5—水室;6—接管口;7—罐座

式中　　V_e——膨胀水箱的总容积(m³);

　　　　ρ_f——加热前加热、贮热设备内水的密度(kg/m³),相应 ρ_f 的水温可按下述情况设计计算:加热设备为单台,且为定时供应热水的系统,可按进加热设备的冷水温度 t_1 计算;加热设备为多台的全日制热水供应系统,可按最低回水温度确定;

　　　　ρ_r——热水的密度(kg/m³);

　　　　P_1——膨胀水罐处管内水压力(MPa)(绝对压力),等于管内工作压力+0.1 MPa;

　　　　P_2——膨胀水罐处管内最大允许水压力(MPa)(绝对压力),其数值可取 $1.05P_1$;

　　　　V_s——系统内的热水总容积(m³),当管网系统不大时,V_s 可按水加热设备的容积计算。

> **课堂能力提升训练**
>
> 1. 说出热水管件与附件的要求。
> 2. 说出自动排气阀的工作原理及安装位置。

思考题与习题

16.1　热水供应系统的加热方式有哪些?

16.2　热水供应系统的供应方式有哪些?

16.3　各种供应方式有何优缺点?分别适用于哪些场景?

模块十七 建筑热水供应系统施工图绘制

单元一 热水供应系统管道布置与敷设

学习目标

能力目标：
1. 能够掌握热水管道布置原则；
2. 能够区分热水管道敷设的方式。

知识目标：
1. 掌握不同管材的热水管道敷设方式；
2. 掌握热水管道在敷设时由于水温高而带来的问题及处理措施。

素养目标：
1. 培养工程设计和实施过程中做出准确的决策的能力；
2. 培养安全施工意识，确保工程施工过程中不发生事故。

热水管网的布置与敷设，除了满足给(冷)水管网敷设的要求外，还应注意由于水温提高带来的体积膨胀、管道伸缩和排气等问题。

热水管网同给(冷)水管网，有明设和暗设两种敷设方式。

铜管、薄壁不锈钢管、衬塑钢管等可根据建筑工艺要求暗设或明设。

塑料热水管宜暗设，明设时立管宜布置在不受撞击处，如不可避免时，应在管外加防撞击的保护措施，同时应考虑防紫外线照射的措施。

热水管道暗设时，其横干管可敷设于地下室、技术设备层、管廊、吊顶或管沟内，其立管可敷设在管道竖井或墙壁竖立管槽内，支管可预埋在地面、楼板面的垫层内，但铜管和聚丁烯管(PB)埋于垫层内宜设保护套，暗设管道在便于检修的地方装设法兰，装设阀门处应留检修门，以利于管道更换和维修。管沟内敷设的热水管应置于冷水管之上，并且进行保温。

热水管道穿过建筑物的楼板、墙壁和基础处应加套管，穿越屋面及地下室外墙时应加防水套管，以免管道膨胀时损坏建筑结构和管道设备。当穿过有可能发生积水的房间地面或楼板面时，套管应高出地面 50～100 mm。热水管道在吊顶内穿墙时，可预留孔洞。

上行下给式配水干管的最高点应设排气装置(自动排气阀、带手动放气阀的集气罐和膨胀水箱)，下行上给配水系统可利用最高配水点放气。

下行上给热水供应系统的最低点应设泄水装置(泄水阀或丝堵等)，有可能时也可利用最低配水点泄水。

下行上给式热水系统设有循环管道时，其回水立管应在最高配水点以下约 0.5 m 处与配水立管连接。上行下给式热水系统只需将循环管道与各立管连接。

热水横管均应保持有不小于 0.003 的坡度，配水横干管应沿水流方向上升，利于管道中的气体向高点聚集，便于排放；回水横管应沿水流方向下降，便于检修时泄水和排除管内污物。这样布管还可保持配、回水管道坡向一致，方便施工安装。

热水立管与横管连接时，为避免管道伸缩应力破坏管网，应采用乙字弯的连接方式，如图 17-1 所示。

室外热水管道一般为管沟内敷设，当不可能时，也可直埋敷设，其保温材料为聚氨酯硬质泡沫塑料，外做玻璃钢管壳，并做伸缩补偿处理。直埋管道的安装与敷设还应符合有关直埋供热管道工程技术规程的规定。

热水管道应设固定支架，一般设于伸缩器或自然补偿管道的两侧，其间距长度应满足管段的热伸长量不大于伸缩器所允许的补偿量，固定支架之间宜设导向支架。

为调节平衡热水管网的循环流量和检修时缩小停水范围，在配水、回水干管连接的分干管上，配水立管和回水立管的端点，以及居住建筑和公共建筑中每一用户或单元的热水支管上，均应装设阀门，如图 17-2 所示。

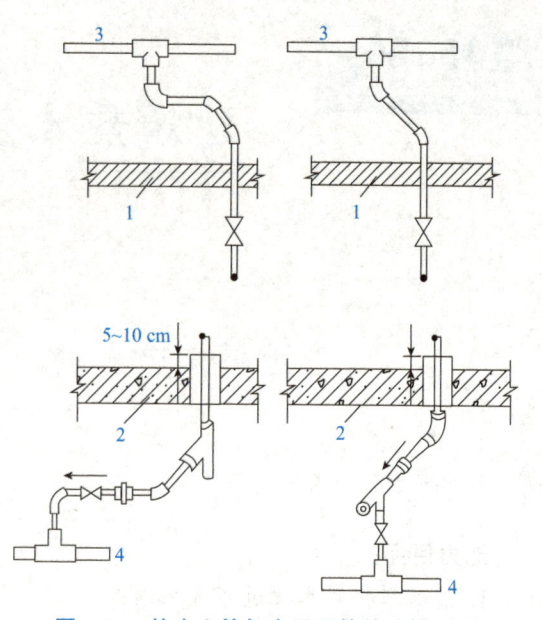

图 17-1　热水立管与水平干管的连接方式
1—吊顶；2—地板或沟盖板；3—配水横管；4—回水管

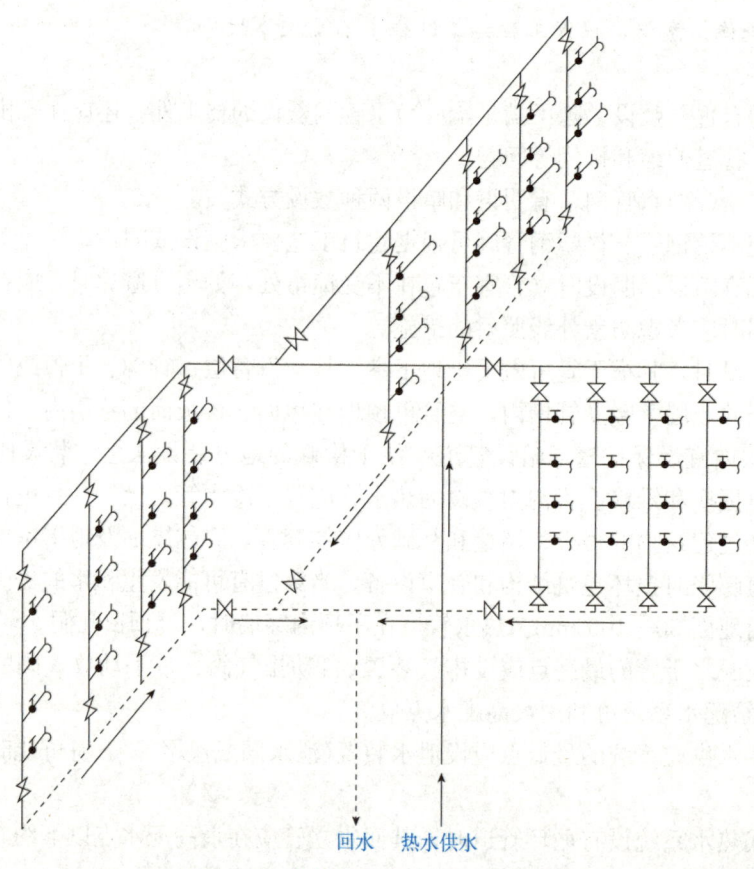

图 17-2　热水管网上阀门的安装位置

热水管网在下列管段上，应装设止回阀，如图 17-3 所示。

(1) 水加热器、贮水器的冷水供水管上，防止加热设备的升压或冷水管网水压降低时产生倒流，使设备内热水回流至冷水管网产生热污染和安全事故。当安装倒流防止器时，应采取保证系统冷热水供水压力平衡的措施。

(2) 机械循环系统的第二循环回水管上，防止冷水进入热水系统，保证配水点的供水温度。

(3) 冷热水混合器的冷、热水供水管上，防止冷、热水通过混合器相互串水而影响其他设备的正常使用。

为计算热水总用水量，应在水加热设备的冷水管上装设冷水表；对成组和个别用水点可在其热水供水支管上装设热水水表。水表应安装在便于观察及维修的地方。

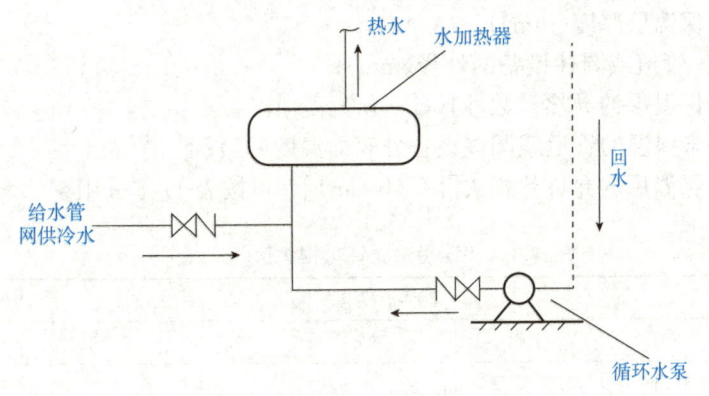

图 17-3 热水管网上止回阀的位置

> **课堂能力提升训练**
>
> 给出不同建筑的平面图，学生根据所学的热水管道布置原则与敷设要求，独立进行实操布线训练。

单元二　热水供应系统管道保温与防腐

学习目标

能力目标：
1. 能够计算和查表确定不同热水管道的保温层厚度；
2. 能够根据不同的敷设方式和管材选取适当的防腐措施。

知识目标：
1. 掌握热水管道保温层厚度选取及计算方法；
2. 掌握不同防腐层结构。

素养目标：
1. 合理选择环保的保温材料和防腐涂层，减少对环境的影响；
2. 掌握保温与防腐的质量控制方法，确保施工质量。

一、管道与设备的保温

热水供应系统中的水加热设备,贮热水器,热水供水干、立管,机械循环的回水干、立管,有冰冻可能的自然循环回水干、立管,均应保温,其主要目的是减少介质输送过程中无效的热损失。

热水供应系统保温材料应符合导热系数小、具有一定的机械强度、重量轻、无腐蚀性、易于施工成型及可就地取材等要求。

保温层的厚度可按下式计算:

$$\delta=3.14\frac{d_\mathrm{w}^{1.2}\lambda^{1.35}\tau^{1.75}}{q} \qquad (17\text{-}1)$$

式中 δ——保温层厚度(mm);
d_w——管道或圆柱设备的外径(mm);
λ——保温层的导热系数[kJ/(h·m·℃)];
τ——未保温的管道或圆柱设备外表面温度(℃);
q——保温后的允许热损失[kJ/(h·m)],可按表 17-1 采用。

表 17-1 保温后的允许热损失值[kJ/(h·m)]

管径 DN/mm	流体温度/℃					备注
	60	100	150	200	250	
15	46.1					
20	63.8					
25	83.7					
32	100.5					
40	104.7					
50	121.4	251.2	335.0	367.8		液体温度 60 ℃ 只适用于热水管道
70	150.7					
80	175.5					
100	226.1	355.9	460.55	544.3		
125	263.8					
150	322.4	439.6	565.2	690.8	816.4	
200	385.2	502.4	669.9	816.4	983.9	
设备面	—	418.7	544.3	628.1	753.6	

热水配、回水管和热媒水管常用的保温材料为岩棉、超细玻璃棉、硬聚氨酯、橡塑泡沫等材料,其保温厚度可参照表 17-2 采用。蒸汽管用憎水珍珠岩管壳保温时,其厚度见表 17-3。水加热器、开水器等设备采用岩棉制品、硬聚氨酯发泡塑料等保温时,保温层厚度可为 35 mm。

表 17-2 热水配、回水管和热媒水管保温层厚度

管径 DN/mm	热水配、回水管				热媒水、蒸汽凝结水管	
	15~20	25~50	65~100	>100	≤50	<50
保温层厚度/mm	20	30	40	50	40	50

表 17-3　蒸汽管保温层厚度

管径 DN/mm	≤40	50～65	≥80
保温层厚度/mm	50	60	70

管道和设备在保温之前，应进行防腐蚀处理。保温材料应与管道或设备的外壁紧密相贴，并在保温层外表面做防护层。如遇管道拐弯处，其保温应做伸缩缝，缝内填柔性材料。

二、管道与设备的防腐

热水管网若采用低碳钢管材和加热设备，由于暴露在空气中，会受到氧气、二氧化碳、二氧化硫和硫化氢的腐蚀，金属表面还会产生电化学腐蚀。长期腐蚀的结果是，管道和设备的壁变薄，系统受到破坏，可在金属管材和设备外表面涂刷防腐材料，在金属设备内壁及管内加耐腐衬里或涂防腐涂料来阻止腐蚀作用。

常用防腐材料为"油漆"，是指以天然漆和植物油为主体组成的混合溶液，它是一种有机高分子胶体混合物的溶液，实际上是一种"有机涂料"。它被称为油漆，是因为从前人们制漆时，多采用天然的植物油为主要原料制成的漆。随着化学工业的不断发展，油漆中的油料，部分或全部被合成树脂取代，所以再叫油漆已不够准确，现称有机涂料，简称涂料。

涂料主要由液体材料、固体材料和辅助材料 3 部分组成。液体材料有成膜物质、稀释剂；固体材料有颜料和填料；辅助材料有固化剂、增韧剂、催干剂、防潮剂、脱漆剂等。

涂料施工的程序：第一层底漆或防锈漆，直接涂在物件表面上与物体表面紧密结合，是整个涂层的基础，它起到防锈、防腐、防水、层间结合等作用；第二层面漆（调和漆或磁漆等），是直接暴露在大气表面的防护层，施工应精细，使物件获得所欲要的彩色；第三层是罩光漆，有时为了增加涂层的光泽和耐腐蚀能力等，常在面漆上面再涂一层或基层罩光清漆。

(一)热管道涂料防腐层

1. 室内和沟内的管道绝热保护层防腐

室内和通行地沟内的管道的绝缘的保护层，其所用的色漆可根据涂料的类别，分别选用各色油性调和漆、各色酚醛磁漆、各色醇酸磁漆，以及各色耐酸漆、防腐漆等。对半通行和不通行地沟内的管道的绝热层，其外表面应涂刷具有一定的防潮耐水性能的沥青冷底子油或各色酚醛磁漆、各色醇酸磁漆等。

2. 室外管道绝热保护层防腐

应选用耐候性好并具有一定防水性能的涂料，绝热保护层采用非金属材料时，应涂刷两道各色酚醛磁漆或各色醇酸磁漆，也可先涂刷一道沥青冷底子油再刷两道沥青漆，并采用软化点较高的 3 号专用石油沥青做基本涂料。当采用黑铁皮做绝热保护层时，在黑铁皮内外表面均应先刷两道红丹防锈漆，其外表面再涂两道色漆。

(二)明装管道涂料防腐层

明装管道的涂料品种选择，一般可不考虑耐热问题，主要根据管道所处周围环境来确定涂层类别，再选择不同的涂料。

(1)室内及通行地沟内明装管道，一般先涂刷两道油性红丹防锈漆或红丹酚醛防锈漆，外面再涂刷两道各色油性调和漆或各色磁漆。

(2)室外明装管道、半通行和不通行地沟内的明装管道，以及室内的冷水管道，应选用具有一定的防潮耐水性能的涂料。其底漆可用红丹酚醛防锈漆，面漆可用各色酚醛磁漆或沥青漆。

(三)埋地钢管的沥青绝缘防腐层

室外给水排水及供热管道采用直埋方式敷设很常见，沥青绝缘防腐应用普遍、性能稳定。钢管的防腐层结构取决于土壤的腐蚀程度及防腐措施，见表17-4。

表17-4 土壤腐蚀性及防腐等级

土壤腐蚀特性	土壤电阻/(Ω·m)	食盐量/%	含水率/%	防腐等级
一般土土壤	>20	<0.05	<5	普通
高腐蚀性土壤	5~20	0.05~0.75	5~12	加强
特高腐蚀性土壤	<5	>0.75	>12	特加强

根据土壤腐蚀性能的不同，防腐层结构可分为3种类型：普通防腐层、加强防腐层和特加强防腐层，其结构见表17-5。

表17-5 埋地钢管沥青防腐结构

防腐等级	防腐层结构	每层沥青厚度/mm	防腐层最小厚度/mm
普通防腐	沥青底漆—沥青3层—玻璃布2层—塑料布	2	6
加强防腐	沥青底漆—沥青4层—玻璃布3层—塑料布	2	8
特加强防腐	沥青底漆—沥青5层—玻璃布4层或5层—塑料布	2	10 或 12

> **课堂能力提升训练**
>
> 给出不同类型、不同敷设方式的热水管道，让学生根据所学知识，进行保温层厚度和防腐层结构的选取。

单元三 建筑热水供应系统施工图绘制

学习目标

能力目标：
1. 能够合理确定热给水、回水立管的平面位置；
2. 能够合理布置热给水、回水横干管；
3. 能够合理布置卫生间内热水支管；
4. 能够根据热水管道平面图绘制热水管道系统图。

知识目标：
1. 掌握热水立管、横干管、卫生间支管平面图及系统图的绘制方法；
2. 掌握各部分在绘制过程中参数的选择。

素养目标：
1. 培养严谨细致的工作态度；
2. 培养团队合作和沟通的能力。

某酒店集中热水供应系统施工图绘制如下：

为讲解热水系统的绘制，引入某酒店施工图，该酒店建筑高度 63.40 m，共 15 层，其中 5~15 层有布局完全相同的客房卫生间，两个毗邻卫生间共用一个管道井，要求热水管道系统必须把热水配送至每个卫生间的配水龙头。

为保证卫生间用水点冷热水压力相同，热水供应系统采用与冷水系统相同的分区方式，5~10 层为低区，11~15 层为高区，采用上行下给式立管循环热水供应系统，满足该酒店全日制供应热水的设计要求。

一、热给水、回水立管的绘制

执行【管线】→【立管布置】命令，弹出如图 17-4 所示的【立管】对话框，单击【热给水】【热回水】按钮，输入需要的管径和编号，布置方式根据需要选择，这里选择任意布置，输入该立管的管底标高和管顶标高，在建筑平面图中适当位置绘制立管，在所需位置单击鼠标左键，确定立管位置，绘制高低区给水、热给水及回水立管，绘制结果如图 17-5、图 17-6 所示。

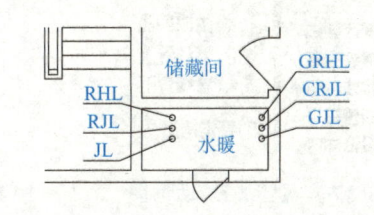

图 17-5　水暖井中热给水、热回水立管的绘制

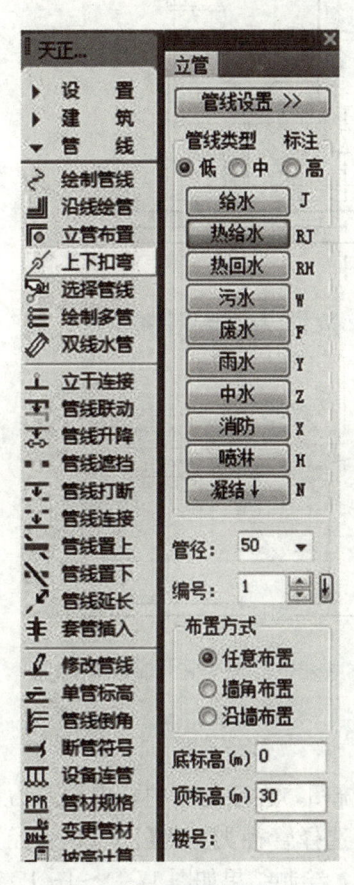

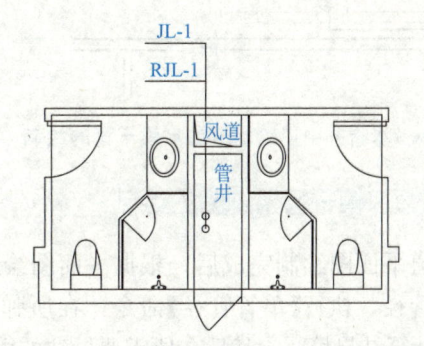

图 17-4　【立管】对话框　　图 17-6　客房卫生间管井中热给水、热回水立管的绘制

二、热给水、回水管线的绘制

执行【管线】→【绘制管线】命令，弹出如图 17-7 所示的【管线】对话框，在弹出的【管线】对话框中单击【热给水】【热回水】按钮，输入需要的管径及标高，如有管线交叉，需采用等标高管线交叉的处理方法，这里选择【生成四通】，标高不等时系统自动生成置上或置下处理。参数输

· 231 ·

入完毕后，绘制高低区给水、热给水及回水横干管，绘制结果如图17-8～图17-10所示。

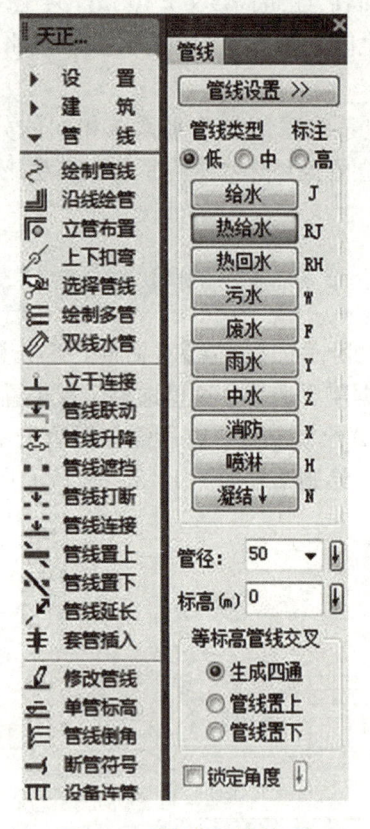

图17-7 【管线】对话框图

图17-8 客房管井中热给水、给水横干管的绘制

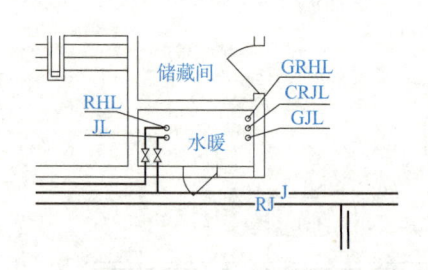

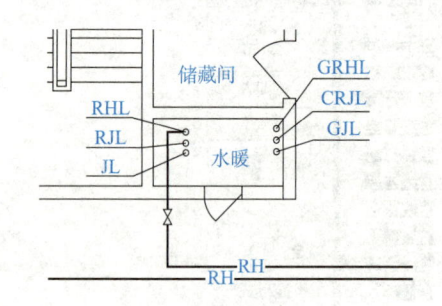

图17-9 水暖井中热给水、给水横干管的绘制

图17-10 水暖井中热回水横干管的绘制

三、热水立管、横干管系统图的绘制

热水管道平面图绘制完成后，根据平面图绘制热水管道系统图，在系统图中，根据水力计算结果标注管径，执行【单管管径】命令，在所弹出的对话框中选择管径类型为【DN】，管径大小根据水力计算结果填写，然后在所需要标注的管线处单击管线，绘制结果如图17-11～图17-13所示。

以上为热水管线的基本绘制步骤和方法，其余立管、横干管系统图绘制方法同上，各层热水管道平面图及热水管道系统图详见图15-2～图15-8。

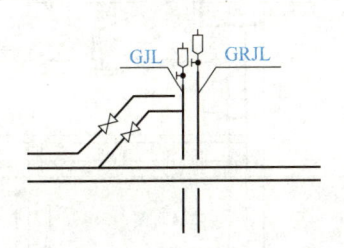

图 17-12 给水、热水立管顶端自动排气阀的绘制

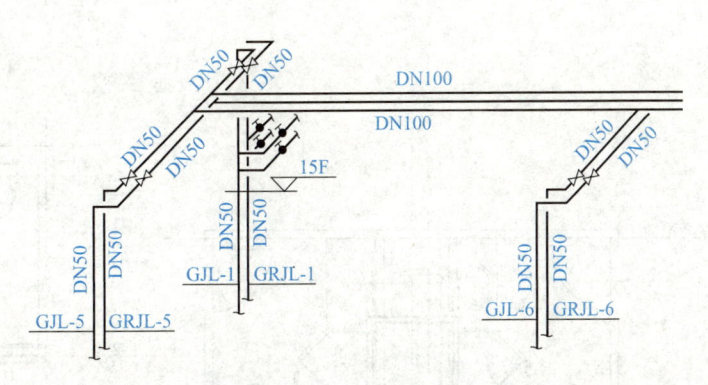

图 17-13 给水、热水横干管的绘制

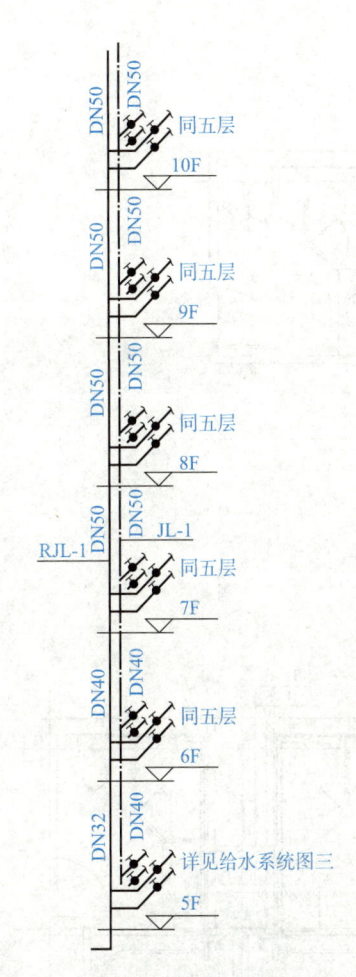

图 17-11 热水立管 RJL-1、给水立管 JL-1 的绘制

四、卫生间热水管线的绘制

绘制卫生间给水管线大样图时,管线比例为 1∶50,绘图之前要先改变绘图比例,执行【文件布图】→【改变比例】命令,在命令行中输入【50】,按【Space】键确定。

改变绘图比例之后开始绘制管线,执行【管线】→【绘制管线】命令,绘制给水、热水管线,如图 17-14～图 17-16 所示。

五、卫生间管道平面图系统图布置

执行【系统】→【系统生成】命令,弹出【平面图生成系统图】对话框,在【管道类型】中选择【热给水】,单击【直接生成单层系统图】按钮,如图 17-17 所示。

用鼠标框选已经完成的卫生间大样图,按【Space】键确定,在所需位置单击鼠标左键,生成卫生间热水管道系统图,如图 17-18～图 17-20 所示。

执行【单管管径】命令,管径大小根据水力计算结果填写,然后在所需要标注的管线处单击管线。

执行【单注标高】命令,相对标高前缀选择 H,标注内容输入 0.35、0.45,在所需位置标注给水、热水支管沿墙敷设的标高。

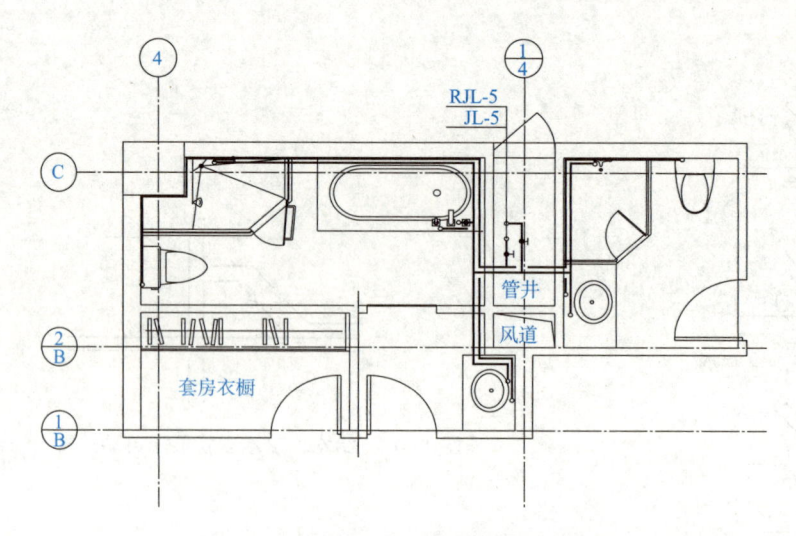

图 17-14 酒店卫生间热水管线大样图一

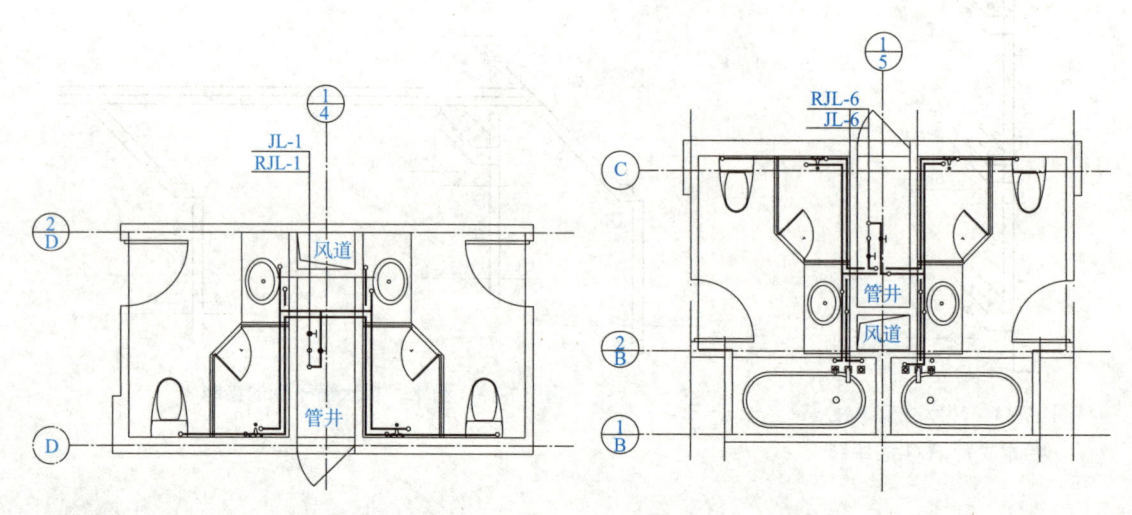

图 17-15 酒店卫生间热水管线大样图二

图 17-16 酒店卫生间热水管线大样图三

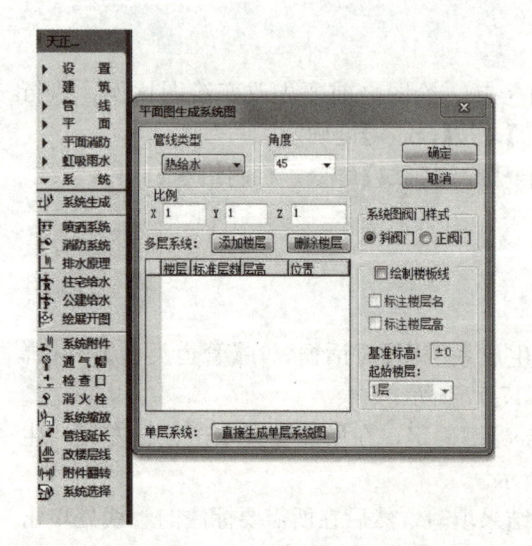

图 17-17 【平面图生成系统图】对话框

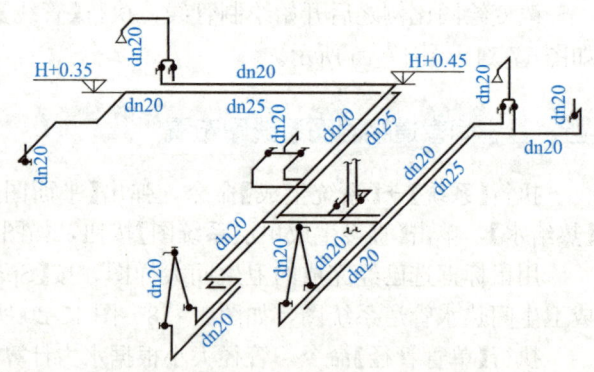

图 17-18 酒店卫生间热水管线系统图一

· 234 ·

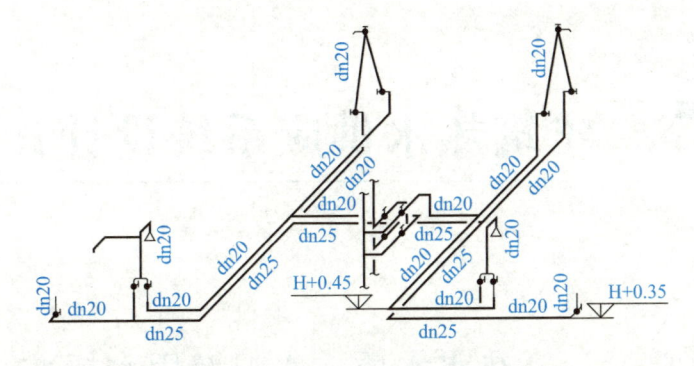

图 17-19　酒店卫生间热水管线系统图二

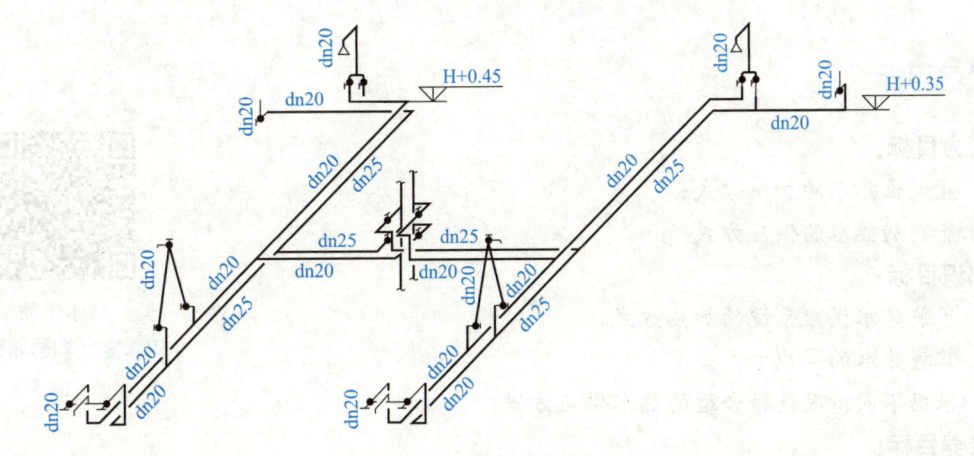

图 17-20　酒店卫生间热水管线系统图三

📝 课堂能力提升训练

1. 给出不同类型的建筑的施工图，熟悉建筑的平面布局，应用天正给水排水软件，绘制热水管道的平面图。
2. 根据热水平面图，绘制热水管线系统图，并标注管径。

◆ 思考题与习题

17.1　热水管道固定支架的设置间距应考虑哪些因素？
17.2　怎样解决热水管道热伸缩？
17.3　如何计算保温层厚度？

模块十八 建筑热水供应系统设计计算

单元一 热水水质、水温及用水标准

学习目标

能力目标：
1. 能说出热水的加热方式；
2. 能判别热水的供应方式。

知识目标：
1. 了解热水供应系统的加热方式；
2. 掌握热水的供应方式；
3. 根据不同情况选择合适的热水供应方案。

素养目标：
1. 了解热水在供应和分配过程中的卫生要求，以确保水质符合卫生标准，减少细菌、病毒和其他污染物的传播风险；
2. 管理热水系统以提高资源利用效率、减少水浪费，并对可持续性和环境保护产生积极影响。

视频：热水水质、热水用水定额和热水水温

一、热水水质

1. 热水的水质要求

由于水加热后，水中钙、镁离子会受热析出，附着在设备和管道表面形成水垢，降低管道输水能力和设备的导热系数，同时水温升高，水中的溶解氧也会受热逸出，增加水的腐蚀性。因此在热水供应系统中应采取必要的防止结垢和控制腐蚀的措施。

生活用热水的水质应符合《生活饮用水卫生标准》(GB 5749—2022)，生产用热水的水质应满足生产工艺要求。

2. 集中热水供应系统的热水在加热前的水质要求

集中热水供应系统的热水在加热前的水质处理应根据水质、水量、水温、使用要求等因素经技术经济比较确定。

一般情况下，洗衣房日用水量(水温按 60 ℃计)大于或等于 10 m³ 且原水硬度(以碳酸钙计)大于 300 mg/L 时，应进行水质软化处理，原水硬度(以碳酸钙计)为 150~300 mg/L 时，宜进行水质软化处理。经软化处理后，洗衣房用热水的水质总硬度宜为 50~100 mg/L。

其他生活日用热水量(水温按 60 ℃计)大于或等于 10 m³ 且原水总硬度(以碳酸钙计)大于

300 mg/L 时，宜进行水质软化或稳定处理。经软化处理后，其他生活用热水的水质总硬度宜为 75～150 mg/L。

二、热水用水定额

生活用热水定额有两种：一种是根据建筑物的使用性质和内部卫生器具的完善程度、热水供应时间和用水单位数来确定，其水温按 60 ℃ 计算，见表 18-1；另一种是根据建筑物使用性质和卫生器具 1 次和小时热水用水定额来确定，随着卫生器具的功用不同，对水温的要求也不同，见表 18-2。

生产车间用热水定额应根据生产工艺要求确定。

表 18-1　60 ℃ 热水用水定额

序号	建筑物名称	单位	最高日用水 60 ℃ 定额/L	使用时间/h
1	住宅 　有自备热水供应和沐浴设备 　有集中热水供应和沐浴设备	每人每日 每人每日	40～80 60～100	24 24
2	别墅	每人每日	70～110	24
3	酒店式公寓	每人每日	80～100	24
4	宿舍 　Ⅰ类、Ⅱ类 　Ⅲ类、Ⅳ类	每人每日 每人每日	70～100 40～80	24 24
5	招待所、培训中心、普通旅馆 　设公用盥洗室 　设公用盥洗室、淋浴房 　设公用盥洗室、淋浴房、洗衣室 　设单独卫生间、公用洗衣室	每人每日 每人每日 每人每日 每人每日	25～40 40～60 50～80 60～100	24 或定时供应
6	宾馆、客房 　旅客 　员工	每床位每日 每人每日	120～160 40～50	24
7	医院住院部 　设公用盥洗室 　设公用盥洗室、淋浴房 　设单独卫生间	每床位每日 每床位每日 每床位每日	25～40 40～60 50～80	24
	医务人员 门诊部、诊疗所	每人每日 每床位每日	60～100 60～100	8
	疗养院、休养所住房部	每床位每日	100～160	24
8	养老院	每床位每日	50～70	24
9	幼儿园、托儿所 　有住宿 　无住宿	每儿童每日 每儿童每日	20～40 10～15	24 10
10	公共浴室 　淋浴 　淋浴、浴盆 　桑拿浴(淋浴、按摩池)	每顾客每次 每顾客每次 每顾客每次	40～60 60～80 70～100	12

续表

序号	建筑物名称	单位	最高日用水60℃定额/L	使用时间/h
11	理发室、美容院	每顾客每次	10～15	12
12	洗衣房	每千克干衣	15～30	8
13	餐饮厅 　营业餐厅 　快餐店、职工及学生食堂 　酒吧、咖啡厅、茶座、卡拉OK房	每顾客每次 每顾客每次 每顾客每次	15～20 7～10 3～8	10～12 12～16 8～18
14	办公楼	每人每班	5～10	8
15	健身中心	每人每次	15～25	12
16	体育场(馆) 　运动员淋浴	每人每次	17～26	4
17	会议厅	每座位每次	2～3	4

表18-2　卫生器具的1次和1h热水用水定额及水温

序号	卫生器具名称	一次用水量/L	小时用水量/L	使用水温/℃
1	住宅、旅馆、别墅、宾馆 　带有淋浴器的浴盆 　无淋浴器的浴盆 　淋浴器 　洗脸盆、盥洗槽水嘴 　洗涤盆(池)	150 125 70～100 3 —	300 250 140～200 30 180	40 40 37～40 30 30
2	集体宿舍、招待所、培训中心、营房 　淋浴器：有淋浴小间 　　　　　无淋浴小间 　盥洗槽水嘴	70～100 — 3～5	210～300 450 50～80	37～40 37～40 30
3	餐饮业 　洗涤盆(池) 　洗脸盆　工作人员用 　　　　　顾客用 　淋浴器	— 3 — 40	250 60 120 400	50 30 30 37～40
4	幼儿园、托儿所 　浴盆：幼儿园 　　　　托儿所 　淋浴器：幼儿园 　　　　　托儿所 　盥洗槽水嘴 　洗涤盆(池)	100 30 30 15 1.5 —	400 120 180 90 25 180	35 35 35 35 30 50
5	医院、疗养院、休养所 　洗手盆 　洗涤盆(池) 　浴盆	— — 125～150	15～25 300 250～300	35 50 40

续表

序号	卫生器具名称	一次用水量/L	小时用水量/L	使用水温/℃
6	公共浴室 　　浴盆 　　淋浴器：有淋浴小间 　　　　　　无淋浴小间 　　洗脸盆	125 100~150 — 5	250 200~300 450~540 50~80	40 37~40 37~40 35
7	办公楼 洗脸盆	—	50~100	35
8	理发室、美容院 洗脸盆	—	35	35
9	实验室 　　洗脸盆 　　洗手盆	— —	60 15~25	50 30
10	剧场 　　淋浴器 　　演员用洗脸盆	60 5	200~400 80	37~40 35
11	体育场馆　淋浴器	30	300	35
12	工业企业生活间 　　淋浴器：一般车间 　　　　　　脏车间 　　洗脸盆或盥洗槽水龙头：一般车间 　　　　　　　　　　　　　脏车间	40 60 3 5	360~540 180~480 90~120 100~150	37~40 40 30 35
13	净身器	10~15	120~180	30

注：一般车间是指《工业企业设计卫生标准》(GBZ 1—2010)中规定的 3、4 级卫生特征的车间，脏车间是指该标准中规定的 1、2 级卫生特征的车间。

三、水温

1. 热水使用温度

生活用热水水温应满足生活使用的各种需要，卫生器具 1 次或 1 h 热水用量及使用水温见表 18-2。但在一个热水供应系统计算中，先确定出最不利点的热水最低水温，使其与冷水混合达到生活用热水的水温要求，并以此作为设计计算机的参数。热水锅炉或水加热器出口的最高水温和配水点的最低水温，见表 18-3。生产用热水水温根据工艺要求确定。

表 18-3　直接供应热水的热水锅炉、热水机组或水加热出口的最高水温和配水点的最低水温

水质处理情况	热水锅炉、热水机组或水加热器出口的最高水温/℃	配水点的最低水温/℃
原水水质无须软化处理，原水水质需水质处理且有水质处理	75	50
原水水质需水质处理但未进行水质处理	60	50

注：当热水供应系统只供淋浴和盥洗用水，不供应洗涤盆(池)用水时，配水点最低水温可不低于 40 ℃。

2. 热水供应温度

直接供应热水的热水锅炉、热水机组或水加热器出口的最高水温和配水点最低水温按表 18-3 确定。水温偏低，满足不了要求；水温过高，会使热水系统的管道、设备结垢加剧，且易发生烫伤、积尘、热损失增加等。热水锅炉或水加热器出口水温与系统最不利点的水温差一般为 5~15 ℃，用作热水供应系统配水管网的散失。水温差的大小应该根据系统的大小、保温材料等做经济技术比较后确定。

3. 冷水计算温度

在计算热水系统的耗热量时，冷水温度应以当地最冷月平均冰温资料确定，无水温资料时可按表 18-4 确定。

表 18-4 冷水计算温度

地区	地面水温度/℃	地下水温度/℃
黑龙江、吉林、内蒙古的全部，辽宁的大部分，河北、山西、陕西偏北部分，宁夏偏东部分	4	6~10
北京、天津、山东全部，河北、山西、陕西的大部分，河北北部，甘肃、宁夏、辽宁的南部，青海偏东和江苏偏北的一小部分	4	10~15
上海、浙江全部，江西、安徽、江苏的大部分，福建北部，湖南、湖北东部，河南南部	5	15~20
广东、台湾全部，广西大部分，福建、云南南部	10~15	20
重庆、贵州全部，四川、云南的大部分，湖南、湖北的西部，陕西和甘肃秦岭以南地区，广西偏北的一小部分	7	15~20

4. 冷热水比例计算

在冷热水混合时，应该配水点要求的热水水温、当地冷水计算水温和冷热水混合后的使用水温求出所需热水量和冷水的比例。

若以混合水量为 100%，则所需热水量占混合水的百分数按式(18-1)计算：

$$K_r = \frac{t_h - t_l}{t_r - t_l} \tag{18-1}$$

式中　K_r——热水在混合水中所占百分数；
　　　t_h——混合水温度(℃)；
　　　t_r——热水水温(℃)；
　　　t_l——冷水计算温度(℃)。

所需冷水量占混合水量的百分数 K_l，按式(18-2)计算：

$$K_l = 1 - K_r \tag{18-2}$$

> 📝 **课堂能力提升训练**
>
> 某热水系统供水温度为 60 ℃，冷水温度为 10 ℃，用水温度为 40 ℃，试计算热水量和冷水量占混合水的比例。

单元二 耗热量、热水量及热媒耗量计算

学习目标

能力目标：
1. 能说出耗热量的计算思路；
2. 能说出根据热媒和加热方式不同，热媒耗量的不同之处。

知识目标：
1. 了解耗热量的计算公式；
2. 掌握不同情况下的热媒耗量计算方式。

素养目标：
1. 培养评估热水供应系统性能的能力，包括能源利用效率、成本效益和环保性等方面的评估；
2. 培养优化系统设计和运行的能力。

视频：耗热量、热水量、热媒耗量的计算

耗热量、热水量和热媒耗量是热水供应系统中选择设备和管网计算的主要依据。

一、耗热量计算

集中热水供应系统计算小时耗热量应该根据用水情况和冷、热水温计算。

(1)全日制供应热水的住宅、别墅、招待所、培训中心、旅馆的客房、医院住院部、养老院、幼儿园、托儿所等建筑的集中热水供应系统的设计小时耗热量应按式(18-3)计算。

$$Q_h = K_h \frac{m q_r C (t_r - t_l) \rho_r}{86\ 400} \tag{18-3}$$

式中 Q_h——设计小时耗热量(W)；

m——用水计算单位数(人数或床数)；

q_r——热水用水定额[L/(人·d)或L/(床·d)]，按表18-1采用；

C——水的比热容，$C = 4\ 187\ J/(kg·℃)$；

t_r——热水温度，$t_r = 60\ ℃$；

t_l——冷水计算温度(℃)，按表18-4选用；

ρ_r——热水密度(kg/L)；

K_h——热水小时变化系数，全日供应热水可按表18-5～表18-7采用。

表18-5 住宅、别墅的热水小时变化系数 K_h 值

居住人数 m	≤100	150	200	250	300	500	1 000	3 000	≥6 000
K_h	5.12	4.49	4.13	3.88	3.70	3.28	2.86	2.48	2.34

表18-6 旅馆的热水小时变化系数 K_h 值

床位数 m	≤100	300	450	600	900	≥1 200
K_h	6.48	5.61	4.97	4.58	4.19	3.90

表 18-7　医院的热水小时变化系数 K_h 值

床位数 m	≤50	75	100	200	300	500	≥1 000
K_h	4.55	3.78	3.54	2.93	2.60	2.23	1.95

注：招待所、培训中心、宾馆的客房(不含员工)、养老院、幼儿园、托儿所(有住宿)等建筑的 K_h 值可参考表 18-6 选用，办公楼的 K_h 为 1.2~1.5。

(2)定时供应热水的住宅、旅馆、医院及工业企业生活间、公共浴室、学校、剧院、体育馆(场)等建筑的集中热水供应系统的设计小时耗热量应按式(18-4)计算。

$$Q_h = \sum \frac{q_h(t_r - t_1)\rho_r N_0 b C}{3\,600} \tag{18-4}$$

式中　Q_h——卫生器具用水的小时用水定额(L/h)，应按表 18-2 采用；

　　　t_r——热水温度，按表 18-2 采用；

　　　N_0——同类型卫生器具数；

　　　b——卫生器具的同时使用百分数。住宅、旅馆、医院、疗养院病房，卫生间内浴盆或淋浴器可按 70%~100% 计，其他器具不计，但定时连续供水时间应不小于 2 h；工业企业生活间、公共浴室、学校、剧院、体育馆(场)等的浴室内的淋浴器和洗脸盆均按 100% 计；住宅一户带多个卫生间时，只按一个卫生间计算。

其他符号意义同前。

(3)设有集中热水供应系统的居住小区设计小时耗热量，当公共建筑的最大用水时段与住宅的最大用水时段一致时，应按两者的计算小时耗量叠加计算；当公共建筑的最大用水时段与住宅的最大用水时段不一致时，应按住宅的计算小时耗热量加公共建筑的平均小时耗热量叠加计算。

(4)具有多个不同使用热水部门的单一建筑或多种使用功能的综合性建筑，当其热水由同一热水系统供应时，设计小时耗热量可按同一时间内出现用水高峰的主要用水部门的设计小时耗热量加其他用水部门的平均小时耗热量计算。

二、热水量计算

设计小时热水量可按式(18-5)计算：

$$q_{rh} = \frac{Q_h}{1.163(t_r - t_1)\rho_r} \tag{18-5}$$

式中　q_{rh}——设计小时热水量(L/h)；

其他符号意义同前。

三、热媒耗量计算

1. 热源

集中热水供应系统的热源宜首先利用工业余热、废热、地热和太阳能，当没有条件利用时，宜优先采用能保证全年供热的热力管网作为集中热水供应的热源。当区域性锅炉房或附近的锅炉房能充分供给蒸汽或高温水时，宜采用蒸汽或高温水做集中热水供应系统的热媒。

当上述条件都不具备时，可设燃油、燃气热水机组或电蓄热设备等供给集中热水供应系统的热源或直接供给热水。

局部热水供应系统的热源宜采用太阳能及电能、燃气、蒸汽等。

2. 热媒耗量计算

根据热媒种类和加热方式不同，热媒耗量应按不同的方法计算。

(1)采用蒸汽直接加热时，蒸汽耗量按式(18-6)计算：

$$G=(1.10\sim1.20)\frac{3.6Q_h}{i_m-i_r} \tag{18-6}$$

式中　G——蒸汽耗量(kg/h)；
　　　Q_h——设计小时耗热量(W)；
　　　i_m——蒸汽的热焓(kJ/kg)，按表18-8选用；
　　　i_r——蒸汽与冷水混合后的热水热焓(kJ/kg)。

$$i_r=4.187t_{mc}$$

式中　t_{mc}——蒸汽与冷水混合后的热水温度(℃)，应由产品样本提供，参考值见表18-9和表18-10。

表 18-8　饱和蒸汽的性质

绝对压力/MPa	饱和蒸汽温度/℃	热焓/(kJ·kg⁻¹) 液体	热焓/(kJ·kg⁻¹) 蒸汽	蒸汽的汽化热/(kJ·kg⁻¹)
0.1	100	419	2 679	2 260
0.2	119.6	502	2 707	2 205
0.3	132.9	559	2 726	2 167
0.4	142.9	601	2 738	2 137
0.5	151.1	637	2 749	2 112
0.6	158.1	667	2 757	2 090
0.7	164.2	694	2 767	2 073
0.8	169.6	718	2 713	2 055

表 18-9　导流型容积式水加热器主要热力性能参数

参数 热媒	传热系数 K/[W·(m²·℃)⁻¹] 钢盘管	铜盘管	热媒出水口温度 t_{mz}/℃	热媒阻力损失 Δh_1/MPa	被加热水水头损失 Δh_2/MPa	被加热水温升 Δt/℃
0.1~0.4 MPa 的饱和蒸汽	791~1 093	872~1 204 2 100~2 550 2 500~3 400	40~70	0.1~0.2	≤0.005 ≤0.01 ≤0.01	≥40
70~150 ℃ 的高温水	616~945	680~1 047 1 150~1 450 1 800~2 200	50~90	0.01~0.03 0.05~0.1 ≤0.1	≤0.005 ≤0.01 ≤0.01	≥35

注：①表中铜管的 K 值及 Δh_1、Δh_2 中的数字由上而下分别表示 U 形管、浮动盘管和铜波节管 3 种导流型容积式水加热器的相应值。
②热媒为蒸汽时，K 值与 t_{mz} 对应，热媒为高温水时，K 值与 Δh_1 对应。

(2)采用蒸汽间接加热时，蒸汽耗量按式(18-7)计算：

$$G=(1.10\sim1.20)\times\frac{3.6Q_h}{\gamma_h} \tag{18-7}$$

式中　γ_h——蒸汽的汽化热(kJ/kg)，按表18-8选用。

表 18-10　容积式水加热器主要热力性能参数

参数 热媒	传热系数 $K/[W \cdot (m^2 \cdot ℃)^{-1}]$ 钢盘管	传热系数 $K/[W \cdot (m^2 \cdot ℃)^{-1}]$ 铜盘管	热媒出水口温度 $t_{mz}/℃$	热媒阻力损失 $\Delta h_1/MPa$	被加热水水头损失 $\Delta h_2/MPa$	被加热水温升 $\Delta t/℃$	容器内冷水区容积 $V_L/\%$
0.1~0.4 MPa 的饱和蒸汽	689~756	814~872	100	≤0.1	≤0.005	≥40	25
70~150 ℃ 的高温水	326~349	348~407	60~120	≤0.03	≤0.005	≥23	25

注：容积式水加热器及传统的两行程光面 U 形管式容积式水加热器。

(3)采用高温热水间接加热时，高温热水耗量按式(18-8)计算：

$$G=(1.10\sim1.20)\times\frac{Q_h}{1.163(t_{mc}-t_{mz})} \tag{18-8}$$

式中　G——高温热水耗量(kg/h)；

t_{mc}，t_{mz}——高温热水进口与出口水温(℃)，参考表 18-9 和表 18-10。

1.163——单位换算系数。

其他符号意义同前。

【例 18-1】　某宾馆有 150 套客房、300 张床位，客房均设有专用卫生间，内有浴盆、洗脸盆、大便器各 1 件。宾馆全日集中供应热水，加热器出口热水温度为 70 ℃，当地冷水温度为 10 ℃，采用半容积式水加热器，以蒸汽为热媒，蒸汽压力为 0.2 MPa（表压），凝结水温度为 80 ℃。试计算设计小时耗热量、设计小时热水量和热媒耗量。

【解】(1)求设计小时耗热量 Q_h。

已知：$m=300$，$q_r=160 \text{ L}/(人 \cdot d)(60 ℃)$，查表 18-6 可得 $K_h=5.61$。

因 $t_r=60 ℃$，$t_l=10 ℃$，$\rho_r=0.983 \text{ kg/L}(60 ℃)$，则

$$Q_h=K_h\frac{mq_rC(t_r-t_l)\rho_r}{86\ 400}$$

$$=5.61\times\frac{300\times160\times4\ 187\times(60-10)\times0.983}{86\ 400}$$

$$=641\ 382(\text{W})$$

(2)求设计小时热水量。

已知：$t_r=70 ℃$，$t_l=10 ℃$，$Q_h=641\ 382$ W，$\rho_r=0.978 \text{ kg/L}(70 ℃)$，

$$Q_r=\frac{Q_h}{1.163\times(t_r-t_l)\rho_r}=\frac{641\ 382}{1.163\times(70-10)\times0.978}=9\ 398(\text{L/h})$$

(3)求热媒耗量 G。

已知：半容积式水加热器 $Q_g=Q_h=641\ 382$ W，查表 18-8，在 0.3 MPa 绝对压力下，蒸汽的热焓 $i''=2\ 726$ kJ/kg，凝结水的焓 $i'=4.187\times80=335$ (kJ/kg)，则

$$Q=1.15\times\frac{3.6Q_h}{i''-i'}=1.15\times\frac{3.6\times641\ 382}{2\ 726-335}1\ 111(\text{kg/h})$$

📝 课堂能力提升训练

某住宅楼共 176 户，每户按 3.5 人计，采用全日集中热水供应系统，半容积式水加热器。热水定额按 100 L/(人·d) 计，设计热水温度为 60 ℃，密度为 0.983 2 kg/L，冷水计算温度为 10 ℃，密度为 0.999 7 kg/L。试计算该住宅楼的设计小时耗热量。

单元三 设备选型计算

学习目标

能力目标：
1. 能说出局部加热设备的种类及特点；
2. 能选择合适的加热设备布置形式。

知识目标：
1. 掌握加热设备供热量的计算；
2. 掌握水加热器加热面积的计算；
3. 根据不同情况选择合适加热器布置方案。

素养目标：
1. 能进行设备选型应用经济性分析，以做出明智的投资决策；
2. 培养考虑加热设备的环保性能的意识，以推动可持续的加热系统的建设。

视频：加热设备　　视频：热水制备设备和贮热设备的选型计算

在热水供应系统中，将冷水加热常采用加热设备来完成。加热设备是热水供应系统重要组成部分，需根据热源条件和系统要求合理选择。

热水系统的加热设备分为局部加热设备和集中热水供应系统的加热和贮热设备，其中局部加热设备包括燃气热水器、电热水器、太阳能热水器等；集中加热设备包括燃煤（燃油、煤气）热水锅炉、热水机组、容积式加热器、半容积式加热器、快速试水加热器和半即热式水加热器等。在集中热水供应系统中，贮热设备有容积式水加热器和加热水箱等，其中快速式水加热器只起加热作用；贮水器只起贮存热水作用。加热设备的设计是确定加热设备的加热面积和贮水面积。

加热设备常用以蒸汽或高温水为热媒的水加热设备。

一、加热器的种类

（一）局部水加热设备

1. 燃气热水器

燃气热水器是一种局部供应热水的加热设备，按其构造可分为直流式和容积式两种。

直流快速式燃气热水器一般带有自动点火和熄火保护装置，冷水留经带有翼片的蛇形管时，被热烟气加热到所需温度的热水供生活用，其结构如图18-1所示。直流快速式燃气热水器一般安装在热水点就地加热，可随时点燃并可立即取得热水，供一个或几个配水点使用，常用于厨房、浴室、医院手术室等局部热水供应。

2. 电热水器

电热水器通常以成品在市场上销售，分快速式和容积式两种。快速式电热水器无贮水容积，使用时不需要预先加热，通水通电后即可得到被加热的热水，具有体积小、重量轻、热损失少、效率高、安装方便、易调节水量和水温的优点，但电耗大，在缺电地区受到一定限制。

容积式电热水器具有一定的贮水容积，其容积大小不等，在使用前需预先加热到一定温度，可同时供应几个热水用水点在一段时间内使用，具有耗电量小、使用方便等优点，但热损失较大，适用于局部热水供应系统。容积式电热水器的构造如图18-2所示。

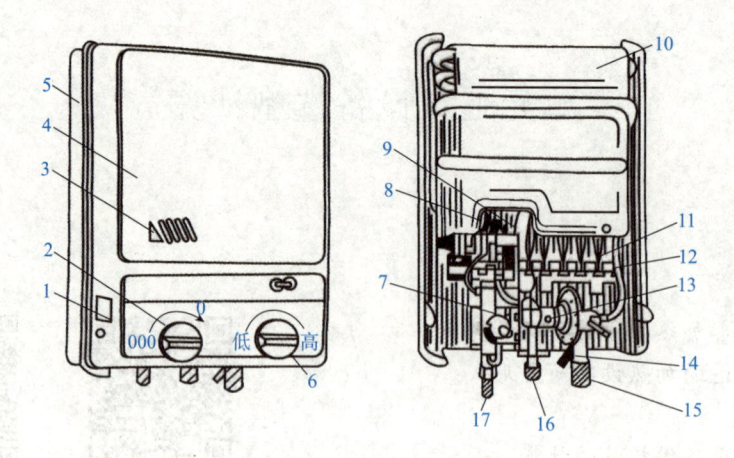

图 18-1 直流快速式燃气热水器构造图

1—气源名称；2—燃气开关；3—观察窗；4—上盖；5—底壳；6—水温调节阀；7—压电元件点火器；8—点火燃烧器（常明火）；9—熄火保护装置；10—热交换器；11—主燃烧器；12—喷嘴；13—水-气控制阀；14—过压保护装置（放水）；15—冷水进口；16—热水出口；17—燃气进口

3. 太阳能热水器

太阳能作为一种取之不尽、用之不竭且无污染的能源越来越受到人们的重视，利用太阳能集热器聚热是太阳能利用的一个主要方面，它具有结构简单、维护方便、使用安全、费用低等特点，但受天气、季节等影响不能连续稳定运行，需配贮热和辅助电加热设施，且占地面积较大。

太阳能热水器是将太阳能转换成热能并将水加热的装置，集热器是太阳能热水器的核心部分，由真空集热管和反射板构成，目前采用双层高硼硅真空集热管为集热元件和优质进口镜面不锈钢板做反射板，使太阳能的吸收率高达 92% 以上，同时具有一定的抗冰雹冲击的能力，使用寿命可达 15 年以上。

贮热水箱是太阳能热水器的重要组件，其构造同热水系统的热水箱。贮热水箱的容积按每平方米集热器采光面积配置热水箱的容积。

太阳能热水器主要由集热器、贮热水箱、反射板、支架、循环管、给水管、热水管、泄水管等组成，如图 18-3 所示。

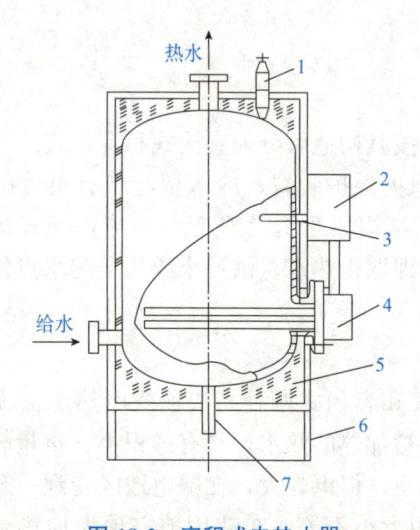

图 18-2 容积式电热水器

1—安全阀；2—控制箱；3—测温元件；4—电加热元件；5—保温层；6—外壳；7—泄水口

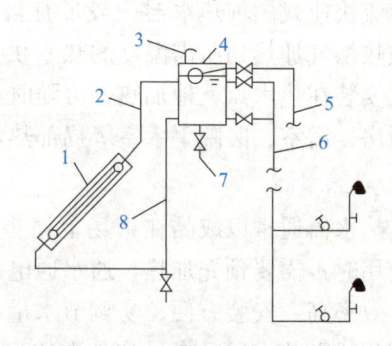

图 18-3 自然循环太阳能热水器

1—集热器；2—上循环管；3—透气管；4—贮热水箱；5—给水管；6—热水管；7—泄水管；8—下循环管

太阳能热水器常布置在平屋顶或顶层阁楼上，倾角合适时也可设在坡屋顶上，如图 18-4 所示。对于家庭用集热器，也可利用向阳晒台栏杆和墙面设置，如图 18-5 所示。

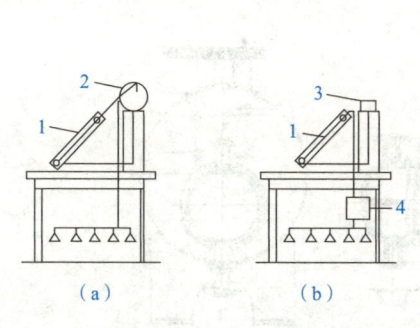

图 18-4　在平屋顶上布置
(a)贮热水箱设在室外；(b)贮热水箱设在室内
1—集热器；2—贮热水箱；3—给水箱

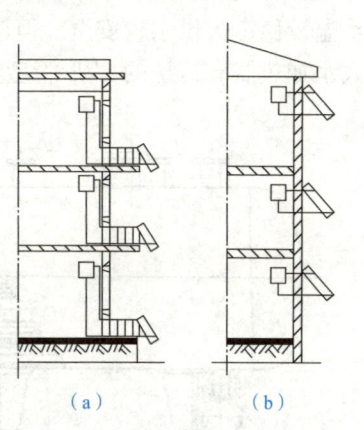

图 18-5　在晒台和墙面上布置
(a)在晒台上布置；(b)在墙面上布置

(二)集中加热设备

1. 燃煤热水锅炉

集中热水供应系统采用的小型燃煤热水锅炉分立式和卧式两种。燃煤锅炉燃料价格低，运行成本低，但存在烟尘和煤渣，会对环境造成污染，目前许多城市已开始限制或禁止在市区内使用燃煤锅炉。

2. 燃油(燃气)热水锅炉

燃油(燃气)锅炉的构造如图 18-6 所示，通过燃烧器向正在燃烧的炉膛内喷射雾状油或燃气，燃烧迅速、完全，且具有构造简单、体积小、热效高、排污总量少、管理方便等优点。目前燃油(煤气)锅炉的使用越来越广泛。

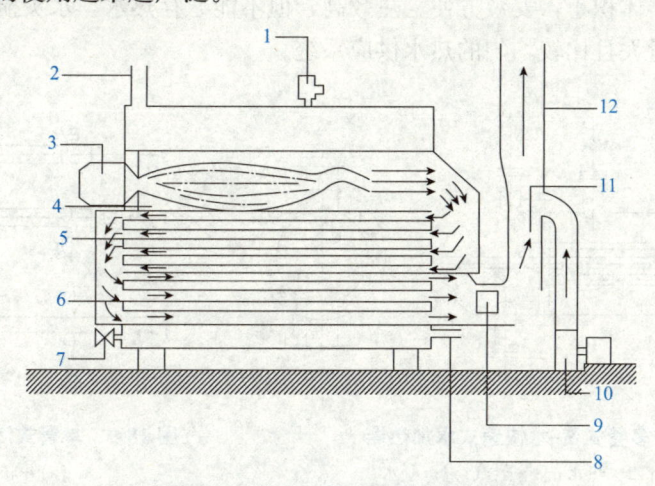

图 18-6　燃油(燃气)锅炉构造示意
1—安全阀；2—热媒出口；3—油(煤气)燃烧器；4—一级加热管；5—二级加热管；
6—三级加热管；7—泄空阀；8—回水(或冷水)入口；9—导流器；10—风机；11—风挡；12—烟道

3. 容积式水加热器

容积式水加热器是一种间接加热设备，内设换热管束并具有一定的贮热容积，既可加热冷水又可贮备热水，常用热媒为饱和蒸汽或高温热水，分立式和卧式两种，如图 18-7 所示。容积式水加热器的主要优点是具有较大的贮存和调节能力，被加热水流速低，压力损失小，出水压力平稳，水温较稳定，供水较安全。但该加热器传热系数小，热交换效率较低，体积庞大，常用的容积式水加热器有传统的 U 形管型容积式水加热器和导流型容积式水加热器。

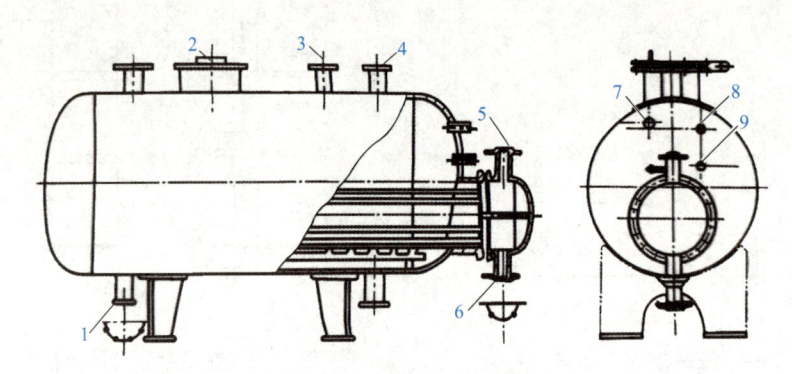

图 18-7　容积式水加热器构造图

1—进水管；2—人孔；3—安全阀接口；4—出水管；5—蒸汽(热水)入口；
6—冷凝水；7—接温度计管箍；8—接压力计管箍；9—温度调节器接管

4. 快速式水加热器

在快速式水加热器中，热媒与冷水通过较高速度流动，进行紊流加热，提高了热媒对管壁及管壁对被加热水的传热系数，提高了传热效率。由于热媒不同，有汽-水、水-水两种类型水加热器，加热导管有单管式、多管式、波纹式等多种形式。快速式水加热器是热媒与被加热水通过较大速度的流动进行快速换热的间接加热设备。

根据加热导管的构造不同，快速式水加热器分单管式、多管式、板式、管壳式、波纹板式及螺旋板式等多种形式。图 18-8 所示为多管式汽-水快速式水加热器，图 18-9 所示为单管式汽-水快速式水加热器，可多组并联或串联。

快速式水加热器体积小，安装方便，热效高，但不能贮存热水，水头损失大，出水温度波动大，使用于用水量大且比较均匀的热水供应系统。

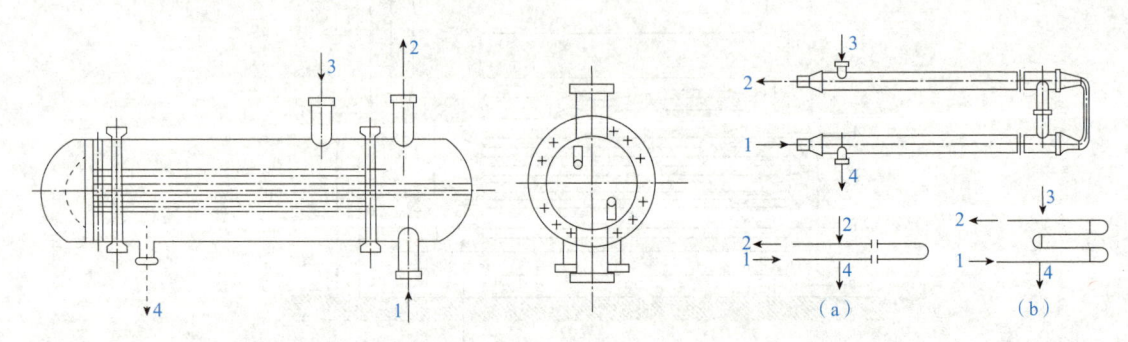

图 18-8　多管式汽-水快速式水加热器
1—冷水；2—热水；3—蒸汽；4—凝水

图 18-9　单管式汽-水快速式水加热器
(a)并联；(b)串联
1—冷水；2—热水；3—蒸汽；4—凝水

5. 半容积式水加热器

半容积式水加热器是带有适量贮存与调节容积的内藏式容积式水加热器，是从外国引进的设备，其贮水罐与快速换热器隔离，冷水在快速换热器内迅速加热后，进入热水贮罐，当管网中热水用水量小于设计用水量时，热水一部分流入罐底被重新加热。其构造如图 18-10 所示。

我国研制的 HRV 型半容积式水加热器装置的构造如图 18-11 所示，其特点是取消了内循环泵，被加热水进入快速换热器被迅速加热，然后由下降管强制送到贮热水罐的底部，再向上流动，以保持整个贮罐内的热水温度相同。

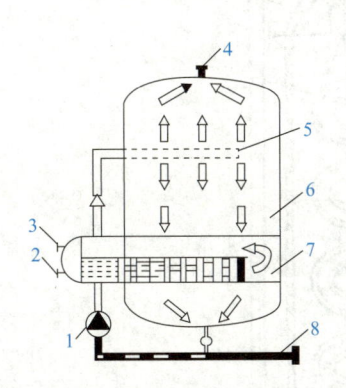

图 18-10　半容积式水加热器构造示意
1—内循环泵；2—热媒入口；3—热媒出口；
4—热水出口；5—配水管；6—贮热水罐；
7—快速换热器；8—冷水进口

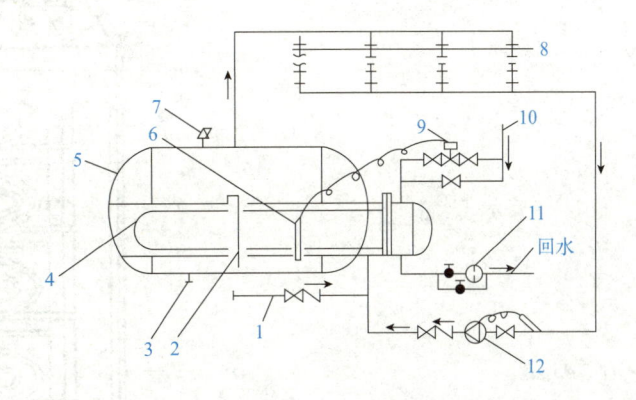

图 18-11　HRV 型半容积式水加热器工作系统
1—冷水管；2—下降管；3—泄水管；4—快速换热器；
5—贮热水罐；6—温包；7—安全阀；8—管网配水系统；
9—温度调节阀；10—热媒入口；11—疏水器；12—系统循环泵

6. 半即热式水加热器

半即热式水加热器是带有超前控制，具有少量贮水容积的快速式水加热器，图 18-12 所示为其构造示意。

热媒由底部进入各并联盘管，冷凝水经立管从底部排出，冷水经底部孔板流入罐内，并有少量冷水经分流管至感温管。冷水经传向器均匀进入罐底并向上流过盘管得到加热，热水由上部出口流出，同时部分热水进入感温管开口端。冷水以与热水用水量成比例的流量由分流管同时进入感温管，感温元件出感温管内冷、热水的瞬间平均温度，向控制阀发送信号，按需要调节控制阀，以保持所需热水温度。只要配水点有用水需要，感温元件能在出口水温未下降的情况下提前发出信号开启控制阀，即有了预测性。加热时多排螺旋形薄壁铜制盘管自由收缩膨胀并产生颤动，造成局部流区，形成了流加热，增大传热系数，加快换热速度，由于温差作用，盘管不断收缩、膨胀，可使传热面上的水垢自动脱落。

半即热式水加热器具有传热系数大、热效高、体积小、加热速度快、占地面积小、热水贮存容量小（仅为半容积式水加热器的 1/5）的特点，适用于各种机械循环热水供应系统。

7. 加热水箱和热水贮水箱

加热水箱是一种直接加热的热交换设备，在水箱中安装蒸汽穿孔管或蒸汽喷射器，给冷水直接加热，也可在水箱内安装排管或盘管给冷水间接加热。加热水箱常用于公共浴室等用水量大而均匀的定时热水供应系统。

热水贮水箱（罐）是专门调节热水量的设施，常设在用水不均匀的热水供应系统中，用以调节水量、稳定出水温度。

二、加热设备供热量的计算

（1）容积式水加热器或贮热容积与其相当的水加热器、热水机组的设计小时供热量，当无小时热水用量变化曲线时，容积式水加热或贮热容积与其相当的水加热器的设计小时供热量按式（18-9）计算。

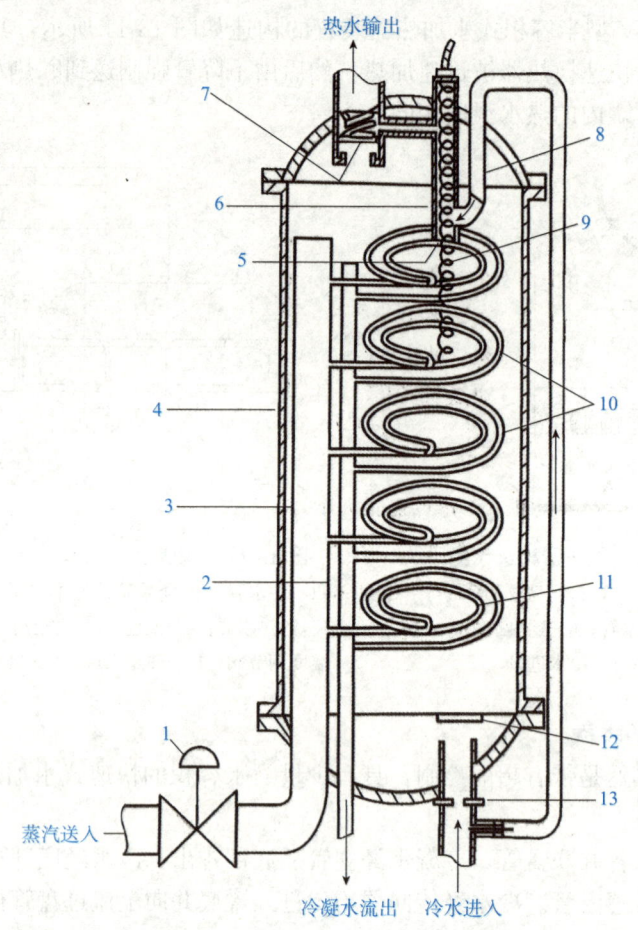

图 18-12 半即热式水加热器构造示意

1—蒸汽控制阀；2—冷凝水立管；3—蒸汽立管；4—壳体；5—热水至感温管；6—感温管；7—弹簧止回阀；8—冷水至感温管；9—感温元件；10—换热盘管；11—分流管；12—转向盘；13—孔板

$$Q_g = Q_h - 1.163 \frac{\eta V_r}{T}(t_r - t_l)\rho_r \tag{18-9}$$

式中　Q_g——容积式水加热器的设计小时供热量(W)；

　　　Q_h——设计小时耗热量(W)；

　　　η——有效贮热容积系数，容积式水加热器 $\eta=0.75$，导流型容积式水加热器 $\eta=0.85$；

　　　V_r——总贮热容积(L)；

　　　T——设计小时耗热量持续时间(h)，$T=2\sim4$ h；

　　　t_r——热水温度(℃)，按设计水加热器出水温度计算；

　　　t_l——冷水温度(℃)；

　　　ρ_r——热水密度(kg/L)。

(2)半容积式水加热器或贮热容积与其相当的水加热器、热水机组的供热量按设计小时耗热量设计。

(3)半即热式、快速式水加热器及其他无贮热容积的水加热设备的供热量按设计秒流量计算。

三、水加热器加热面积及贮水容积的计算

容积式水加热、快速式水加热器和加热水箱中加热排管或盘管的传热面积应按式(18-10)计算。

$$F_{jr} = \frac{C_r Q_z}{\varepsilon \cdot K \Delta t_j} \tag{18-10}$$

式中　F_{jr}——表面式水加热器的加热面积(m^2)；
　　　Q_z——制备热水所需热量，可按设计小时耗热量计算(W)；
　　　K——传热系数[$W/(m^2 \cdot K)$]；
　　　ε——由于水垢和热媒分布不均匀影响热效率的系数，一般采用0.6~0.8；
　　　C_r——热水供应系统的热损失系数，$C_r = 1.10$~1.15；
　　　Δt_j——热媒和被加热水的计算温差(℃)，根据水加热形式，按式(18-11)和式(18-12)计算。

(1)容积式水加热器、半容积式水加热器的热媒与倍加热水的计算温差 Δt_j 采用算术平均温度差，按式(18-11)计算。

$$\Delta t_j = \frac{t_{mc} + t_{mz}}{2} - \frac{t_c + t_z}{2} \tag{18-11}$$

式中　Δt_j——计算温度差(℃)；
　　　t_{mc}, t_{mz}——热媒的初温和终温(℃)，热媒为蒸汽时，按饱和蒸汽温度计算，可查表18-8确定；热媒为热水时，按热力管网供、回水的最低温度计算，但热媒的初温与被加热水的终温的温度差不得小于10℃；
　　　t_c, t_z——被加热水的初温和终温(℃)。

(2)半即热式水加热器、快速式水加热器热媒与被加热水的温差采用平均对数温度差按式(18-12)计算。

$$\Delta t = \frac{\Delta t_{max} - \Delta t_{min}}{\ln \frac{\Delta t_{max}}{\Delta t_{min}}} \tag{18-12}$$

式中　Δt_{max}——热媒和被加热水在水加热器一端的最大温差(℃)；
　　　Δt_{min}——热媒和被加热水在水加热器另一端的最小温差(℃)。

加热设备加热盘管的长度按式(18-13)计算。

$$L = \frac{F_{jr}}{\pi D} \tag{18-13}$$

式中　L——盘管长度(m)；
　　　D——盘管外径(m)；
　　　F_{jr}——加热器的传热面积(m^2)。

(3)热水贮水器容积的计算。由于供热量和耗热量之间存在差异，故需要一定的贮热容积加以调节，而在实际工程中，有些理论资料又难以收集，可用经验法确定贮水器的容积，按式(18-14)计算。

$$V = \frac{60TQ}{(t_r - t_1)C} \tag{18-14}$$

式中　V——贮水器的贮水容积(L)；
　　　T——贮热时间(min)；
　　　Q——热水供应系统设计小时耗热量(W)。

其他符号意义同式(18-3)。

四、加热设备的选择与布置

1. 加热设备的选择

选用局部热水供应加热设备，需同时供给多个用水设备时，宜选用带贮热容积的加热设备。热水器不应该安装在易燃物堆放场所或对燃气管、表或电气设备产生影响及有腐蚀性气体和灰尘多的场所；燃气热水器、电热水器必须带有保证使用安全的装置，严禁在浴室内安装直燃式或燃气热水器。当有太阳能资源可利用时，宜选太阳能热水器并辅以点加热装置。

选择集中热水供应系统的加热设备时，应选用热效率高、换热效果好、节能、节省设备用房、安全可靠、构造简单及维护方便的加热器；要求生活热水侧阻力损失小，有利于整个系统冷、热水压力的平衡。

当采用自备热源时，宜采用直接供热热水的燃气、燃油热水机组，也可采用间接供应热水的自带换热器的热水机组或外配容积式、半容积式水加热器的热水机组，并具有燃料燃烧完全、清烟除尘、自动控制水温、火焰传感、自动报警灯功能。当采用蒸汽或高温水为热源时，间接水加热设备的选择应该结合热媒的情况、热水用途及水量大小等因素经技术经济比较后确定。有太阳能可利用时宜优先采用太阳能水加热器，电力供应充足的地区可采用电热水器。

2. 加热设备的布置

加热设备的布置必须满足相关规范及产品样本的要求，锅炉应设置在单独的建设物中，并符合消防规范的相关规定。水加热设备和贮热设备可设在锅炉房或单独房间内，房间尺寸应满足设备进出、检修、人行通道、设备之间净距离的要求，并符合通风、采光、照明、防水等要求。热媒管道、凝结水管道、凝结水箱、水泵、热水贮水箱、冷水箱及膨胀管、水处理装置的位置和标高，热水进、出口的位置和标高应符合安装和使用要求，并与热水管网相配合。

水加热设备的上部、热媒进出口管上及贮热水罐上应装设温度计、压力表，热水循环管上应装设控制循环泵开停的温度传感器；压力罐上应设安全阀，其泄水管上部须安装阀门并引进到安全的地方。

水加热器上部附件的最高点至建筑结构最低点的距离应满足检修要求，并不得小于 0.2 m，房间净高不得小于 2.2 m，热水机组的前方不少于机组长度 2/3 的空间，后方应留 0.8～1.5 m 的空间，两侧通道宽度应为机组宽度，且不小于 1.0 m，机组最上部部件（烟筒除外）至屋顶最低点净距不得小于 0.8 m。

> 📝 **课堂能力提升训练**
>
> 某住宅楼共 176 户，每户按 3.5 人计，采用全日集中热水供应系统，半容积式水加热器。热水定额按 100 L/(人·d)计，设计热水温度为 60 ℃，密度为 0.983 2 kg/L，冷水计算温度为 10 ℃，密度为 0.999 7 kg/L。试计算加热器的最小贮热容积。

单元四　热水供应管网水力计算

学习目标

能力目标：
1. 能熟悉管网水力计算的公式；
2. 能选择合适的热水管网循环方式。

视频：热水管网的水力计算

知识目标：
1. 掌握第一、第二循环管网的水力计算；
2. 掌握选用热水管网所需的设备和附件的条件。

素养目标：
1. 培养识别潜在的问题并提出改进措施的能力，以提高供热系统的效率和可靠性；
2. 培养考虑环保和可持续性的意识，如能源效率、减少热损失和使用可再生能源等。

热水管网的水力计算是在热水供应系统布置、绘出热水管网平面图和系统图，并选定加热设备后进行的。

热水管网水力计算包括第一循环管网(热媒管网)和第二循环管网。第一循环管网水力计算，需按不同的循环方式计算热媒管道管径、凝结水管径和相应水头损失；第二循环管网计算，需计算设计秒流量、循环流量，确定配水管管径、循环流量、回水管管径和水头损失。确定循环方式，选用热水管网所需的设备和附件，如循环水泵、疏水器、膨胀水箱等。

一、第一循环管网的水力计算

1. 热媒为热水时

热媒为热水时，热媒流量按式(18-8)计算。

热媒循环管路中的供、回水管道的管径应根据已经算出的热媒耗量、热媒在供应和回水管中的控制流速，通过查热水管道水力计算表确定。由热媒管道水力计算表查出供水和回水管的单位管长的沿程水头损失，再计算总水头损失。热水管道的控制流速可按表18-11选用。

表 18-11　热水管道的控制流速

公称直径/mm	15~20	25~40	≥50
流速/(m·s^{-1})	≤0.8	≤1.0	≤1.2

热水管网水力计算表见表 18-12。

如图 18-13 所示，当锅炉与水加热器或贮水器连接时，热媒管网的热水自然循环压力值按式(18-15)计算。

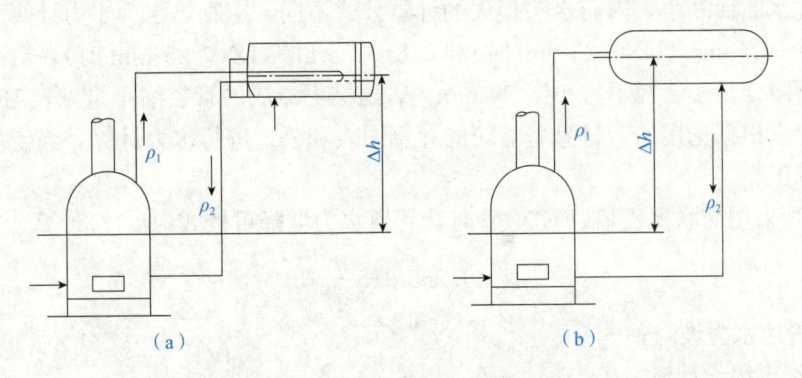

图 18-13　热媒管网自然循环压力
(a)热水锅炉与水加热器连接(间接加热)；(b)热水锅炉与贮水器连接(直接加热)

$$H_{zr} = 9.8 \Delta h (\rho_1 - \rho_2) \tag{18-15}$$

式中　H_{zr}——第一循环的自然压力(Pa)；

Δh——锅炉中心与水加热器内盘管中心或贮水器中心的标高差(m);

ρ_1——水加热器或贮水器的给水密度(kg/m³);

ρ_2——锅炉出水密度(kg/m²)。

当 $H_{zr} > H$ 时,可形成自然循环。为保证系统的运行可靠,必须满足 $H_{zr} \geqslant (1.1 \sim 1.15)H$。若 H_{zr} 略小于 H,在条件允许时可适当调整水加热器和贮热器的设置高度来解决;当不能满足要求时,应采用机械循环方式,用循环水泵强制循环。循环水泵的扬程和流量应比理论计算值略大些,以确保系统稳定运行。

2. 热媒为高压蒸汽时

以高压蒸汽为热媒时,热媒耗量按式(18-6)、式(18-7)确定。

蒸汽管道可按管道的允许流速和相应的比压降查蒸汽管道管径计算表确定管径和水头损失。高压蒸汽管道通常用流速见表 18-13。

疏水器后为凝结水管,凝结水利用通过疏水器后的余压输送到凝结水箱,先计算出余压凝结水管段的计算热量,按(18-16)计算。

$$Q_j = 1.25Q \tag{18-16}$$

式中 Q_j——余压凝结水管段的计算热量(W);

Q——设计小时耗热量(W)。

根据 Q_j 查余压凝结水管管径计算着表确定其管径。

在加热器至疏水器之间的管段中为汽水混合的两相流动,其管径按通过的计算小时耗热量查表 18-14 确定。

二、第二循环管网的水力计算

(一)热水配水管网计算

配水管网计算的目的是根据配水管段的计算秒流量与允许流速值确定管径和水头损失。

热水配水管网的设计秒流量可按生活给水(冷水系统)设计秒流量公式计算;卫生器具热水给水额定流量、当量、支管管径和最低工作压力与室内给水系统相同;热水管道的流速按表 18-11 选用。

热水与给水计算也有一些区别,主要为水温高,管内易结垢和腐蚀的影响,使管道的粗糙系数增大、过水断面缩小,因而水头损失的计算公式不同,应查热水管水力计算表。管内的允许流速为 0.6~0.8 m/s(DN≤25 mm 时)和 0.8~1.5 m/s(DN>25 mm 时),对噪声要求严格的建筑可取下限。最小管径不宜小于 20 mm。管道结垢造成的管径缩小量见表 18-15。

热水管道应根据选用的管材悬着对应的计算图表和公式进行水力计算,当使用条件不一致时应做相应修正。

(1)热水管采用交联聚乙烯(PE-X)管时,管道水力坡降可按式(18-17)计算。

$$i = 0.000\,915 \frac{q^{1.774}}{d_j^{4.774}} \tag{18-17}$$

式中 i——管道水力坡降;

q——管道内设计流量(m³/s);

d_j——管道设计内径(m)。

当水温为 60 ℃时,可按图 18-14 的水力计算图选用管径。

当水温高于或低于 60 ℃时,可按表 18-16 修正。

表 18-12 热水管网水力计算表

流量		DN15		DN20		DN25		DN32		DN40		DN50		DN70		DN80		DN100	
L/h	L/s	R	v	R	v	R	v	R	v	R	v	R	v	R	v	R	v	R	v
360	0.10	169	0.75	22.4	0.35	5.18	0.2	1.18	0.12	0.484	0.084	0.129	0.051	0.032	0.03	0.011	0.02	0.003	0.012
540	0.15	381	1.13	50.4	0.53	11.7	0.31	2.65	0.17	1.09	0.125	0.29	0.076	0.072	0.045	0.025	0.031	0.006	0.018
720	0.20	678	1.51	89.7	0.7	20.7	0.41	4.72	0.23	1.94	0.17	0.515	0.1	0.127	0.06	0.045	0.041	0.011	0.024
1 080	0.30	1 526	2.26	202	1.06	46.6	0.61	10.6	0.35	4.26	0.25	1.16	0.15	0.287	0.09	0.101	0.061	0.025	0.036
1 440	0.40	2 713	3.01	359	1.41	82.9	0.81	18.9	0.47	7.74	0.33	2.06	0.2	0.51	0.12	0.179	0.082	0.045	0.048
1 800	0.50	4 239	3.77	560	1.76	129	1.02	29.5	0.53	12.1	0.42	3.22	0.25	0.796	0.15	0.28	0.1	0.058	0.06
2 160	0.60			807	2.21	186	1.22	42.5	0.7	17.4	0.5	4.64	0.31	1.15	0.18	0.403	0.12	0.098	0.072
2 520	0.70			1 099	2.47	254	1.43	57.8	0.82	23.7	0.59	6.31	0.36	1.56	0.21	0.549	0.14	0.133	0.084
2 880	0.80			1 435	2.82	332	1.63	75.5	0.93	31	0.67	8.24	0.41	2.04	0.24	0.717	0.16	0.174	0.096
3 600	1.0			2 242	2.53	518	2.04	118	1.17	48.4	0.84	12.9	0.51	3.18	0.3	1.12	0.2	0.272	0.12
4 320	1.2					746	2.44	170	1.4	69.7	1.00	18.5	0.61	4.59	0.36	1.61	0.24	0.393	0.14
5 040	1.4					1 016	2.85	231	1.64	94.9	1.17	25.2	0.71	6.24	0.42	2.19	0.29	0.534	0.17
5 760	1.6					1 326	3.26	302	1.87	124	1.34	32.9	0.81	8.15	0.48	2.87	0.33	0.698	0.19
6 480	1.8							382	2.1	157	1.51	41.7	0.92	10.3	0.54	3.63	0.37	0.883	0.22
7 200	2.0							472	2.34	194	1.67	51.5	1.02	12.7	0.6	4.48	0.41	1.09	0.24
7 920	2.2							520	2.45	213	1.71	56.8	1.07	14	0.63	4.94	0.43	1.2	0.25
8 280	2.4							680	2.81	279	2.01	74.2	1.22	18.3	0.72	6.45	0.49	1.57	0.29
9 360	2.6							798	3.04	327	2.18	87	1.32	21.5	0.87	7.57	0.53	1.84	0.31
10 080	2.8							925	3.27	379	2.34	101	1.43	25	0.84	8.78	0.57	2.14	0.34
10 800	3.0									436	2.15	116	1.53	28.7	0.9	10.1	0.61	2.45	0.36
11 520	3.2									496	2.68	132	1.63	32.6	0.96	11.5	0.65	2.79	0.38
12 240	3.4									559	2.85	149	1.73	36.8	1.02	13	0.69	3.15	0.41
12 960	3.6									627	3.01	167	1.83	41.3	1.08	14.5	0.73	3.53	0.43

续表

流量		DN15		DN20		DN25		DN32		DN40		DN50		DN70		DN80		DN100	
L/h	L/s	R	v	R	v	R	v	R	v	R	v	R	v	R	v	R	v	R	v
13 680	3.8									736		196	1.99	48.4	1.17	17	0.8	4.15	0.47
14 400	4.0									774		206	2.04	50.9	1.2	17.9	0.82	4.36	0.48
15 120	4.2										33.26	227	2.14	56.2	1.26	19.8	0.81	4.81	0.5
15 840	4.4											250	2.24	61.7	1.33	21.7	0.9	5.28	0.53
16 560	4.6										33.35	273	2.34	67.4	1.38	23.7	0.94	5.97	0.55
17 280	4.8											297	2.44	73.4	1.44	25.8	0.98	6.28	0.58
18 000	5.0											322	2.55	79.6	1.51	28	1.02	6.81	0.6
18 720	5.2											348	2.65	86.1	1.57	30.3	1.06	7.37	0.62
19 440	5.4											376	2.75	92.9	1.63	32.7	1.1	7.95	0.65
20 160	5.6											404	2.85	99.9	1.69	35.1	1.14	8.55	0.67
20 880	5.8											434	2.95	107	1.75	37.7	1.18	9.17	0.7
21 600	6.0											464	3.06	115	1.81	40.3	1.22	9.81	0.72
22 320	6.2											495	3.16	122	1.87	43	1.26	10.5	0.74
23 040	6.4											528	3.26	130	1.93	45.9	1.3	11.2	0.77
24 480	6.8											596	3.46	147	2.05	51.8	1.39	12.6	0.82
25 200	7.0											632	3.56	156	2.11	54.9	1.43	13.4	0.84
25 920	7.2													165	2.17	58.1	1.47	14.1	0.86
26 640	7.4													174	2.23	61.3	1.51	14.9	0.89
27 360	7.6													184	2.29	64.7	1.55	15.7	0.91
28 080	7.8													194	2.35	68.1	1.59	16.6	0.94
28 800	8.0													204	2.41	71.7	1.63	17.5	0.96
29 520	8.2													214	2.47	75.3	1.67	18.3	0.98

注：R 为单位管长水头损失(mm/m)；v 为流速(m/s)。

表 18-13　高压蒸汽管道常用流速

管径/mm	15～20	25～32	40	50～80	100～150	≥200
流速/(m·s⁻¹)	10～15	15～20	20～25	25～35	30～40	40～60

表 18-14　由加热器至疏水器之间不同管径通过的小时耗热量

DN/mm	15	20	25	32	40	50	70	80	100	125	150
小时热量/W	33 494	108 857	167 472	355 300	460 548	887 602	2 101 774	3 089 232	4 814 820	7 871 184	17 835 768

表 18-15　管道结垢后的管径缩小量(mm)

管道公称直径	15～40	50～100	125～200
直径缩小量	2.5	3.0	4.0

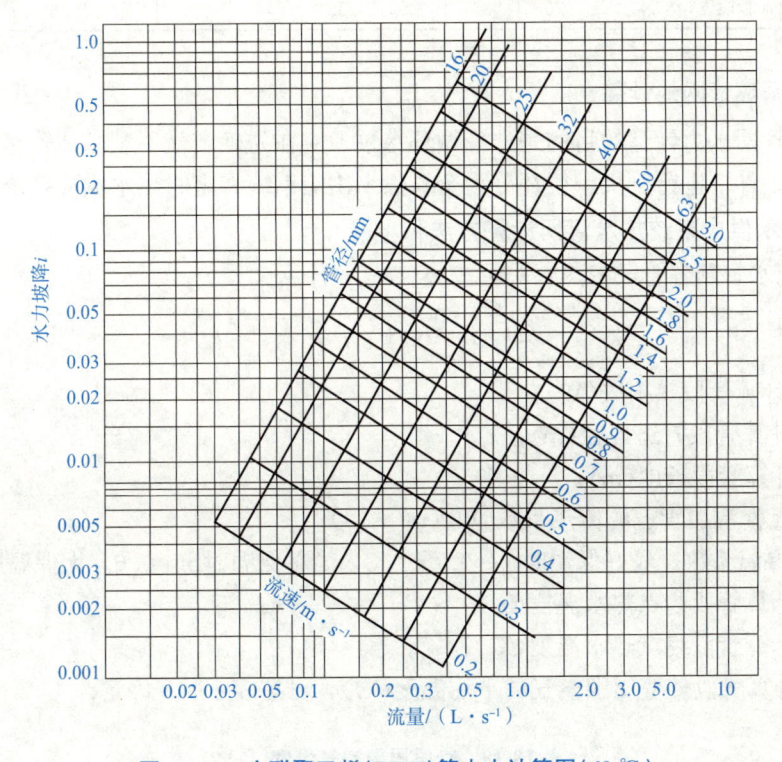

图 18-14　交联聚乙烯(PE-X)管水力计算图(60 ℃)

表 18-16　水头损失温度修正系数

水温/℃	10	20	30	40	50	60	70	80	90	95
修正系数	1.23	1.18	1.12	1.08	1.03	1.00	0.98	0.96	0.93	0.90

(2)热水采用聚丙烯(PP-R)管时，水头损失按式(18-18)计算。

$$H_j = \lambda \cdot \frac{Lv^2}{d_j 2g} \tag{18-18}$$

式中　H_j——管道沿程水头损失(m)；

　　　λ——沿程阻力系数；

L——管道长度(m);

d_j——管道内径(m);

v——管道内水流平均速度(m/s);

g——重力加速度(m/s),一般取 9.8 m/s。

设计时,可按式(18-18)计算,也可查相关水力计算表确定管径。

(二)回水管网的水力计算

回水管网水力计算的目的是确定回水管管径。回水管网不配水,仅通过用以补偿配水管网热损失的循环流量。为保证立管的循环效果,应尽量减少干管的水头损失。热水配水干管和回水干管均不宜变径,可按相应最大管径确定。

回水管管径应经计算确定,也可参照表 18-17 选用。

表 18-17　热水管网回水管管径选用表(mm)

热水管网、配水管段管径 DN	20～25	32	40	50	65	80	100	125	150	200
热水管网、回水管段管径 DN	20	20	25	32	40	40	50	65	80	100

(三)机械循环管网的计算

机械循环管网水力计算的目的是选择循环水泵,应在先确定最不利循环管路、配水管和循环管的管径的条件下进行。机械循环分为全日热水供应系统和定时热水供应系统两类。

1. 全日热水供应系统热水管网计算方法和步骤

(1)热水配水管网各管段的热损失可按式(18-19)计算。

$$Q_s = \pi D \cdot L \cdot K(1-\eta)\left(\frac{t_c+t_z}{2} - t_j\right) \tag{18-19}$$

式中　Q_s——计算管段热损失(W);

　　　D——计算管段管道外径(m);

　　　L——计算管段长度(m);

　　　K——无保温层管道的传热系数[W/(m²·℃)];

　　　H——保温系数,较好保温时 $\eta=0.7\sim0.8$,简单保温时 $\eta=0.6$,无保温层时 $\eta=0$;

　　　t_c——计算管段起点热水温度(℃);

　　　t_z——计算管段终点热水温度(℃);

　　　t_j——计算管段外壁周围空气的平均温度(℃),可按表 18-18 确定。

表 18-18　管段周围空气温度(℃)

管道敷设情况	t_j	管道敷设情况	t_j
采暖房间内,明管敷设	18～20	室内地下管沟内	5～10
采暖房间内,暗管敷设	30	不采暖房间的地下室内	35
不采暖房间的顶棚内	可采用1月份室外平均气温		

t_c 和 t_z 可按面积比温降法计算,即

$$\Delta t = \frac{\Delta T}{F} \tag{18-20}$$

$$t_z = t_c - \Delta t \sum f \tag{18-21}$$

式中　Δt——配水管网中计算管路的面积比温降(℃);

ΔT——配水管网中计算管路起点和终点的水温差(℃),按系统大小确定,一般取 $\Delta T=5\sim15$ ℃;

F——计算管路配水管网的总外表面积(m²);

$\sum f$——计算管段终点以前的配水管网的总外表面积(m²);

t_c——计算管段起点水温(℃);

t_z——计算管段终点水温(℃)。

(2) 计算总循环流量。计算管段热损失的目的在于计算管网的循环流量。循环流量是为了补偿配水管网散失的热量,保证配水点的水温。管网的热损失只计算配水管网散失的热量。全日热水供应系统的总循环流量可按式(18-22)计算。

$$q_x = \frac{Q_s}{C\Delta T \cdot \rho_r} \tag{18-22}$$

式中 q_x——循环流量(L/h);

Q_s——配水管网的热损失(W),应经计算确定,也可采用设计小时耗热量的 3%~5%;

ΔT——配水管网起点和终点的热水温差(℃),根据系统大小确定,一般可采用 5~10 ℃;

ρ_r——热水密度(kg/L);

C——水的比热容,$C=4\,187$ J/(kg·℃)。

(3) 计算各循环管段的循环流量。在确定 q_x 后,以图 18-15 为例,可从水加热器后第 1 个节点起依次进行循环流量分配计算。

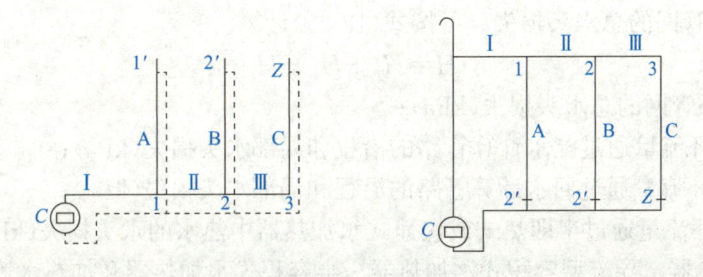

图 18-15 计算用图

通过管段Ⅰ的循环流量 q_{1x},即为 q_z,用以补偿整个管网的热损失,流入节点 1 的流量 q_{1x} 用以补偿 1 点之后各管段的热损失,即 $q_{AS}+q_{BS}+q_{CS}+q_{ⅡS}+q_{ⅢS}$,$q_{1x}$ 又分配给 A 管段和Ⅱ管段,循环流量分别为 $q_{Ⅱx}$ 和 q_x。按节点流量的平衡原理:$q_{Ⅰx}=q_{1x}$,$q_{Ⅱx}=q_{1x}-q_{Ax}$。$q_{Ⅱx}$ 补偿管段Ⅱ、Ⅲ、B、C 的热损失,即 $q_{BS}+q_{CS}+q_{ⅡS}+q_{ⅢS}$,$q_{Ax}$ 补偿管段 A 的热损失 q_{AS}。

因循环流量与热损失成正比,根据热平衡关系,$q_{Ⅱs}$ 可按式(18-23a)计算。

$$q_{Ⅱx} = q_{Ⅰx} \frac{q_{BS}+q_{CS}+q_{Ⅱs}+q_{Ⅲs}}{q_{AS}+q_{BS}+q_{CS}+q_{Ⅱs}+q_{Ⅲs}} \tag{18-23a}$$

流入节点 2 的流量 q_{2x} 用以补偿 2 点之后各管段的热损失,即 $q_{BS}+q_{CS}+q_{Ⅲs}$,因 q_{2x} 分配给 B 管段和Ⅲ管段,其循环流量分别为 q_{Bx} 和 $q_{Ⅲx}$。按节点流量平衡原理:$q_{Ⅱx}=q_{2x}$,$q_{Ⅲx}=q_{Ⅱx}-q_{Bx}$。$q_{Ⅲx}$ 补偿管段Ⅲ和 C 的热损失,即 $q_{CS}+q_{Ⅲs}$,q_{Bx} 补偿管段 B 的热损失 q_{BS}。则 $q_{Ⅲx}$ 可按式(18-23b)计算。

$$q_{Ⅲx} = q_{Ⅱx} \frac{q_{CS}+q_{Ⅲs}}{q_{BS}+q_{CS}+q_{Ⅲs}} \tag{18-23b}$$

流入节点 3 的流量 q_{3x} 用以补偿 3 点之后管段 C 的热损失 q_{CS}。按节点流量平衡的原理,$q_{Ⅲx}=q_{3x}$,$q_{Ⅲx}=q_{cx}$,管段Ⅲ的循环流量即为管段 C 的循环流量。按以上所述可总结出通用计

算公式为

$$q_{(n+1)x}=q_{nx}\frac{\sum q_{(n+1)S}}{\sum q_{nS}} \quad (18\text{-}23c)$$

式中 q_{nx}，$q_{(n+1)x}$——n，$n+1$ 管段所通过的循环流量(L/s)；
$\sum q_{(n+1)S}$——$n+1$ 管段及其后各管段的热损失之和(W)；
$\sum q_{nS}$——管段及其后各管段的热损失之和(W)。

n，$n+1$ 管段如图 18-16 所示。

(4)校核各管段的终点水温。可按式(18-24)进行计算。

$$t'_z=t_c-\frac{q_s}{Cq'_x\rho_r} \quad (18\text{-}24)$$

式中 t'_z——各管段终点水温(℃)；
t_c——各管段起点水温(℃)；
q_s——各管段的热损失(W)；
q'_x——各管段的循环流量(L/s)；
C——水的比热容，$C=4\ 187\ \text{J}/(\text{kg}\cdot\text{℃})$；
ρ_r——热水密度(kg/L)。

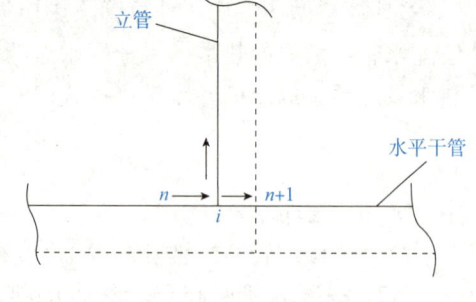

图 18-16 计算用图

计算结果如与原来确定的温差相差较大，应以式(18-21)和式(18-24)的计算结果 $t''_z=\frac{t_z-t'_z}{2}$ 作为各管段的终点水温，重新进行上述(1)~(4)步的计算。

(5)计算循环管网的总水头损失。可按式(18-25)计算。

$$H=H_p+H_h+H_j \quad (18\text{-}25)$$

式中 H——循环管网的总水头损失(kPa)；
H_p——循环流量通过配水计算管路的沿程和局部水头损失(kPa)；
H_h——循环流量通过回水计算管路的沿程和局部水头损失(kPa)；
H_j——循环流量通过半即热式或快速式水加热器中热水的水头损失(kPa)。

容积式水加热器、导流型容积式水加热器、半容积式水加热器和加热水箱，因内部流速较低、流程短，水头损失很小，在热水系统中可忽略不计。

半即热式或快速式水加热器，因水在内部的流速大、流程长，水头损失应以沿程和局部水头损失之和计算：

$$H_j=\left(\lambda\frac{L}{d_j}+\sum\xi\right)\frac{v^2}{2g} \quad (18\text{-}26)$$

式中 λ——管道沿程阻力系数；
L——被加热水的流程长度(m)；
d_j——传热管计算管径(m)；
ξ——局部阻力系数；
v——被加热水的流速(m)；
g——重力加速度(m/s²)，$g=9.81\ \text{m/s}^2$。

计算循环管路配水管及回水管的局部水头损失可按沿程水头损失的 20%~30% 估算。

(6)选择循环水泵。热水循环水泵宜选用热水泵，泵体承受的工作压力不得小于其所承受的静水压力加水泵扬程，一般设置在回水干管的末端，并设置备用泵。

循环水泵的流量为

$$Q_b\geqslant q_x \quad (18\text{-}27)$$

式中 Q_b——循环水泵的流量(L/s);

q_x——全日热水供应系统的总循环流量(L/s)。

循环水泵的扬程为

$$H_b \geqslant H_p + H_h + H_j \tag{18-28}$$

式中 H_b——循环水泵的扬程(kPa)。

其他符号意义同式(18-25)。

2. 定时热水供应系统机械循环管网计算

定时机械循环热水系统与全日系统的区别在于供应热水之前循环泵先将管网中的全部冷水进行循环,加热设备提前工作,直到水温满足要求为止。因定时供应热水时用水较集中,可不考虑配水循环问题,关闭循环泵。

循环泵的出水量可按式(18-29)计算。

$$Q \geqslant \frac{V}{T} \tag{18-29}$$

式中 Q——循环泵的出水量(L/h);

V——热水系统的水容积,但不包括无回水管的管段和加热设备、贮水器、锅炉的容积(L);

T——热水循环管道系统中全部水循环一次所需时间(h),一般取 0.25~0.5 h。

循环泵的扬程计算公式见式(18-28)。

【例 18-2】 某建筑定时供应热水,设半容积式加热器的容积为 2 500 L,采用上行下给机械全循环供水方式,经计算,配水管网总容积为 277 L,其中管内热水可以循环流动的配水管管道容积为 176 L,回水管管道容积为 84 L,问系统的最大循环流量为多少?

【解】(1)具有循环作用的管网水的容积为

$$V = 176 + 84 = 260(L)$$

(2)求系统最大循环流量。

定时循环每小时循环 2~4 次,按 4 次计,最大循环流量为

$$Q_h = 260 \times 4 = 1\ 040(L/h)$$

(四)自然循环热水管网的计算

在小型或层数少的建筑物中,有时也采用自然循环热水供应方式。

自然循环热水管网的计算方法与前述机械循环热水系统大致相同,但应在求出循环管网总水头损失之后,先校核一下系统的自然循环压力值是否满足要求。自然热水循环系统分上行下给式和下行上给式两种方式,如图 18-17 所示,其自然循环压力的计算公式有所不同。

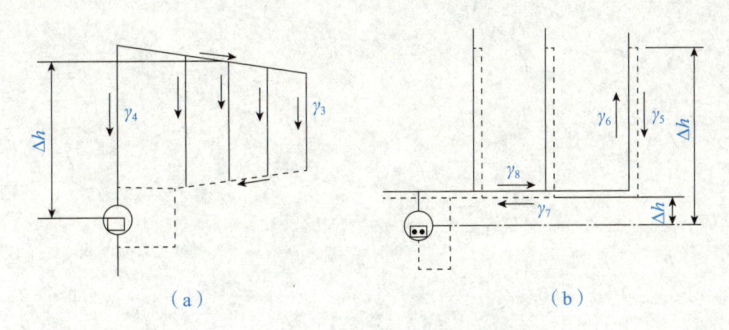

图 18-17 管网自然循环作用水头
(a)上行下给式;(b)下行上给式

(1)上行下给式管网的压力水头如图 18-17(a)所示，压力水头可按式(18-30)计算。
$$H_{zr}=9.8\Delta h(\gamma_3-\gamma_4) \tag{18-30}$$

式中　H_{zr}——上行下给式管网的自然循环压力(kPa)；
　　　Δh——锅炉或水加热器中心与上行横干管管段中心的标高差(m)；
　　　γ_3——最远处立管管段中心点水的密度(kg/m³)；
　　　γ_4——配水立管管段中心点水的密度(kg/m³)。

(2)下行上给式管网的压力水头如图 18-17(b)所示，压力水头可按式(18-31)计算。
$$H_{zr}=9.8(\Delta h-\Delta h_1)(\gamma_5-\gamma_6)+9.8\Delta h_1(\gamma_7-\gamma_8) \tag{18-31}$$

式中　H_{zr}——下行上给式管网的自然循环压力(kPa)；
　　　Δh——热水贮水罐的中心与上行横干管管段中心的标高差(m)；
　　　Δh_1——锅炉或水加热器的中心至立管底部的标高差(m)；
　　　γ_5，γ_6——最远处回水立管和配水立管管段中心点水的密度(kg/m³)；
　　　γ_7，γ_8——锅炉或水加热器至立管底部回水管和配水管管段中心点水的密度(kg/m³)。

当管网循环水压 $H_{zr}\geqslant 1.35H$ 时，管网才能安全可靠地自然循环，H 为循环管网的总水头损失，可按式(18-25)计算确定。不满足上述要求时，若计算结果与上述条件相差不多，可用适当放大管径的方法来加以调整；若相差太大，则应加循环泵，采用机械循环方式。

> **课堂能力提升训练**
>
> 　　要求学生根据实际建筑结构和用水需求，进行复杂建筑的热水供应系统设计，包括水力计算、管道布局、设备选择等，以培养他们在实际工程中解决问题的能力。

思考题与习题

1. 各类热水供应系统具有什么特点？
2. 各种加热方式具有什么特点？怎样确定加热方式？
3. 各种热水供应方式具有什么特点？怎样确定供应方式？
4. 热水最大时用水量、热水设计秒流量、小时耗热量、热媒耗量怎样计算？
5. 循环流量的作用是什么？

模块十九 小区给水排水系统施工图识读

单元一 小区给水系统施工图识读

学习目标

能力目标：
能够识读小区给水管道平面图、纵断面图和大样图。

知识目标：
掌握小区给水管道平面图、纵断面图和大样图的作用及绘图内容。

素养目标：
培养职业协调合作意识，发挥协同效应。

视频：小区给水排水特点与分类组成

视频：小区给水系统的水力计算

一、小区给水施工图

小区给水施工图主要包括小区给水管道平面图、管道纵断面图和大样图。给水管道平面图和纵断面图是给水管道设计的主要图样。

二、小区给水管道平面图

小区给水管道平面图，主要表示给水系统的组成和管道布置情况，是小区给水系统最基本的图纸，通常采用1∶5 000～1∶10 000比例绘制，如图19-1所示。

在给水管道平面图上应能表达出以下内容：
(1)现状道路或规划道路的中心线及折点坐标；
(2)管道代号、管道与道路中心线，或永久性固定物间的距离、节点号、间距、管径、管道转角处坐标及管道中心线的方位角，穿越障碍物的坐标等；
(3)与管道相交或相近平行的其他管道的状况及相对关系；
(4)主要材料明细表及图样说明。

三、小区给水管道纵断面图

小区给水管道纵断面图表明小区给水管道的纵向地面、管道的坡度、管道的技术井等构筑物的连接和埋设深度，以及与给水管道相关的各种地下管道、地沟等相对位置和标高。因此小区给水管道纵剖面图是反映管道埋设情况的主要技术资料，一般横向比例与平面图一致，纵向比例是横向比例的5～20倍，如图19-2所示。

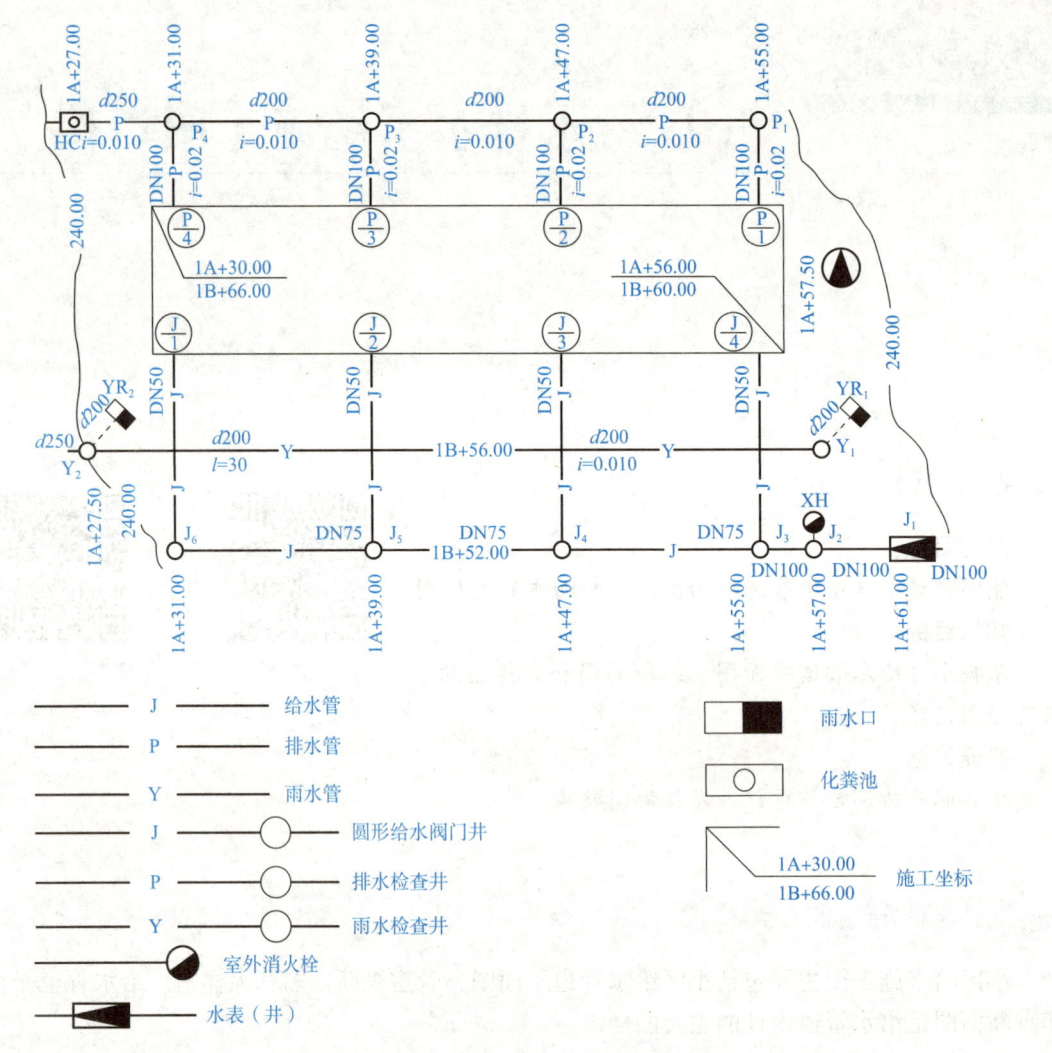

图 19-1　小区给水排水管道平面图

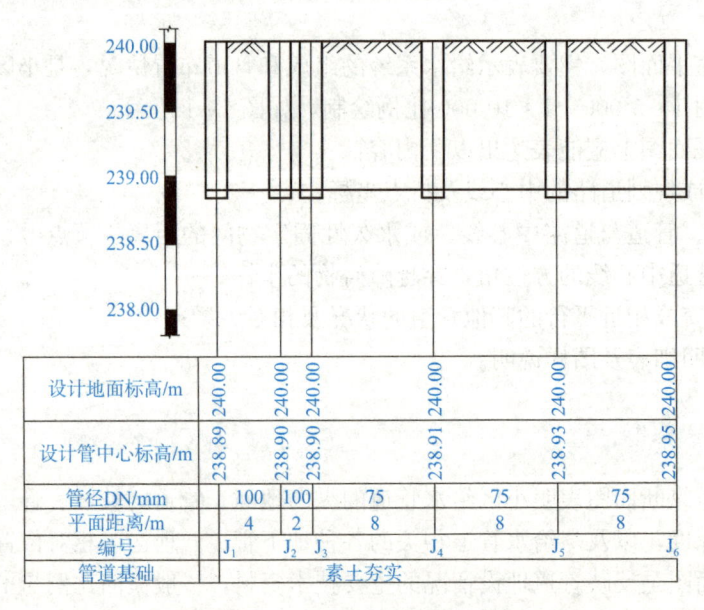

图 19-2　小区给水管道纵剖面图

在给水管道纵剖面图上应能表达出以下内容：
(1)管道的管径、管材、管长和坡度、管道代号；
(2)管道所处地面标高、管道的埋深；
(3)与管道交叉的地下管线、沟槽的截面位置、标高等。

四、小区给水大样图

小区给水管网设计中表达管道数量多、连接情况复杂的地段，若平面图与纵剖面图不能描述完整、清晰，则应以大样图的形式加以补充。大样图可分为节点详图、附属设施大样图、特殊管段布置大样图。

节点详图是用标准符号绘出节点上各种配件(三通、四通、弯管、异径管等)和附件(阀门、消火栓、排气阀等)的组合情况，如图19-3所示。

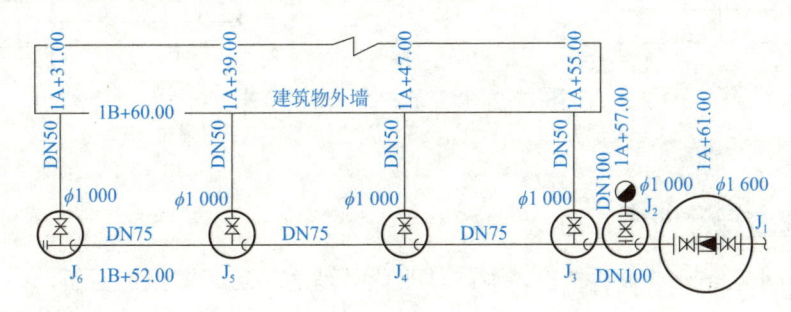

图19-3 节点详图

附属设施详图中管道以双线绘制，如阀门井、水表井、消火栓等附属构筑物，一般设施详图往往有统一的标准图，无须另行绘制，可参考国家标准图集《室外给水管道附属构筑物》(05S502)。

小区给水系统附属构筑物举例如下：

管网中的附件一般应安装在阀门井内。为了降低造价，配件和附件应布置紧凑。阀门井的平面尺寸，取决于水管直径以及附件的种类和数量，但应满足阀门操作和安装拆卸各种附件所需的最小尺寸。井的深度由水管埋设深度确定。但是，井底到水管承口或法兰盘底的距离至少为0.1 m，法兰盘和井壁的距离宜大于0.15 m，从承口外缘到井壁的距离应在0.3 m以上，以便于接口施工。阀门井的大样图如图19-4所示。

五、小区给水管道施工图识读

如图19-1所示，该小区给水管道在建筑物南侧，由J_1水表井引入，管径DN100，给水管道由东向西敷设，分别在J_3、J_4、J_5、J_6阀门井向建筑物引出4条给水引入管，引入管管径皆为DN50，在给水主干上，阀门井J_1至J_3之间管径为DN100，阀门井J_3至J_6之间管径为DN75，其中J_2阀门井北侧引出一个室外消火栓，以满足该小区室外消防用水。

在给水管道纵断面图19-2中，可以读出各阀门井的地面标高、给水主干管的管中心标高、各段管径与管长，管道基础采用素土夯实的施工工艺，观察管中心标高可以看出给水主干管由J_1水表井至J_6阀门井的途中，沿水流方向有向上坡度，以满足检修时卸空要求。

通过平面图与纵断面图的一一对应，有助于清晰方便地识读给水管道的位置、走向和埋深等情况。

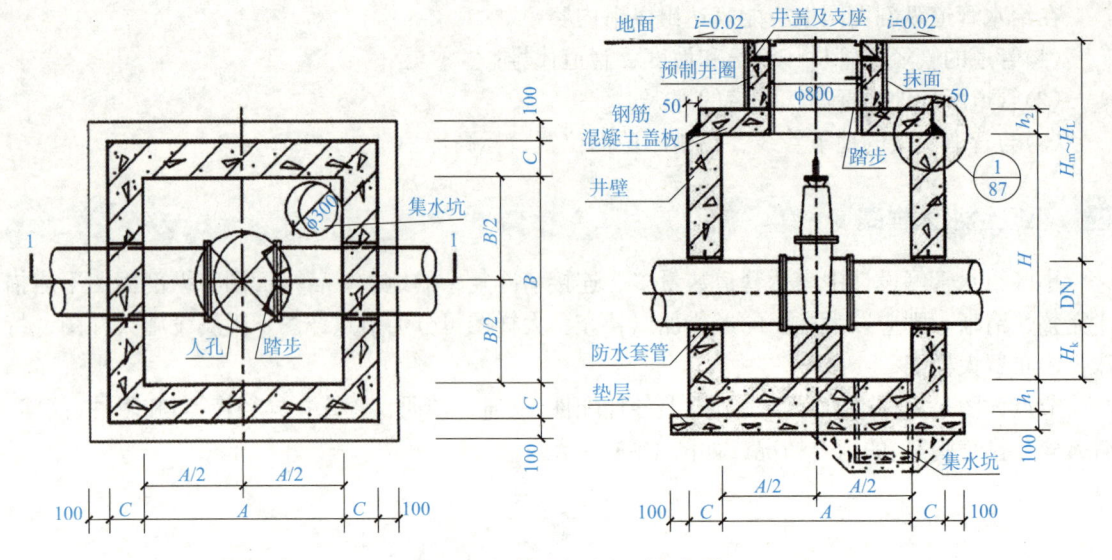

图 19-4　钢筋混凝土矩形阀门井

> **课堂能力提升训练**
>
> 给出不同小区给水管道施工图，训练学生能够结合平面图与纵断面图，一一对应起来识图、读图。

单元二　小区排水系统施工图识读

学习目标

能力目标：
能够识读小区排水管道平面图、纵断面图和大样图。

知识目标：
掌握小区排水管道平面图、纵断面图和大样图的作用及绘图内容。

素养目标：
培养与项目团队成员进行有效的图纸沟通的能力，协作解决问题。

一、小区排水施工图

小区排水系统图主要包括小区排水管道平面图、管道纵断面图和大样图。排水管道平面图和纵断面图是排水管道设计的主要图样。

二、小区排水管道平面图

小区排水管道平面图，主要表示排水系统的组成和管道布置情况，是小区排水系统最基本的图纸，通常采用1∶5 000～1∶10 000比例绘制，如图19-1所示。

在排水管道平面图上应能表达出如下内容：
(1)小区建筑总平面，图中应标明室外地形标高，道路、桥梁及建筑物底层室内地坪标高等；
(2)小区排水管网干管布置位置等；
(3)各段排水管道的管径、管长、检查井编号及标高、化粪池位置等。

三、小区排水管道纵断面图

小区排水管道纵断面图上应反映出和平面图对应的管道沿线高程位置、地面高程线、管道高程线、检查井沿线支管接入点的位置、管径、高程，以及其他地下管线、构筑物交叉点的位置和高程。因此小区排水管道(污水管道、雨水)纵剖面图是反映管道埋设情况的主要技术资料，一般横向比例与平面图一致，纵向比例是横向比例的5～20倍，如图19-5、图19-6所示。

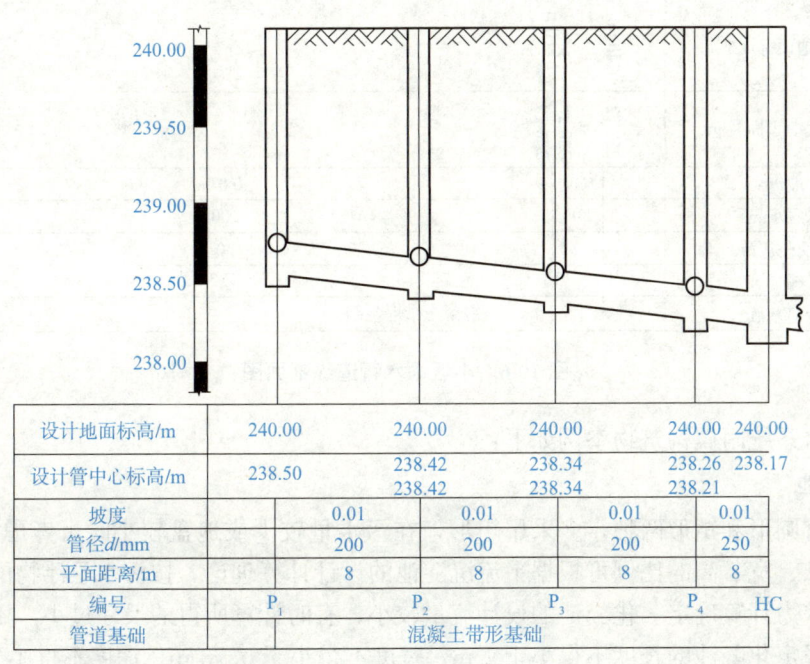

设计地面标高/m	240.00	240.00	240.00	240.00	240.00
设计管中心标高/m	238.50	238.42 238.42	238.34 238.34	238.26 238.21	238.17
坡度		0.01	0.01	0.01	0.01
管径d/mm		200	200	200	250
平面距离/m		8	8	8	8
编号	P_1	P_2	P_3	P_4	HC
管道基础		混凝土带形基础			

图 19-5 小区污水管道纵剖面图

在排水管道纵断面图上应能表达出如下内容：
(1)排水管道高程，包括排水管道检查井的编号、井距、管段长度、管径、坡度、地面高程、管内底高程、埋深、管道材料、接口形式、基础类型等。
(2)地面高程线、管线高程线、检查井沿线支管接入处的位置、管径、高程，以及其他地下管线、构筑物交叉点的位置和高程。

四、小区排水系统附属构筑物大样图

由于排水管道平面图、纵断面图所用比例较小，排水管道上的附属构筑物均用符号画出，附属构筑物本身的构造及施工安装要求都不能表示清楚。因此，在排水管道设计中，用较大的比例画出附属构筑物施工大样图。大样图比例通常采用1：5、1：10或1：20。排水附属构筑物大样图包括化粪池、隔油池、检查井、跌水井、排水口、雨水口等。

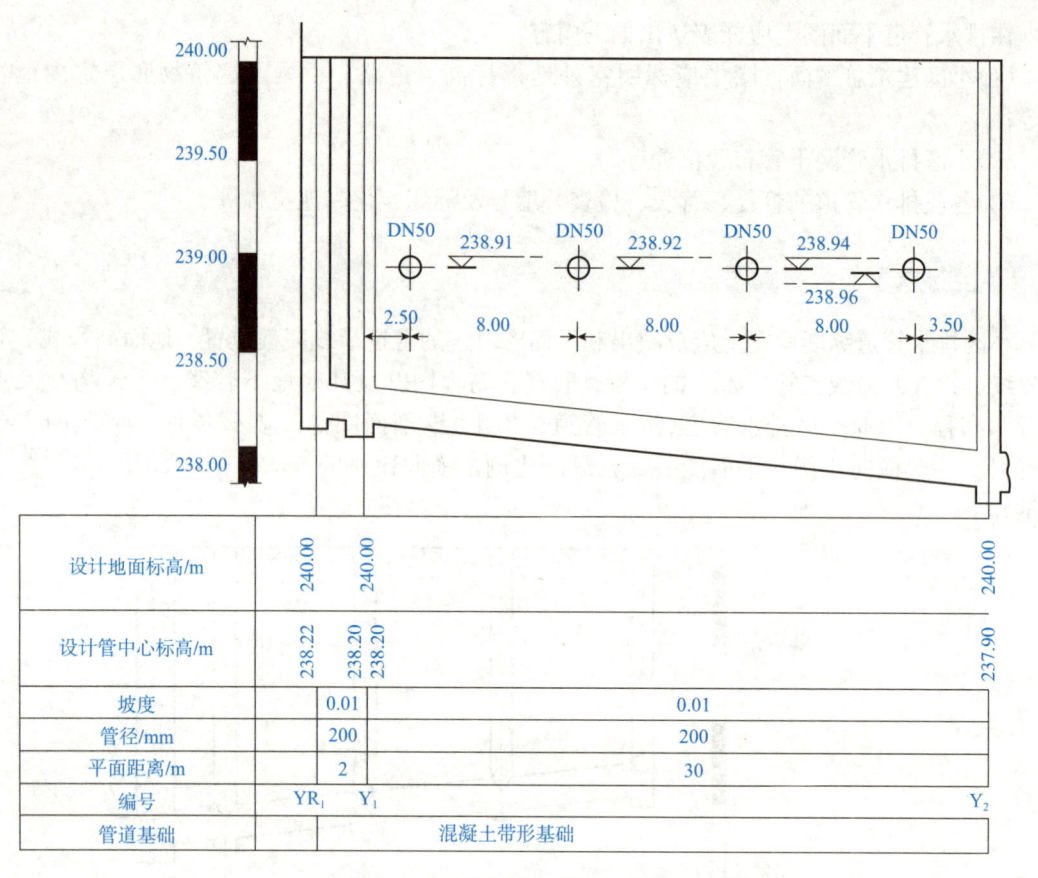

图 19-6 小区雨水管道纵剖面图

小区排水系统附属构筑物举例如下：

1. 化粪池

化粪池有圆形和矩形两种，多采用矩形，在污水量较少或地盘较小时可考虑圆形化粪池。矩形化粪池长、宽、高的比例可根据平流沉淀池的设计计算理论，按污水悬浮物的沉降条件和积存数量由水力计算确定。化粪池的设计流量较小，有时计算所得的尺寸过小，不便于施工和管理，因此规定化粪池的长度不得小于 1 m，宽度不得小于 0.75 m，深度不得小于 1.3 m。为减少污水和腐化污泥的接触时间，便于清淘污泥，改善运行条件，化粪池常做成 2~3 格，其结构如图 19-7 所示。

2. 隔油池

食品加工车间、公共食堂和饮食业排放的污水中，含有较多的植物和动物油脂，此类油脂进入排水管道后，会凝固附着于管壁，缩小或阻塞管道。汽车库、汽车洗车台及其他类似的场所排水中含有汽油和机油等矿物油，进入管道后会挥发、聚集在检查井处，达到一定的浓度后，容易发生爆炸和引起火灾、破坏管道，因此对于上述含油废水需通过隔油池的隔油处理后方可排入排水系统。

隔油池内存油容积可取该池容积的 25%。当处理水质要求较高时可采用两级除油池。向隔油池中曝气可提高除油效果，曝气量可取 0.2 m³/m²，水力停留时间可取 30 min。对夹带杂质的含油污水，应在隔油井内设沉淀部分，生活污水和其他污水不得排入隔油池，以保障隔油池正常工作，其结构如图 19-8 所示。

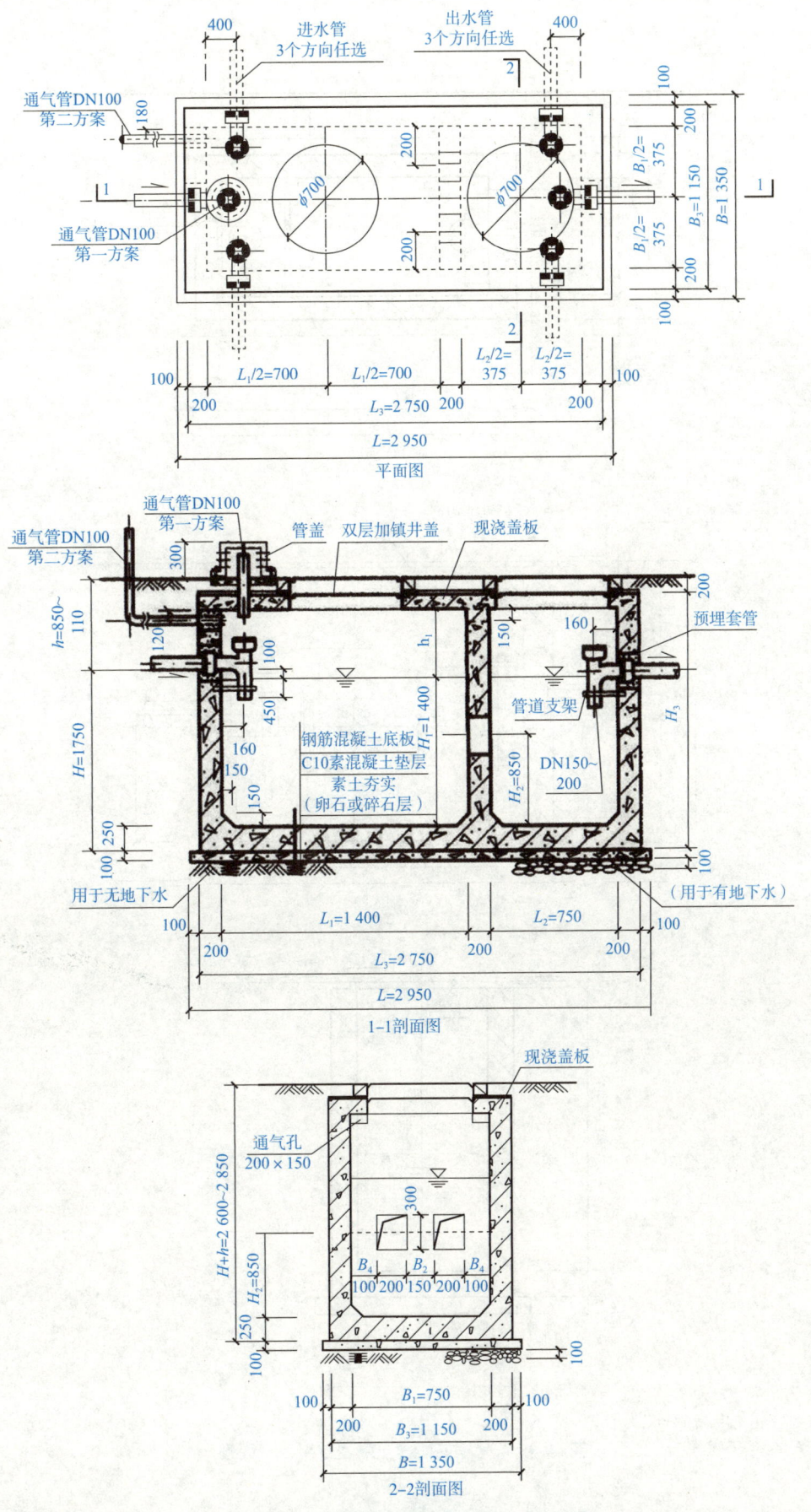

图 19-7　1号钢筋混凝土化粪池平、剖面图

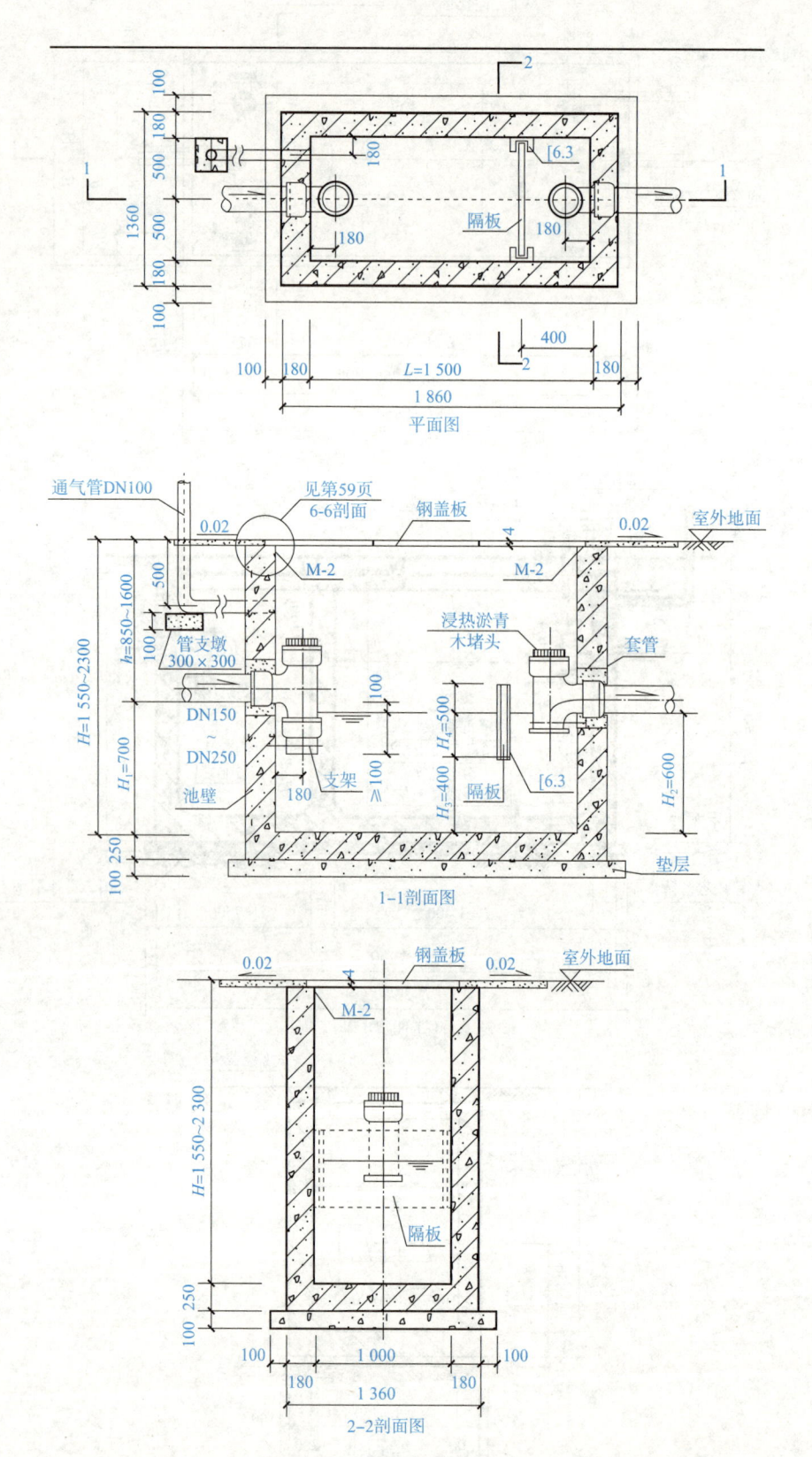

图 19-8　1号钢筋混凝土隔油池平、剖面图

3. 检查井

检查井井深为盖板顶面到井底的深度，工作室高度可从导流槽算起，合流管道由管底算起，一般为 1.80 m。检查井的内径，当井深小于 1.0 m 时直径大于 600 mm，井深大于 1.0 m 时井的直径不宜小于 700 mm。检查井底导流槽转弯时，其中心线的转弯半径按转角大小和管径确定，且大于最大管的管径。塑料排水管与检查井采用柔性接口或承插管件连接。排水检查井的大样图如图 19-9 所示。

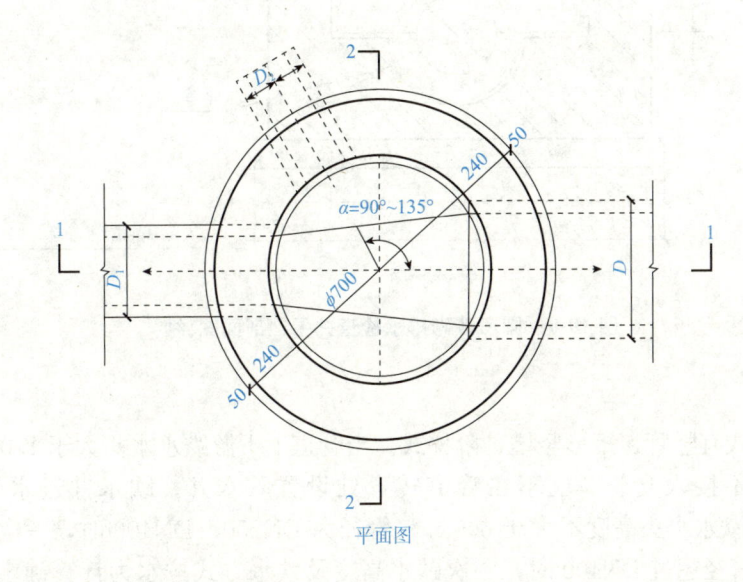

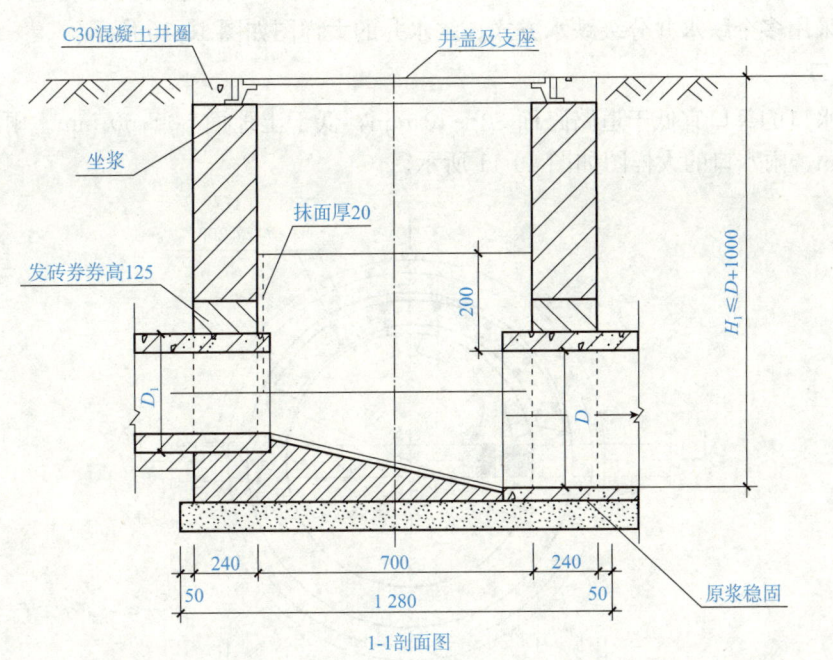

图 19-9 圆形砖砌排水检查井平、剖面图

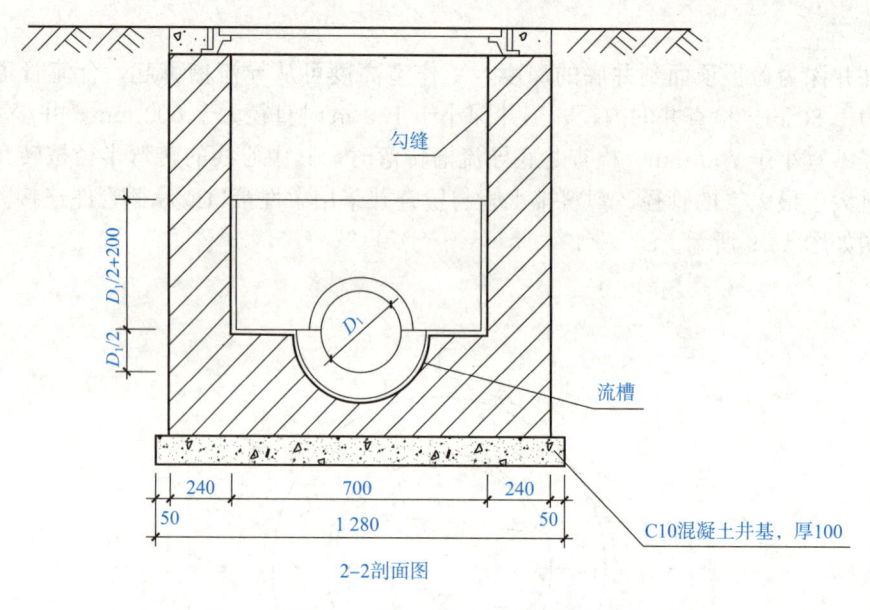

图 19-9 圆形砖砌排水检查井平、剖面图(续)

4. 跌水井

跌水井的形式有竖管、矩形竖槽、阶梯式。当管道上下游跌水水头大于 1.0 m 时需设置跌水井。跌水井内不接入支管,也不在管道转弯处设置跌水井。跌水井进水管管径不超过 DN200 时,一次跌水水头高度不大于 6.0 m;管径为 DN250~DN400 时,一次跌水水头高度不大于 4.0 m;管径超过 DN400 时,一次跌水高度及跌水方式按水力计算确定。跌水水头总高度过大时采用多个跌水井分级跌水方式。跌水井的大样图如图 19-10 所示。

5. 雨水口

平箅雨水口的箅口宜低于道路路面 30~40 mm,低于土地面 50~60 mm。雨水口的深度不宜大于 1 m,雨水口的大样图如图 19-11 所示。

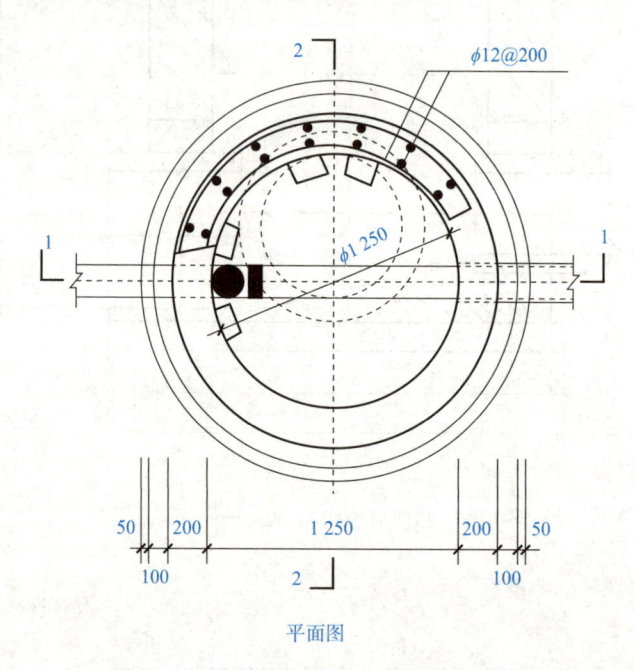

图 19-10 竖管式混凝土跌水井平、剖面图

1-1剖面图　　　　　　　　　　2-2剖面图

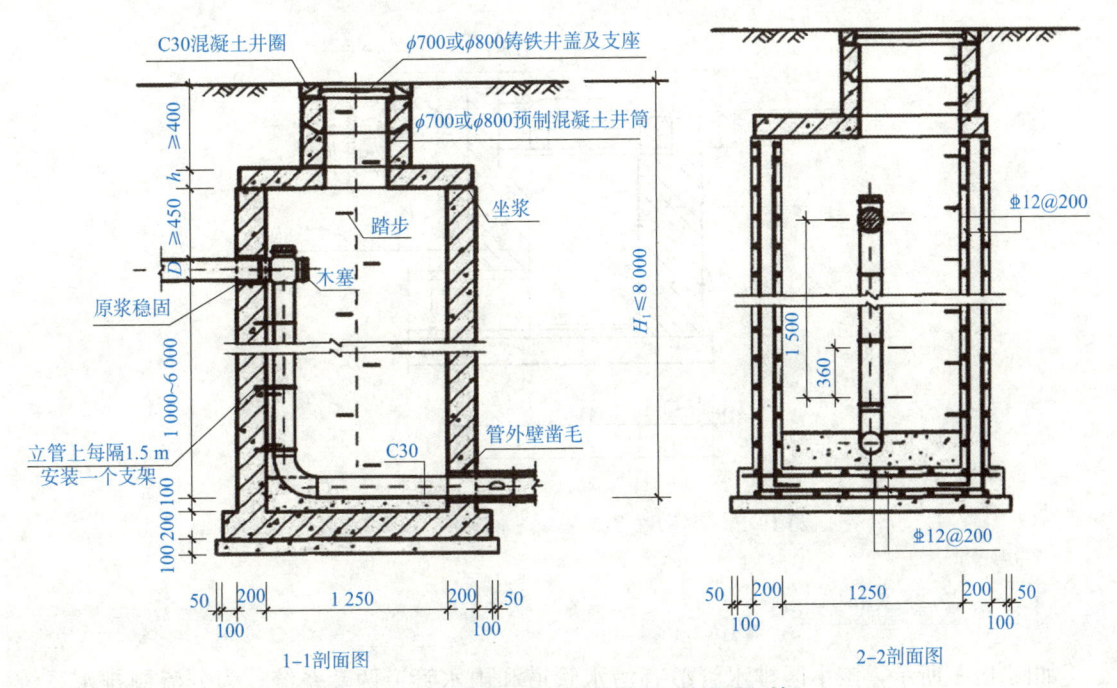

图 19-10　竖管式混凝土跌水井平、剖面图（续）

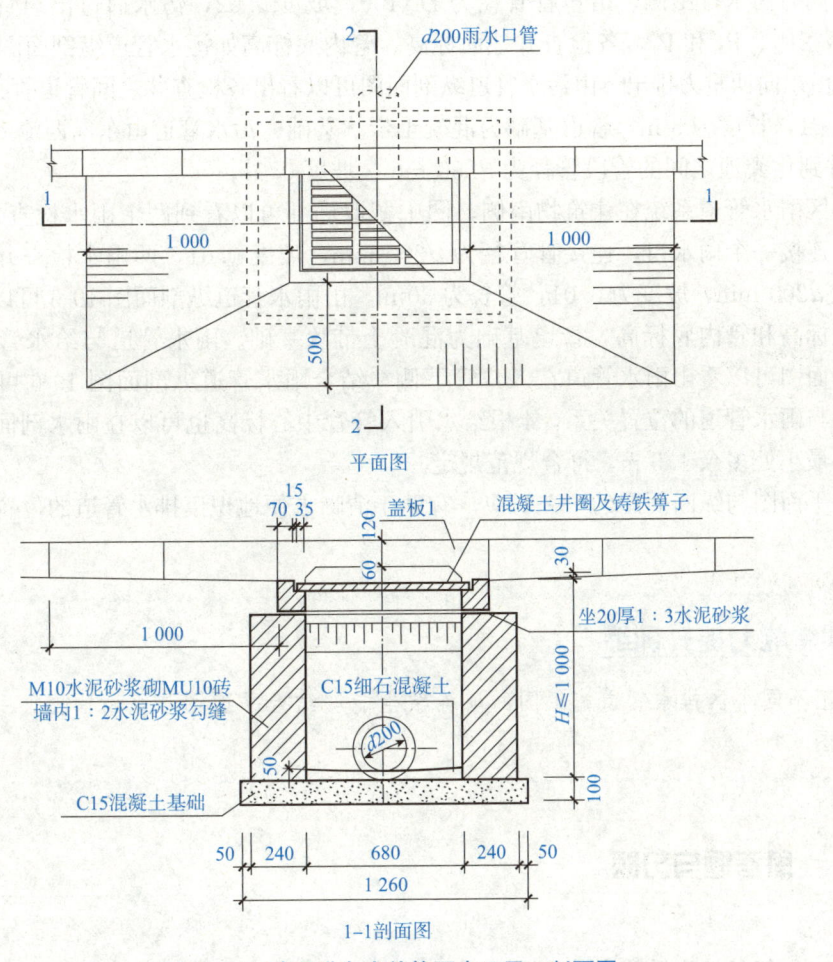

平面图

1-1剖面图

图 19-11　砖砌联合式单箅雨水口平、剖面图

· 273 ·

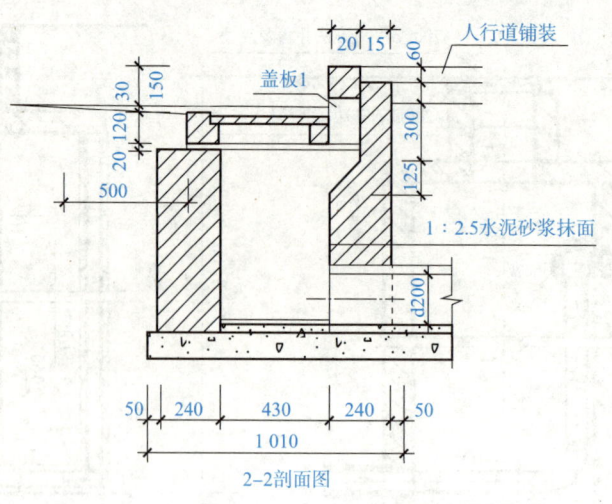

图 19-11　砖砌联合式单算雨水口平、剖面图(续)

五、小区排水管道施工图识读

如图 19-1 所示，该小区排水管道有污水管道和雨水管道两套系统，为分流制排水系统，建筑物北侧为污水排出侧，出户管管径为 DN100，坡度 0.02，污水通过出户管接入小区污水检查井 P_1、P_2、P_3 和 P_4，各检查井地面标高、管内底标高如污水管道纵剖面图 19-5 所示，由污水管道由东向西重力排出，由污水管道纵剖面图可以看出各检查井之间管道管径为 $d200$ mm，坡度为 0.01，长度为 8 m，管道基础为混凝土带状基础，污水管道由东向西流入化粪池(HC)，P_4 检查井到化粪池之间的管段管径为 $d250$ mm，坡度 0.01。

该小区雨水管道系统在建筑物南侧，图中截取局部可以看到两个雨水检查井 Y_1、Y_2，每个检查井连接一个雨水口，连接管管径为 $d200$ mm，坡度 0.01，两雨水检查井之间的雨水管道管径为 $d200$ mm，坡度为 0.01，管长为 30 m，由雨水管道纵剖面图 19-6 可以读出各雨水检查井地面标高和管内底标高，管道基础为混凝土带状基础。雨水管道与给水管道入户管有交叉，在平面图可以看出雨水管道在入户管下侧，结合雨水管道纵剖面图 19-6 可以看出 4 根给水入户管与雨水管道的位置关系，4 根给水引入管管中心标高也可以在雨水剖面图上读出，最东侧高差最小处多余 1.5 m，符合规范规定。

通过平面图与纵断面图的一一对应，有助于清晰方便地识读排水管道的位置、走向和埋深等情况。

> **课堂能力提升训练**
>
> 给出不同小区排水管道施工图，训练学生能够结合平面图与纵断面图，一一对应起来识图读图。

思考题与习题

19.1　如何识读小区给水系统施工图？

19.2　如何识读小区排水系统施工图？

模块二十　小区给水排水系统设计

单元一　小区给水系统设计

学习目标

能力目标：
1. 能区分小区给水排水工程与市政给水工程的界定；
2. 能看懂小区给水管道系统的工作过程；
3. 能进行小区给水系统的水力计算。

知识目标：
1. 掌握小区给水系统的分类与组成；
2. 掌握小区给水系统的供水方式；
3. 掌握小区给水管材、附件的选择；
4. 掌握小区给水管道布置与敷设原则。

素养目标：
1. 培养设计节水措施的能力，提倡居民合理用水；
2. 培养设计应急供水方案的能力，能够在紧急情况下保障居民的供水需求。

一、居住小区的概念

居住小区是指含有教育、医疗、文体、经济、商业服务及其他公共建筑的城镇居民住宅建筑区。成熟的居住小区具有比较完整的、相对独立的给水排水系统。

按照《城市居住区规划设计标准》(GB 50180—2018)，城市居住区规模可划分为3个等级：
(1) 人口在 1 000～3 000 人的居住生活聚居地，称为居住组团；
(2) 人口在 7 000～15 000 人的居住生活聚居地，称为居住小区(一般称小区)；
(3) 人口在 30 000～50 000 人的居住生活聚居地，称为城市居住区。

本节内容适用于人口在 15 000 人以下的居住组团、居住小区和以展览馆、办公楼、教学楼等建筑为主体、以其配套的服务行业建筑为辅，所形成的会展区、金融区、高新科技开发区、大学城等公共建筑小区（简称公建区）和工厂、仓库等工业园区。

二、居住小区给水排水的特点

居住小区的给水排水有其自身的特点，其给水排水工程设计，既不同于建筑给水排水工程的设计，也有别于室外城市给水排水工程设计。居住小区给水排水管道，是建筑给水排水管道和市政给水排水管道的过渡管段，其水量、水质特征及其变化规律与服务范围、地域特征有关。

居住小区给水、排水设计流量与建筑内部和室外城市给水、排水设计流量计算方法均不相同。建筑给水排水系统设计流量采用的是设计秒流量，城市给水排水系统设计流量采用的是最高日最大时流量，居住小区服务范围介于两者之间，其设计流量反映过渡段的特性。

居住小区给水方式比较多样，居住小区的水源一般都取自城市给水管网，居民用水要通过居住小区给水管道系统送到各用户，而城市给水管网中水压和水量有时不能保证用水要求，即需要设计加压和流量调蓄设施。

居住小区内的排水系统，同样比建筑单体的排水系统复杂。居住小区排水体制要适应城市排水体制的要求，居住小区的排水通过收集系统，送至城市下水管道，当居住小区排水管道敷设较深，不能由重力直接排入城市下水管道时，即需要设计排水提升泵站，进行提升排除。

三、居住小区给水系统分类及组成

(一) 小区给水系统的分类(按用途划分)

(1)小区生活给水系统：满足小区居民饮用、盥洗、沐浴、洗涤、饮食等方面的用水。

(2)小区生产给水系统：用于小区锅炉、空调冷却、产品加工与洗涤等与生产有关的用水。

(3)小区消防给水系统：满足小区内的建筑内外的消防用水，如小区建筑内外消火栓、建筑内自动喷洒、水幕等的消防用水。

(4)其他给水系统：满足小区内各种公共设施，如水景、绿化、喷洒道路、冲洗车辆等方面的用水系统。

(二) 小区给水系统的组成

给水系统由水源、计量仪表、管道、设备等组成。

1. 给水水源

可供小区给水系统的水源有自备水源和城市给水管网水源两大类。

(1)自备水源。小区远离城市给水管网水源，或小区靠近城市给水管网水源，但由于其水量有限，故另采用自备水源水作为补充。自备水源可利用地表水源和地下水源。由于地表水源受到环境、气候、季节等影响，其水质不能直接用于生活用水，故要满足小区供水水质，则需进行处理。地下水源也会受到环境和地下矿物质等的影响，其水质也可能不符合小区供水水质，同样，应视情况进行处理。

(2)城市给水管网水源。利用城市给水管网作为小区供水水源，该水质在正常情况下已经达到国家饮用水水质标准，基本上能满足人们的用水水质要求。无特殊情况或特殊要求，不需再进行处理。所以小区内多采用城市给水管网的水作为水源。

2. 计量仪表

在城市供水系统中，因水的采取、处理、输送等过程需要各种物质费用和非物质费用，这些费用应由用户承担。计量仪表用于用水的计量。

3. 管道系统

小区给水管道系统由接户管、小区支管、小区干管及阀门管件组成，如图 20-1、图 20-2 所示。

4. 设备

小区给水设备包括贮水加压设备、水处理设备等。

(1)贮水设备：指贮水池、水塔、水箱等。

图 20-1　某小区给水干管布置图

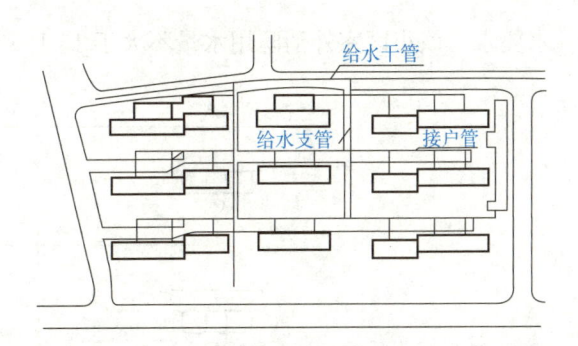

图 20-2　某组团内给水支管和接户管布置图

(2) 加压设备：指水泵和气压给水设备等。

(3) 水处理设备：用于净化自备水源或对城市给水管网水源做深度处理，以达到有关水质标准的设施。

(4) 电气控制设备：常用于水泵、阀门等的运行控制。

四、居住小区给水系统供水方式

小区的室外给水系统，其水量应满足小区内全部用水的要求，其水压应满足最不利配水点的水压要求。小区的室外给水系统应尽量利用城镇给水管的水压，直接供水。当城镇给水管网的水压不满足最不利配水点要求，水量不满足小区全部用水要求时，应设置贮水调节和加压装置。

小区给水系统的供水方式主要有两种：

(1) 由城镇给水管网直接供水，小区室外给水管网中不设升压、贮水设备。

直接供水、不设升压贮水设备方式适用于城镇给水管网能满足小区内所有建筑的水压、水量要求，或能满足小区大部分建筑供水要求，仅不能满足少数建筑的供水要求的供水方式，如图 20-3~图 20-5 所示。

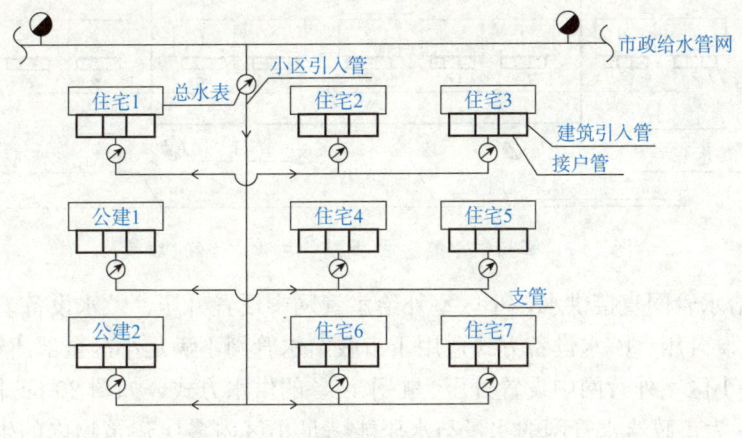

图 20-3　直接供水的生活给水系统

图 20-3 所示为市政给水管网直接供水的生活给水系统，市政给水管网的水量与水压能满足小区内各建筑物生活给水系统的用水要求，室外消防用水由市政给水管上的市政消火栓满足供水要求。

图 20-4 所示为市政给水管网直接供水的生活-消防合用给水系统（枝状），市政给水管的水量与水压不仅能满足各建筑物内部的生活用水要求，还能满足其室内、室外消防给水系统的用

水要求。该小区室外消防用水量不大于 15 L/s，小区室外消防给水管网布置成枝状。

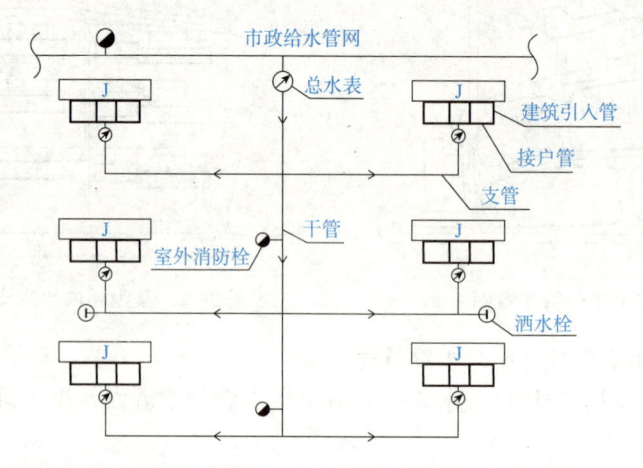

图 20-4　直接供水的生活-消防合用给水系统(枝状)

图 20-5 所示为市政给水管网直接供水的生活-消防合用给水系统(环状)，市政给水管的水量与水压不仅能满足各建筑物内部生活给水系统的用水要求，还能满足其室内、室外消防给水系统的用水要求。该小区室外消防用水量大于 15 L/s，消防给水管网应布置成环状，向环状管网输水的进水管不应少于两条，并宜从两条市政给水管道引入。

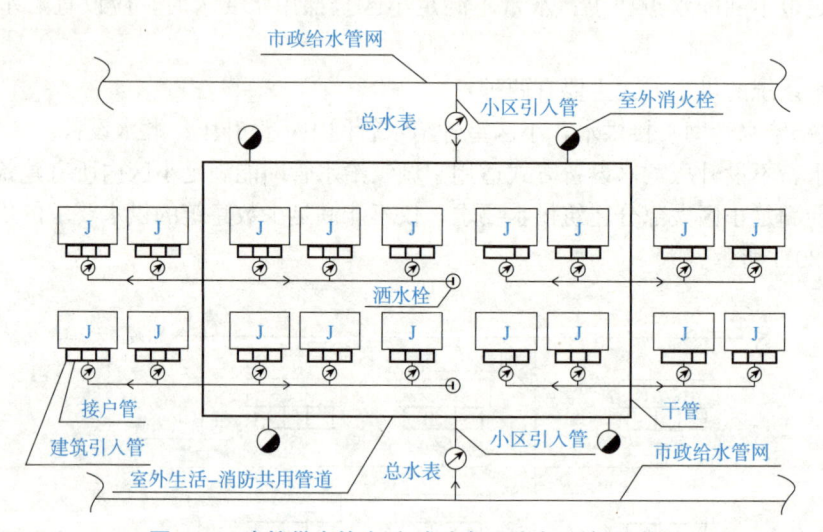

图 20-5　直接供水的生活-消防合用给水系统(环状)

(2)由城镇给水管网直接供水，小区室外给水管网中设置升压、贮水设备。

直接供水，设升压、贮水设备方式适用于市政给水管网不满足小区全部建筑或多数建筑的供水要求，需在小区室外管网中设置升压、贮水设备的供水方式，如图 20-6～图 20-8 所示。

图 20-6 所示为市政给水管网的水量与水压能满足小区内多层建筑物内的生活-消防用水要求和高层建筑室外消防用水量的要求，但不满足高层建筑物内的生活和消防用水要求，则在小区设置集中加压供水设施以满足高层建筑的用水要求。

图 20-7 所示为从市政给水管网引入的低压给水管道，直接供给各建筑低区的生活用水，小区设置集中加压供水设施供给各建筑物高区的生活用水。

图 20-8 所示表示小区内全部为高层建筑，市政给水管网的水量与水压仅能满足室外低压消防给水系统的要求，建筑物内的生活-消防用水均由二次加压设施供给。

· 278 ·

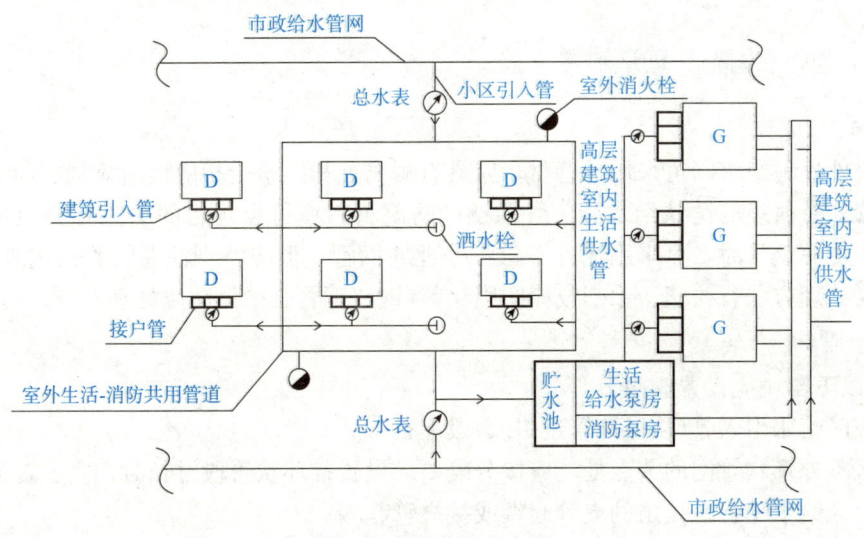

图 20-6　混合给水方式

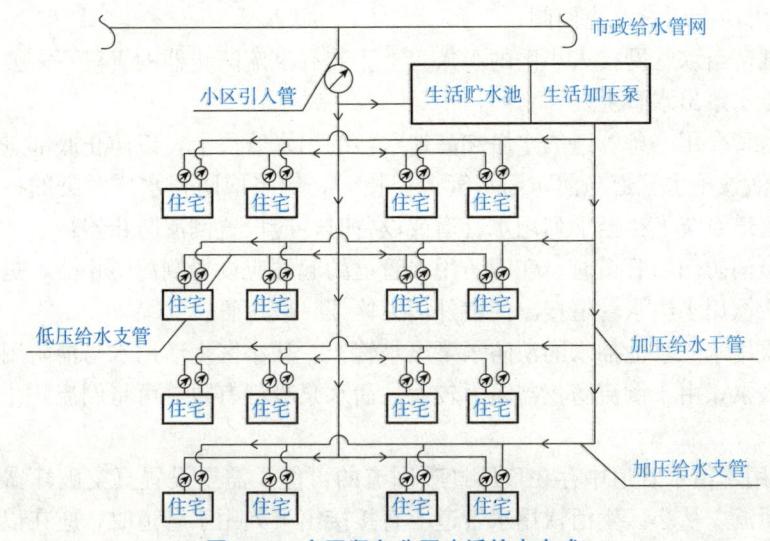

图 20-7　小区竖向分区生活给水方式

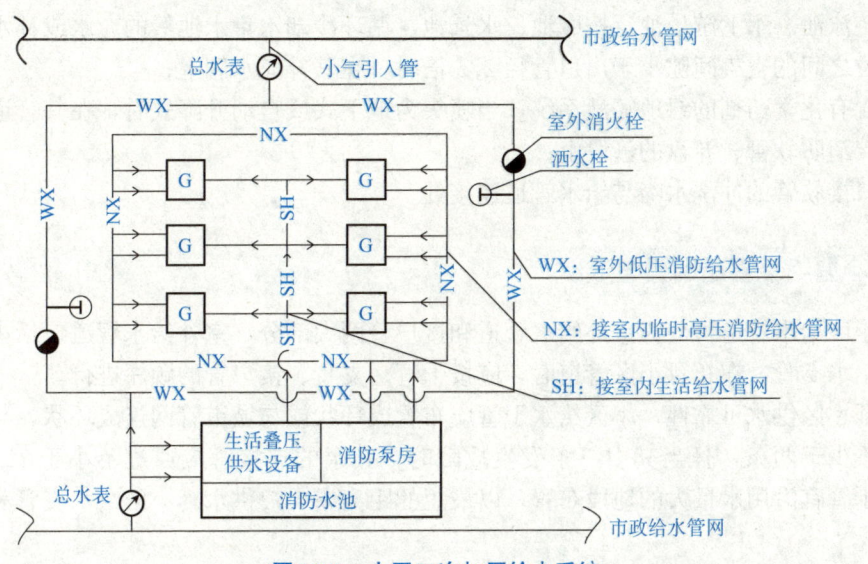

WX：室外低压消防给水管网
NX：接室内临时高压消防给水管网
SH：接室内生活给水管网

图 20-8　小区二次加压给水系统

五、居住小区给水管材、管道附件

1. 管材

小区室外埋地给水管道采用的管材,应具有耐腐蚀和能承受相应地面荷载的能力。可采用塑料给水管、有衬里的铸铁给水管。管内壁的防腐材料应符合现行的国家有关卫生标准的要求。当必须使用钢管时,可采用经可靠防腐处理的钢管,但应特别注意钢管的内外防腐处理,常见的防腐处理方法有衬塑、涂塑或涂防腐涂料(镀锌钢管必须做防腐处理)。

2. 管道附件

(1)在以下部位应设置阀门。

1)在小区给水引入管(从城镇管道引入)段上;

2)小区室外环状管网的节点处,应按分隔要求设置;环状管段过长时,宜设置分段阀门;

3)从小区给水干管上接出的支管起端或接户管起端;

4)小区贮水池(箱)、加压泵房、加热器、减压阀、倒流防止器等处应按安装要求配置。

(2)在以下管段上应设置止回阀。

1)直接从城镇给水管网接入小区的引入管上。装有倒流防止器的管段不需要再装止回阀。

2)小区加压水泵出水管上。

3)进、出水管合用一条管道的水塔和高地水池的出水管段上,以防止底部进水。

(3)小区生活饮用水管道与消防用水管道连接时,应采取防止水质污染的技术措施。从小区生活饮用水管道系统上接至下列用水管道或设备时,应设置倒流防止器:

1)单独接出消防用水管道时,在消防用水管道的起端应设置倒流防止器,是指接出消防管道不含室外生活饮用水给水管道接出的室外消火栓那一段短管。

2)从生活饮用水贮水池抽水的消防水泵出水管上。从小区生活用水与消防用水合用贮水池中抽水的消防水泵,由于倒流防止器阻力较大,而水泵吸程有限,可将倒流防止器装在水泵的出水管上。

(4)生活饮用水给水管道中存在负压虹吸网流的可能,需要设置真空破坏器消除管道内的真空度而使其断流。从小区生活饮用水管道上直接接出下列用水管道时,应在以下用水管道上设置真空破坏器:

1)当游泳池、水上游乐池、按摩池、水景池、循环冷却水集水池等的充水或补水管道出口与溢流水位之间的空气间隙小于出口管径 2.5 倍时,在其补充水管上;

2)不含有化学药剂的绿地喷灌系统,当喷头为地下式或自动升降式时,在其管道起端;

3)连接消防软管、卷盘的管段上;

4)出口接软管的冲洗水嘴与给水管道连接处。

六、居住小区给水管道布置与敷设

居住小区给水管道可分为室外给水管道和接户管两大部分。室外给水管道包括小区给水干管和小区给水支管。在布置小区管道时,应按干管、支管、接户管的顺序进行。

为保证小区供水可靠性,小区给水干管应布置成环状或与城市管网连成环状,与城市管网的连接管不少于两条,且当其中一条发生故障时,其余的连接管应通过不小于 70% 的流量。小区给水干管宜沿用水量大的地段布置,以最短的距离向大户供水。小区给水支管和接户管一般为枝状。

居住小区室外给水管道,应沿区内道路平行于建筑物敷设,宜敷设在人行道、慢车道或草地下；管道外壁距建筑物外墙的净距不宜小于 1.0 m，且不得影响建筑物的基础。给水管道与建筑物基础的水平净距与管径有关，管径为 100～150 mm 时，不宜小于 1.5 m；管径为 50～75 mm 时，不宜小于 1.0 m。

居住小区室外给水管道尽量减少与其他管线的交叉，不可避免时，给水管应在排水管上面，给水管与其他地下管线及乔木之间的最小水平、垂直净距见表 20-1。

表 20-1　居民小区地下管线(构筑物)间最小净距

种类＼净距/m＼种类	给水管 水平	给水管 垂直	污水管 水平	污水管 垂直	雨水管 水平	雨水管 水平
给水管	0.5～1.0	0.10～0.15	0.8～1.5	0.10～0.15	0.8～1.5	0.10～0.15
污水管	0.8～1.5	0.10～0.15	0.8～1.5	0.10～0.15	0.8～1.5	0.10～0.15
雨水管	0.8～1.5	0.10～0.15	0.8～1.5	0.10～0.15	0.8～1.5	0.10～0.15
低压燃气管	0.5～1.0	0.10～0.15	1.0	0.10～0.15	1.0	0.10～0.15
直埋式热水管	1.0	0.10～0.15	1.0	0.10～0.15	1.0	0.10～0.15
热力管沟	0.5～1.0	—	1.0	—	1.0	—
乔木中心	1.0	—	1.5	—	1.5	—
电力电缆	1.0	直埋 0.50 穿管 0.25	1.0	直埋 0.50 穿管 0.25	1.0	直埋 0.50 穿管 0.25
通信电缆	1.0	直埋 0.50 穿管 0.15	1.0	直埋 0.50 穿管 0.25	1.0	直埋 0.50 穿管 0.15
通信及照明电缆	0.5	—	1.0	—	1.0	—

注：①净距是指管外壁距离，管道交叉设套管时指套管外壁距离，直埋式热力管指保温管壳外壁距离。
②电力电缆在道路的东侧(南北方向的路)或南侧(东西方向的路)；通信电缆在道路的西侧或北侧。一般均应在人行道下。

给水管道的埋深应根据土壤的冰冻深度、外部荷载、管道强度以及与其他管线交叉等因素来确定。管顶最小覆土深度不得小于土壤冰冻线以下 0.15 m，行车道下的管线最小覆土深度不得小于 0.7 m。

居住小区内城市消火栓保护不到的区域应设室外消火栓，设置数量和间距应按《消防给水及消火栓系统技术规范》(GB 50974—2014)执行。当居住小区绿地和道路需洒水时，可设洒水栓，其间距不宜大于 80 m。

七、居住小区设计用水量

设计小区总用水量时，应包括该给水系统所供应的全部用水。

(一)设计用水量组成

设计用水量由下列各项组成：

1. 居民生活用水量(Q_1)

小区的居民生活用水量，要按小区人口和住宅最高日生活用额经计算确定。小区的居民生活最高日生活用水量为

$$Q_1 = \sum q_i N_i$$

式中　Q_1——最高日生活用水量(L/d)；
　　　q_i——各住宅最高日生活用水定额[L/(人·d)]；
　　　N_i——各住宅建筑的用水人数(人)；

2. 公共建筑用水量(Q_2)

居住小区内的公共建筑用水量，应按其使用性质、规模，采用相应的用水定额经计算确定。

3. 绿化用水量(Q_3)

绿化浇灌用水定额应根据气候条件、植物种类、土壤理化性状、浇灌方式和管理制度等因素综合确定。当无相关资料时，小区绿化浇灌用水定额可按浇灌面积 1.0～3.0 L/(m²·d)计算，干旱地区可酌情增加。

4. 水景、娱乐设施用水量(Q_4)

水景用水应循环使用。水景用水量按所需的补充水量确定。循环系统的补充水量应根据蒸发、飘失、渗漏、排污等损失确定，室内工程宜取循环水流量的 1%～3%；室外工程宜取循环水流量的 3%～5%。

5. 道路、广场用水量(Q_5)

小区道路、广场的浇洒用水定额可按浇洒面积 2.0～3.0 L/(m²·d)计算。

6. 公用设施用水量(Q_6)

小区内的公用设施用水量，应由该设施的管理部门提供用水量计算参数，当无重大公用设施时，不另计用水量。

7. 未预见水量及管网漏失水量(Q_7)

小区管网漏失水量和未预见水量之和，可按最高日用水量的 10%～15%计。

8. 消防用水量(Q_8)

消防用水量仅用于校核管网计算，不计入正常用水量。

(二)最高日用水量

小区的最高日生活用水量为

$$Q_d = (1.10 \sim 1.15)(Q_1 + Q_2 + Q_3 + Q_4 + Q_5 + Q_6)$$

式中　Q_d——最高日生活用水量(L/d)；
　　　Q_1、Q_2、Q_3、Q_4、Q_5、Q_6 含义同上。

八、居住小区给水系统管道设计流量

(一)小区室外生活给水管道

1. 流量计算步骤

(1)以小区引入管为起点，取供水系统要求压力最大的建筑物引入管处作为最不利供水点，依此确定计算管路。通常最不利供水量是指距离起点最远、建筑高度最大的建筑引入管处。

(2)从最不利供水点起、至小区引入管处，进行节点编号；依此划分各管段的服务人数。

(3)室外给水管道各管段的设计流量，应根据该管段的服务人数、用水定额、卫生器具设置标准等因素，经计算确定。表 20-2 所示为居住小区室外给水管道设计流量的计算人数。

表 20-2　居住小区室外给水管道设计流量的计算人数

$q_L K_h$ \ 每户 N_g	3	4	5	6	7	8	9	10
350	10 200	9 600	8 900	8 200	7 600			
400	9 100	8 700	8 100	7 600	7 100	6 650		
450	8 200	7 900	7 500	7 100	6 650	6 250	5 900	
500	7 400	7 200	6 900	6 600	6 250	5 900	5 600	5 350
550	6 700	6 700	6 400	6 200	5 900	5 600	5 350	5 100
600	6 100	6 100	6 000	5 800	5 550	5 300	5 050	4 850
650	5 600	5 700	5 600	5 400	5 250	5 000	4 800	4 650
700	5 200	5 300	5 200	5 100	4 950	4 800	4 600	4 450

注：q_L 和 K_h 分别表示计算管段所服务的住宅最高日生活用水定额及小时变化系数；N_g 是指每户卫生器具的当量数。当居住小区内含多种住宅类别及户内 N_g 不同时，可采用加权平均法计算；表内数据可用内插法。

计算管段的设计流量时，应符合下列规定：

1) 管段的服务人数不大于表 20-2 中的数值时，小区内住宅的生活给水设计流量，应按其建筑引入管的设计流量来计算管段流量；小区内配套的文体、餐饮娱乐、商铺、市场等设施的生活给水设计流量，应按其生活用水设计秒流量作为节点流量计算。

2) 对于服务人数大于表 20-2 中数值的室外给水干管：小区内住宅的生活给水设计流量，应按其最大小时用水量作为管段流量；小区内配套的文体、餐饮娱乐、商铺、市场等设施的生活给水设计流量，应按其最大小时用水量作为节点流量计算。

3) 小区内配套的文教、医疗保健、社区管理、绿化景观、道路广场、公用设施等用水，均以平均小时用水量计算节点流量。

4) 未预见水量及管网漏失水量不计入管网的节点流量。

2. 小区生活给水引入管

(1) 小区给水引入管的设计流量，应根据小区室外给水管道设计流量的规定进行计算，并应考虑未预见水量和管网漏失量，即引入管设计流量以引入管计算流量乘 1.10～1.15 的系数计。

(2) 环状给水管网与城镇给水管的连接管不宜少于两条。当其中一条发生故障时，其余的连接管应能通过不小于 70% 的流量。

(3) 小区室外给水管网呈枝状布置时，小区给水引入管的管径不应小于室外给水干管的管径。

(4) 小区环状管道管径宜相同。

(二) 小区室外消防给水管道

(1) 居住小区的室外消防用水量应按同一时间内的火灾次数和一次灭火用水量确定。人数小于等于 1 万人的居住小区，在同一时间内的火灾次数为 1 次，一次灭火用水量为 10 L/s，即室外消防用水量不应小于 10 L/s；人数大于 1 万、在 1.5 万以下的居住小区，一次灭火用水量为 15 L/s，即室外消防用水量不应小于 15 L/s。当小区内建筑物的室外消火栓用水量大于 10 L/s 或 15 L/s 时，应取建筑物中要求室外消防用水量最大者作为该小区室外消防系统的设计用水量。

(2) 室外消防给水管道的直径不应小于 DN100。

(3)小区内室外消防给水管网应布置成环状，向环状管网输水的引入管不应少于两条，并宜从两条市政给水管道引入，当其中一条进水管发生故障时，其余的进水管应能满足消防用水总量的供给要求。

(三)小区室外生活-消防共用给水管道

小区内低压室外消防给水系统可与生产-生活给水管道系统合并。当生产-生活用水达到最大小时用水量时(淋浴用水量可按15%计算，浇洒及洗刷用水量可不计算在内)，合并的给水管道系统，仍应保证通过全部消防用水量(消防用水量应按最大秒流量计算)。

对于生活-生产-消防共用的给水系统，在消防时小区的室外给水管网的水量、水压应满足消防车从室外消火栓取水灭火的要求。应以最大用水时的生活用水量叠加消防流量，复核管网末梢的室外消火栓的水压，其水压应达到以地面标高算起的流出水头不小于0.1 MPa的要求，即当生活、生产和消防用水量达到最大时，室外低压给水管道的水压，从室外地面算起不应小于0.1 MPa。

九、水泵、水池、水塔和高位水箱

当城市给水管网供水不能满足居住小区用水需要时，小区须设二次加压泵站、水塔等设施，以满足居住小区用水要求。

1. 水泵

水泵扬程应满足最不利配水点所需水压。小区给水系统有水塔或高位水箱时，水泵出水量应按最大时流量确定；当小区内无水塔或高位水箱时，水泵出水量按小区给水系统的设计流量确定。水泵的选择、水泵机组的布置及水泵房的设计要求，按《室外给水设计标准》(GB 50013—2018)的有关规定执行。

2. 贮水池

居住小区加压泵站的贮水池有效容积应根据小区生活用水量的调蓄贮水量、消防贮水量和安全贮水量确定。为了确保清洗水池时不停供水，贮水池宜分成容积基本相等的两个格。

生活用水量的调蓄贮水量，应按流入量和供出量的变化曲线经计算确定，资料不足时可按居住小区最高日用水量的15%~20%确定。

消防贮水量应满足在火灾延续时间内室内外消防用水总量的要求，一般可按消防时市政管网仍可向贮水池补水进行计算。

安全贮水量应根据城镇供水制度、供水可靠度及小区对供水的保证要求确定。其主要考虑以下因素：

(1)城镇给水管网供水的可靠性。如小区给水引入管的数目、不同引入管所连接的城镇供水管的可靠程度，即同侧引入还是不同侧引入，同一水源还是不同水源等；

(2)小区建筑用水的重要程度，如医院、不允许断水的其他重要建筑等；

(3)满足水泵吸水的安全贮水量，一般最低水位距池底不小于0.5 m。

埋地式生活饮用水贮水池周围10 m以内，不得有化粪池、污水处理构筑物、渗水井、垃圾堆放点等污染源；周围2 m以内不得有污水管和污染物。当达不到此要求时，应采取防污染的措施。

3. 水塔、高位水箱

水泵-水塔(高位水箱)联合供水时，宜采用前置方式，其有效容积可根据小区内的用水规律和小区加压泵房的运行规律经计算确定，资料不足时可按表20-3确定。

表 20-3　水塔和高位水箱(池)生活用水的调蓄贮水量

居住小区高日用量/m³	<100	101～300	301～500	501～1 000	1 001～2 000	2 001～4 000
调蓄贮水量占最高日用水量的百分数/%	30～20	20～15	15～12	15～8	8～6	6～4

注：有冰冻危险的水塔应有保温防冻措施。

> **课堂能力提升训练**
>
> 给出不同小区外网给水系统施工图，学生根据所学知识，判断给水系统工作过程、供水方式；通过施工图复习小区给水管道的布置与敷设原则；根据水力计算方法判断给水管道管径选择是否合理。

单元二　小区排水系统设计

学习目标

能力目标：
1. 能区分小区排水体制；
2. 能看懂小区排水管道系统的工作过程；
3. 能进行小区排水系统的水力计算。

知识目标：
1. 掌握小区排水系统的体制与组成；
2. 掌握小区排水管材的选择与检查井的布置；
3. 掌握小区排水管道布置与敷设原则。

素养目标：
1. 培养设计合理的排水系统的能力，减少污水对环境的影响；
2. 培养设计防洪和排涝措施的能力，保障在暴雨等极端天气下的排水安全。

视频：小区排水

一、居住小区排水体制

排水体制是指在小区内收集和输送各种不同的生活污水、雨水的方式，居住小区排水体制主要分为分流制和合流制。

1. 分流制

居住小区分流制排水系统是指将生活污水和雨水分别在两套或两套以上各自独立的管渠内排除，这种系统称为分流制排水系统，如图 20-9 所示。其中排除生活污水的系统称为污水排水系统，排除雨水的系统称为雨水排水系统。

2. 合流制

居住小区合流制排水系统是指将生活污水和雨水混合在同一管渠内排除的排水系统，如图 20-10 所示。

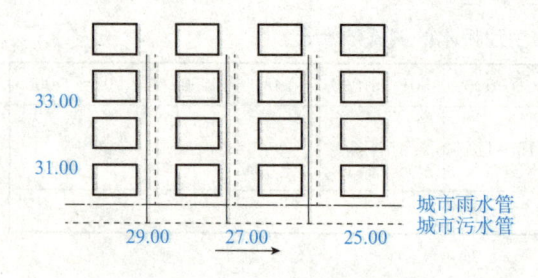

图 20-9　小区分流制排水系统示意

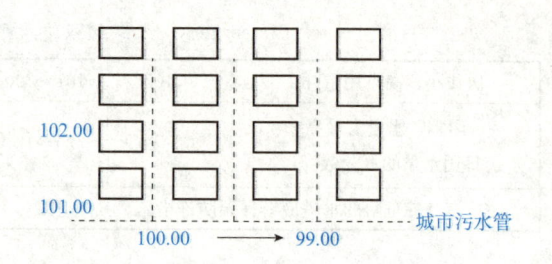

图 20-10　小区合流制排水系统示意

居住小区排水系统体制的选择，应根据城镇排水体制、环境保护要求等因素综合比较确定。对于新建小区，若城镇排水体制为分流制，且当小区附近有合适的雨水排放水体或小区远离城镇为独立的排水体系等情况时，宜采用分流制。居住小区内需设置中水系统时，为简化中水处理工艺，节省投资和日常运行费用，还应将生活污水和生活废水分质分流。

当居住小区设置化粪池时，为减小化粪池容积也应将污水和废水分流，生活污水进入化粪池，生活废水直接排入城市排水管网、水体或水体处理站。对于城市排水管网系统已经健全，小区污水能够顺利汇入污水处理厂的地区，宜取消化粪池(图 20-11)。

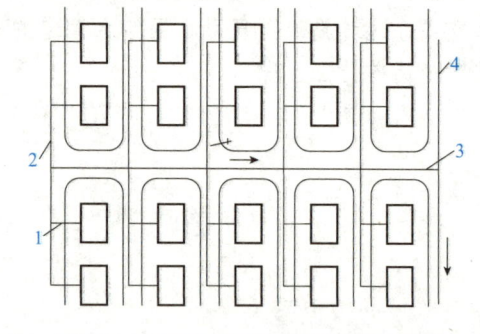

图 20-11　居住小区污水排放系统示意
1—排出管；2—户前管；3—支管；4—干管

二、居住小区排水系统的组成

1. 小区污水排水系统的组成
(1)建筑内部排水系统及设备；
(2)小区室外排水管道；
(3)小区污水泵站及压力管道；
(4)小区污水处理站。

2. 小区雨水排水系统的组成
(1)房屋雨水管道系统和设备；
(2)建筑小区雨水管道及雨水口；
(3)城镇雨水管道。

三、居住小区排水管材和检查井

居住小区内排水管道，宜采用埋地排水塑料管、承插式混凝土管和钢筋混凝土管。当居住小区内设有生活污水处理装置时，生活排水管道应采用埋地排水塑料管。

居住小区内雨水管道，可选用埋地塑料管、承插式混凝土管、钢筋混凝土管和铸铁管等。管道的基础和接口应根据地质条件、布置位置、施工条件、地下水位、排水性质等因素确定。对于设计思路为生态型人居环境的小区，可以选用新型软性生态排水材料。

居住小区排水管与室内排出管连接处，管道交汇、转弯、跌水、管径或坡度改变处以及直线管道段上一定距离应设检查井。小区内生活排水管道管径小于等于 150 mm 时，检查井间距不宜大于 20 m；管径大于等于 200 m 时，检查井间距不宜大于 30 m；居住小区内雨水管道和合流管道上检查井的最大距离见表20-4。检查井井底应设流槽。

表20-4 雨水检查井最大间距

管径/mm	最大间距/m	管径/mm	最大间距/m
150(160)	30	400(400)	50
200~300(200~315)	40	≥500(500)	70

注：括号内数据为塑料管的外径。

四、居住小区排水管道布置和敷设

居住小区排水管道的布置应根据小区总体规划、道路和建筑物布置、地形标高、污水、废水和雨水的去向等实际情况，按照管线短、填埋工作量小、尽量自流排出的原则确定。居住小区排水管道的布置应符合下列要求：

(1)排水管道宜沿道路或建筑物平行敷设，尽量减少转弯以及与其他管线的交叉，如不可避免时，与其他管线的水平和垂直最小距离符合表20-1的要求；

(2)干管应靠近主要排水建筑物，并布置在连续支管较多的一侧；

(3)排水管道应尽量布置在道路外侧的人行道或草地的下面，不允许平行布置在铁路的下面和乔木的下面；

(4)排水管道应尽量远离生活饮用水给水管道，避免生活用水遭受污染；

(5)排水管道与其他地下管道及乔木之间的最小水平、垂直净距见表20-1。排水管道与建筑物间的水平距离见表20-5。排水管道与建筑物基础间的最小水平净距与管道的埋设深浅有关，当管道埋深浅于建筑物基础时，最小水平净距离不小于1.5 m；当管道埋深深于建筑物基础时，最小水平间距不小于2.5 m。

表20-5 排管道与建筑物的水平距离

建筑物、构筑物名称	水平净距离/m	建筑物、建筑物名称	水平净距离/m
建筑物	3.0	围墙	1.5
铁路中心线	4.0	照明以及通信电杆	1.0
城市型道路边缘	1.0	高压电线杆支座	3.0
郊区型道路边缘	1.0		

居住小区排水管道的覆土厚度应根据道路的行车等级、管材受压强度、地基承受力、土层冰冻因素和建筑物排水管标高经计算确定。小区干道和小区组团道路下的管道，覆土厚度不宜小于0.7 m，如小于0.7 m时应采取保护道路防止受压破损的技术措施；生活污水接户管埋设深度不得高于土壤冰冻线以上0.15 m，且覆土厚度不宜小于0.3 m。

居住小区内雨水口的形式和数量应根据布置位置、雨水流量和雨水口的泄流能力经计算确定。雨水口应根据地形、建筑物位置，沿道路布置。为及时排除雨水，雨水口一般布置在道路交汇处和路面最低点，建筑物单元出入口与道路交界处，外排水建筑物的水管附近，小区空地、绿地的低洼点，地下坡道入口处。沿道路布置的雨水口间距宜为25~40 m。雨水连接管长度不宜超过25 m，每根连接管上最多连接2个雨水口。平箅雨水口的箅口宜低于道路路面30~40 mm，低于土地面50~60 mm。雨水口的泄流量按表20-6采用。

表 20-6　雨水口的泄流量

雨水口形式 （箅子尺寸为 750 mm×450 mm）	泄流量 /(L·s^{-1})	雨水口形式 （箅子尺寸为 750 mm×450 mm）	泄流量 /(L·s^{-1})
平箅式雨水口单箅	15~20	边沟式雨水口双箅	35
平箅式雨水口双箅	35	联合式雨水口单箅	30
平箅式雨水口三箅	50	联合式雨水口双箅	50
边沟式雨水口单箅	20		

五、居住小区生活污水排水量与排水管道的设计流量

居住小区生活污水排水量是指生活用水使用后能排入污水管道的流量。由于蒸发损失及小区埋地管道的渗漏，居住小区生活污水排水量小于生活用水量。《建筑给水排水设计标准》(GB 50015—2019)规定，居住小区生活排水系统排水定额是其相应的给水系统用水定额的 85%~95%。确定居住小区生活排水系统定额时，大城市的小区取高值，小区埋地管采用塑料管时取高值，小区地下水位高取高值。

居住小区生活排水系统小时变化系数与相应的生活给水系统小时变化系数相同。

公共建筑生活排水系统的排水定额和小时变化系数与相应的生活给水系统的用水定额和小时变化系数相同。

居住小区生活排水管道的设计流量不论小区接户管、小区支管还是小区干管都按住宅生活排水最大小时流量和公共建筑生活排水最大小时流量之和确定。

六、居住小区生活排水管道水力计算

居住小区生活排水管道水力计算的目的是确定排水管道的管径、坡度以及需提升的排水泵站设计。

居住小区生活排水管道水力计算方法与室外排水管道（或室内排水横管）水力计算方法相同，只是有些设计参数取值有所不同。

居住小区生活排水管道的设计流量采用最大小时流量，管道自净流速为 0.6 m/s，最大设计流速：金属管为 10 m/s，非金属管为 5 m/s。

当居住小区生活排水管道设计流量较小，排水管道的管径经水力计算小于表 20-7 要求的最小管径时，不必进行详细的水力计算，按最小管径和最小坡度进行设计。居住小区生活排水管道最小管径、最小设计坡度和最大设计充满度的规定见表 20-7。

表 20-7　居住小区生活排水管道最小管径、最小设计坡度和最大设计充满度

管别	管材	最小管径/mm	最小设计坡度	最大设计充满度
接户管	埋地塑料管	160	0.005	0.5
	混凝土管	150	0.007	
支管	埋地塑料管	160	0.005	
	混凝土管	200	0.004	
干管	埋地塑料管	200	0.004	0.55
	混凝土管	300	0.003	

注：接户管管径不得小于建筑物排出管管径。

居住小区排水接户管管径不应小于建筑物排水管管径，下游管段的管径不应小于上游管段

的管径，有关居住小区排水管网水力计算的其他要求和内容，可按《室外排水设计标准》(GB 50014—2021)执行。

七、居住小区设计雨水流量与雨水管道水力计算

居住小区雨水排水系统设计雨水流量的计算与城市雨水(或屋面雨水)排水相同，但设计重现期、径流系数以及设计降雨历时等参数的取值范围不同。

设计重现期应根据汇水区域的重要程度、地形条件、地形特点和气象特征等因素确定，一般宜选用 1~3 年。

径流系数采用室外汇水面平均径流系数，即按表 20-8 选取，经加权平均后确定。如资料不足，也可以根据建筑稠密度程度按 0.5~0.8 选用。北方干旱地区的小区一般可取 0.3~0.6。建筑稠密取上限，反之取上限。

表 20-8 径流系数

地面种类	径流系数	地面种类	径流系数
各种屋面	0.9~1.0	干砖及碎石路面	0.4
混凝土和沥青路面	0.9	非铺砌路面	0.3
块石路面	0.6	公园绿地	0.15
级配碎石路面	0.45		

设计降雨历时按下式计算：

$$t = t_1 + m t_2 \tag{20-1}$$

式中 t——降雨历时(min)；

t_1——地面集流时间(min)，根据距离长短、地面坡度和地面覆盖情况而定，一般取 5~10 min；

m——折减系数，小区支管和接户管：$m=1$；小区干管：暗管 $m=2$，明沟 $m=1.2$；

t_2——排水管内雨水流行时间(min)。

居住小区排水系统采用合流制时，设计流量为生活排水量与设计雨水流量之和。生活排水量可取平均流量。计算设计雨水流量时，设计重现期宜高于同一情况下分流制小区雨水排水系统的设计重现期。

雨水和合流制排水管道按满管重力流设计，管内流速 v 按式 $v = \frac{1}{n} R^{\frac{2}{3}} \cdot I^{\frac{1}{2}}$ 计算，但其值不宜小于 0.75 m/s，以免泥沙在管内沉淀；水利坡度 I 采用管道敷设坡度，管道敷设坡度应大于最小坡度，并小于 0.15。

对于位于雨水和合流制排水系统起端的计算管段，当汇水面积较小，计算的设计雨水流量偏小时，按设计流量确定排水管径不安全，也应按最小管径和最小坡度进行设计。居住小区雨水和合流制排水管道最小管径和最小设计坡度见表 20-9。

表 20-9 居住小区雨水和合流制排水管道最小管径和最小设计坡度

管别	最小管径/mm	最小设计坡度 铸铁管、钢管	最小设计坡度 塑料管
小区建筑物周围雨水接户管	200(225)	0.005	0.003
小区道路下干管、支管	300(315)	0.003	0.001 5
13 号沟头的雨水口连接管	200(225)	0.01	0.01

注：表中铸铁管管径为公称直径，括号内数据为塑料管外径。

> **课堂能力提升训练**
>
> 给出不同小区外网排水系统施工图，学生根据所学知识，判断排水体制，描述工作过程、识别系统组成；通过施工图复习小区排水管道的布置与敷设原则；根据水力计算方法判断污水、雨水管道管径选择是否合理。

单元三　小区中水系统设计

学习目标

能力目标：
1. 能看懂小区中水管道系统的工作过程；
2. 能看懂水量平衡图；
3. 能进行水量平衡的计算。

知识目标：
1. 掌握中水系统的组成与形式；
2. 掌握中水水源的选择、原水量的计算和水质的要求；
3. 掌握中水用水的水质要求与水量计算；
4. 掌握中水水量平衡的措施。

素养目标：
1. 培养雨水的收集和再利用能力，促进水资源的节约；
2. 培养节水节能意识，实现工程设计的可持续性。

一、小区中水系统概述

随着城市建设和工业的发展，用水量特别是工业用水量急剧增加，大量污废水的排放严重污染了环境和水源，造成水资源日益不足，水质日益恶化。新水源的开发工程又相当艰巨。面对这种情况，立足本地区、本部门的水资源，采用污水回用是缓解缺水的切实可行的有效措施。将使用过的、受到污染的水处理后再次利用，既减少污水的外排量、减轻了城市排水系统的负荷，又可以有效地利用和节约淡水资源，减少了对水环境的污染，具有明显的社会效益、环境效益和经济效益。这种将使用过的、受到污染的水收集起来，经过集中处理，再输送到用水点，用作杂用水的系统称为中水工程。

从已运行的中水工程所做的中水水质抽测结果表明，其出水水质符合杂用水水质标准，长期用于冲厕、冲洗汽车、绿化、浇洒道路等，未发现不良后果。为实现污、废水资源化，节约用水，治理污染，保护环境，各类建筑物和建筑区建设时，应按《建筑中水设计标准》（GB 50336—2018）的要求和当地的规定配套建设中水工程，中水工程必须与主体工程同时设计、同时施工、同时使用。

建筑小区中水系统是指在新（改、扩）建的校园、机关办公区、商住区、居住小区等集中建筑区内建立的中水系统，建筑小区中水系统如图 20-12 所示。因供水范围大，生活用水量和环境用水量都很大，可以设计成不同形式的中水系统，易于形成规模效益，实现污废水资源化和小区生态环境的建设。建筑中水系统是建筑物或建筑小区的功能配套设施之一。

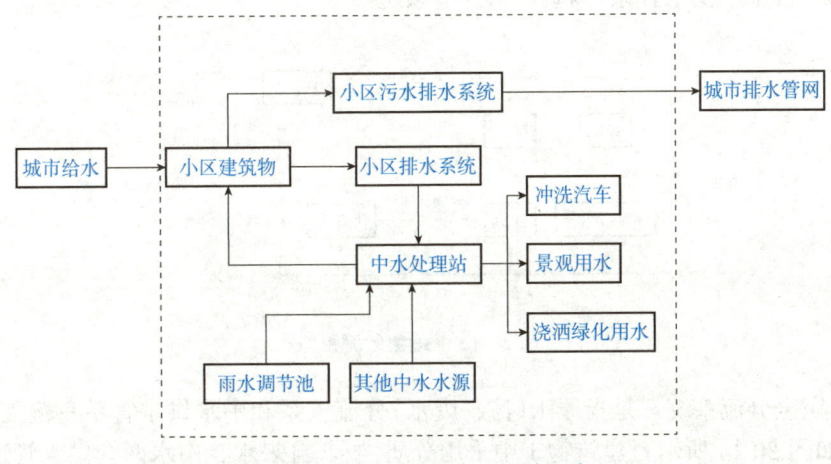

图 20-12 建筑小区中水系统示意

二、中水系统的组成

建筑中水系统由原水系统、处理系统和供水系统 3 部分组成。

1. 中水原水系统

中水原水即中水水源。中水原水系统是指收集、输送中水原水到中水处理设施的管道系统及附属构筑物。集水方式分合流、分流集水系统两类：

(1)合流集水方式是指污、废水共用一套管道系统收集、排至中水处理站；

(2)分流集水方式是指污、废水分别用独立的管道系统收集，水质差的污水排至城市排水管网进入城镇污水厂处理后排放，水质较好的废水作为中水原水排至中水处理站。

2. 中水处理系统

中水处理系统由预处理、主处理、后处理 3 个部分组成。预处理是截留大的漂浮物、悬浮物，调节水质和水量；主处理一般是指二级生物处理段，用于去除有机和无机污染物等；后处理则是进行深度处理。

3. 中水供水系统

中水供水系统的任务是把中水通过输配水管网送至各用水点，由中水贮水池、中水配水管网、中水高位水箱、控制和配水附件、计量设备等组成。

三、中水系统的形式

1. 建筑物中水系统形式

建筑物中水系统宜采用完全分流系统，完全分流系统是指中水原水的收集系统与建筑内部排水系统、建筑生活给水与中水供水系统完全分开，即建筑物内污废水分流，设有粪便污水、杂排水两套排水管道和给水、中水两套供水管道，如图 20-13 所示。

2. 小区中水系统形式

小区中水系统形式应根据工程的实际情况、原水和中水用量的平衡和稳定、系统的技术经济合理性等因素综合考虑确定。

(1)全部完全分流系统(4 套管路系统)，是指原水分流管系和中水供水管系覆盖小区所有建筑物，即在小区内的主要建筑物内都设有污废水分流管系(杂排水和粪便污水两套排水管道系统)和中水、自来水供水管系(两套供水管道系统)。

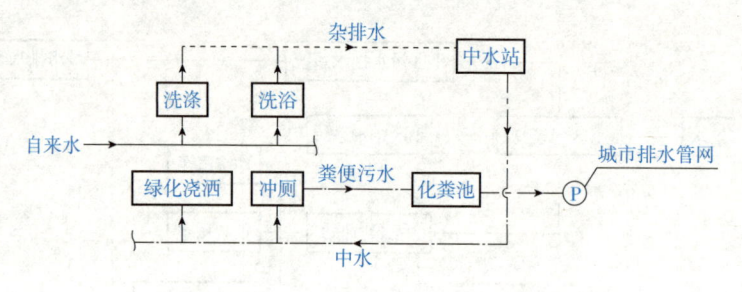

图 20-13　完全分流系统

(2)部分完全分流系统，是指原水(污、废水)分流管系和中水供水管系只覆盖了小区内部分建筑物，如图 20-14 所示，建筑物 1 中采用分质供水(自来水、中水两套供水管道系统)、分流收集(杂排水、粪便污水两套排水管道系统)的完全分流系统形式，而建筑物 2 内则是 1 套给水系统(只有自来水供水)、污废水合流排放。

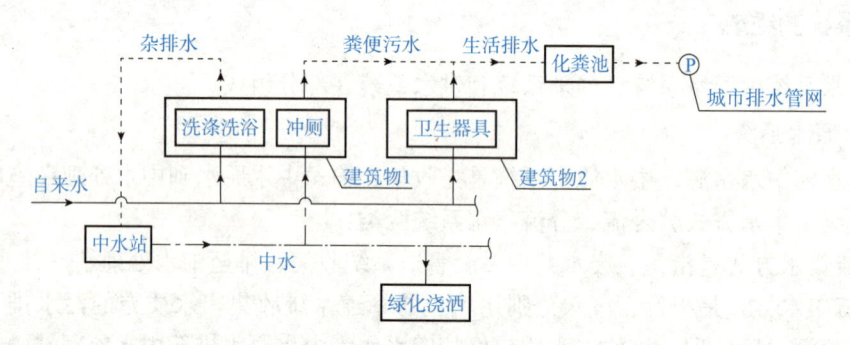

图 20-14　部分完全分流系统

(3)半完全分流系统(三套管路系统)有两种常见形式：
1)各建筑物内均设置中水，自来水两套供水管系，采用污、废水合流排水，以生活排水作为中水水源，如图 20-15 所示。
2)各建筑物采用分流排水，杂排水作为中水水源，处理后的中水只用于室外杂用，建筑物内未设置中水供水管系，如图 20-16 所示。

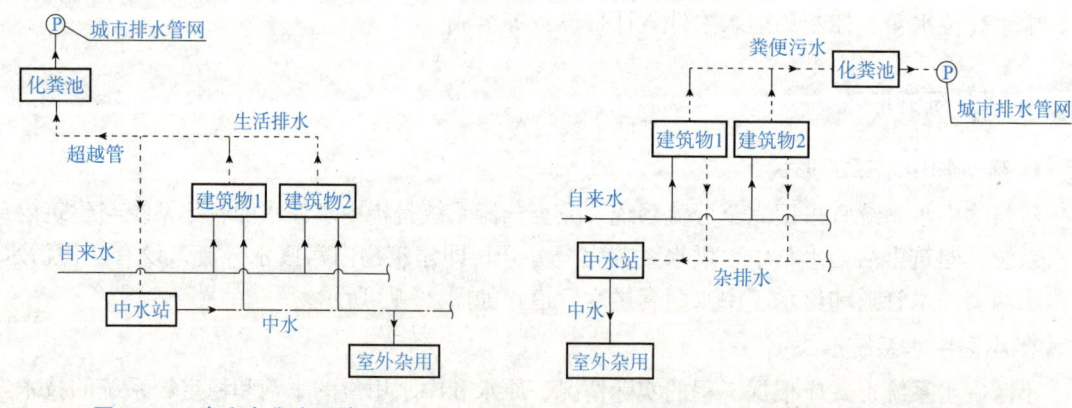

图 20-15　半完全分流系统一　　　　　图 20-16　半完全分流系统二

(4)无分流管系的简化系统(两套管路系统),是指各建筑物内污废水合流排放,只设自来水给水管系。中水原水是综合生活污水或外接水源,处理后的中水只用于室外杂用,如图20-17所示。

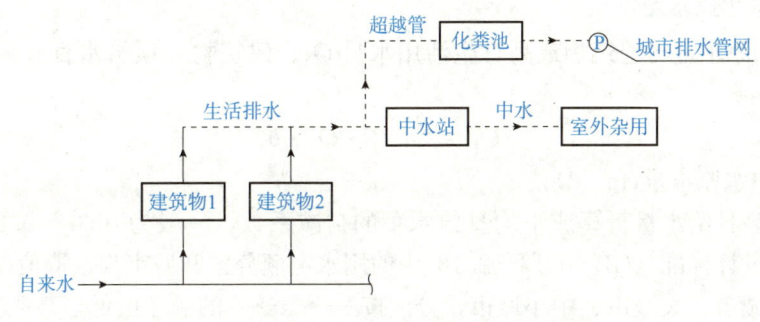

图 20-17 无分流关系的简化系统

四、中水水源的选择、水量及水质

1. 建筑中水水源

建筑中水水源应根据排水的水质、水量、排水状况和中水回用的水质、水量确定。一般取自建筑物内部的生活污水、生活废水、冷却水和其他可利用的水源,建筑屋面雨水可作为中水水源的补充。建筑物中水系统规模小,可用作中水水源的排水有6种,按污染程度的轻重,选取顺序如下:

(1)沐浴排水:是公共浴室淋浴以及卫生间沐浴、坐浴排放的废水,有机物和悬浮物浓度都较低,但阴离子洗涤剂的含量可能较高;

(2)盥洗排水:是洗脸盆、洗手盆和盥洗槽排放的废水,水质与沐浴排水相近,但悬浮物浓度较高;

(3)冷却水:主要是空调循环冷却水系统的排污水,特点是水温较高,污染较轻;

(4)洗衣排水:指宾馆洗衣房排水,水质与盥洗排水相近,但洗涤剂含量高;

(5)厨房排水:包括厨房、食堂和餐厅在进行炊事活动中排放的污水,污水中有机物浓度、浊度和油脂含量都较高;

(6)冲厕排水:大便器和小便器排放的污水,有机物浓度、悬浮物浓度和细菌含量都很高。

上述6种常用的中水水源排水量少,排水不均匀,所以建筑中水水源一般不是单一水源,而是多水源组合,按混合后水源的水质,有优质杂排水、杂排水和生活排水3种组合方式。优质杂排水包括沐浴排水、盥洗排水和冷却排水,其有机物浓度和悬浮物浓度都低,水质好,处理容易,处理费用低,应优先选用。杂排水是不含冲厕排水的其他5种排水的组合,杂排水的有机物和悬浮物浓度都较高,水质较好,处理费用比优质杂排水高。生活排水包含杂排水和厕所排水,生活排水的有机物和悬浮物浓度都很高,水质差,处理工艺复杂,处理费用高。

2. 建筑小区中水系统的中水水源

建筑小区中水系统规模较大,可选作中水水源的种类较多。水源的选择应根据水量平衡和技术经济比较确定。首先选用水量充足、稳定、污染物浓度低、水质处理难度小,安全且居民易接受的中水水源。按污染程度的轻重,建筑小区中水水源选取顺序如下:

(1)小区内建筑物杂排水;

(2)小区或城市污水处理厂经生物处理后的出水;

(3)小区附近工业企业排放的水质较清洁、水量较稳定、使用安全的生产废水；
(4)小区生活污水；
(5)小区内雨水，可作为补充水源。

3. 建筑物中水原水量

建筑物中水原水量与建筑物最高日生活用水量 Q_d、建筑物分项给水百分数 b 和折减系数有关，按下式计算：

$$Q_1 = \sum \alpha \cdot \beta \cdot Q_d \cdot b \tag{20-2}$$

式中 Q_1——中水原水量(m^3/d)；

α——最高日给水量折算成平均日给水量的折减系数，一般为 0.67～0.91，按《室外给水设计标准》(GB 50013—2018)中的用水定额分区和城市规模取值；城市规模按特大城市、大城市、中小城市，分区按三→二→一的顺序由低至高取值；

β——建筑物按给水量计算排水量的折减系数，一般取 0.8～0.9；

Q_d——建筑物最高日生活用水量(m^3/d)，按《建筑给水排水设计标准》(GB 50015—2019)中的用水定额计算确定；

b——建筑物分项给水百分率，应以实测资料为准，在无实测资料时，可参照表 20-10 选取。

表 20-10 各类建筑物分项给水百分率(%)

项目	住宅	宾馆、饭店	办公楼、教学楼	公共浴室	餐饮业、营业餐厅
冲厕	21.3～21.0	14.0～10.0	66.0～60.0	5.0～2.0	6.7～5.0
厨房	20.0～19.0	14.0～12.5	—	—	95.0～93.3
沐浴	32.0～29.3	50.0～40.0	—	98.0～95.0	—
盥洗	6.7～6.0	14.0～12.5	40.0～34.0	—	—
洗衣	22.7～22.0	18.0～15.0	—	—	—
总计	100	100	100	100	100

注：沐浴包括盆浴和淋浴。

4. 建筑小区中水原水量

建筑小区中水原水量可按式(20-2)分项计算各个建筑物的中水原水量，然后累加，采用合流排水系统时，可按下式计算小区综合排水量：

$$Q_1 = Q_d \cdot \alpha \cdot \beta \tag{20-3}$$

式中 Q_1——中水综合排水量(m^3/d)；

Q_d——小区最高日给水量，按《建筑给水排水设计标准》(GB 50015—2019)的规定计算；

α、β 同式(20-2)。

5. 中水原水水质

中水原水水质与建筑物所在地区及使用性质有关，其污染成分和浓度各部分相同，应根据实际的水质调查结果经分析后确定，在无实测资料时，建筑物的各种排水污染物浓度可参照表 20-12 确定。

当建筑小区采用生活污水作为中水水源时，可按表 20-11 中综合水质指标取值；当采用城市污水处理厂出水为原水时，可按二级处理实际出水水质或表 20-12 确定，利用其他种类水源时，水质需进行实测。

表 20-11　建筑物各种排水污染物浓度表(mg/L)

建筑类别	污染物	冲厕	厨房	沐浴	盥洗	洗涤	综合
住宅	BOD$_5$	300～450	500～650	50～60	60～70	220～250	230～300
	COD	800～1 100	900～1 200	120～135	90～120	310～390	455～600
	SS	500～450	220～280	40～60	100～150	60～70	155～180
宾馆饭店	BOD$_5$	250～300	400～550	40～50	50～60	180～220	140～175
	COD	700～1 000	800～1 100	100～110	80～100	270～330	295～380
	SS	300～400	180～220	30～50	80～10	50～60	95～120
办公楼教学楼	BOD$_5$	260～340			90～110		195～260
	COD	350～450			100～140		260～340
	SS	260～340			89～110		195～260
公共浴室	BOD$_5$	260～340		45～55			50～65
	COD	350～450		110～120			115～135
	SS	260～340		35～55			40～165
餐饮业	BOD$_5$	260～340	500～600				490～590
	COD	350～450	900～1 100				890～1075
	SS	260～340	250～280				255～285

表 20-12　二级处理出水标准

指标	BOD$_5$	COD	SS	NH$_3$-N	TP
浓度/(mg·L^{-1})	≤20	≤100	≤20	≤15	1.0

五、中水用水的水质与水量

1. 中水用水水质

污水再生利用按用途分为农林牧渔用水、建筑杂用水、城市杂用水、工业用水、景观环境用水、补充水源水等。建筑中水主要是建筑杂用水和城市杂用水,如冲厕、浇洒道路、绿化用水、消防、车辆冲洗、建筑施工、冷却用水等。建筑中水除了安全可靠,卫生指标如大肠菌群数等必须达标外,还应符合人们的感官要求,以解除人们使用中水的心理障碍,如浊度、色度、臭等,另外,回用的中水不应引起设备和管道的腐蚀和结垢。建筑中水的用途不同,选用的水质标准也不同;建筑中水用作建筑杂用水和城市杂用水,其水质应符合《城市污水再生利用 城市杂用水水质》(GB/T 18920—2020)的规定。建筑中水用于采暖系统补水等其他用途时,其水质应达到相应使用要求的水质标准。当建筑中水同时用于多种用途时,其水质应按最高水质标准确定。

2. 中水用水量

根据中水的不同用途,按有关的设计规范,分别计算冲刷、冲洗汽车、浇洒道路、绿化等各项中水日用水量。将各项中水日用量汇总,即为中水总用水量:

$$Q_3 = \sum q_{3i} \tag{20-4}$$

式中　Q_3——中水总用水量(m³/d);

　　　q_{3i}——各项中水日用水量(m³/d)。

六、水量平衡

(一)水量平衡图

水量平衡是对原水量、处理水量与用水量和自来水补水量进行计算协调，使其达到供需平衡。水量平衡图是将水量平衡计算结果用图示方法表示出来，如图 20-18、图 20-19 所示。图中直观反映了设计范围内各种水量的来源、出路及相互关系，水的合理分配及综合利用情况。水量平衡图是选定中水系统形式、确定中水处理系统规模和处理工艺流程的重要依据，也是量化管理所必须做的工作和必备的资料。水量平衡图主要包括以下内容：

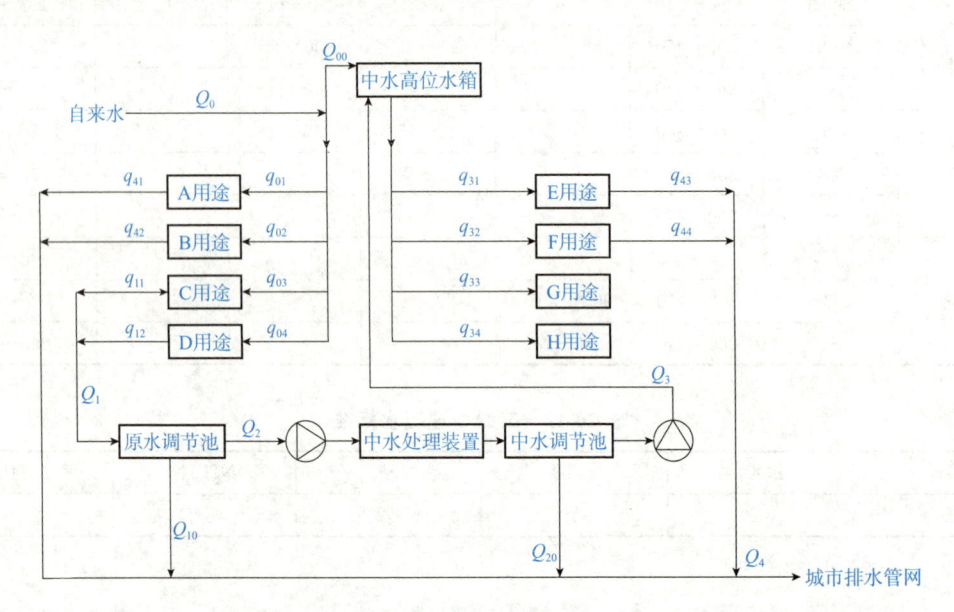

图 20-18 建筑物水量平衡图

$q_{01} \sim q_{04}$—自来水分项用水量；$q_{11} \sim q_{12}$—中水原水分项用水量；$q_{31} \sim q_{34}$—中水分项用水量；$q_{41} \sim q_{44}$—污水排放分项用水量；Q_0—自来水总供水量；Q_1—中水原水总水量；Q_2—中水处理水量；Q_3—中水供水量；Q_4—污水总排放水量；Q_{00}—中水补给水量；Q_{10}、Q_{20}—溢流水量

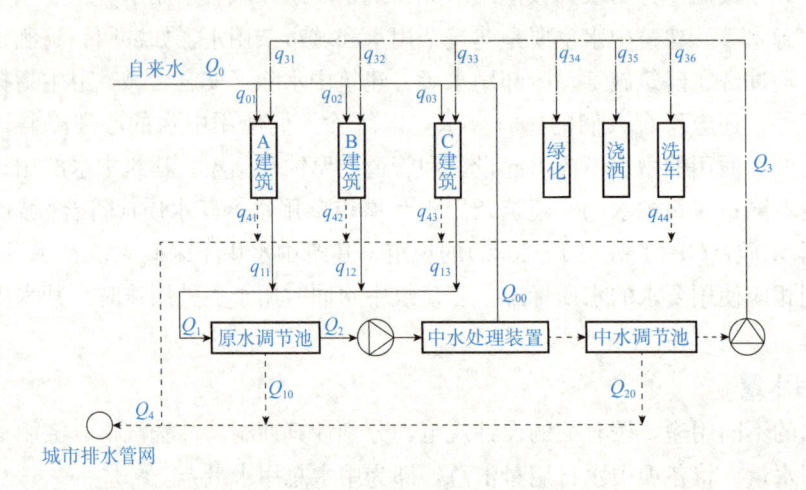

图 20-19 建筑小区水量平衡图

$q_{01} \sim q_{03}$—自来水分项用水量；$q_{11} \sim q_{13}$—中水原水分项用水量；$q_{31} \sim q_{36}$—中水分项用水量；$q_{41} \sim q_{44}$—污水排放分项用水量；Q_0—自来水总供水量；Q_1—中水原水总水量；Q_2—中水处理水量；Q_3—中水供水量；Q_4—污水总排放水量；Q_{00}—中水补给水量；Q_{10}、Q_{20}—溢流水量

(1)建筑物各用水点的排水量(包括中水原水量和直接排放水量);
(2)中水处理水量、原水调节水量;
(3)中水供水量及各用水点的供水量;
(4)中水消耗量(包括处理设备自用水量、溢流水量和泄空水量)、中水调节量;
(5)自来水总用量(包括各用水点的分项给水量及对中水系统的补充水量);
(6)自来水水量、中水用水量、污水排放量三者之间的关系。

(二)水量平衡计算

水量平衡计算应从以下两个方面进行:
(1)确定中水水源的污废水可集流的流量,进行原水量和处理水量之间的平衡计算;
(2)确定中水用水量,进行处理水量和中水用水量之间的平衡计算。

水量平衡计算可按下列步骤进行:
(1)计算各类建筑物内厕所、厨房、沐浴、盥洗、洗衣及绿化、浇洒等各项用水量,无实测数据时,可按式(20-2)计算;
(2)初步确定中水供水对象和中水原水集流对象;
(3)计算分项中用用水量和中水总用水量;
(4)计算中水处理水量:

$$Q_2=(1+n)Q_3 \tag{20-5}$$

式中 Q_2——中水日处理水量(m^3/d);
n——中水处理设施自耗水系数,一般取10%~15%;
Q_3——中水总用水量。

(5)计算中水处理能力:

$$Q_{2h}=Q_2/t \tag{20-6}$$

式中 Q_{2h}——中水小时处理水量(m^3/h);
t——中水设施每日设计运行时间(h)。

(6)计算可集流的中水原水量:

$$Q_1=\sum q_{1i} \tag{20-7}$$

式中 Q_1——可集流的中水原水总量(m^3/d);
q_{1i}——各种可集流的中水原水量,按给水量的80%~90%计算,其余10%~20%为不可集流流量(m^3/h)。

(7)计算溢流量或自来水补充水量:

$$Q_0=|Q_1-Q_2| \tag{20-8}$$

式中 Q_0——当$Q_1>Q_2$时,Q_0为溢流不处理的中水原水量;当$Q_1<Q_2$时,Q_0为自来水补充水量。

(三)水量平衡措施

为使中水原水量与处理水量、中水产量与中水用量之间保持平衡,使中水原水的连续集流与间歇运行的处理设施之间保持平衡,使间歇运行的处理设施与中水的连续使用之间保持平衡,适应中水原水与中水用水量随季节的变化,应采取一些水量平衡调节措施。

1. 溢流调节

在原水管道进入处理站之前和中水处理设施之后分别设置分流井和溢流井,以适应原水量出现瞬时高峰、设备故障检修或用水短时间中断等紧急特殊情况,保护中水处理设施和调节设施不受损坏。

2. 贮存调节

设置原水调节池、中水调节池、中水高位水箱等进行水量调节，以控制原水量、处理水量、用水量之间的不均衡性。原水调节池设在中水处理设施前，中水调节池设在中水处理设施后，原水调节池的调节容积应按中水原水量及中水处理量的逐时变化曲线求得，中水调节池的调节容积应按中水处理量与中水用量的逐时变化曲线求得。

3. 运行调节

利用水位信号控制处理设备自动运行，并合理调整运行班次，可有效地调节水量平衡。

4. 用水调节

充分开辟其他中水用途，如浇洒道路、绿化、冷却水补水、采暖系统补水、建筑施工用水等，从而可以调节中水使用的季节性不平衡。

5. 自来水调节

在中水调节水池或中水高位水箱上设自来水补水管，当中水原水不足或集水系统出现故障时，由自来水补充水量，以保障用户的正常使用。

设计建筑中水工程时，为使系统建成后能正常运行，降低中水制水成本，发挥好的经济效益，应注意以下 4 个问题。首先，中水制水成本(元/m^3)与处理的规模(m^3/d)成反比关系，所以，中水处理规模不宜太小，否则中水制水成本上升，经济效益下降。其次，设计规模应与实际运行处理规模相近，否则设备和装置低负荷运行，造成人力、设备和电力的较大浪费，使中水制水成本猛增。再次，要合理选择设备，做到工艺先进，运行可靠稳定，设备价格低，质量好，维护费用低。最后，应提高处理设施的自动化程度，减少管理人员，降低人工费用。

> **课堂能力提升训练**
>
> 给出不同小区和建筑物的中水系统施工图，学生根据所学知识，判断中水系统形式，区分中水系统不同组成部分，描述中水工作过程，绘制小区和建筑物的中水系统水量平衡图。

思考题与习题

20.1 小区给水系统的分类与组成有哪些？
20.2 小区给水系统的供水方式有哪些？
20.3 简述小区给水系统的水力计算方法。
20.4 小区排水体制有哪些？
20.5 简述小区给水系统的水力计算方法。
20.6 小区中水系统的组成与形式有哪些？

模块二十一 水景给水排水工程

单元一 水景的作用及类型

学习目标

能力目标：
1. 能够了解水景的概念、作用；
2. 能够了解水景的分类。

知识目标：
1. 了解水景的作用；
2. 理解水景的概念；
3. 掌握水景的类别。

素养目标：
1. 树立开拓意识，培养创新思维工作理念；
2. 树立精益求精的工作精神。

水景是指水上或海上的景色，由水流的形式、状态和声音组成，有美化环境和点缀风景的效果，现多指人文景观即喷泉。

随着城市化进程加快，现代科技技术的发展，形态各异、变化多端的水景，成为城市中不可缺少的风景。各种喷泉设备的应用，可以打造出音乐喷泉、程控喷泉、激光喷泉等不同效果，与灯光、绿化、雕塑和音乐巧妙结合后，使水体具有丰富多彩的形态，赋予给水"灵魂"，由静变动，带给人们无尽的遐想和诗情画意般的感受，形成了一道独特的人文景观。当前，水景已经成为城镇规划、旅游建筑、园林景点和大型公共建筑设计中的重要内容之一，同时水景还起到净化空气、增加空气湿度、降低气温的作用，改善小区的气候环境。

一、水景的作用

对于水景的作用大致归结为以下 10 种：

(1) 园林水体景观美化环境。水景以水体为题材，如喷泉、瀑布、池塘等，构成了静态建筑与动态水景的有效结合，使整个园林景观更富有美感，水景成了园林景观重要的构成要素，生动活泼、多姿多彩。其中水在非常温状态下做成的冰灯和冰雕，也丰富了冬季的单调，给人们无尽的遐想和视觉的享受。

(2) 改善环境，调节气候，控制噪声。水景可以起到和森林、江河湖海等一样净化空气的作用，使空气自然清新，产生的负离子还具有清洁作用。

(3) 提供消防或绿化用水。给水景提供循环水的贮水池，一般容积较大，水池能起到充氧从而防止水质腐败的作用,还可以作为消防水池或绿化贮水池,进行植物灌溉等。

(4)提供循环冷却水。利用各种喷头的喷水降温作用,使水景工程同时兼作循环冷却水的喷水冷却池。

(5)提供体育娱乐活动场所。利用水景的多种形态和变化,可以提供多种娱乐项目,如冲浪、漂流、水上乐园等,供成人和儿童休闲娱乐用。

(6)提供观赏性水生动物和植物的生长条件,为生物多样性创造必需的环境。利用水流的充氧作用,可以为各种观赏鱼和水生植物荷、莲、芦苇等提供生存的环境,供人们观赏。

(7)汇集、排泄天然雨水。在规划和设计建筑功能时,将水景的给水排水设计与雨水的给水排水设计有效地结合到一起,可以节省不少地下管线的投资。

(8)防护、隔离。如护城河、隔离河,以水面作为空间隔离,是最自然、最节约的办法。

(9)防灾用水。救火、抗旱都离不开水。城市园林水体,可作为救火备用水,郊区园林水体、沟渠,是抗旱天然管网。

二、水景的类型

各种形式的水流形态组成了水景,有静态的、有动态的,利用各种设备和特殊装置来控制水流量,形成独具特色水流形态,与周围建筑融合一体,可以达到美化环境、降温降噪的作用,水景的主要类型如下:

(1)按水流的状态分,有静态水景和动态水景。

1)静态水景,以静水为主,常见的形式有海、湖、池、潭等,水面宽阔而平静,反映周围景物,如山石、树木、花草等倒影,增加了景物的层次感,给人以明洁、恬静、开朗、幽深等感受(图21-1)。

2)动态水景,主要包括以落水为主的瀑布、以喷水为主的喷泉、以流水为主的溪流、以向上渗出为主的涌泉等,形态多样,给人以清新明快、激动兴奋之感(图21-2)。

图21-1 静态水景　　图21-2 动态水景

(2)按水体的形态分,有自然式水体和规则式水体。

1)自然式水体保持了天然或仿造天然形态的水景为主,包括河、湖、溪、泉等。这种水景的变化形态主要与地形有关,随着地形的高低起伏而变化,聚聚散散、直直曲曲,富有动感和趣味性。

2)规则式水体多由人工建造而成,做成各种几何形状景观。制造出千姿百态的水流形态,组成了更多的水景造型,增加了周围空气的湿度,提高周围环境质量,如规则式水池、水渠、潭以及几何喷泉、叠水、瀑布等。

水景一般分为平静的、流动的、跌落的和喷涌的 4 种基本形式，在水景设计中常将各种的水流形态进行混合设计，有机地将其结合在一起，在该过程中往往不止使用一种，可以一种形式为主，以其他形式为辅，或将几种形式相结合，发挥想象和创造力，加以变换、组合，设计出各种姿态的水景。

> **课堂能力提升训练**
>
> 找出身边周围环境中的水景建筑，辨别它们的类别，说出其作用。

单元二　水景的给水排水系统设计

学习目标

能力目标：
1. 能够了解水景水量水质的标准；
2. 能够掌握喷泉的给水排水系统方式。

知识目标：
1. 掌握水景水量和水质要求；
2. 掌握喷泉给水排水系统方式及优缺点。

素养目标：
1. 培养独立解决工作中问题的能力；
2. 树立团队合作意识，提高团队合作能力。

一、水量和水质

1. 水量

水景的给水水量分为初次充水量、循环水量和补充水量，初次充水量主要与水景池的容积有关，充水的时间按 24～48 h 来考虑。循环水量是由各种喷头的喷水量的总和来计算的。补充水量，是指水景在运行过程中，会消耗一定的水量，包括喷水风吹损失、蒸发损失、溢流排污损失、水处理设备反冲洗损失和水池渗漏损失。一般室内工程宜取循环水流量的 1%～3%，室外工程取循环流量的 3%～10%。

对于镜池、珠泉静水水景，每月应排空换水 1～2 次，同时为了节约用水，镜池、珠泉等静水水景也可采用循环给水方式。

2. 水质

(1) 对兼作人们娱乐游泳、儿童戏水的水景水池，其初次充水和补充给水的水质应符合《生活饮用水卫生标准》(GB 5749—2022) 的规定，其循环水的水质应符合《游泳池水质标准》(CJ/T 244—2016) 的规定。

(2) 对不与人体直接接触的水景水池，其补给水可使用生活饮用水，也可根据条件使用生产用水或清洁的天然水〔其水质应符合《生活饮用水卫生标准》(GB 5749—2022) 的感官性指标要求〕。

· 301 ·

二、喷泉常用的给水排水系统

1. 直流给水系统

喷头常采用直流式、折射式、吸气式、旋流式、组合式等，常采用铜、不锈钢和铝合金材料制成，利用水量和水压使水流喷出所需要的形式(图 21-3)。

管材一般选用镀锌钢管，螺纹连接。对于需要煨弯的或管径大于等于 100 mm 的配管，可采用焊接钢管；对于要求较高的水景工程可选用不锈钢管，壁厚大于 2 mm，焊接连接。对于室内喷泉，也可选用塑料管。

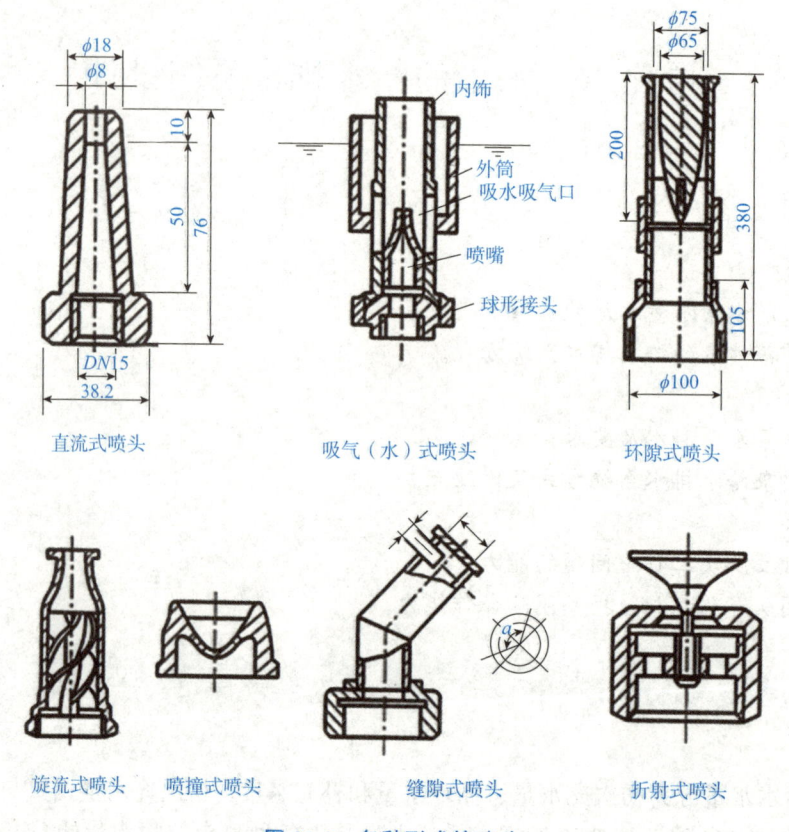

图 21-3 各种形式的喷头

直流给水系统是将喷头直接与给水管网连接，喷头喷射一次后的水就立刻排放，不再进行循环使用。这种系统缺点是耗水量大；优点是系统简单、造价低、运行维护简单。这种系统一般与假山盆景配合做成小型喷泉、瀑布、孔流等，一般设置在小型庭院和大厅中(图 21-4)。

2. 水泵循环给水系统

每组射流都应设调节阀，连接喷头的支管上的调节阀门，如果是热镀锌钢管可选用铜球阀，如果是不锈钢管可选用不锈钢球阀。

当两台以上水泵并联时，每台水泵出水管上要装设止回阀，一般采用蝶式止回阀，与管道材料相同，不宜采用旋启式止回阀。

当采用电控和声控的水景工程，应采用控制阀门，阀门要能准确地、适时地控制水流量，常用的有水下电磁阀、数控阀和液压阀。

陆上循环水泵一般选用普通的清水离心泵，有专用的泵房。循环水泵宜按不同特性的喷头、喷水系统分开设置。

系统中还设有贮水池和循环管道。喷头喷射水后可以多次循环使用，缺点是系统较复杂，占地较多，管材用量较大，投资高，维护管理麻烦；优点是耗水量少，运行费用低。这种系统适合于各种规模和形式的水景，一般用于较开阔的场所(图21-5)。

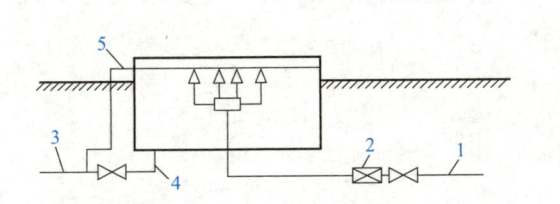

图21-4 直流给水系统
1—给水管；2—止回隔断阀；3—排水管；
4—泄水管；5—溢流管

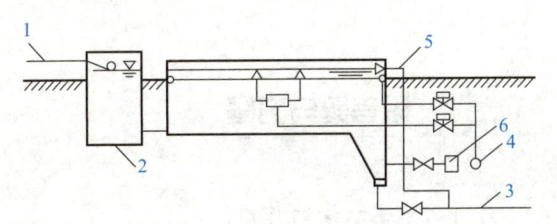

图21-5 水泵循环给水系统
1—给水管；2—补给水井；3—排水管；
4—循环水泵；5—溢流管；6—过滤器

3. 潜水泵循环给水系统

水景的照射灯具有陆地照射和水下照射。

对于反射效果较好的水流形态，一般采用陆上彩色探照灯照明，照度较强，着色效果好，易于安装、控制和检修，但要注意不能让灯光直接照射到观赏者的眼睛。对于透明的水流形态，可以采用水下照明，常用的灯具有白炽灯和气体放电灯。

水景工程的循环水泵宜采用潜水泵，直接设置于水池底。循环水泵一般按不同特性的喷头和喷水系统分开设置。系统设有贮水池，缺点是水姿花形控制调节较困难；优点是占地少、投资低、维护管理简单、耗水量少。这种系统适合各种形式的中/小型喷泉、冰塔、涌泉、水膜等(图21-6)。

4. 盘式水景循环给水系统

为稳定水位和实现水面排污、保持池水水质，一般水池应设有溢水口，溢水口上宜设格栅。

为排空维修、冬季防冻和池底清淤，水池应设泄水设施。尽量设置重力泄水方式的泄水口，如重力方式设置困难，也可设置专用排水泵或喷水泵强制排水。重力流泄水管的泄空时间为12~48 h。

系统设有集水盘、集水井和水泵房。盘内铺砌踏石构成甬路。喷头设在石隙间，适当隐蔽。此系统缺点是循环水容易被污染，维护管理比较麻烦；优点是不设贮水池，给水可以循环利用，耗水量小，运行费用低。这种系统适合在公园中采用，可以设计成各种中/小型喷泉、冰塔、孔流、水膜、瀑布、水幕等(图21-7)。

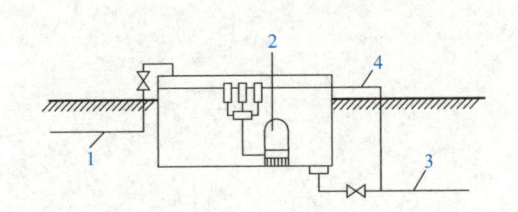

图21-6 潜水泵循环给水系统
1—给水管；2—潜水泵；3—排水管；4—溢流管

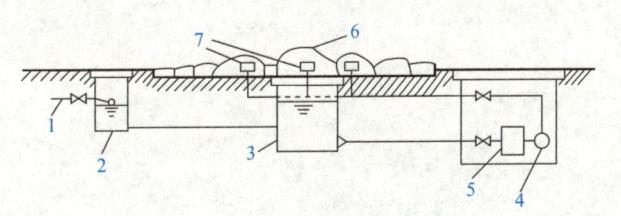

图21-7 盘式水泵循环给水系统
1—给水管；2—补给水井；3—集水井；
4—循环水泵；5—过滤器；6—踏石；7—喷头

> **课堂能力提升训练**
> 1. 对水景的水量和水质要求进行全面理解。
> 2. 辨别喷泉的给水排水系统方式。

思考题与习题

21.1 简述水景的作用。
21.2 水景的主要类型有哪些?
21.3 喷泉常用的给水排水系统有哪些?
21.4 水景的水质有什么要求?

模块二十二 游泳池给水排水工程

单元一 游泳池的类型及规格

学习目标

能力目标：
1. 能够了解游泳池分类标准；
2. 能够了解游泳池的规格。

知识目标：
1. 掌握游泳池的类型；
2. 掌握游泳池的平面尺寸及水深规格。

素养目标：
1. 培养独立解决工作中问题的能力；
2. 树立团队合作意识，提高团队合作能力。

一、游泳池的类型

(1)按照使用性质分为比赛游泳池、训练游泳池、跳水游泳池、儿童游泳池和幼儿戏水池；
(2)按环境可分为天然游泳池、室外人工池、室内人工池、海水游泳池；
(3)按经营方式分为公用游泳池和商业游泳池；
(4)按使用对象分为教学池、竞赛池、娱乐池、医疗康复池、练习池；
(5)按建造方式分为人工游泳池、天然游泳池；
(6)按项目分为游泳池、跳水池、潜水池、水球池、造浪池和戏水池。

二、游泳池的规格

游泳池的规格参照表22-1。

表 22-1 游泳池的类型及平面尺寸和水深

游泳池类别	水深/m 最浅端	水深/m 最深端	池长度/m	池宽度/m	备注
比赛游泳池	1.8~2.0	2.0~2.2	50	21.25	—
水球游泳池	≥2.0	≥2.0	—	—	—
花样游泳池	≥3.0	≥3.0	—	21.25	—

续表

游泳池类别	水深/m 最浅端	水深/m 最深端	池长度/m	池宽度/m	备注
	跳板(台)高度	水深			
跳水游泳池	0.5	≥1.8	12	12	—
	1.0	≥3.0	17	17	
	3.0	≥3.5	21	21	
	5.0	≥3.8	21	21	
	7.5	≥4.5	25	21，25	
	10.0	≥5.0	25	21，25	
训练游泳池 运动员用 成人用 中学生用	1.4~1.6 1.2~1.4 ≤1.2	1.6~1.8 50，33.3 ≤1.4	50 50，33.3 50，33.3	21，25 21，25 21，25	含大学生
公共游泳池	1.8~2.0	2.0~2.2	—	—	—
儿童游泳池	0.6~0.8	1.0~1.2	平面形状和尺寸视具体情况由设计定		含小学生
幼儿戏水池	0.3~0.4	0.4~0.6			

> **课堂能力提升训练**
>
> 根据游泳池的类型了解其规格标准。

单元二　游泳池的给水排水系统设计

学习目标

能力目标：
1. 能了解泳池给水系统的供水方式；
2. 能够掌握有关游泳池水循环的量的标准；
3. 能够掌握游泳池水的净化和消毒方法；
4. 能够掌握游泳池水的加热方式及水温要求。

知识目标：
1. 掌握游泳池水的供水方式、净化消毒的方法；
2. 掌握游泳池水循环水量计算及其他循环所需设备的要求。

素养目标：
1. 树立严谨、认真的学习和工作理念；
2. 培养克服困难、勇攀高峰的工作精神。

一、游泳池的给水系统

游泳池的给水系统的供水方式有3种，分别是直流供水给水方式、定期换水给水方式和循环供水给水方式。

(一)直流供水给水方式

直流供水是将符合水质标准的水供给游泳池,同时通过泄水口和溢流口连续不断地排出使用后的水。该系统优点是能保证水质,系统简单,投资较省,运行费用低;缺点是受到清洁水源的限制。为了保证水质,每小时补充的水量一般在池水容积的15%~20%,每天都需要清除池底和表面的脏物,用漂白粉或漂白精进行消毒。

(二)定期换水给水方式

一般每隔2~3天将池放空后注入新水,这种给水方式系统简单,投资省,维护管理方便,但水质不容易保证,卫生差,目前我国不推荐采用这种供水方式。

(三)循环供水给水方式

游泳池中的水宜采用循环方式使用。一般分为顺流式循环方式、逆流式循环方式、混合式循环方式。

这种方式是需要设置专用的净化系统,使用过的水经过过滤、净化、消毒等处理后,重新送入池中而重复使用的过程。该系统可保证卫生要求,同时具有运行费用低和耗水量小的优点,但系统相对复杂,投资费用大,维护和管理麻烦。

1. 顺流式循环

全部的循环水均由上部进入,一般从游泳池的壁端或两侧壁进水,由池底的回水口回水,经净化处理后再重新利用。该系统循环方式配水均匀,结构形式简单,但池水表面排污较差,池底易产生沉淀。对于公共游泳池和露天游泳池,一般水浅,为了节省施工费用和方便维护管理,宜采用这种循环方式。

2. 逆流式循环

全部循环水均由池底部进入,一般从游泳池周边的上边缘溢流回水,送到净化设备处理后,再通过池底的给水口进入池内。该系统能够有效地除去池水表面污物和池底的沉淀污物。国际上较推行这种方式,但是基建的投资费用相对较高,施工稍难。

3. 混流式循环

部分循环水量经设在池壁外侧的溢流回水槽回水(多于50%的循环水量),部分循环水量经设在池底的回水口同时回水(少于50%的循环水量),循环水汇合后共同进行净化处理,然后经池底给水口送回池内继续使用。该系统配水均匀,池底积污能被冲刷,同时利于表面排污,卫生条件好。

二、游泳池水的循环

(一)循环周期

合理的循环周期关系到净化设备和管道的规模、池水水质的卫生条件、设备性能与成本及净化系统的效果,循环周期要根据池的性质、人数、容积、类型、消毒方式等确定,一般参照表22-2。

(二)循环水量

循环水量可由下式来计算:

$$G=\frac{Vn}{24} \tag{22-1}$$

式中:G——游泳池循环水量(m^3/h);

V——池水容积(m^3);

n——池水每天循环次数。对于比赛池和训练池$n=2~5$次;公共游泳池$n=3~6$次;跳水池$n=1~2$次。

表 22-2　游泳池和水上游乐池的循环周期

序号	泳池类别		循环周期/h	循环次数/(次·d^{-1})
1	比赛池、训练池		4～6	6～4
2	跳水池		8～10	3～2.4
3	跳水、游泳合用池		6～8	4～3
4	公共池、露天池		4～6	6～4
5	儿童池		2～4	12～6
6	幼儿戏水池		1～2	24～12
7	俱乐部、宾馆内游泳池		6～8	4～3
8	环流池		2～4	12～6
9	造浪池		2	12
10	气泡休闲池		2～4	12～6
11	按摩池	公共池	0.3～0.5	80～48
		专用池	0.5～1.0	48～24
12	滑道池		6	4
13	探险池		6	4
14	教学池		8	3
15	大、中学校游泳池		6～8	4～3
16	家庭游泳池		8～10	3～2.4

注：池水的循环次数按每日使用时间与循环周期的比值确定。

关于游泳池池水的一次循环时间：跳水池 8～10 h；比赛池 7～9 h；公共游泳池 4～6 h；儿童池 2 h。

(三)循环水泵

(1)循环水泵的设计流量不小于循环流量；
(2)扬程按照不小于送水几何高度、设备和管道阻力损失以及流出水头之和确定；
(3)工作主泵不宜少于 2 台，以保证净化系统 24 h 运行，即白天高负荷时 2 台泵同时工作，夜间无人游泳或观光时只使用 1 台泵运行；
(4)宜按过滤器反冲洗时工作泵和备用泵并联运行考虑备用泵的容量，并按反洗所需流量和扬程校核循环水泵的工况。

(四)循环管道

循环管道一般采用沿着游泳池四周设置管沟的敷设方式，在有加热设备时更应设置管沟，便于施工安装和维修管理，循环水管材应用 PVC 塑料管或 ABS 塑料管，循环给水管内最大水流速为 2.0 m/s，回水管内的水流速度一般为 0.7～1.0 m/s。

(五)平衡水池和均衡水池

(1)对于顺流式和混合式的循环给水系统的游泳池，为了保证池水能有效循环，且收集溢流水、平衡池水水面、调节水量浮动、安装水泵吸入口和间接向池内补水，需要设置平衡水池。
(2)对于逆流式循环给水系统的游泳池，为了保证循环水泵有效工作而设置低于池水水面的供循环水泵吸水的均衡水池，这是由于逆流式循环方式采用溢流式回水，回水管道夹带有气体，均衡水池可以起到汽水分离、调节游泳池负荷不均匀时溢流回水量的浮动的作用。

三、游泳池水的净化和消毒

(一)预净化

池水中的回水要首先进入毛发聚集器中进行预净化，预净化的目的主要防止池水中的固体杂质(包括毛发、树叶、纤维等杂物)影响水泵循环,影响设备正常运行,所以池水的回水要先进入毛发聚集器。一般装设在循环水泵的吸水管上,外壳应采用耐腐蚀的铜、不锈钢或塑料制成,还应方便经常更换。

(二)过滤

游泳池的回水一般水量恒定、水质稳定、浑浊度低,一般过滤设备采用压力过滤器,采用接触过滤处理,常用的滤料有石英砂、无烟煤、聚苯乙烯料珠、硅藻土等,过滤器一般按照以下要求选用:

(1)体积小,功能稳定,操作简单,利于自动控制。
(2)一般每座池子的过滤器数量不宜少于两台。
(3)一般压力过滤器宜采用立式过滤器,当直径超过 2.6 m 时可采用卧式。

(三)消毒

游泳池池水与人体直接接触,必须要进行消毒处理,一般的消毒方法有臭氧消毒和氯消毒。

1. 臭氧消毒

臭氧消毒一般用于国际级和国家级的竞赛用游泳池,全部的循环水要与臭氧进行充分混合,进行接触反应,这样能保证消毒的效果和池水的品质,采用的方式是负压加投,因为臭氧是一种有毒的气体,防止其泄漏,造成人员伤害。

2. 氯消毒

常用的氯消毒剂有液氯、次氯酸钠和氯片等,一般宜优先选用次氯酸钠,小型的专用游泳池可采用氯片,液氯采用真空式自动投加的方式,要让其与池水进行充分混合,次氯酸钠一般采用重力式投加方式,投放在循环水泵的吸入口处。

四、游泳池水的加热

游泳池水一般采用间接加热的方式,池水的设计温度与不同用池有关,对于室内的比赛用池一般设计 25~27 ℃,室内的训练池、公共游泳池一般为 26~28 ℃,儿童池一般为 28~30 ℃,露天游泳池的池水一般不加热,冬季的池水温度以不低于 30 ℃ 为宜。

> **课堂能力提升训练**
>
> 给出游泳池的资料及给水排水系统图,让学生根据所学知识和能力要点对游泳池进行供水方式、净化、消毒方式等区分。

▎思考题与习题

22.1 游泳池一般分为哪些类型?
22.2 游泳池给水系统分为几类?分别是什么?作用是什么?
22.3 游泳池水质有哪些要求?
22.4 游泳池给水循环应注意哪些问题?

参考文献

[1] 中华人民共和国住房和城乡建设部. GB 50015—2019 建筑给水排水设计标准[S]. 北京：中国计划出版社，2019.

[2] 中华人民共和国住房和城乡建设部. GB 50013—2018 室外给水设计标准[S]. 北京：中国计划出版社，2019.

[3] 中华人民共和国住房和城乡建设部. GB 50014—2021 室外排水设计标准[S]. 北京：中国计划出版社，2021.

[4] 中华人民共和国国家市场监督管理总局，中华人民共和国国家标准化管理委员会. GB 5749—2022 生活饮用水卫生标准[S]. 北京：中国标准出版社，2023.

[5] 中华人民共和国住房和城乡建设部. GB 50016—2014 建筑设计防火规范(2018 版)[S]. 北京：中国计划出版社，2018.

[6] 中华人民共和国住房和城乡建设部. GB 50084—2017 自动喷水灭火系统设计规范[S]. 北京：中国计划出版社，2018.

[7] 中华人民共和国住房和城乡建设部. GB 50974—2014 消防给水及消火栓系统技术规范[S]. 北京：中国计划出版社，2014.

[8] 中华人民共和国住房和城乡建设部. CJJ 122—2017 游泳池给水排水技术规程[S]. 北京：中国建筑工业出版社，2017.

[9] 中华人民共和国住房和城乡建设部. CJJ 142—2014 建筑屋面雨水排水系统技术规程[S]. 北京：中国建筑工业出版社，2014.

[10] 中华人民共和国住房和城乡建设部. GB 50336—2018 建筑中水设计标准[S]. 北京：中国建筑工业出版社，2018.

[11] 中华人民共和国住房和城乡建设部. GB 50400—2016 建筑与小区雨水控制及利用工程技术规范[S]. 北京：中国建筑工业出版社，2017.

[12] 中国建筑设计研究院. 建筑给水排水设计手册[M]. 2 版. 北京：中国建筑工业出版社，2008.